21 世纪全国高等院校环境系列实用规划教材

水分析化学

主　编　夏淑梅

副主编　徐长松　孙　勇　牛晓宇

参　编　温　青

北京大学出版社
PEKING UNIVERSITY PRESS

内 容 简 介

水分析化学是研究水及其杂质、污染物的组成、性质、含量和它们的分析方法的一门学科，开展水质分析是污染治理和水资源管理中不可缺少的重要手段。本书全面系统地介绍了水质分析的各类基本知识和基本方法，对常用的水质分析方法的原理和应用作了详尽的叙述，并且介绍了近年来发展起来的新技术、新方法，具体内容包括天然水的水质及水质分析基础，酸碱滴定法，络合滴定法，沉淀滴定法，氧化还原滴定法，电化学分析法，分光光度法，原子光谱法，色谱法的原理及其应用，流动注射分析及质谱和色谱等分析方法的联用技术在水质分析中的应用。最后安排了相应的实验内容，包括水质分析基本操作及水质分析项目测定共 13 个实验。

本书可作为高等学校给水排水工程专业、环境工程专业、水资源与水文专业的教材，也可作为相关专业工程技术人员的参考用书。

图书在版编目(CIP)数据

水分析化学/夏淑梅主编. —北京：北京大学出版社，2012.5
(21 世纪全国高等院校环境系列实用规划教材)
ISBN 978－7－301－20604－1

Ⅰ.①水…　Ⅱ.①夏…　Ⅲ.①水质分析—分析化学—高等学校—教材　Ⅳ.①O661.1

中国版本图书馆 CIP 数据核字(2012)第 086125 号

书　　　名：水分析化学
著作责任者：夏淑梅　主编
策 划 编 辑：童君鑫
责 任 编 辑：宋亚玲
标 准 书 号：ISBN 978－7－301－20604－1/X・0051
出 　版 　者：北京大学出版社
地　　　址：北京市海淀区成府路 205 号　100871
网　　　址：http://www.pup.cn　http://www.pup6.cn
电　　　话：邮购部 62752015　发行部 62750672　编辑部 62750667　出版部 62754962
电 子 邮 箱：pup_6@163.com
印 　刷 　者：河北滦县鑫华书刊印刷厂
发 　行 　者：北京大学出版社
经 　销 　者：新华书店
　　　　　　 787 毫米×1092 毫米　16 开本　21.5 印张　492 千字
　　　　　　 2012 年 5 月第 1 版　2012 年 5 月第 1 次印刷
定　　　价：42.00 元

21世纪全国高等院校环境系列实用规划教材
编写指导委员会

丛 书 序

当今社会随着经济的高速发展，人民生活质量的普遍提高，人类在生产、生活的各个方面都在不断影响和改变着周围的环境，同时日益突出的环境问题也逐渐受到人类的重视。环境学科以人类—环境系统为其特定的研究对象，主要研究环境在人类活动强烈干预下所发生的变化和为了保持这个系统的稳定性所应采取的对策与措施。环境问题已经成为一个不可忽视的、必须要面对和解决的重大难题。多年来，党和国家领导人多次在不同场合提到了环境问题的重要性，同时对发展环境教育给予了极大的关注。为推进可持续发展战略的实施，我国的环境工作在管理思想和管理制度方面也都发生了深刻的变化，不仅拓宽了环境学科的研究领域急需的综合性学科，也使其成为科学技术领域最年轻、最活跃、最具影响的学科之一。

环境学科是一门新兴的学科，并且还处在蓬勃发展之中，许多社会科学、自然科学和工程科学的部门已经积极地加入到了环境学科的研究当中，它们相互渗透、相互交叉，从而使环境学科变得更加宽广和多样化。为了更好地向社会展示环境学科的研究成果，进一步推进环境学科的发展，北京大学出版社于 2007 年 6 月在北京召开了《21 世纪全国高等院校环境系列实用规划教材》研讨会，会上国内几十所高校的环境专家学者经过充分讨论，研究落实了适合于环境类专业教学的各教材名称及其编写大纲，并遴选了各教材的编写组成员。

本系列教材的特点在于：按照高等学校环境科学与环境工程专业对本科教学的基本要求，参考教育部高等学校环境科学与工程教学指导委员会研究制定的课程体系和知识体系，面向就业，定位于应用型人才的培养。

为贯彻应用型本科教育由"重视规模发展"转向"注重提高教学质量"的工作思路，适应当前我国高等院校应用型教育教学改革和教材建设的迫切需要，培养以就业市场为导向的具备职业化特征的高等技术应用型人才，本系列教材突出体现教育思想和教育观念的转变，依据教学内容、教学方法和教学手段的现状和趋势进行了精心策划，系统、全面地研究普通高校教学改革、教材建设的需求，优先开发其中教学急需、改革方案明确、适用范围较广的教材。

环境问题已经成为人类最为关注的焦点，每位致力于环境保护的人士都在为环境保护尽自己最大的努力，同时还有更多的人加入到这个队伍中来，为人类能有一个良好的居住环境而共同努力。参与本系列教材编写的每一位专家学者都希望把自己多年积累的知识和经验通过书本传授给更多的有志于为人类——环境系统的协调和持续发展出一份力的同仁。

在本系列教材即将出版之际，我们要感谢参加本系列教材编写和审稿的各位老师所付出的辛勤劳动。我们希望本系列教材能为环境学科的师生提供尽可能好的教学、研究用书，我们也希望各位读者提出宝贵意见，以使编者与时俱进，使教材得到不断的改进和完善。

《21 世纪全国高等院校环境系列实用规划教材》
编写指导委员会
2008 年 3 月

前　言

　　水是生命之源，是人类赖以生存和发展的不可缺少的物质基础。水资源是维系地球生态环境可持续发展的首要条件。目前各种水污染事故频发，水资源污染日益严重。为保护水资源，治理水环境，必须加强水质分析工作。通过水质分析及时、准确、全面地反映水环境质量现状及其发展趋势，为水环境管理、水污染控制和治理、制定水环境保护政策及水环境评价等提供科学依据。水分析化学是研究水及其杂质、污染物的组成、性质、含量和它们的分析方法的一门学科，作为水质分析的重要工具，无疑具有重大意义。编者结合多年的教学经验，并参考国家最新的水质分析标准与技术，编写了本书。

　　全书共分 11 章，第 1 章绪论主要介绍水分析化学的性质及任务、分析方法、水质指标和我国的水质标准；第 2 章水质分析与管理介绍水样的采集与保存方法及对分析过程的质量保证；第 3～6 章分别介绍了酸碱滴定法，络合滴定法，沉淀滴定法，氧化还原滴定法 4 种基本的化学分析法；第 7～10 章分别介绍了分光光度分析法，电化学分析法，色谱分析法，原子吸收分光光度法 4 种常用的仪器分析方法；第 11 章介绍了流动注射分析及质谱和气相色谱、高效液相色谱、电感耦合等离子体联用技术的基本原理及在水质分析中的应用。最后安排了水质分析基本操作及水质分析项目测定共 13 个实验。

　　本书由夏淑梅任主编，徐长松、孙勇、牛晓宇任副主编。其中第 1、2、7、11、12章由夏淑梅编写，第 3、4 章由徐长松编写、第 5、8 章由孙勇编写，第 6 章由孙勇、温青编写，第 9、10 章由牛晓宇编写，另外，温青参与编写第 2、3、7、8 章的部分内容，全书由夏淑梅统稿。

　　由于编者水平有限，书中难免存在一些疏漏，恳请广大读者批评指正。

编者

2012 年 2 月 9 日

目　　录

第1章 绪 论

 本章教学要点

知识要点	掌握程度	相关知识	应用方向
水分析化学分析方法的分类	熟悉	常量分析、半微量分析、微量分析和超微量分析，重量法和滴定法的概念	分析方法的选择
水质指标与水质标准	掌握	水质分析的物理、化学和生物指标	分析项目的选择

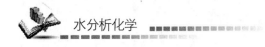

导入案例

水是人类赖以生存的基本要素，是生命存在与经济发展的必要条件。随着经济的快速发展、人口的迅猛增长和城市化进程的加快，水污染事故频发。从 20 世纪五六十年代的水俣病事件、骨痛病事件到 1986 年瑞士的化工厂事件、2000 年罗马尼亚的金矿事件等世界重大的水污染事件都对附近区域的人民生活和生态环境造成了一定的影响。中国是一个水资源短缺、水灾害频繁的国家，人均占有量只有 2500 立方米，约为世界人均水量的 1/4，在世界排第 110 位，已被联合国列为 13 个贫水国家之一。多年来，中国水资源质量不断下降，水环境持续恶化，由于污染所导致的缺水和事故不断发生并由此引发了一系列重大突发水污染公共卫生事件。据统计 1996—2006 年全国饮用水污染突发公共卫生事件调查案例近 300 起，其中影响人数超过 1 万人的特大污染事故 5 起：1996 年安徽省滁州市城西水库由于长期接纳排污，导致藻类生长，最终造成饮用水源污染事件；1999 年湖南省某硫铁矿货物转运站贮存罐 NaHS 液体泄漏造成的生活饮用水水源污染事件；2004 年四川省某化工集团因事故性排污，造成沱江流域的水污染事故；2005 年吉林市石化公司爆炸，苯类污染物流入第二松花江的污染事件。其中吉林市石化公司爆炸事件致使 100 吨苯类污染物进入松花江水体，江水硝基苯和苯严重超标，造成整个松花江流域生态环境被严重破坏。哈尔滨自来水停止供应 4 天，佳木斯关闭了以松花江为水源的第七水厂，松原市宁江区自来水停止供应 7 天，此次事件共导致 500 多万群众的饮水和生活受到严重影响。在一系列的污染事故爆发后需要通过水质分析及时准确地确定污染物的种类、来源、浓度、分布及迁移转化的规律，为采取环境保护措施和环境管理提供科学的依据依据。

1.1　水分析化学的性质及任务

水是生命之源，是人类赖以生存和发展的不可缺少的物质基础。自然环境中很多物质的迁移转化都是在介质水中进行的，水的存在和循环是地球孕育出万物的重要因素，没有水就没有生命，就没有文明的进步。

水资源是维系地球生态环境可持续发展的首要条件。随着人口的急剧增加、人类生活水平的快速提高和工业的迅猛发展，人类对水的需求量大大增加，而自然界所能提供的可利用水资源又是一定的。同时人类在生产与生活中产生的污染物常以水溶液形式排放到天然水体中，使自然环境中水的化学成分和水质发生变化。因此，水资源不足和水污染加剧构成的水资源危机成为制约社会经济发展的主要因素。为保护水资源，治理水环境，必须加强水质分析工作。通过水质分析可以及时、准确、全面地反映水环境质量的现状及其发展趋势，为水环境管理、水污染源控制、水污染治理、制定水环境保护政策及水环境评价等提供科学依据。水分析化学作为水质分析的重要工具，无疑具有重大意义。

水分析化学是研究水及其杂质、污染物的组成、性质、含量和它们的分析方法的一门学科。通过水分析化学学习，掌握水分析化学的基本原理、基本概念、基本分析方法（酸碱滴定法、络合滴定法、沉淀滴定法和氧化还原滴定法及吸收光谱法、色谱法和原子光谱法等)和基本操作技能。本书注重培养学生严谨的实事求是的科学态度，培养独立分析问题和解决问题的能力，并能运用所学知识正确地选择分析方法，对水质进行分析，以指导水处理的研究、设计及运行管理。

1.2 水分析化学分析方法的分类

根据分析要求、分析对象、测定原理、试样用量与待测成分含量的不同，分析方法可分为不同的种类。

1.2.1 常量分析、半微量分析、微量分析和超微量分析

按分析时所需试样量的不同，分析方法可分为常量分析、半微量分析、微量分析和超微量分析，具体见表1-1。

表1-1 分析方法的分类

分析方法	试样用量/mg	试液体积/mL
常量分析(Meso)	>100	>10
半微量分析(Semimicro)	10~100	1~10
微量分析(Micro)	0.1~10	0.01~1
超微量分析(Ultramicro)	<0.1	<0.1

根据分析时被分析组分在试样中的相对含量的不同，分析方法可分为常量组分(Major，>1%)分析、微量组分(Micro，0.01%~1%)分析、痕量组分(Trace，<0.01%)分析和超微量组分(Ultratrace，约0.0001)分析。

1.2.2 化学分析法和仪器分析法

按分析要求的不同，分析方法可分为定性分析、定量分析和结构分析。在水质分析中由于一般要分析的项目都是已知的，因此水质分析主要是进行定量分析。按测定原理和使用仪器的不同，定量分析可分为化学分析法和仪器分析法。

1. 化学分析法

化学分析法是以化学反应及其计量关系为基础的一种分析方法。化学分析法是分析化学的基础，又称经典分析方法。化学分析法分为重量分析法和滴定分析法两种。

1) 重量分析法

该法是通过滤膜(滤纸)过滤等方法将被测组分与水样中其他组分分离后、转化为一定的称量形式，然后用天平称量的一种分析方法。重量分析法按分离方法的不同又可分为气化法、沉淀法、电解法和萃取法。其中沉淀法是应用最广泛的重量分析法。该方法结果准确度较高，但操作较烦琐、费时，适用于水中常量组分的分析。重量分析法主要用于水中悬浮物、残渣、Ca^{2+}、Mg^{2+}、Ba^{2+}、SiO_2、SO_4^{2-} 等的测定。

2) 滴定分析法

滴定分析法又叫容量分析法，是将一准确浓度的试剂溶液和被分析物质的组分定量反应完全，根据反应完成时所消耗的试剂溶液浓度和用量计算被分析物质含量的方法。滴定分析法根据反应不同分为酸碱滴定法、络合滴定法、沉淀滴定法和氧化还原滴定法四大类。该方法具有方法简便、快速、准确度高，不需贵重的仪器设备等特点，适用于水中常量组分的分析，主要用于水中化学需氧量、生化需氧量、溶解氧、酸碱度、硫化物、氰化物、氨氮、Ca^{2+}、Mg^{2+}、Fe^{3+}、Al^{3+}等的测定。

2. 仪器分析法

仪器分析法是以物质的物理性质(光、电、磁、热、声等)和物理化学性质为基础的分析方法。常用的方法有光谱分析法、色谱分析法、电化学分析法、放射分析法和质谱分析法等。目前，仪器分析法被广泛用于对环境中污染物的定性和定量分析中。如分光光度法常用于测定色度、浊度、各种金属、无机非金属等污染物；气相色谱法常用于水中有机污染物的分离和超痕量组分的测定；原子吸收光谱法常用于水中金属元素的测定；电化学分析法用于测定水样的 pH 值、酸碱度等。仪器分析法具有快速、灵敏、准确等特点，适用于水中微量和痕量组分的分析。

近几年多种分析方法的联用技术在水质分析中得到迅速的发展。如气相色谱和质谱(GC‐MS)、高效液相色谱和质谱(HPLC‐MS)、等离子发射光谱和质谱(ICP‐MS)等被广泛用于水中痕量和超痕量组分的分析。

另外在水质分析中也会用到生物技术，利用生物在污染的环境中所产生的各种反映信息来判断环境质量，如利用水中的微生物群落结构和种类变化等来判断环境质量。

水质分析中，常用分析方法在水质分析的常规指标测定中所占的比例见表 1‐2。

表 1‐2 常用分析方法

方法	我国水和废水监测分析方法		美国水和废水标准检验方法(15 版)	
	测定项目数	比例(%)	测定项目数	比例(%)
重量法	7	3.9	13	7.0
容量法	35	19.4	41	21.9
分光光度法	63	35.0	70	37.4
荧光光度法	3	1.7		
原子吸收法	24	13.3	23	12.3
火焰光度法	2	1.1	4	2.1
原子荧光法	3	1.7		
电极法	5	2.8	8	4.3
极谱法	9	5.0		
离子色谱法	6	3.3		
气相色谱法	11	6.1	6	3.2
液相色谱法	1	0.5		
其他	11	6.1	22	11.8
合计	180	99.9	187	100

1.3　水质指标与水质标准

1.3.1　水质指标

水质是指水及其杂质共同表现出来的综合特性。水质指标表示水中杂质的种类和数量。水质指标是衡量水质优劣的标准和尺度。水质指标通常分为物理、化学、生物指标三大类。

1. 物理指标

物理指标的测定不涉及化学反应，参数测定后水样不发生变化。包括水温、臭和味、色度、浊度、电导率、氧化还原电位、残渣等。

1）水温

水的物理、化学性质与水温密切相关。水中溶解性气体（如氧、二氧化碳等）的溶解度、水中生物和微生物活动、化学和生物化学反应速度、非离子氨、盐度、pH 值以及碳酸钙饱和度等都受水温变化的影响。水温为现场监测项目之一。常用的测量仪器有水温度计、深水温度计、颠倒温度计和热敏电阻温度计。

2）色度

颜色是反映水体外观的指标。纯水是无色透明的，天然水中存在腐殖质、泥土、浮游生物、铁、锰等金属离子，使水体呈现一定的颜色。工业废水由于受到不同物质的污染，颜色各异。有颜色的水可减弱水体的透光性，影响水生生物生长。水中呈色的杂质可处于悬浮态、胶体和溶解态 3 种状态。

水的颜色定义为改变透射可见光光谱组成的光学性质，可分为真色和表色。

表色是指水体没有除去悬浮物时水所呈现的颜色，只用文字作定性描述，如工业废水或受污染的地表水呈现黄色、灰色等，并以稀释倍数法测定颜色的强度。

真色是指水体中悬浮物质完全移去后水所呈现的颜色。水质分析中所表示的颜色是指水的真色，即水的色度是对水的真色进行测定的一项水质指标。

测真色时，如水浑浊，需采用澄清、离心沉降或 $0.45\mu m$ 的滤膜过滤的方法除去水中的悬浮物。但不能用滤纸过滤，因为滤纸能吸收部分颜色。较清洁的水样可以直接测定，且真色和表色相近。对着色很深的工业废水可根据需要测定真色和表色。当样品中有泥土或其他分散很细的悬浮颗粒物，预处理后仍不透明，则测定表色。

我国生活饮用水的水质标准规定色度小于 15 度，工业用水对水的色度要求更严格，如染色用水色度小于 5 度，纺织用水色度小于 10～12 度等。水的颜色的测定方法有铂钴标准比色法、稀释倍数法、分光光度法。水的颜色受 pH 值的影响，因此测定时需要注明水样的 pH 值。

3）臭

纯净的水不应有任何气味。当水体受到污染，溶解了有机和无机污染物时，水会产生不同的臭味。水中产生臭味的物质是生活污水或工业废水污染、天然物质分解或微生物活动的结果，如藻类的繁殖、有机物的腐败及一些含有有刺激性气味物质废水的排入等。臭

是检验原水和处理水质的必测项目之一。臭的检验靠人的嗅觉，可用定性描述和臭阈值法两种方法测定。由于人们对臭的敏感程度不同，为了进行比较客观的描述，可请 5 名、10 名甚至更多的检验人员同时测定，取各检臭人员检验结果的几何均值作为代表值。

4）浊度

浊度是表现水中悬浮物对光线透过时所发生的阻碍程度，是天然水和饮用水的一个重要水质指标。浊度是由于水中含有泥土、粉沙、有机物、无机物、浮游生物和其他微生物等悬浮物和胶体物质所造成的。我国饮用水标准规定浊度不超过 1 度，特殊情况不超过 3 度。测定浊度的方法有分光光度法、目视比浊法、浊度计法。

5）残渣

残渣分为总残渣（总固体）、总可滤残渣（溶解性总固体）和总不可滤残渣（悬浮物）3 种。它们是表征水中溶解性物质、不溶性物质含量的指标。

残渣在许多方面对水和排出水的水质有不利影响。残渣高的水不适于饮用，高矿化度的水对许多工业用水也不适用。我国饮用水中规定总可滤残渣不得大于 1000mg/L。应该注意的是，实际水样测定的可滤残渣和不可滤性残渣是一个相对的值，与所用滤纸的孔径、滤片面积和厚度、残留在滤膜上的物质的数量等因素有关。

由于有机物的挥发、机械性吸着、水或结晶水的变化及气体挥发等造成损失，也可由于氧化而增重，所以残渣的测定结果与烘干温度、时间有密切关系，通常有 103～105℃和 180℃两种烘干温度。

残渣采用重量法测定。适用于天然水、饮用水、生活污水和工业废水中 20000mg/L 以下残渣的测定。

总残渣是指将水或污水在水浴上蒸干并于 103～105℃烘干后的残留物质，它是可滤残渣（通过过滤器的全部残渣）和不可滤残渣（截留在过滤器上的全部残渣）的总和。

总可滤残渣（可溶性固体）指过滤后的滤液于蒸发皿中蒸发，并在 103～105℃（有时要求在 180±2℃）烘干至恒重的固体。

总不可滤残渣（悬浮物，SS）是指将混均的水样用 0.45μm 滤膜过滤，滤膜和截留其上的残渣在 103～105℃烘干至恒重，增加的重量即为悬浮物质量。地表水中存在悬浮物使水体浑浊，透明度降低，影响水生生物的呼吸和代谢，甚至造成鱼类窒息死亡。工业废水和生活污水中含有大量有机、无机悬浮物易堵塞管道、污染环境。因此在水和废水处理中，测定悬浮物是非常重要的，它是决定工业废水和生活污水能否直接排入公共水域或必须处理到何种程度才能排入水体的重要指标之一，是沉淀处理法和沉淀设备等的设计依据。

6）电导率

电导率是表示水溶液传导电流的能力。因为电导率与溶液中离子含量大致呈比例地变化，电导率的测定可以间接地推测离解物质总浓度。电导率用电导率仪测定。通常用于检验蒸馏水、去离子水或高纯水的纯度、监测水质受污染情况以及用于锅炉水和纯水制备中的自动控制等。

2. 化学指标

1）pH 值

pH 值是溶液中氢离子活度的负对数，即 $pH = -lg a_{H^+}$。pH 值是最常用的水质指标之一。水的 pH 值的测定方法有玻璃电极法和比色法。天然水的 pH 值多在 6～9 范围内，这也是我国污水排放标准的 pH 值控制范围；饮用水的 pH 值要求在 6.5～8.5 之间；锅炉用水的 pH 值要求大于 7。

2) 酸度和碱度

碱度和酸度都是水质综合性特征指标之一，水中酸度或碱度的测定在评价水环境中污染物质的迁移转化规律和研究水体的缓冲容量等方面有重要的意义。

酸度是指水中的所含能够给出质子的物质的总量，即水中所有能与强碱发生中和作用的物质的总量。构成酸度的物质有盐酸、硫酸和硝酸等无机强酸，碳酸及各种有机酸和强酸弱碱盐等。

水的碱度是指水中所含能接受质子的物质的总量，即水中所有能与强酸发生中和作用的全部物质。构成碱度的物质包括强碱、弱碱、强碱弱酸盐。地表水的碱度基本上是由重碳酸盐、碳酸盐和氢氧化物组成的，所以总碱度被当作这些成分浓度的总和。当水中含有硼酸盐、磷酸盐或硅酸盐等时，则总碱度的测定值也包含它们所起的作用。

3) 硬度

水的硬度指 Ca^{2+}、Mg^{2+} 离子的总量。水的硬度分为碳酸盐硬度和非碳酸盐硬度两类。总硬度即为二者的总和。碳酸盐硬度也称暂时硬度。钙、镁以碳酸盐和重碳酸盐的形式存在，一般通过加热煮沸生成沉淀而除去。非碳酸盐硬度也称永久硬度。钙、镁以硫酸盐、氯化物或硝酸盐的形式存在。该硬度不能用加热的方法除去，只能采用蒸馏、离子交换等方法处理，才能使其软化。

水中硬度的测定是一项重要的水质分析指标，与日常生活和工业生产的关系十分密切。如长期饮用硬度过大的水会影响人们的身体健康，甚到引发各种疾病；含有硬度的水洗衣服会造成肥皂浪费；锅炉若长期使用硬度高的水，会形成水垢，既浪费燃料还可能引起锅炉爆炸等。

4) 总含盐量

总含量盐又称矿化度，表示水中全部阴阳离子总量，是农田灌溉用水适用性评价的主要指标之一。一般只用于天然水的测定，常用的测定方法为重量法。

5) 有机污染物综合指标

因为水中的有机物质种类繁多、组成复杂、分子量范围大、环境中的含量较低，所以分别测定比较困难。常用综合指标来间接测定水中的有机物总量。有机污染物综合指标主要有高锰酸盐指数、化学需氧量(COD)、生物化学需氧量(BOD)、总有机碳(TOC)、总需氧量(TOD)和氯仿萃取物等。

6) 放射性指标(Radiactivity Index)

水中放射性物质主要来源于天然放射性核素和人工放射性核素。放射性物质在核衰变过程中会放射出 α、β 和 γ 射线，而这些放射线对人体都是有害的。放射性物质除引起外照射外，还可以通过呼吸道吸入、消化道摄入、皮肤或黏膜侵入等不同途径进入人体并在体内蓄积，导致放射性损伤、病变甚至死亡。我国饮用水规定总 α 放射性强度不得大于 0.5Bq/L，总 β 放射性强度不得大于 1Bq/L。

3. 微生物学指标

水中微生物学指标主要有细菌总数、总大肠菌群、游离性余氯等。

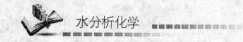

1）细菌总数

细菌总数是指 1mL 水样在营养琼脂培养基中，于 37℃培养 24h 后所生长出来的细菌菌落总数。水中主要作为判断生活饮用水、水源水、地表水等的污染程度。我国规定生活饮用水中细菌总数≤100CFU/mL。

2）总大肠菌群

大肠菌群是指那些能在 37℃、48h 内发酵乳糖产酸产气的、兼性厌氧、无芽孢的革兰氏阴性菌。总大肠菌群数的测定方法有多管发酵法和滤膜法。水中存在病原菌的可能性很小，其他各种细菌的种类却很多，要排除一切细菌而单独直接检出某种病原菌来，在培养分离技术上较为复杂，需较多的人力和较长的时间。大肠菌群作为肠道正常菌的代表其在水中的存活时间和对氯的抵抗力与肠道致病菌相似，将其作为间接指标判断水体受粪便污染的程度。我国饮用水中规定大肠菌群不得检出。

3）游离性余氯

游离性余氯是指饮用水氯消毒后剩余的游离性有效氯。饮用水消毒后为保证对水有持续消毒的效果，我国规定出厂水中的限值为 4mg/L，集中式给水出厂水游离性余氯不低于 0.3mg/L，管网末梢水不低于 0.05mg/L。

1.3.2 水质标准

水质标准是由国家或地方政府对水中污染物或其他物质的最大容许浓度或最小容许浓度所作的规定，是对各种水质指标作出的定量规范。水质标准分为水环境质量标准、污水排放标准和用水水质标准。

1. 水环境质量标准

目前，我国颁布并正在执行的水环境质量标准有地表水环境质量标准（GB 3838—2002）、海水水质标准（GB 3097—1997）、地下水质量标准（GB/T 14848—93）等。

地表水环境质量标准（GB 3838—2002）依据地表水水域环境功能和保护目标，按功能高低依次划分为 5 类。

Ⅰ类：主要适用于源头水、国家自然保护区；

Ⅱ类：主要适用于集中式生活饮用水地表水源地一级保护区、珍稀水生生物栖息地、鱼虾类产场、仔稚幼鱼的索饵场等；

Ⅲ类：主要适用于集中式生活饮用水地表水源地二级保护区、鱼虾类越冬场、洄游通道、水产养殖区等渔业水域及游泳区；

Ⅳ类：主要适用于一般工业用水区及人体非直接接触的娱乐用水区；

Ⅴ类：主要适用于农业用水区及一般景观要求水域。

对应地表水上述 5 类水域功能，将地表水环境质量标准基本项目标准值分为 5 类，不同功能类别分别执行相应类别的标准值。水域功能类别高的标准值严于水域功能类别低的标准值。同一水域兼有多类使用功能的，执行最高功能类别对应的标准值。实现水域功能与功能类别标准为同一含义。

2. 污水排放标准

除国家制定的污水综合排放标准（GB 8978—1996）外，还有一些地方和行业根据自身实际情况制定的专用的排放标准，如《造纸工业水污染物排放标准（GWPB 2—1999）》，

《海洋石油工业含油污水排放标准(GB 4914—85)》等。

污水综合排放标准(GB 8978—1996)规定了 69 种污染物的最高允许排放浓度和部分行业的最高允许排水量。

本标准共分为 3 级。排入 GB 3838 中Ⅲ类水域(划定的保护区和游泳区除外)和排入 GB 3097 中的Ⅱ类海域执行一级标准;排入 GB 3838Ⅳ、Ⅴ类水域和排入 GB 3097 中的Ⅲ类海域执行二级标准;排入设置二级污水处理厂的城镇排水系统的污水执行三级标准。

同时将污染物按其性质及控制方式分为两类,第一类污染物不分行业和污水排放方式,也不分受纳水体的功能类别,一律在车间或车间处理设施排放口采样,其最高允许浓度必须达到该标准要求;第二类污染物在排污单位排放口采样,其最高允许排放浓度必须达到本标准要求。

3. 用水水质标准

我国已制定的用水水质标准有《生活饮用水卫生标准》(GB 5749—2006)、《农田灌溉水质标准》(GB 5084—1992)、《渔业水质标准》(GB 11607—1989)、《景观娱乐用水水质标准》(GB 12941—1991)等。

根据《生活饮用水卫生标准》(GB 5749—2006),生活饮用水的水质是否符合标准是人们身体健康的最基本的保障,它的制定考虑了以下几个方面的基本要求:饮用水中不得含有病原微生物;饮用水中化学物质不得危害人体健康;饮用水中放射性物质不得危害人体健康;饮用水的感官性状良好;饮用水应经消毒处理;水质应符合相关要求。该标准项目共计 106 项,其中感官性状指标和一般化学指标 20 项,饮用水消毒剂 4 项,毒理学指标 74 项,细菌学指标 6 项,放射性指标 2 项。

本 章 小 结

本章介绍了水分析化学的性质及任务、水分析化学的分析方法的分类和水质分析定量分析中常用的化学分析法和仪器分析法及水质指标的定义和我国的常规物理、化学、生物指标,水质标准的定义和我国的水质标准。

 知识链接

我国生活饮用水卫生标准的修订

《生活饮用水卫生标准》的修订是保证饮用水安全的重要措施之一。恶性水污染事故频发,饮水安全和卫生问题引起了全球的关注,饮水安全已成为全球性的重大战略性问题。我国 1985 年发布的《生活饮用水卫生标准》(GB 5749—85)已不能满足保障人民群众健康的需要。为此,卫生部和国家标准化管理委员会对原有标准进行了修订,联合发布新的强制性国家《生活饮用水卫生标准》(GB 5749—2006)。该标准是 1985 年首次发布后的第一次修订,自 2007 年 7 月 1 日起实施。新标准的水质项目和指标值的选择,充分考虑了我国实际情况,并参考了世界卫生组织的《饮用水水质准则》,

参考了欧盟、美国、俄罗斯和日本等国饮用水标准。规定指标由原标准的 35 项增至 106 项。其中，微生物指标由 2 项增至 6 项；饮用水消毒剂指标由 1 项增至 4 项；感官性状和一般理化指标由 15 项增至 20 项；毒理指标由 15 项增至 74 项；放射性指标仍为 2 项。标准中的 106 项指标包括 42 项常规指标和 64 项非常规指标，常规指标是各地统一要求必须检定的项目。而水质非常规指标及限值所规定指标的实施项目和日期由各省级人民政府根据实际情况确定，但必须报国家标准委、建设部和卫生部备案。各地具体情况不同，新标准中的水质非常规指标及限值的实施项目和日期将由省级人民政府根据当地实际情况确定，全部指标最迟于 2012 年 7 月 1 日实施。

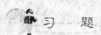 习　题

1. 什么是水质指标？常规的物理、化学和生物指标有哪些？
2. 什么是水质标准？我国的生活饮用水卫生标准制定的基本要求是什么？

第2章
水质分析与管理

 本章教学要点

知识要点	掌握程度	相关知识	应用方向
水样的采集和保存	熟悉	水样的分类、布点、保存和预处理方法	采集、保存和运送水样
实验室用水	熟悉	水的分级、特殊要求的水	分析项目测定
分析误差及表示方法	掌握	误差的分类、精密度、准确度、标准偏差	结果的质量保证
分析结果的统计表述	熟悉	数据修约、可疑数据取舍、结果的统计表述	结果的质量保证
标准溶液的配置	掌握	标准溶液配置、浓度表示方法	分析项目测定

导入案例

随着环境问题的加剧，水污染事件频发，如吉林石化苯泄漏、广东北江镉污染、四川涪江电解锰厂尾矿渣污染等。在发生污染事故后首先要进行检测，来判断污染对水质的影响，水质是否超标等。水质分析的程序如下。

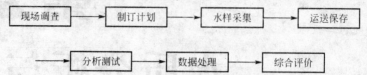

由水质分析的程序可知，对最终结果的准确度的影响因素很多，从采样点的确定、样品采集、运送、保存、预处理到最后的分析测试，由于环境样品的基体非常复杂，每一步操作不当都可能导致结果不正确。其中关键的因素就是水样采集，水样采集是否有代表性决定了分析结果能否真正反映水质现状，分析结果是否有代表性 70%～80% 是由采样来决定的。如何保证测定结果的准确性、判断数据是否可信，这就需要对整个分析过程进行质量控制。

2.1　水样的采集与保存

2.1.1　布点方法

水质分析采样点位的布设是关系到分析数据是否有代表性，是否能真实地反映水环境质量状况和水污染发展趋势的关键问题。

供分析用的水样，应该能够充分的代表该水体的全面性，并不能受到任何意外的污染。采样前必须做好实地调查和资料收集。大致包括水体的水文、气候、地质、地貌特征；水体沿岸城市分布和工业布局、污染源分布及排污情况、城市给水排水情况；水体沿岸的资源(森林、矿产、土壤、耕地、水资源)现状，特别是植被破坏和水土流失情况；水体功能区划情况；实地勘察现场的交通状况、河宽、河床结构、岸边标志等。对于湖泊还需了解生物、沉积物特点、间温层分布、容积、平均深度等。

1. 采样断面的设置

采样位置应在对调查研究结果和有关资料进行综合分析的基础上，根据分析目的、结合水域类型、污染源分布、水的利用情况、水的均匀性和样品的可获得性等因素而确定。采样断面在总体和宏观上应能反映水系或区域的水环境质量状况；各段面的位置应能反映所在区域的污染特征；力求以较少的断面取得代表性最好的样品。

对于江、河水系或某一河段，一般应设置 3 种断面。

(1) 对照断面：反映进入本地区河流水质的初始情况，布设在进入城市、工业排污区的上游，不受本地区污染影响的适当位置。一个河段一般只设一个对照断面，设在距离最近的排污口上游 50～1000m 处。

(2) 控制断面：为评价、分析河段两岸污染源对水体水质影响面设置的采样断面。控制断面的数目应根据城市工业布局和排污口的分布情况而定，可设置一个至数个控制断面，控制断面的位置应根据主要污染物的迁移、扩散规律、水体径流和河道水力学特征确定，应设在排污口下游 500～1000m 处(因为在排污口下游 500m 横断面上的 1/2 宽度处重金属浓度一般出现高峰值)。对特殊要求的地区，如自然保护区、风景游览区、水产资源区、与水源有关的地方病发病区、严重水土流失区和地球化学异常区等河段上应设置控制断面。

(3) 消减断面(净化断面)：是指河流受纳污水和废水后，经水体的稀释扩散、自净作用，使污染物浓度显著下降、污染状况明显减缓，其左、中、右 3 点浓度差异较小的断面，主要反映河流对污染物的稀释自净情况。削减断面通常设在城市或工业区最后一个排污口下游 1500m 以外的河段上，水量小的河流应视具体情况而定。

对于湖泊、水库采样断面的设置，根据汇入湖泊、水库的河流数量、水体径流量、季节变化及动态变化、沿岸污染源分布及污染源扩散与自净规律、水体的生态环境特点等具体情况，确定采样断面的位置。如在进出湖泊、水库的河流汇合处分别设置检测断面。

2. 采样垂线和采样点的设置

采样断面设置后，应根据水面的宽度确定断面上的采样垂线，然后根据采样垂线的深度确定采样点的位置和数目。河流的垂线和采样点的设置如下所示。

1) 采样垂线布设方法

水面宽小于 50m 时，只设一条中泓垂线；水面宽为 50～100m 时，在左、右近岸有明显水流处各设一条垂线；水面宽为 100～1000m 时，设左、中、右 3 条垂线(中泓、左、右近岸有明显水流处)；水面宽大于 1500m 时，至少要设置 5 条等距离垂线。

说明：断面上垂线的设置应避开岸边污染带，有必要对岸边污染带进行检测时，可在污染带内酌情增加垂线；对无排污河段或有充分数据证明断面上的水质均匀时，只可设一条中泓垂线；凡在该断面要计算污染物通量时，必须按本规定设置垂线。

2) 垂线上采样点的设置

垂线上采样点的设置，应按河流水深确定。

在一条垂线上，水深≤5m 时，只设 1 个上层采样点，即只采表层水样(距水面 0.5m 处，水深不足 0.5m 时，在 1/2 水深处采样)。

水深 5～10m 时，设上、下层 2 个采样点(水面下 0.5m 处和河底以上 0.5m 处)。

水深 10～50m 时，设上、中、下 3 个采样点(水面下 0.5m 处、1/2 水深处、河底以上0.5m 处)。

水深超过 50m 时，应酌情增加采样点数。

采样断面和采样点位置确定后，应立即设立标志物，每次采样时以标志物为准，在同一位置采取，以保证样品的代表性。

3. 水污染源采样点的确定

对于水污染源，包括工业废水污染源、生活污水污染源、医院污水污染源等，它们是造成水体污染的主要原因。工业废水和生活污水排放量大、组成复杂，它们的采样是污染源调查和检测工作的主要内容，是环境管理和环境治理的基础。

水污染源一般经管道或沟、渠排放，截面积较小，无需设置断面，可直接确定采样点

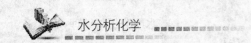

位。工业废水采样点的确定原则如下。

（1）含第一类污染物（主要有汞、镉、砷、铅、6价铬、有机氯化合物及强致癌物等）的废水，不分行业和废水排放方式，也不按受纳水体的功能类别，一律在车间或车间处理设施的排出口设置采样点；

（2）含第二类污染物（主要有悬浮物、硫化物、挥发酚、氰化物、有机磷化合物、石油类、铜、锌、氟的无机化合物、硝基苯类、苯胺类等）的废水，应在排污单位的废水总排放口设置采样点；

（3）有处理设施的单位，应在处理设施的排放口设点，为了解废水的处理效果，可在进、出水口处同时布点采样；

（4）在排污渠道上，采样点应设在渠道较直、水量稳定、上游无污水汇入的地方；

（5）在排入管道或渠道中流动的废水，由于管道壁的滞留作用，使同一断面的不同部位流速和浓度都有变化，因此可在水面下 $1/4 \sim 1/2$ 处采样，作为代表平均浓度的水样采集。

2.1.2　水样的分类

GB 12998—91《采样技术指导》中对水样的类型做了具体规定。

1. 瞬时水样

指在某一时间和地点从水体中随机采集的分散水样。对于组成较稳定的水体或水体的组成在相当长的时间或相当大的空间范围内变化不大时，瞬时水样具有很好的代表性；当水体组分及含量随时间变化时，则要在适当时间间隔内进行瞬时采样，分别分析，以测出水质的变化程度、频率、周期；当水体的组成发生空间变化时，就要在各个相应的部位多点采集瞬时样品，分别进行分析，摸清水质的变化规律。

2. 混合水样

指在同一采样点于不同时间所采集的瞬时水样的混合水样，有时称"时间混合水样"。这种水样在观察平均浓度时非常有用，当不需要测定每个水样而只需要平均值时，混合水样能节省检测分析工作量和试剂等的消耗。但不适用于挥发酚、油类等被测成分在水样储存过程中发生明显变化的水样。

3. 综合水样

从不同采样点同时采集的各个瞬时水样混合后所得到的样品称为综合水样。这种水样在某些情况下更具有实际意义。综合水样是获得平均浓度的重要方式，有时需要把代表断面上的各点，或几个污水排放口的污水按相对比例流量混合，取其平均浓度。何时采综合水样视水体的具体情况和采样目的而定。例如，当为几条废水河、渠建立综合处理厂时，以综合水样取得的水质参数作为设计的依据更为合理。

4. 平均污水样

对于排放污水的企业而言，生产的周期性影响着排污的规律性。为了得到代表性的污水样，应根据排污情况进行周期性采样。一般地说，应在一个或几个生产或排放周期内，按一定的时间间隔分别采样。对于性质稳定的污染物，可对分别采集的样品进行混合后一次测定，对于不稳定的污染物可在分别采样、分别测定后取平均值为代表。

生产的周期性也影响污水的排放量，在排放流量不稳定的情况下，可将一个排污口不同时间的污水样，依照流量的大小，按比例混合，可得到称之为平均比例混合的污水样。这是获得平均浓度最常采用的方法，有时需将几个排污口的水样按比例混合，用以代表瞬时综合排污浓度。

5. 其他水样

例如为检测洪水期或退水期的水质变化，调查水污染事故的影响等都须采集相应的水样。采集这类水样时，须根据污染物进入水系的位置和扩散方向布点并采样，一般采集瞬时水样。

2.1.3 水样的采集

水样的采集方法、频率、采样时间、样品的保存和处理方法等取决于分析的目的。

1. 储存容器

水样储存容器因材质选择不当，有可能由于吸附、溶解等而造成待测组分损失或玷污样品。采样前，要根据检测项目的性质和采样方法的要求，选择适宜材质的储存容器和采样器，并清洗干净。

常用的水样储存容器材质有硼硅玻璃(硬质玻璃)、石英、聚乙烯和聚四氟乙烯塑料，广泛使用的是聚乙烯塑料和硼硅玻璃材质的容器。

硼硅玻璃容器：硼硅玻璃主要成分是二氧化硅和三氧化硼，无色透明便于观察样品及其变化，耐热性能良好，耐强酸、强氧化剂以及有机溶剂的侵蚀。但是不耐氟化氢和强碱，易破碎，运输中需特别小心。玻璃容器常用作检测有机污染物和生物水样的储存容器，也可作某些无机污染物(如6价铬、硫化氢、氨)水样的储存容器。不宜储存碱性水样以及测定锌、钠、钾、钙、镁、硅等的水样，因为玻璃容器可溶解出这些物质而玷污样品。

聚乙烯容器：聚乙烯在常温下不被浓盐酸、磷酸、氢氟酸和浓碱腐蚀，对许多试剂都很稳定，容器耐冲击、轻便、便于运输和携带。但浓硝酸、溴水、高氯酸和有机溶剂对它有缓慢的侵蚀作用。储存水样时，对大多数金属离子很少吸附，但有吸附磷酸根离子及有机物的倾向，而且塑料本身和添加剂的老化分解，能从器壁溶解到水样中，产生有机物污染。所以聚乙烯容器用于储存测定金属离子和其他无机物的水样，不宜储存有机污染物(如苯、油等)的水样。

对特殊项目的检测容器，可选用其他高级化学惰性材料制作的容器。

2. 采样器

常用的采样器有以下几种。

(1)塑料水桶是一种普通的采样器具，适于采集表层水。塑料水桶适用于水体中除溶解氧、油类、细菌学指标等有特殊采样要求以外的大部分水样和水生生物检测样品的采集。

(2)单层采样器，结构如图2.1所示。单层采样器适用于大部分检测项目的样品采集，尤其是油类和细菌学指标等检测项目必须使用这类采水器。但是这类采水器不能用

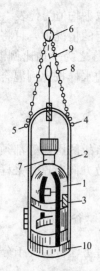

图 2.1　单层采样器

1—水样瓶；2，3—采样瓶架；

4，5—控制采样瓶平衡的挂钩；

6—固定采样瓶绳的挂钩；

7—瓶塞；8—采样瓶绳；

9—开瓶塞的软绳；10—铅锤

于水中微量气体(如溶解氧等)项目样品的采样。

(3) 有机玻璃采样器，结构如图 2.2 所示。有机玻璃采样器适用于水质、水生生物大部分检测项目测定用样品的采集，但油类、细菌学指标等检测项目所需水样不能使用该采水器。

(4) 溶解氧采样器(双瓶采样器)，结构如图 2.3 所示，测定溶解气体(如 DO)项目的水样时需用该采样器。将采样器沉入要求水深处后，打开上部的橡胶管夹，水样进入采样瓶(小瓶)并将空气驱入大瓶，从连接大瓶短玻璃管的橡胶管排出，直到大瓶中充满水样，提出水面后迅速密封。这种采样器可防止水和空气扰动而改变水样中受测溶解气体的浓度。

(5) 急流采样器，结构如图 2.4 所示。急流采样器用于流量大、水深的场合。采集水样时，打开铁框的铁栏，将样瓶用橡皮塞塞紧，再把铁栏扣紧，然后沿船身垂直方向伸入水深处，打开钢管上部橡皮管的夹子，水样便从橡皮塞的长玻璃管流入样瓶中，瓶内空气由短玻璃管沿橡皮管排出。

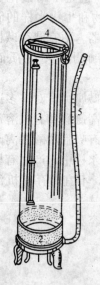

图 2.2　有机玻璃采样器

1—进水阀门；

2—压重铅阀；3—温度计；

4—溢水阀；5—橡皮管

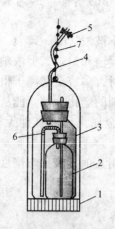

图 2.3　溶解氧采样器

1—带重锤的铁框；2—小瓶；

3—大瓶；4—橡胶管；5—夹子；

6—塑料管；7—绳子；

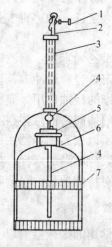

图 2.4　急流采样器

1—夹子；2，5—橡皮管；

3—钢管；4—玻璃管；

6—玻璃取样瓶；7—铁框

采样前根据检测项目选择合适的采样器，先用自来水冲去灰尘和其他杂物，再用酸或其他溶剂洗涤，最后用蒸馏水冲洗干净，如果是铁质采样器，要用洗涤剂彻底消除油污，再用自来水漂洗干净，晾干待用。

3．交通工具

最好有专用的检测船或采样船，如果没有，根据水体和气候选用适当吨位的船只，根据交通条件选用陆上交通工具。

4．采样方法

（1）地表水水样的采集。选择合适的采样器，在相应的检测点位上采集水样。

（2）地下水水样的采集。从井中采集水样常利用抽水机等设备。启动抽水机后，先放水数分钟，将积留在管道内的杂质及陈旧水排出，用水样洗涤容器2～3次，然后用采样容器接取水样。对于无抽水设备的水井，可选择合适的专用采水器进行采集。

（3）泉水水样的采集。当水源不足1m时，可直接用采样容器灌注。对于自涌泉水，应在泉水涌出口处采样。

（4）自来水水样的采集，要先将水龙头完全打开，放数分钟的水，排出管道中积存的死水后再采样。

（5）废水样品的采集。废水样品的储存容器的选择和地面水样相同。废水一般流量较小，距地面距离近，地形也不复杂，因此采样设备和采集方法较简单。浅水采样可直接用容器采集；深层水采样可使用专制的深层采水器采集；自动采样器或连续自动定时采样器采集。

2.1.4 水样的运输和保存

1．水样的运输

水样采集后，除一部分项目现场测定外，大部分要运回到实验室进行测定。在水样运输工程中，应尽可能缩短运输时间，以保证水样的完整性，使之不受污染、损坏、丢失。在水样的运输过程中，应注意以下几点。

（1）根据采样记录和样品登记表清点样品，防止搞错。

（2）要塞紧采样容器口塞子，必要时用封口胶、石蜡封口。

（3）为避免水样在运输过程中因振动、碰撞导致损失或玷污，最好将样瓶装箱，并用泡沫塑料或纸条挤紧。

（4）需冷藏的样品，应配备专门的隔热容器，放入制冷剂，将样品瓶置于其中。

（5）冬季应采取保温设施，以免冻裂样品瓶。

（6）水样的运输时间，通常以24h为最大允许时间。

2．水样的保存

水样采集后，应快速进行测定。有些水样要求现场或最好现场立即测定，如水温、溶解氧、CO_2、色度、pH值、电导率、酸度、碱度、余氯等。有些水样需带回实验室。水样取出后到分析测定这段时间内，由于环境条件的改变，不可避免地发生化学、物理或生物变化，为将这些变化降低到最低程度，除需缩短运输时间、尽快分析外，采取一些必要

的保护措施也是必要的，这就是水样的保存技术。

1）水样保存的基本要求

减慢化学反应速度，防止组分的分解和沉淀产生；减慢化合物或络合物的水解和氧化还原作用；减少组分的挥发溶解和物理吸附；减慢生物化学作用。

2）水样储放时间

清洁水样存放时间不应超过 72h，轻污染水样存放时间不应超过 48h，严重污染水样存放时间不应超过 12h。

3）水样保存方法

为将由于物理因素、化学因素和生物因素的影响使水样组分浓度产生的变化降低到最低，采取以下水样保存方法。

（1）冷藏或冷冻法：样品在 4℃冷藏或将水样迅速冷冻，存储于暗处，可以抑制微生物活动，减缓物理挥发和化学反应速率。冷藏是短期内保存水样的一种较好方法，冷藏温度应控制在 4℃左右。冷冻温度在 −20℃左右，但要特别注意冷冻过程和解冻过程中，不同状态的变化会引起水质的变化。为防止冷冻过程中水的膨胀，无论使用玻璃容器还是塑料容器都不能将水样充满整个容器。

（2）加入化学试剂：可以是在采样后立即往水样中投加化学试剂，也可以先将化学试剂加到水样瓶中。

加入酸或碱：加入酸或碱改变溶液的 pH 值，能抑制微生物活动，消除微生物对 COD、TOC、油脂等项目测定的影响，从而使待测组分处于稳定状态。测定重金属时加入硝酸至 pH 值为 1～2，可防止水样中金属离子发生水解、沉淀或被容器壁吸附；在测定氰化物的水样中加碱 NaOH 调节 pH 值为 10～11；测酚的水样也需加碱保存。

生物抑制剂：如在测定氨氮、硝酸盐氮、化学需氧量的水样中加入 $HgCl_2$，可抑制生物的氧化还原作用；对测定酚的水样，用 H_3PO_4 调至 pH 值为 4 时，加入 $CuSO_4$，可抑制苯酚菌的分解活动。

氧化剂或还原剂：在水样测定过程中，加入氧化剂或还原剂可增强待测组分的稳定性。如 Hg^{2+} 在水样中易被还原引起汞的挥发损失，加入 HNO_3（至 pH<1）和 $K_2Cr_2O_7$（0.05%），使汞保持高价态，汞的稳定性大为改善；测定硫化物的水样，加入抗坏血酸，可以防止被氧化；测定溶解氧的水样则需加入少量硫酸锰和碱性碘化钾固定溶解氧等。

（3）其他措施：水样采集后在现场立即采取一些如过滤等措施，对水样的保存是很有益的。水样中的藻类和细菌可被截留在滤膜上，这样就可大大减少和防止水样中的生物活性作用。如果要区分金属、磷等被测物是溶解状态还是悬浮状态时，也需要采样后立即过滤，否则这两种形态在水样储存期间会互相转化。

水样的储存期限与多种因素有关，如样品的性质、组成、浓度、储存条件等，不同的分析项目有不同的保存时间。具体测定项目的保存方法可参阅《水质采样　样品的保存和管理技术规定》（HJ 493—2009）。

2.1.5　水样的预处理

环境水样的组成是相当复杂的，且多数污染物的含量低、存在形态各异，所以在分析测定前要进行适当的预处理，以得到待测组分适合于测定方法要求的形态、浓度和消除共有组分干扰的试样体系。下面介绍几种主要的预处理方法。

1. 消解

当测定含有机物水样中的无机元素时，需进行消解处理，金属化合物的测定多采用此法进行预处理。消解的目的是破坏有机物，溶解悬浮性固体，将各种价态的欲测元素氧化成单一高价态或转变成易于分离的无机化合物，同时消解还可达到浓缩水样的目的。消解后的水样应清澈、透明、无沉淀。消解水样的方法有湿式消解法和干式消解法(干法灰化)。

1) 湿式消解法

湿式消解采用硝酸、硫酸、高氯酸等作消解试剂，以分解复杂的有机物。在进行消解时，应根据水样的类型及采用的测定方法选择消解试剂。

硝酸消解法：对于较清洁的水样，可用硝酸消解。其方法要点如下：取混匀的水样50~200mL 于烧杯中，加入 5~10mL 浓硝酸，在电热板上加热煮沸，蒸发至小体积，试液应清澈透明，呈浅色或无色，否则，应补加硝酸连续消解。蒸至近干，取下烧杯，稍冷后加 2%硝酸(或盐酸)20mL，温热溶解可溶盐。若有沉淀应过滤，滤液冷至室温后定容，备用。该方法由于硝酸沸点低，一般单独使用的不太多。

硝酸-硫酸消解法：硝酸氧化力强，硫酸沸点高，两者结合可提高消解温度和消解效果。用硝酸-硫酸消解最为常见，应用比较广泛。常用的硝酸与硫酸的比例为 5∶2。消解时，先将硝酸加入水样中，加热蒸发至小体积，稍冷，再加入硫酸、硝酸，继续加热蒸发至冒大量白烟，冷却，加适量水，温热溶解可溶盐，若有沉淀，应过滤。为提高消解效果，可加入少量 H_2O_2，该法不适用于处理测定易生成难溶硫酸盐组分(如 Pb、Ba 等)的水样。

硝酸-高氯酸消解法：两种酸都为强氧化性酸，联合使用可消解含难氧化有机物的水样。其方法要点如下：取适量水样于烧杯或锥形瓶中，加 5~10mL 硝酸，在电热板上加热、消解至大部分有机物被分解。取下烧杯，稍冷，加 2~5mL 高氯酸，继续加热至开始冒白烟，如试液呈深色，再补加硝酸，继续加热至冒浓厚白烟将尽(不可蒸干)。取下烧杯冷却，用 2%HNO_3 溶解，如有沉淀应过滤，滤液冷至室温定容备用。为防止高氯酸与羟基化合物反应生成不稳定的高氯酸酯，发生爆炸，在消解时应先加入硝酸，氧化水中的羟基化合物，稍冷后再加入高氯酸处理。

其他消解法：消解试剂除上述 3 种外，还有硫酸-磷酸、硫酸-高锰酸钾、硝酸-过氧化氢、氢氧化钠-过氧化氢、多元消解法(硫酸、磷酸、高锰酸钾)等。

2) 干式消解法

干式消解又称干法灰化或高温分解，多用于固态样品，如沉积物、底泥等。对含有大量有机物的水样，也可采用灰化法。其处理过程是：取适量水样于白瓷或石英蒸发皿中，置于水浴上蒸干，移入马福炉内，于 450~550℃灼烧到残渣呈灰白色，使有机物完全分解除去，取出蒸发皿，冷却，用适量 2%HNO_3(或 HCl)溶解样品灰分，过滤，滤液定容后供测定使用。本方法不适用于处理测定易挥发组分(如砷、汞、镉、硒、锡等)的水样。

2. 过滤

如水样浊度较高或带有明显的颜色，就会影响分析结果，可采用过滤、澄清、离心等

措施分离不可滤残渣，尤其用适当孔径的过滤器可有效地除去细菌和藻类。

3. 挥发

挥发是利用某些污染物质挥发度大，或者将预测组分转变成易挥发物质，然后用惰性气体带出而达到分离的目的。例如，用冷原子荧光法测定水样中的汞时，先将汞离子用氯化亚锡还原为原子态汞，再利用汞易挥发的性质，通入惰性气体将其带出并送入仪器测定；用分光光度法测定水中的硫化物时，先使之在磷酸介质中生成硫化氢，再用惰性气体载入乙酸锌-乙酸钠溶液中吸收，从而达到与母液分离的目的。测定废水中的砷时，将其转变成 AsH_3 气体，用吸收液吸收后供分光光度法测定。

4. 蒸馏

蒸馏是利用水样中各污染组分具有不同的沸点而使其彼此分离的方法。它是环境检测分析技术中分离待测物的重要操作方法之一。测定水样中的挥发酚、氰化物等，均需先在酸性介质中进行预蒸馏分离。此时，蒸馏具有消解、富集和分离 3 种作用。按所用手段和条件的不同，蒸馏可分为常压蒸馏、减压蒸馏、分馏和其他类型的蒸馏等。

5. 蒸发浓缩

蒸发就是将液体加热变成蒸气而除去的操作。在水质分析中蒸发可用来减少溶剂量（浓缩）或完全除去溶剂（蒸干），以达到富集待测物的目的。一般用于含有欲测组分的稀溶液。

6. 溶剂萃取

有机化合物的测定多采用此法进行预处理。溶剂萃取法是基于物质在不同的溶剂中分配系数不同，而达到组分的富集与分离目的。

例如，用 4 -氨基安替比林光度法测定水样中的挥发酚时，当酚含量低于 0.05mg/L，则水样经蒸馏分离后需再用三氯甲烷进行萃取浓缩；用紫外分光光度法测定水中的油和用气相色谱法测定有机农药（六六六、DDT）时，需先用石油醚萃取。

7. 超临界流体萃取

超临界流体萃取是利用超临界状态下的流体作为萃取剂，从环境样品中萃取出待测组分的方法。超临界流体萃取分离过程是利用超临界流体的溶解能力与其密度的关系，即利用压力和温度对超临界流体溶解能力的影响而进行的。

在超临界状态下，将超临界流体与待分离的物质接触，使其有选择性地把极性大小、沸点高低和分子量大小不同的成分依次萃取出来。超临界流体的密度和介电常数随密闭体系压力的增加而增加，同时极性增大利用程序升压可将不同极性的成分进行分步提取。然后借助减压、升温的方法使超临界流体变成普通气体，被萃取物质则完全或基本析出，从而达到分离提纯的目的，所以超临界流体萃取过程是由萃取和分离过程组合而成的。

8. 固相萃取

所谓固相萃取法是利用选择性吸附与选择性洗脱的液相色谱法分离原理，使液体样品通过吸附剂，保留其中某一组分，再选用适当溶剂冲去杂质，然后用少量溶剂迅速洗脱，从而达到快速分离净化与浓缩的目的。固相萃取是一个包括液相和固相的物理萃取过程。在固相萃取中，固相对分离物的吸附力比溶解分离物的溶剂更大。当样品溶液通过吸附剂床时，分离物浓缩在其表面，其他样品成分通过吸附剂床；通过只吸附分离物而不吸附其他样品成分的吸附剂，可以得到高纯度和浓缩的分离物。

2.2 纯水和特殊要求的水

1. 纯水的分级

水是最常用的溶剂，配制试剂、标准物质、洗涤均需使用大量的水。它对分析质量有着广泛和根本的影响，对于不同用途需要使用不同质量的水。纯水分级见表2-1。市售蒸馏水或去离子水必须经检验合格才能使用。实验室中应配备相应的提纯装置。

表 2-1 纯水分级表

级别	电阻率(25℃)MΩ·cm	制水设备	用途
特	>16	混合床离子交换柱、0.45微米滤膜、亚沸蒸馏器	配制标准水样
1	10~16	混合床离子交换柱、石英蒸馏器	配制分析超痕量(10^{-9}级)物质用的试液
2	2~10	双级复合床或混合离子交换柱	配制分析痕量(10^{-6}~10^{-9}级)物质用的试液
3	0.5~2	单级复合床离子交换柱	配制分析10^{-6}级以上含量物质用的试液
4	<0.5	金属或玻璃蒸馏器	配制测定有机物用的试液

1) 蒸馏水

蒸馏水的质量因蒸馏器的材料和结构而异，水中常含有可溶性气体、微量金属和挥发性有机物。例如：用金属蒸馏器蒸得的蒸馏水含有微量金属，只适用于清洗容器和配制一般试液；用玻璃蒸馏器蒸得的蒸馏水适于配制一般的定量分析试液；用石英蒸馏器所得的蒸馏水适于配制对痕量非金属进行分析的试液；用亚沸蒸馏器所得的蒸馏水适于配制除可溶性气体和挥发性物质以外的各种物质的痕量分析用试液。

2) 去离子水

去离子水是自来水通过阴、阳离子交换树脂混合柱，除去水中的离子杂质，出水管采用聚乙烯管，但水中胶态物质及微粒不能除去，还会从树脂中溶出少量有机物。不适于配制有机分析试液，适于配制痕量金属分析用的试液。

2. 特殊要求的水

在分析某些指标时，对分析过程中所用的纯水中的这些指标的含量应越低越好，这就提出了某些特殊要求的纯水以及制取方法。如无氯水、无氨水、无二氧化碳水、无铅水、无砷水和无酚水等。

1) 不含氯的水

加入亚硫酸钠等还原剂将自来水中的余氯还原为氯离子，用附有缓冲球的全玻璃蒸馏

器进行蒸馏制取。

取实验用水 10mL 于试管中，加入 2～3 滴（1＋1）硝酸、2～3 滴 0.1mol/L 硝酸银溶液，混匀，不得有白色混浊出现。

2）不含氨的水

（1）向水中加入硫酸至 pH<2，使水中各种形态的氨或胺最终都转变成不挥发的盐类，用全玻璃蒸馏器进行蒸馏，收集馏出液即得（注意：避免实验室内空气中含有氨而重新污染，应在无氨气的实验室进行蒸馏）。

（2）向蒸馏制得的纯水中加入数毫升再生好的阳离子交换树脂振摇数分钟，即可除氨，或者通过交换树脂柱也能除氨。

3）不含二氧化碳的水

（1）煮沸法：将蒸馏水或去离子水煮沸至少 10min（水多时），或使水量蒸发 10％以上（水少时），加盖放冷即可。

（2）曝气法：将惰性气体（如高纯氮）通入蒸馏水或去离子水至饱和即可。

制得的无二氧化碳水应储存在一个附有碱石灰管的橡皮塞盖严的瓶中。

4）不含有机物的水

将碱性高锰酸钾溶液加入水中再蒸馏，在再蒸馏的过程中应始终保持水中高锰酸钾的紫红色不得消褪，否则应及时补加高锰酸钾。

5）不含酚的水

（1）加碱蒸馏法：加入氢氧化钠至水的 pH 值>11（可同时加入少量高锰酸钾溶液使水呈紫红色），使水中酚生成不挥发的酚钠后进行蒸馏制得。

（2）活性炭吸附法：将粒状活性炭在 150～170℃活化 2h 以上，放入干燥器内冷却至室温后，装入层析柱中（为避免炭粒间存留气泡，层析柱中预先盛有少量水）。以不超过 100mL/min 的速度，使蒸馏水或去离子水缓慢通过柱床。开始流出的水（略多于装柱时预先加入的水量）须再次返回柱中，然后正式收集。

6）不含砷的水

通常使用的普通蒸馏水或去离子水基本不含砷，对所用蒸馏器、树脂管和储水容器要求不得使用软质玻璃（钠钙玻璃）制品。进行痕量砷的分析测定时，则应使用石英蒸馏器或聚乙烯树脂管和储水容器。

7）不含铅（重金属）的水

用氢型强酸性阳离子交换树脂制备不含铅（重金属）的水，储水容器应作无铅预处理方可使用（将储水容器用 6mol/L 硝酸浸洗后用无铅水充分洗净）。

2.3 分析误差及表示方法

1. 真值（x_T）

在某一时刻和某一位置或状态下，某量的效应体现出的客观值或实际值称为真值。真值包括以下几种。

（1）理论真值：例如三角形内角之和等于 180°；

（2）约定真值：由国际计量大会定义的国际单位制，包括基本单位、辅助单位和导出单位。由国际单位制所定义的真值叫约定真值；

（3）标准器（包括标准物质）的相对真值：高一级标准器的误差为低一级标准器或普通仪器误差的 $1/5$（或 $1/3\sim1/20$）时，则可认为前者是后者的相对真值。

2. 误差及其分类

在分析检测的过程中，即使是在同一个实验室，由一个熟练的技术人员，用相同的方法和器皿，对同一试样进行多次分析测试，其各次测量结果也不可能完全一致，而是在一定范围内波动。这就是说在分析过程中，由于主、客观条件的限制，使得测量值存在一定的误差，即分析过程中的误差是客观存在的。误差产生的原因有很多，如分析方法不够完善，仪器不够精确，试剂不纯，分析人员的主观因素，各种偶然因素的影响，操作失误等。因此，了解、分析和表述误差及其来源，是质量保证和控制的主要内容。

1）误差的分类

测量结果与真实值之间的差值叫误差。

按其性质和产生原因，误差可分为系统误差、随机误差和过失误差。

（1）系统误差：又称可测误差、恒定误差，是由测量过程中某些恒定因素造成的，使测量结果系统偏高或偏低。其特点是在相同的条件下重复测定时，误差的绝对值和符号保持恒定，并不因增加测量次数而减少，即系统误差具有单向性和重现性。系统误差的大小和正负是可以测定的，至少在理论上说是可以测定的。

系统误差的主要来源有以下几方面。

① 由于分析方法本身所造成的误差，如重量分析中，由于沉淀的溶解、共沉淀现象、灼烧时沉淀的分解或挥发等；滴定分析中反应进行不完全、干扰离子的影响、化学计量点和滴定终点的不符合等，都系统地导致测量结果偏高或偏低。

② 由于仪器不够精确、试剂不纯所造成的误差。

③ 由于分析人员实际操作与正确操作有差别而引起的误差或操作人员主观方面的原因所产生的误差，如读取刻度时有人偏高有人偏低。

④ 恒定的环境所造成。

（2）偶然误差：又称随机误差或不可测误差，是由测定过程中各种随机的偶然的因素共同作用所造成的。这些偶然因素可能来自方法本身、仪器、环境、操作等方面，如测量时环境温度、湿度和气压的微小波动、仪器的微小变化等。偶然误差是不可避免的。由于偶然误差是由一些偶然因素造成的，因而是可变的，有时正，有时负，有时大，有时小，是不可测的。虽然偶然误差不可避免，也不可能被校正，但若在同一条件下重复测定，就会发现数据的分布符合统计规律，因而可以运用数理统计的方法对所获得的数据进行处理，通过增加测定次数来减小偶然误差对测定结果的影响。

（3）过失误差：又称粗差，是分析人员在测量过程中犯了不应有的错误所造成的，如器皿不洁净、错记读数、操作过程中样品的损失等。如确知某数据是由过失所引起，无论结果好坏必须舍去。

2）误差的表示方法

误差一般用绝对误差和相对误差来表示。

绝对误差（E）是测量值（x：单一测量值或多次测量的均值）与真值（x_T）之差。

$$E = x - x_T \tag{2-1}$$

相对误差(RE)指绝对误差与真值之比(常以百分数表示)。

$$RE = \frac{E}{x_T} \times 100\% \tag{2-2}$$

3) 准确度

准确度是指在规定的条件下分析结果(单次测定值和重复测定值的均值)与真值(假定的或公认的)的符合程度。它是反映分析方法或测量系统存在的系统误差和随机误差两者的综合指标,并决定了其分析结果的可靠性。测量结果与真值的差值的绝对值越小,误差越小,表示测量结果与真值越接近,准确度越高;相反,误差越大,准确度越低。绝对误差和相对误差都有正值和负值。当测量结果大于真值时,误差为正值表示测量结果偏高;相反,误差为负值,表示测量结果偏低。由于相对误差能反映误差在真值中所占的比例,所以常用相对误差来比较各种情况下测定结果的准确度。

评价准确度的方法有两种:第一种是用某一方法分析标准物质,据其结果确定准确度;第二种是"加标回收"法,即在样品中加入标准物质,测定其回收率,以确定准确度,多次回收试验还可发现方法的系统误差,这是目前常用而方便的方法,其计算式为

$$回收率 = \frac{加标试样测定值 - 试样测定值}{加标量} \times 100\%$$

所以,通常加入标准物的量应与待测物质的浓度水平接近为宜。因为加入标准物质量的大小对回收率有影响。

3. 偏差

1) 偏差

在实际分析检测的过程中,往往并不知道真值,这时,一般是取多次平行测定结果的算术平均值来表示分析结果。

单一测量值(x)与多次测量值的均值($\bar{x}$)之间的差值叫偏差,以 d_i 表示。它可分绝对偏差、相对偏差、平均偏差、相对平均偏差和标准偏差等。

绝对偏差(d_i)是测定值与多次测量值的均值之差。

$$d_i = x_i - \bar{x} \tag{2-3}$$

相对偏差(Rd_i)是绝对偏差与多次测量值的均值之比(常以百分数表示)。

$$相对偏差 \ Rd_i = \frac{d}{\bar{x}} \times 100\% \tag{2-4}$$

2) 精密度

精密度是指在规定的条件下多次平行测定结果之间的符合程度。它反映分析方法或测量系统所存在随机误差的大小。极差、平均偏差、相对平均偏差、标准偏差和相对标准偏差都可用来表示精密度大小,较常用的是标准偏差。

在讨论精密度时,常要遇到如下一些术语。

平行性:平行性是指在同一实验室中,当分析人员、分析设备和分析时间都相同时,用同一分析方法对同一样品进行双份或多份平行样测定结果之间的符合程度。

重复性:重复性是指在同一实验室内,当分析人员、分析设备和分析时间三个因素中

至少有一项不相同时，用同一分析方法对同一样品进行的两次或两次以上独立测定结果之间的符合程度。

再现性：再现性是指在不同实验室（分析人员、分析设备、甚至分析时间都不相同），用同一分析方法对同一样品进行多次测定结果之间的符合程度。

通常室内精密度是指平行性和重复性的总和；而室间精密度（再现性），通常用分析标准溶液的方法来确定。

3）平均偏差和相对平均偏差

偏差的大小可用来衡量测量结果的精密度，偏差越小，精密度越高；相反则越低。由偏差的定义可知，单次测量结果的偏差之和为0，所以不能用偏差之和来表示一组分析结果的精密度。因此为了说明分析结果的精密度，通常以单次测量结果的绝对偏差的绝对值的平均值来表示其精密度。

平均偏差（$\bar{d}$）是各绝对偏差的绝对值的平均值，平均偏差没有正负号。

$$\bar{d} = \frac{1}{n}\sum_{i=1}^{n}|d_i| = \frac{1}{n}(|d_1| + |d_2| + \cdots + |d_n|) \tag{2-5}$$

相对平均偏差是平均偏差与多次测量值的均值之比（常以百分数表示）。

$$相对平均偏差 = \frac{\bar{d}}{\bar{x}} \times 100\% \tag{2-6}$$

有时，平均偏差不能很好地表征测量结果的精密度，在统计处理大量的数据时常用标准偏差来衡量精密度。

4. 标准偏差和相对标准偏差

（1）总体方差和总体标准偏差：总体标准偏差即标准偏差，总体标准偏差和总体方差分别以σ和σ^2来表示。

$$\sigma^2 = \frac{1}{N}\sum_{i=1}^{n}(x_i - \mu)^2 \tag{2-7}$$

$$\sigma = \sqrt{\sigma^2} = \sqrt{\frac{1}{N}\sum_{i=1}^{n}(x_i - \mu)^2} \tag{2-8}$$

计算标准偏差时对单次测量偏差加以平方，不仅避免单次测量偏差相加正负抵消，更重要的是大偏差能更显著地反映出来，所以能更好地说明数据的分散程度。实际测量时，测量次数有限，总体均值一般不知道，所以只好用样本的标准偏差s来衡量数据的分散程度。

（2）差方和S：也称离差平方和或平方和，是绝对偏差的平方和。

$$S = \sum_{i=1}^{n}(x_i - \bar{x})^2 = \sum_{i=1}^{n}d_i^2 \tag{2-9}$$

可以证明

$$\sum_{i=1}^{n}(x_i - \bar{x})^2 = \sum x_i^2 - \frac{(\sum x_i)^2}{n}$$

所以 S 也可以用下式表示。

$$S = \sum_{i=1}^{n}(x_i - \bar{x})^2 = \sum x_i^2 - \frac{(\sum x_i)^2}{n} \qquad (2-10)$$

由(2-10)式可见在使用方差和标准差的计算时不必先求平均值，直接利用测量值就可以计算。同理，总体标准偏差也可以用下式表示。

$$\sigma = \sqrt{\frac{\sum x_i^2 - \frac{(\sum x_i)^2}{N}}{N}} \qquad (2-11)$$

（3）样本方差用 s^2 或 V 表示

$$s^2 = \frac{1}{n-1}S = \frac{1}{n-1}\sum_{i=1}^{n}(x_i - \bar{x})^2 \qquad (2-12)$$

（4）样本的标准偏差用 s 或 s_D 表示

$$s = \sqrt{\frac{1}{n-1}S}$$
$$= \sqrt{\frac{1}{n-1}\sum_{i=1}^{n}(x_i - \bar{x})^2}$$
$$= \sqrt{\frac{\sum x_i^2 - \frac{(\sum x_i)^2}{n}}{n-1}} \qquad (2-13)$$

$n-1$ 是自由度即独立变数的个数，引入 $n-1$ 是为了校正用 $\bar{x}$ 代替 μ 所引起的误差。

（5）样本的相对标准偏差又称变异系数，是样本标准偏差在样本均值中所占的百分数，记为 C_V。

$$C_V = \frac{s}{\bar{x}} \times 100\% \qquad (2-14)$$

（6）极差(R)：一组测量值中最大值 x_{max} 与最小值 x_{min} 之差，表示误差的范围。

$$R = x_{max} - x_{min} \qquad (2-15)$$

[例2.1] 有两组数据，各次测量的偏差分别是：

第一组：$+0.4$，-0.2，-0.3，$+0.2$，$+0.1$，$+0.4$，0.0，-0.2，$+0.2$，-0.3；

第二组：$+0.1$，-0.5，$+0.0$，$+0.2$，-0.1，-0.1，$+0.7$，-0.2，$+0.3$，$+0.1$；

求这两组数据的平均偏差和样本标准偏差。

解：平均偏差为

$$\bar{d}_1 = \frac{1}{n}(|d_1| + |d_2| + \cdots + |d_n|) = \frac{1}{10}(|0.4| + |-0.2| + \cdots + |-0.3|) = 0.23$$

$$\bar{d}_2 = \frac{1}{n}(|d_1| + |d_2| + \cdots + |d_n|) = \frac{1}{10}(|0.1| + |-0.5| + \cdots + |0.1|) = 0.23$$

样本标准偏差为

$$s = \sqrt{\frac{1}{n-1}S} = \sqrt{\frac{1}{n-1}\sum_{i=1}^{n}d_i^2} = \sqrt{\frac{1}{10-1}\times\left[(0.4)^2 + (-0.2)^2 + \cdots + (-0.3)^2\right]} = 0.27$$

$$s = \sqrt{\frac{1}{n-1}S} = \sqrt{\frac{1}{n-1}\sum_{i=1}^{n}d_i^2} = \sqrt{\frac{1}{10-1}\times\left[(0.1)^2 + (-0.5)^2 + \cdots + (0.1)^2\right]} = 0.32$$

由上例可以看到，平均偏差没有反映出这两组数据的分散程度，而标准偏差则很清楚地反映出第一组数据的精密度比第二组好。

5. 精密度与准确度的关系

准确度表示分析结果与真实值接近的程度，精密度表示多次平行测定结果之间的符合程度。准确度由系统误差和随机误差决定，精密度由随机误差决定。所以准确度高，一定需要精密度高，精密度是保证准确度的先决条件；精密度差说明结果不可靠，此时就失去了衡量准确度的前提。结果精密度高，不表示准确度也很高。因为即使有系统误差存在，并不妨碍结果的精密度。二者的关系可以由图 2.5 说明。

准确度高   精密度高   准确度和
精密度也高   但准确度低   精密度都低

图 2.5　以打靶为例说明准确度与精密度关系

2.4　实验室的质量控制

内部质量控制是实验室分析人员对分析质量进行自我控制的过程。一般通过分析和应用某种质量控制图或其他方法来控制分析质量。

2.4.1　质量控制图的绘制及使用

对经常性的分析项目常用控制图来控制质量。质量控制图的基本原理是由 W. A. Shewart 提出的，他指出：每一个方法都存在着变异，都受到时间和空间的影响，即使在理想的条件下获得的一组分析结果，也会存在一定的随机误差。但当某一个结果超出了随机误差的允许范围时，运用数理统计的方法，可以判断这个结果是异常的、不足信的。质量控制图可以起到这种检测的仲裁作用。因此实验室内质量控制图是检测常规分析过程中可能出现误差，控制分析数据在一定的精密度范围内，保证常规分析数据质量的有效方法。

在实验室工作中每一项分析工作都由许多操作步骤组成，测定结果的可信度受到许多因素的影响，如果对这些步骤、因素都建立质量控制图，这在实际工作中是无法做到的，因此分析工作的质量只能根据最终测量结果来进行判断。对经常性的分析项目，用控制图来控制质量，编制控制图的基本假设是：测定结果在受控的条件下具有一定的精密度和准

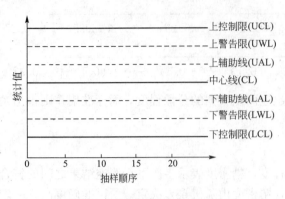

图 2.6　质量控制图的基本组成

确度，并按正态分布。若以一个控制样品，用一种方法，由一个分析人员在一定时间内进行分析，积累一定的数据，如果这些数据达到规定的精密度和准确度，以其结果编制控制图，在以后的常规分析过程中，取每份（或多份）平行的控制样品随机地编入环境样品中一起分析，根据控制样品的分析结果来推断环境样品的分析质量。常用质量控制图有均数控制图和均数-极差控制图。质量控制图的基本组成如图 2.6 所示。

中心线(CL)：预期值；

上、下警告限(UWL、LWL)：表示测定结果处于控制状态，超过此值可能存在"失控"倾向，应进行初步检查，并采取相应的校正措施；

上、下控制限(UCL、LCL)：实测值的可接受范围，超出此范围就可认为测定过程"失控"，应立即查找原因，予以纠正；

上、下辅助线(UAL、LAL)：在中心线与上、下警告限之间各一条。

1. 均数($\bar{x}$)质量控制图

控制样品的浓度和组成，使其尽量与环境样品相似，用同一方法在一定时间内（例如每天分析一次平行样）重复测定，至少累积 20 个数据（不可将 20 个重复实验同时进行，或一天分析二次或二次以上），计算总均值、标准偏差 s（此值不得大于标准分析方法中规定的相应浓度水平的标准偏差值）等。

1）作图方法

(1) 用同一方法在一定时间内（例如每天分析一次平行样）重复测定，至少累积 20 个数据（不可将 20 个重复实验同时进行，或一天分析二次或二次以上）。

(2) 按公式计算总均值、标准偏差。

(3) 以测定顺序为横坐标，相应的测定值为纵坐标作图，同时作有关控制线。

(4) 将 20 个数据按测定顺序点到图上相应的位置上（控制限内点数应大于或等于 20 个）。均数质量控制图的基本组成如图 2.7 所示。

中心线(CL)：以总均数$\bar{x}$估计μ；

上、下控制限(UWL、LWL)：按$\bar{x} \pm 3s$值绘制；

上、下警告限(UCL、LCL)：按$\bar{x} \pm 2s$值绘制；

上、下辅助线(UAL、LAL)：按$\bar{x} \pm s$值绘制。

2）均数控制图的使用方法

根据日常工作中该项目的分析频率和分析人员的技术水平，每间隔适当时间，取两份平行的控制样品，随环境样品同时测定，对操作技术较低的人员和测定频率低的项目，每次都应同时测定控制样品，将控制样品的测定结果依次点在控制图上，根据下列规定检验分析过程是否处于控制状态。

(1) 如此点在上、下警告限之间的区域内，则测定过程处于控制状态，环境样品分析

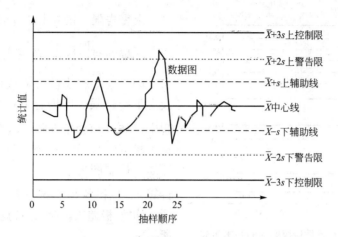

图 2.7　均数质量控制图的基本组成

结果有效；

（2）如果此点超出上、下警告限，但仍在上、下控制限之间的区域内，提示分析质量开始变劣，可能存在"失控"倾向，应进行初步检查，并采取相应的校正措施；

（3）若此点落在上、下控制限之外，表示测定过程"失控"应立即检查原因，予以纠正，环境样品应重新测定；

（4）如遇到 7 点连续上升或下降时（虽然数值在控制范围之内），表示测定有失去控制倾向，应立即查明原因，予以纠正；

（5）即使过程处于控制状态，尚可根据相邻几次测定值的分布趋势，对分析质量可能发生的问题进行初步判断。当控制样品测定次数累积更多以后，这些结果可以和原始结果一起重新计算总均值、标准偏差，再校正原来的控制图。

2. 均数-极差($\bar{x}$-R)控制图

有时分析平行样的平均数与总均值很接近，但极差很大，显然属质量较差。而采用均数-极差控制图就能同时考察均数和极差的变化情况。

均数-极差控制图的组成包括均数控制部分和极差控制图部分。

1）均数控制部分

中心线（CL）：以总均数 $\bar{\bar{x}}$ 估计 μ；

上、下控制限（UCL、LCL）：按 $\bar{\bar{x}} \pm A_2\overline{R}$ 值绘制；

上、下警告限（UWL、LWL）：按 $\bar{\bar{x}} \pm \dfrac{2}{3} A_2\overline{R}$ 值绘制；

上、下辅助线（UAL、LAL）：按 $\bar{\bar{x}} \pm \dfrac{1}{3} A_2\overline{R}$ 值绘制。

2）极差控制图部分

中心线（CL）：按 $\overline{R}$ 值绘制；

上控制限：按 $D_4\overline{R}$ 值绘制；

下控制限：按 $D_3\overline{R}$ 值绘制；

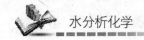

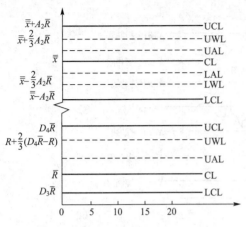

图 2.8　均数-极差质量控制图的基本组成

上警告限：按 $R+\dfrac{2}{3}(D_4\overline{R}-\overline{R})$ 值绘制；

上辅助线：按 $\dfrac{1}{3}(D_4+2)\overline{R}$ 值绘制。

因为极差越小越好，故极差控制图部分没有下警告限，但仍有下控制限。在使用过程中，如 R 值稳定下降，以至 $R\approx D_3\overline{R}$（即接近下控制限），则表明测定精密度已有提高，原质量控制图失效，应根据新的测定值重新计算 $\overline{x}$、$\overline{R}$ 和各相应统计量，绘制新的 $\overline{x}-R$ 图。均数-极差质量控制图的基本组成如图 2.8 所示。

2.4.2　其他控制方法

1.加标回收率

加标回收率是常用的判断分析准确度的方法，该方法简单、结果明确，但由于在分析的过程中对样品和加标样品的操作是完全相同的，所以受干扰的影响、操作损失或环境损失也基本相似，使误差抵消，使分析方法中的一些问题难以发现，此时可以采用下面的方法。

2.比较试验

比较试验是指对同一样品采用不同的方法进行测定，比较结果的符合程度来估计测定的准确度。对于难度较大而不易掌握的方法或测定结果有争议的样品，常采用此法，必要时还可以进一步交换操作仪器，交换操作者或两者都交换。将所得结果加以比较，检查操作的稳定性和发现问题。

3.对照分析

对照分析是指在进行环境样品分析的同时，对标准物质或权威部门制备的标准样品进行平行测定，然后将后者的测定结果与已知浓度进行对比，以控制分析的准确度。也可以由他人（上级或权威部门）配制（或选用）标准样品，但不告诉操作者浓度值-密码样，然后由上级或权威部门对结果进行检查。

2.5　分析结果的统计表述

2.5.1　数据修约规则

1.有效数据的修约

各种测量、计算的数据需要修约时，应遵守下列规则：四舍六入五考虑，五后非零则进一，五后皆零视奇偶，五前为偶应舍去，五前为奇则进一。

[例 2.2] 将下列数据修约到只保留一位小数：

112.6415、112.3752、112.6512、115.3500、112.4500

解： 按照上述修约规则

（1）修约前　　修约后

112.6415　　112.6

因保留一位小数，而小数点后第二位数小于等于4者应予舍弃。

（2）修约前　　修约后

112.3752　　112.4

小数点后第二位数字大于或等于6，应予进一。

（3）修约前　　修约后

112.6512　　112.7

小数点后第二位数字为5，但5的右面并非全部为零，则进一。

（4）修约前　　修约后

112.3500　　112.4

112.4500　　112.4

小数点后第二位数字为5，其右面皆为零，则视左面一位数字，若为偶数（包括零）则不进，若为奇数则进一。

若拟舍弃的数字为两位以上数字，应按规则一次修约，不得连续多次修约。

[例 2.3] 将 53.4546 修约成整数。

正确的做法：

修约前　　修约后

53.4546　　53

不正确的做法：

修约前	一次修约	二次修约	三次修约	四次修约
53.4546	53.455	53.46	53.5	54

常见分析仪器的有效数据：

分析天平（称至 0.1mg）：12.8228g(6)，0.2348g(4)，0.0600g(3)

千分之一天平（称至 0.001g）：0.235g(3)

1‰ 天平（称至 0.01g）：4.03g(3)，0.23g(2)

台秤（称至 0.1g）：4.0g(2)，0.2g(1)

滴定管（量至 0.01mL）：26.32mL(4)，3.97mL(3)

容量瓶：100.0mL(4)，250.0mL(4)

移液管：25.00mL(4)；

量筒（量至 1mL 或 0.1mL）：25mL(2)，4.0mL(2)

2. 有效数据的计算规则

加减法：结果的绝对误差应不小于各项中绝对误差最大的数（与小数点后位数最少的数一致）。

$$0.112 + 12.1 + 0.3214 = 12.5$$

乘除法：结果的相对误差应与各因数中相对误差最大的数相适应（与有效数字位数最

少的一致）。

$$0.0121 \times 25.66 \times 1.0578 = 0.330$$

2.5.2 可疑数据的取舍

与正常数据不是来自同一分布总体，明显歪曲试验结果的测量数据，称为离群数据。可能会歪曲试验结果，但尚未经检验断定其是离群数据的测量数据，称为可疑数据。在数据处理时，必须剔除离群数据以使测定结果更符合客观实际。正确数据总有一定分散性，如果人为地删去一些误差较大但并非离群的测量数据，由此得到精密度很高的测量结果并不符合客观实际。因此对可疑数据的取舍必须遵循一定的原则。

测量中发现明显的系统误差和过失误差，由此而产生的数据应随时剔除。而可疑数据的舍取应采用统计方法判别，即离群数据的统计检验。检验的方法很多，现介绍最常用的两种。

1. 狄克逊(Dixon)检验法(Q检验法)

此法适用于一组测量值的一致性检验和剔除离群值，本法中对最小可疑值和最大可疑值进行检验的公式因样本的容量(n)不同而异，检验方法如下。

(1) 将一组测量数据按照从小到大的顺序排列为 $x_1, x_2, \cdots, x_n$，其中 x_1 和 x_n 分别为最小可疑值和最大疑值；

(2) 按表2-2中的计算式求 Q 值；

表2-2 狄克逊检验统计量 Q 的计算公式

n 值范围	可疑数据为最小值 x_1 时	可疑数据为最大值 x_n 时	n 值范围	可疑数据为最小值 x_1 时	可疑数据为最大值 x_n 时
3~7	$Q=\dfrac{x_2-x_1}{x_n-x_1}$	$Q=\dfrac{x_n-x_{n-1}}{x_n-x_1}$	11~13	$Q=\dfrac{x_3-x_1}{x_{n-1}-x_1}$	$Q=\dfrac{x_n-x_{n-2}}{x_n-x_2}$
8~10	$Q=\dfrac{x_2-x_1}{x_{n-1}-x_1}$	$Q=\dfrac{x_n-x_{n-1}}{x_n-x_2}$	14~30	$Q=\dfrac{x_3-x_1}{x_{n-2}-x_1}$	$Q=\dfrac{x_n-x_{n-2}}{x_n-x_3}$

(3) 根据给定的显著性水平(α)和样本容量(n)，从表2-3中查得临界值(Q_α)；

表2-3 Dixon检验 Q_α 值表

测量次数	显著性水平(α)			测量次数	显著性水平(α)		
	0.10	0.05	0.01		0.10	0.05	0.01
3	0.886	0.941	0.988	17	0.438	0.490	0.577
4	0.679	0.765	0.889	18	0.424	0.475	0.561
5	0.557	0.642	0.780	19	0.412	0.462	0.547
6	0.482	0.560	0.698	20	0.401	0.450	0.535
7	0.434	0.507	0.637	21	0.391	0.440	0.524
8	0.479	0.554	0.683	22	0.382	0.430	0.514
9	0.441	0.512	0.635	23	0.374	0.421	0.505
10	0.409	0.477	0.597	24	0.367	0.413	0.497
11	0.517	0.576	0.679	25	0.360	0.406	0.489
12	0.490	0.546	0.642	26	0.354	0.399	0.486
13	0.467	0.521	0.615	27	0.348	0.393	0.475
14	0.492	0.546	0.641	28	0.342	0.387	0.469
15	0.472	0.525	0.616	29	0.337	0.381	0.463
16	0.454	0.507	0.595	30	0.332	0.376	0.457

(4) 若 Q 值大于该临界值，则可疑值为离群值，可考虑剔除。

狄克逊(Dixon)检验法一次只能检验一个最大或最小可疑数据，是一个简便且适用于小样本量测量的检验方法。

[例 2.4] 用狄克逊(Dixon)检验法分析下列一组测量值中的最大值和最小值是否为离群值(显著性水平 $\alpha = 0.05$)?

2.34、2.30、2.34、2.29、2.32、2.41、2.42、2.10、2.53、2.37

解： 10 个测量值从小到大的排列顺序为

2.10、2.29、2.30、2.32、2.34、2.34、2.37、2.41、2.42、2.53

其中最小值为 2.10，最大值为 2.53，$n = 10$

检验最小值，$x_1 = 2.10$，$x_2 = 2.29$，$x_{n-1} = 2.42$

$$Q = \frac{x_2 - x_1}{x_{n-1} - x_1} = \frac{2.29 - 2.10}{2.42 - 2.10} = 0.594$$

查表 2-3 可知，当 $n = 10$ 时，$Q_{0.05} = 0.477$。

$Q > Q_{0.05}$，所以最小值 2.10 为离群值，应予以舍去。

检验最大值 $x_n = 2.53$

$$Q = \frac{x_n - x_{n-1}}{x_n - x_2} = \frac{2.53 - 2.42}{2.53 - 2.29} = 0.458$$

$Q < Q_{0.05}$，所以最大值为正常值。

2. 格鲁布斯(Grubbs)检验法

格鲁布斯(Grubbs)检验法用于不同实验室或不同分析方法对同一样品测得的数据的平均值的一致性检验和剔除离群均值，也可用于一组测量值的一致性检验和剔除离群值。检验方法如下。

设有 m 个实验室分析同一样品，每个实验室进行 n 次重复测定。

(1) 计算每个实验室重复测定的 n 个数据的平均值，$\bar{x}_1, \bar{x}_2, \cdots, \bar{x}_n$，将这些平均值作为一组新的数据，对这组数据进行一致性检验。其中，最大值为 $\bar{x}_{\max}$，最小值为 $\bar{x}_{\min}$。

(2) 计算 m 个平均值的总平均值 $\bar{\bar{x}}$ 和标准偏差 $s_{\bar{x}}$。

$$\bar{\bar{x}} = \frac{1}{m} \sum_{i=1}^{m} \bar{x}_i \qquad s_{\bar{x}} = \sqrt{\frac{\sum_{i=1}^{m} (\bar{x}_i - \bar{\bar{x}})^2}{m-1}} \qquad (2-16)$$

(3) 计算统计量 T。

可疑均值为最小值时：
$$T = \frac{\bar{\bar{x}} - \bar{x}_{\min}}{s_{\bar{x}}} \qquad (2-17)$$

可疑均值为最大值时：
$$T = \frac{\bar{x}_{\max} - \bar{\bar{x}}}{s_{\bar{x}}} \qquad (2-18)$$

(4) 根据测定值的组数和显著性水平(α)，从表 2-4 中查得临界值(T_α)。

(5) 若 $T > T_\alpha$，则在给定的显著性水平下，可疑均值为离群值，可考虑剔除。

表 2-4 Grubbs 检验临界值(T_α)表

m	显著性水平 α			
	0.05	0.025	0.01	0.005
3	1.153	1.155	1.155	1.155
4	1.463	1.481	1.492	1.496
5	1.672	1.715	1.749	1.764
6	1.822	1.887	1.944	1.973
7	1.938	2.020	2.097	2.139
8	2.032	2.123	2.221	2.274
9	2.110	2.215	2.323	2.387
10	2.176	2.290	2.410	2.482
11	2.234	2.355	2.485	2.564
12	2.285	2.412	2.550	2.636
13	2.331	2.462	2.607	2.699
14	2.371	2.507	2.659	2.755
15	2.409	2.549	2.705	2.806
16	2.443	2.585	2.747	2.852
17	2.475	2.620	2.785	2.894
18	2.504	2.654	2.821	2.932
19	2.532	2.681	2.854	2.968
20	2.557	2.709	2.884	3.001
21	2.580	2.733	2.912	3.031
22	2.603	2.758	2.939	3.060
23	2.624	2.781	2.963	3.087
24	2.644	2.802	2.987	3.112
25	2.663	2.822	3.009	3.135

[例 2.5] 10 个实验室分析同一样品，各实验室 6 次测定的平均值按大小顺序排列为 4.41、4.49、4.50、4.51、4.64、4.75、4.81、4.95、5.01、5.39，检验最大均值 5.39 是否为离群值(显著性水平 $\alpha = 0.05$)?

解：$\bar{\bar{x}} = \dfrac{1}{m} \sum\limits_{i=1}^{m} \bar{x}_i = \dfrac{1}{10} \sum\limits_{i=1}^{10} \bar{x}_i = 4.746$

$$s_{\bar{x}} = \sqrt{\dfrac{\sum\limits_{i=1}^{m} (\bar{x}_i - \bar{\bar{x}})^2}{m-1}} = \sqrt{\dfrac{\sum\limits_{i=1}^{10} (\bar{x}_i - \bar{\bar{x}})^2}{10-1}} = 0.305$$

$$\bar{x}_{\max} = 5.39$$

则统计量 $T = \dfrac{\bar{x}_{\max} - \bar{\bar{x}}}{s_{\bar{x}}} = \dfrac{5.39 - 4.746}{0.305} = 2.11$

当 $n = 10$，显著性水平 $\alpha = 0.05$ 时，查表 2-4 可得临界值 $T_{0.05} = 2.176$。

$T < T_{0.05}$，所以最大均值 5.39 为正常均值，即均值为 5.39 的一组测量值为正常数据。

3. 检测结果的表述

环境检测的目的是确定污染的程度，其检测数值反映客观环境的真实值，但真实值很难测定，总体均值可以认为接近真实值，但实际测定的次数是有限的，所以常用有限次的检测数据来反映真实值，其结果的表达方式一般有如下几种。

1) 算术均数($\bar{x}$)表示数据的集中趋势

在测定过程中产的系统误差可以通过对照实验、空白试验、校准仪器等方法校正，过失误差是可以避免的，只有偶然误差是不可以避免，也不能校正的。在排除了系统误差和过失误差后，只存在偶然误差，而偶然误差符合正态分布。当测定次数无限多时，总体均值接近真实值；对于有限次的测定，则用样本的算术均数表示集中趋势，衡量准确度。

2) 用算术均数和标准偏差($\bar{x}\pm s$)表示测定结果的分散度

算术均数代表集中趋势，标准偏差代表离散程度。算术均数代表性的大小与标准偏差有关，即标准偏差大，算术均数代表性小；反之亦然，故而检测结果常以($\bar{x}\pm s$)来表示，衡量精密度。

3) 用($\bar{x}\pm s$，C_V)表示结果

标准偏差的大小还与所测均数水平或测量单位有关。不同水平或单位的测定结果之间，其标准偏差是无法进行比较的，而变异系数是相对值，可在一定范围内用来比较不同水平或单位的测定结果之间的变异程度。

4. 均数置信区间和"t"值

在实际工作中，通常对试样进行多次分析，求得样本均数，用样本均数来估计总体均数的范围。均数置信区间就是考察样本均数($\bar{x}$)与总体均数(μ)之间的关系，即以样本均数代表总体均数的可靠程度。根据正态分布规律，从统计学原理可知，当用样本均数来代表总体均数时，μ 包括在($\bar{x}\pm\sigma$)范围内的概率为 68.3%，在($\bar{x}\pm1.64\sigma$)范围内的概率为 90%，在($\bar{x}\pm2\sigma$)范围内的概率为 95.44%。

标准偏差(s)表示个体变量值的离散程度，样本均数的标准偏差则是用来表示样本均数的离散程度，样本平均值的精密度比单次测定结果的精密度高。

均数标准偏差的大小与总体标准偏差成正比，与样本含量的平方根成反比。

$$s_{\bar{x}} = \frac{\sigma}{\sqrt{n}} \tag{2-19}$$

由于总体标准偏差不知道，只能用样本偏差来代替。

$$s_{\bar{x}} = \frac{s}{\sqrt{n}} \tag{2-20}$$

这样计算所得的均数标准偏差仅仅是估计值，它的大小反映了抽样误差的大小，其值越小，则样本均数越接近总体均数，以样本均数代表总体均数的可靠性就越大；其值越大，以样本均数代表总体均数的可靠性就越小。

样本均数与总体均数之差对均数标准差的比值称为 t 值。

$$t = \frac{\bar{x}-\mu}{s_{\bar{x}}} \tag{2-21}$$

整理后有
$$\mu = \bar{x} - t\frac{s}{\sqrt{n}} \tag{2-22}$$

根据正态分布的对称性特点，以样本均数表示的置信区间的计算式为

$$\mu = \bar{x} \pm t\frac{s}{\sqrt{n}} \tag{2-23}$$

样本均数的置信区间一般称为均数置信区间。

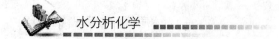

t 是与样本容量和置信度有关的统计量，t 值见表 2-5。

表 2-5　t 值表

自由度(n')	P(双侧概率)				
	0.200	0.100	0.050	0.020	0.010
1	3.078	6.31	12.71	31.82	63.66
2	1.89	2.92	4.30	6.96	9.92
3	1.64	2.35	3.18	4.54	5.84
4	1.53	2.13	2.78	3.75	4.60
5	1.48	2.02	2.57	3.37	4.03
6	1.44	1.94	2.45	3.14	3.71
7	1.41	1.89	2.37	3.00	3.50
8	1.40	1.86	2.31	2.90	3.36
9	1.38	1.83	2.26	2.82	3.25
10	1.37	1.81	2.23	2.76	3.17
11	1.36	1.80	2.20	2.72	3.11
12	1.36	1.78	2.18	2.68	3.05
13	1.35	1.77	2.16	2.65	3.01
14	1.35	1.76	2.14	2.62	2.98
15	1.34	1.75	2.13	2.60	2.95
16	1.34	1.75	2.12	2.58	2.92
17	1.33	1.74	2.11	2.57	2.90
18	1.33	1.73	2.10	2.55	2.88
19	1.33	1.73	2.09	2.54	2.86
20	1.33	1.72	2.09	2.53	2.85
21	1.32	1.72	2.08	2.52	2.83
22	1.32	1.72	2.07	2.51	2.82
23	1.32	1.71	2.07	2.50	2.81
24	1.32	1.71	2.06	2.49	2.80
25	1.32	1.71	2.06	2.49	2.79
26	1.31	1.71	2.06	2.48	2.78
27	1.31	1.70	2.05	2.47	2.77
28	1.31	1.70	2.05	2.47	2.76
29	1.31	1.70	2.05	2.46	7.76
30	1.31	1.70	2.04	2.46	2.75
40	1.30	1.68	2.02	2.42	2.70
60	1.30	1.67	2.00	2.39	2.66
120	1.29	1.66	1.98	2.36	2.62
∞	1.28	1.64	1.96	2.33	2.58
自由度(n')	0.100	0.050	0.025	0.010	0.005
	P(单侧概率)				

　　[例 2.6]　为检查某湖水受汞污染的情况，从湖中随机取 9 条鱼，测得汞含量的平均值为 2.01×10^{-6} mg/L，标准偏差为 0.11×10^{-6} mg/L，求置信度为 90% 和 95% 时的置信区间。

　　解：$n' = n - 1 = 8$

　　置信度为 90% 时，查 t 值表得 $t = 1.86$，

$$\mu = 2.01 \times 10^{-6} \pm 1.86 \times \frac{0.11 \times 10^{-6}}{\sqrt{9}}$$

$$= 2.01 \times 10^{-6} \pm 0.07 \times 10^{-6}$$

即置信区间为 $2.08 \times 10^{-6} \sim 1.94 \times 10^{-6}$。

置信度为 95% 时，查 t 值表得 $t = 2.31$，

$$\mu = 2.01 \times 10^{-6} \pm 2.31 \times \frac{0.11 \times 10^{-6}}{\sqrt{9}} = 2.01 \times 10^{-6} \pm 0.08 \times 10^{-6}$$

即置信区间为 $2.09 \times 10^{-6} \sim 1.93 \times 10^{-6}$。

2.5.3　测量结果的统计检验

在环境检测中，我们经常会遇到这样一些问题，例如，测定值的总体均值是否等于真值？两种不同的测量方法的测试结果是否一致？不同实验室间的测量结果或不同仪器间的测量结果是否一致等。诸如此类的问题，如果没有客观的标准，人们往往会做出不同的结论。因此，必须采用统计的方法进行科学的比较，才能做出准确的结论。

在实际检测工作中对所研究的对象往往不完全了解，甚至完全不了解，所掌握的往往是从研究的总体中抽取的样本资料。为了全面了解事物的本质，人们总是希望从样本所提供的信息去推断总体情况。例如，两个不同的分析人员或不同的实验室对同一样品进行分析时，两组数据的平均结果存在较大的差异，这些分析结果的差异是由偶然误差引起的还是由它们之间存在系统误差引起的呢？这就需要通过统计假设检验来判断。所谓统计假设检验也称为显著性检验，它是根据目的，先对样本所属总体特征做出某种假设，如假设某一总体指标等于某个值，然后根据实际得到的样本资料所提供的信息，通过一定的统计方法，检验所做的假设是否合理，从而对假设做出拒绝或不拒绝的判断。下面讨论均数比较的显著性检验 t 检验。

方法步骤包括以下 3 步。

(1) 建立假设和确定检验水平；

(2) 计算统计量 t 值；

(3) 确定 P 值和做出推断结论。

当 $t < t_{0.05(n')}$，即 $P > 0.05$，差别无显著意义；

当 $t_{0.05(n')} \leqslant t < t_{0.01(n')}$，即 $0.01 < P \leqslant 0.05$，差别有显著意义；

当 $t \geqslant t_{0.01(n')}$，即 $P \leqslant 0.01$，差别有非常显著意义。

应用条件：样本方差未知，当样本含量 n 较小时，要求样本取自正态总体。做两样本均数比较时还要求两个总体方差相当，即 $\sigma_1^2 = \sigma_2^2$。

需要注意的是：假设检验得出的结论是概率性的，不是绝对的肯定和否定。

1）样本均数与已知总体均数的比较

样本均数与总体均数比较的目的是推断样本所代表的未知总体均数 μ 与已知的总体均数 μ_0（一般为理论值、标准值或经大量观察所得的稳定值）是否相等。

[例 2.7]　已知某标准水样中碳酸钙的含量为 20.70mg/L，现用某法测定该水样 11 次，测定结果为 20.99，20.41，20.41，20.10，20.00，20.91，20.99，20.60，20.00，23.00，22.00(mg/L)。均值为 21.037mg/L，标准偏差为 1.05mg/L。问该测定结果与碳酸钙的真值之间有无显著性差别？

解：(1) 建立假设和确定检验水平。

H_0：$\mu = \mu_0 = 20.70$

H_1：$\mu \neq \mu_0$

$\alpha = 0.05$

(2) 计算统计量 t 值。

$\bar{x} = 21.037$，$\mu_0 = 20.70$，$s = 1.05$，$n = 11$，由式(2-20)、(2-21)得

$$t = \frac{\bar{x} - \mu}{s_{\bar{x}}} = \frac{21.037 - 20.70}{1.05 / \sqrt{11}} = 1.064$$

(3) 确定 P 值和做出推断结论。

以 $n' = 11 - 1 = 10$，查界值表得 $t_{0.05(10)} = 2.23$，$t < t_{0.05(10)}$，$P > 0.05$，按 $\alpha = 0.05$ 水平不拒绝 H_0，即测定结果与真值间无显著性差别，测定正常。

2) 两种测定方法的显著性比较

[**例 2.8**] 用甲、乙两种方法同时测定某废水中的含镉量，分别测 8 次，问两种测定方法是否有显著性差别？

方法	1	2	3	4	5	6	7	8	Σ
甲法	5.27	5.35	5.26	5.23	5.29	5.31	5.14	5.37	—
乙法	5.28	5.25	5.34	5.09	5.13	5.24	5.26	5.39	—
差数 x	−0.01	0.10	−0.08	0.14	0.16	0.07	−0.12	−0.02	0.24
x^2	0.0001	0.01	0.0064	0.0196	0.0256	0.0049	0.0144	0.0004	0.0814

解：
$$\bar{x} = \frac{0.24}{8} = 0.03$$

$$s = \sqrt{\frac{\sum x_i^2 - \frac{\left(\sum x_i\right)^2}{n}}{n-1}} = \sqrt{\frac{0.0814 - \frac{(0.24)^2}{8}}{8-1}} = 0.1030$$

$$s_{\bar{x}} = \frac{s}{\sqrt{n}} = \frac{0.1030}{\sqrt{8}} = 0.0364$$

$$t = \frac{\bar{x} - \mu}{s_{\bar{x}}} = \frac{0.03 - 0}{0.0364} = 0.824$$

查 t 界值表得 $t_{0.05(7)} = 2.37$，$t < t_{0.05(7)}$，$P > 0.05$，
两种分析方法无显著性差别。

2.5.4 线性相关和回归分析

在环境检测中经常要了解各种参数之间是否有联系，例如，BOD 和 TOC 都是表示水中有机污染的综合指标，它们之间是否有关？大气中氮氧化物的含量与汽车流量的联系如何等，下面介绍如何判断几个参数之间的联系。

1. 线性相关和线性回归方程

变量之间的关系一般可分为两大类，即函数关系和相关关系。

1) 函数关系

函数关系反映着参数的严格依存性，如 $m = \rho v$。已知 3 个变量中的任意两个就可以求出第三个变量，也就是说，两个变量确定后，第三个变量也就完全确定了。所以函数关系也叫做确定性关系。

2) 相关关系

有些变量之间既有关系又无确定性关系，称为相关关系。

3) 线性回归方程

有一定联系的两个变量 x、y 之间的关系式叫回归方程式，最简单的回归方程是 x、y 呈线性相关，方程式见式(2-24)。

$$\hat{y} = ax + b \qquad (2-24)$$

式中，a、b 为常数，当 x 为 x_1 时，实际 y 值在按计算所得到的 $\hat{y}$ 左右波动。这里，在变量上方加"^"是为了区别它的实际观测值 y。因为在实际观测的一组数据中，x 和 y 一般不具有式(2-24)中的函数关系。

常数 a、b 可根据最小二乘法来求得。即首先测定一系列 x_1，x_2，…，x_n 和相对应的 y_1，y_2，…，y_n，然后按下式求得常数 a、b。

$$a = \frac{n\sum xy - \sum x \sum y}{n\sum x^2 - (\sum x)^2} \qquad (2-25)$$

$$b = \frac{\sum x^2 \sum y - \sum x \sum xy}{n\sum x^2 - (\sum x)^2} \qquad (2-26)$$

2. 相关系数及其显著性检验

1) 相关系数

两个变量间线性相关的性质和密切程度，可以用线性相关系数来描述。用符号 r 来表示线性相关系数，且其值在 $-1 \sim +1$ 之间。公式为

$$r = \frac{\sum(x-\bar{x})(y-\bar{y})}{\sqrt{\sum(x-\bar{x})^2 \sum(y-\bar{y})^2}} \qquad (2-27)$$

两个变量 x 和 y 的相关关系与相关系数 r 值的关系有如下几种情况，如图 2.9 所示。

(1) 当 x 由小到大，y 也相应地由小到大时，则 $0 < r < 1$，称正相关，若 $r=1$ 时 x 与 y 间呈完全确定的函数关系，各点都在一条直线上，称完全正相关。图 2.9 的(a)、(b)所示是正相关的两种图形。

(2) x 由小到大，y 相应地由大到小时，则 $-1 < r < 0$，称负相关，若 $r=-1$ 时，称完全负相关。图 2.9 的(c)、(d)所示是负相关的两种图形。

(3) 当 x 由小到大，而 y 的大小无一定规律，则 $r=0$，称零相关，即 x 与 y 不相关，图 2.9 的(e)、(f)、(g)、(h)所示是零相关的 4 种图形。

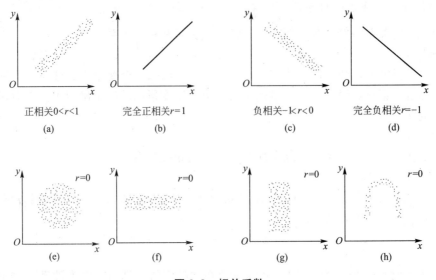

图 2.9 相关系数

显然，相关系数 r 的绝对值越接近于 1，相关越密切；r 的绝对值越接近于 0，相关越不密切。

2）相关系数的假设检验

有时会存在这种情况：总体中 x 与 y 不相关，但由于偶然误差，从总体中抽出的样本，其 r 并不一定为零。因此，得到 r 值后必须检验 r 值是否具有显著意义，以判定两个变量间是否确实存在线性相关。

常用 t 检验，方法如下。

（1）求出 r 值。

（2）求出 t 值。

$$t = |r|\sqrt{\frac{n-2}{1-r^2}} \qquad (2-28)$$

式中，n 为变量配对数；自由度 $n' = n-2$。

（3）查 t 值表（一般为单侧检验）。

若 $t > t_{0.01(n')}$，$P < 0.01$，r 值具有显著意义而相关；

若 $t < t_{0.1(n')}$，$P > 0.1$，r 值不具有显著意义，不相关。

[例 2.9] 某单位调查研究饮用水含氟量与氟斑牙发病率的关系，获得的数据如下表所示，试分析饮用水含氟量与氟斑牙发病率间有无线性相关。

饮用水含氟量 x(mg/L)	0.2	0.5	1.0	1.5	3.0	4.5
氟斑牙发病率 y(%)	5.3	10.7	41.4	70.9	90.5	100.0

解：
$$\sum x = 10.7 \qquad \sum y = 318.8$$
$$\bar{x} = \frac{10.7}{6} = 1.783 \qquad \bar{y} = \frac{318.8}{6} = 53.13$$

$$r=\frac{\sum(x-\bar{x})(y-\bar{y})}{\sqrt{(x-\bar{x})^2\sum(y-\bar{y})^2}}=0.9197$$

从 $r=0.9197$ 可知，x 与 y 呈正相关。

假设检验：

$$t=|r|\sqrt{\frac{n-2}{1-r^2}}=4.6849$$

查 t 界值表得 $t_{0.01(4)}=3.75$，$t>t_{0.01(4)}$，故 $P<0.01$，r 值具有显著意义而相关，即可认为饮用水含氟量与氟斑牙发病率间有正相关关系。

注意：当样本较少时，不能只根据相关系数的绝对值大小来判断相关的密切程度，而必须要进行假设检验，但当样本相当多（$n\geqslant50$）时，就可根据相关系数的绝对值大小来判断相关的密切程度。

| $\lvert r\rvert\leqslant0.3$ | 弱相关（或称无相关） |

$0.3<\lvert r\rvert\leqslant0.5$　　　低度相关

$0.5<\lvert r\rvert\leqslant0.8$　　　显著相关

$0.8<\lvert r\rvert<1$　　　高度相关

2.6 标准溶液及浓度表示方法

1. 基准物质

在滴定分析中已知准确浓度的试剂溶液称为标准溶液，基准物质是指能用于直接配制和标定标准溶液的物质。

基准物质必须满足以下要求：纯度高，杂质含量 $<0.01\%\sim0.02\%$，杂质含量不影响分析的准确度；稳定，不吸水、不分解、不挥发、不吸收二氧化碳、不易被空气氧化；易溶解；有较大的摩尔质量；试剂组成与化学式完全一致；按反应式定量参加反应，无副反应。

滴定分析中常用的基准物质见表 2-6。

表 2-6　常用基准物质的应用范围

基准物质		干燥后的组成	干燥条件/℃	标定对象
名称	分子式			
碳酸氢钠	$NaHCO_3$	Na_2CO_3	$270\sim300$	酸
十水合碳酸钠	$Na_2CO_3\cdot10H_2O$	Na_2CO_3	$270\sim300$	酸
硼砂	$Na_2B_4O_7\cdot10H_2O$	$Na_2B_4O_7\cdot10H_2O$	放在装有 NaCl 和蔗糖饱和溶液的密闭器皿中	酸
碳酸氢钾	$KHCO_3$	K_2CO_3	$270\sim300$	酸
二水合草酸	$H_2C_2O_2\cdot2H_2O$	$H_2C_2O_2\cdot2H_2O$	室温空气干燥	碱或 $KMnO_4$

（续）

基准物质		干燥后的组成	干燥条件/℃	标定对象
名称	分子式			
邻苯二甲酸氢钾	$KHC_8H_4O_4$	$KHC_8H_4O_4$	$105\sim110$	碱
重铬酸钾	$K_2Cr_2O_7$	$K_2Cr_2O_7$	$120\sim150$	还原剂
溴酸钾	$KBrO_3$	$KBrO_3$	130	还原剂
碘酸钾	KIO_3	KIO_3	130	还原剂
铜	Cu	Cu	室温干燥器中保存	还原剂
三氧化二砷	As_2O_3	As_2O_3	室温干燥器中保存	氧化剂
草酸钠	$Na_2C_2O_2$	$Na_2C_2O_2$	130	氧化剂
碳酸钙	$CaCO_3$	$CaCO_3$	110	EDTA
锌	Zn	Zn	室温干燥器中保存	EDTA
氧化锌	ZnO	ZnO	$900\sim1000$	EDTA
氯化钠	$NaCl$	$NaCl$	$500\sim600$	$AgNO_3$
氯化钾	KCl	KCl	$500\sim600$	$AgNO_3$
硝酸银	$AgNO_3$	$AgNO_3$	$220\sim250$	氯化物

2. 标准溶液

标准溶液的配制方法有直接配制法和标定法两种。

1）直接配制法

准确称取一定量基准物质，溶解后配成一定体积的溶液，根据物质的质量和体积即可计算出该标准溶液的准确浓度。例如欲配置重铬酸钾 $K_2Cr_2O_7$ 标准溶液（$1/6K_2Cr_2O_7$，$0.1000mol/L$），准确称取预先在 120℃烘干 2h 的重铬酸钾 4.903g，用水溶解后稀释至 1L。

2）标定法

标定法又叫间接配制法。不能做基准物质的很多物质不能直接用来配制标准溶液，但可将其先配制成一种近似于所需浓度的溶液，然后用基准物质来标定其准确浓度。如 HCl、NaOH、H_2SO_4、硫代硫酸钠等。例如，配制 0.1mol/LNaOH 标准溶液，先准确称取 0.4gNaOH，用水溶解后稀释至 1L，配制成浓度约 0.1mol/L 的稀溶液，然后用一定量的草酸或已知准确浓度的 HCl 标准溶液标定。

3. 溶液浓度的表示方法

（1）物质的量浓度：指溶液中含溶质的物质的量除以溶液的体积。

$$c_B = \frac{n_B}{V_B}(mol/L)$$

表示物质的量浓度时必须指明基本单元。基本单元的选择以化学反应为依据。例如，若 $c_{(H_2SO_4)} = 0.1mol/L$，则 $c_{(1/2H_2SO_4)} = 0.2mol/L$，$c_{(1/4\ H_2SO_4)} = 0.05mol/L$。

（2）质量浓度：指单位体积的溶液中含有溶质的质量数，如 g/L、mg/L、μg/L 等。在水质分析中，由于水体中污染物的含量较低，一般用 mg/L 表示。

$$c_B = \frac{m_B}{V_B} (mg/L)$$

（3）滴定度：指 1 毫升滴定剂相当于被测物质的质量（克或毫克），用 $T_{B/T}$ 表示，单位为 g/mL，其中 T 为滴定剂溶质的分子式，B 为被测物质的分子式，如用 HAc 滴定 NaOH 时滴定度表示为 $T_{HAc/NaOH}$。

溶液浓度的其他表示方法还有质量百分数（%）等。

本 章 小 结

本章介绍了采样断面、垂线和采样点的确定方法，水样的保存、运输和预处理方法，误差的概念及表示方法，实验室内部的质量控制方法。分析结果的统计处理包括数据修约、可疑数据取舍和结果的统计表述。最后介绍了标准溶液的配制和溶液浓度的表示方法。

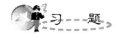 习 题

1. 选择题

（1）分析测定中出现的下列情况，何种属于偶然误差？（   ）
　　A. 某分析人员几次读取同一滴定管的读数不能取得一致
　　B. 某分析人员读取滴定管读数时总是偏高或偏低
　　C. 甲乙两人用同样的方法测定，但结果总不能一致
　　D. 滴定时发现有少量溶液溅出

（2）分析测定中的偶然误差，就统计规律来讲，其（   ）。
　　A. 数值固定不变　　　　　　　　　B. 有重复性
　　C. 大误差出现的几率小，小误差出现的几率大
　　D. 正误差出现的几率大于负误差

（3）由计算器算得 (2.236×1.1124)/(1.036×0.2000) 的结果为 12.004471，按有效数字运算规则应将结果修约为（   ）。
　　A. 12.0045　　　　B. 12.0　　　　C. 12.00　　　　D. 12.004

（4）某学生分析纯碱试样时，称取含 Na_2CO_3（摩尔质量为 106g/mol）为 100.0% 的试样 0.4240g，滴定时用去 0.1000mol/LHCl 溶液 40.10mL，求得相对误差为（   ）。
　　A. +0.24%　　　　B. +0.25%　　　　C. −0.24%　　　　D. −0.25%

（5）有 4 个同学从同一滴定管读体积，读得合理的是（   ）。
　　A. 25mL　　　　B. 25.1mL　　　　C. 25.10mL　　　　D. 25.100mL

(6) 测定某水样中铁含量，4 次结果的平均值为 56.36，标准偏差为 0.10%，置信度为 95%，[已知 $t_{0.95,3}=3.18$，$t_{0.95,4}=2.78$]，总体平均值的置信区间（%）为（　　）。

    A. $(56.36\pm0.139)\%$　　　　　　　　B. $(56.36\pm0.14)\%$

    C. $(56.36\pm0.159)\%$　　　　　　　　D. $(56.36\pm0.16)\%$

2. 简答题

(1) 水样的预处理方法有哪些？

(2) 水样为何要保存？常用的保存方法有哪些？

(3) 简述精密度和准确度及二者的关系，如何评价它们？

(4) 基准物质应符合哪些条件？

3. 计算题

(1) 按照有效数字运算规则，计算下列算式：

$$\frac{1.62\times10^{-5}+1.8\times10^{-7}}{4.0\times10^{-8}}；265\times11.02\times0.2364；205.64+4.402+0.3244。$$

pH=2.10，求 H^+ 浓度。

(2) 欲配制 0.1000mol/L Na_2CO_3 溶液 150.0mL，应准确称取多少克 Na_2CO_3？

(3) 用准确称至 $\pm0.0001g$ 的万分之一的分析天平，分别称取 20.0mg 和 40.0mg 的试剂，相对误差是多少？

(4) 10 个实验室分析同一样品，各实验室 5 次测定的平均值如下：6.59、6.90、7.01、7.36、7.38、7.40、7.45、7.45、7.48、7.52。用格鲁布斯(Grubbs)检验法判断最小值是否为离群均值？($t=2.14$，不是)

(5) 为比较用双硫腙比色法和冷原子吸收法测定水中的汞含量，由 6 个实验室对同一水样进行测定，结果如下表所示，问当置信度为 0.95 时，两种测汞方法的可比性如何。

方法	1	2	3	4	5	6
双硫腙比色法	4.07	3.94	4.21	4.02	3.98	4.08
冷原子吸收法	4.00	4.04	4.10	3.90	4.04	4.21

【实际操作训练】

某河流宽 80m、深 12m，要分析其物理指标，请给出分析的程序，要给出具体的方法。

第 3 章
酸碱滴定法

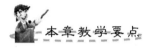 本章教学要点

知识要点	掌握程度	相关知识	应用方向
酸碱平衡	熟悉	酸碱概念、酸碱反应、平衡常数	了解酸碱反应原理进行定量分析
酸碱平衡中 H^+ 浓度的计算	掌握	平衡浓度和分布系数、物料平衡质子条件式、酸碱平衡中有关浓度的计算	水样中相关项目的定量分析
缓冲溶液	了解	缓冲溶液 pH 值计算、缓冲溶液的选择和配制	测定时 pH 值的控制
酸碱指示剂	掌握	常用酸碱指示剂、酸碱指示剂变色原理和变色范围	酸碱滴定终点的判断
酸碱滴定	掌握	酸碱滴定过程中 pH 值计算方法、影响滴定突跃范围的因素、指示剂的选择	水样中相关项目的定量分析
在水质分析中的应用	重点掌握	测定水中碱度的方法	水样中相关项目的测定

导入案例

pH 值和碱度不但是天然水的主要参数之一，而且是了解水体碳酸盐体系的主要参数。大多数天然水体的 pH 值在 6~9 之间，此时水体可以看作一个开放的碳酸体系，体系的碱度由重碳酸盐、二氧化碳和碳酸盐组成，碳酸盐的各存在形式的浓度直接影响体系的 pH 值。此时水体具有一定的缓冲容量，对排入水体的酸碱具有一定的中和能力。碱度对水体中的生物硝化过程有直接的决定作用，碱度控制不当，可造成亚硝酸盐的积累，影响硝化反应进程，同时也对在水体中存在的生物造成一定的危害。在废水的厌氧生物处理系统和脱氮过程中要控制适宜的碱度。碱度可用于评价水体的缓冲能力及金属在其中的溶解性和毒性，水对水和废水处理过程的控制的判断性指标，是水体的主要理化指标之一。碱度测定常用的方法是酸碱滴定法。

酸碱滴定法（Acid-Base Titrimetry）是以酸碱反应为基础的滴定分析方法，也叫中和滴定法。本章首先讨论酸碱溶液平衡的基本原理及有关浓度的计算方法，然后再介绍酸碱滴定法的基本原理和在水质分析中的应用。

3.1 水溶液中的酸碱平衡

3.1.1 酸碱概念

根据布朗斯特的质子酸碱理论，凡能给出质子的物质是酸，能接受质子的物质是碱。

$$HB \Longrightarrow H^+ + B^-$$

上述反应称为酸碱半反应。酸（HB）失去 1 个质子后转化成它的共轭碱（B^-）；碱（B^-）得到 1 个质子后转化成它的共轭酸（HB），这一对酸碱互相依存，彼此不能分开，这种因质子得失而相互转变的一对酸碱称为共轭酸碱对，如 HAc 和 Ac^- 为共轭酸碱对。酸碱半反应的实质就是一个共轭酸碱对中质子的传递。

$$共轭酸 \Longrightarrow 质子 + 共轭碱$$
$$HAc \Longrightarrow H^+ + Ac^-$$
$$H_2CO_3 \Longrightarrow H^+ + HCO_3^-$$
$$HCO_3^- \Longrightarrow H^+ + CO_3^{2-}$$
$$NH_4^+ \Longrightarrow H^+ + NH_3$$

酸碱可以是中性分子、阴离子或阳离子，只是酸比其共轭碱多一正电荷。酸碱的含义具有相对性：同一物质在不同的共轭酸碱对中，可表现出不同的酸碱性；溶剂不同时，同一物质表现出不同的酸碱性。如 HNO_3 在水中是强酸，在冰醋酸中是弱酸，在浓硫酸中具有碱性。既能接受质子又能给出质子的物质为两性物质（Amphoteric Substance），如 H_2O、HCO_3^-。

3.1.2 酸碱反应

质子理论认为酸碱反应的实质就是两个共轭酸碱对之间质子传递的反应。

例如

$$HAc + H_2O \rightleftharpoons H_3O^+ + Ac^-$$
$$\text{酸}_1 \quad \text{碱}_1 \quad \text{酸}_2 \quad \text{碱}_2$$

在上述反应中，H_2O 起碱的作用。

$$H_2O + NH_3 \rightleftharpoons NH_4^+ + OH^-$$
$$\text{酸}_1 \quad \text{碱}_1 \quad \text{酸}_2 \quad \text{碱}_2$$

在上述反应中，H_2O 起酸的作用。

酸或碱的离解，必须有 H_2O 参加，H_2O 既可起酸的作用，又可起碱的作用。H_3O^+ 称为水合氢离子，可简写为 H^+。为简便起见，一般在表示酸碱反应的反应式时，都可以不写出与溶剂作用的过程。如

$$HAc \rightleftharpoons H^+ + Ac^-$$
$$NH_4^+ \rightleftharpoons NH_3 + H^+$$

H_2O 作为一种溶剂，既可作为酸又可作碱，因此 H_2O 是一种两性物质。由于水的两性，水分子本身有质子传递作用，称为水的质子自递作用。其平衡常数 $K_w = \alpha_{H_3O^+} \cdot \alpha_{OH^-}$ 称为水的质子自递常数，用 K_s 表示。$K_s = 1.0 \times 10^{-14}(25℃)$。这种既可作为酸也可作为碱的一类溶剂称为质子溶剂。质子溶剂自身分子之间也能相互发生一定的质子传递，这类同种溶剂分子之间的质子的转移作用称为溶剂的质子自递作用。质子自递作用是质子溶剂的重要特征。

3.1.3 水溶液中酸碱反应的平衡常数

1. 酸碱强度

在水溶液中酸的强度取决于酸将质子给予溶剂分子或碱从溶剂分子中接受质子的能力，即酸碱度与酸碱本身的性质及溶剂的性质有关。在水溶液中，通常用酸碱在水中的离解常数 K_a 和 K_b 来衡量。常见弱酸和弱碱的解离常数见表 3-1。酸或碱的离解常数越大，则酸或碱的强度越大。酸性越强，与其共轭的碱性越弱；反之碱性越强，与其共轭的酸性越弱。

表 3-1　常见弱酸及其共轭碱的强度

	酸	K_a		碱	K_b
酸的强度由强到弱	H_3PO_4	6.9×10^{-3}	碱的强度由弱到强	H_2PO_7	1.4×10^{-12}
	HF	6.8×10^{-4}		F^-	1.5×10^{-11}
	HNO_2	5.1×10^{-4}		NO_2^-	2.0×10^{-11}
	HCOOH	1.7×10^{-4}		$HCOO^-$	5.9×10^{-11}
	HAc	1.8×10^{-5}		Ac^-	5.6×10^{-10}
	H_2CO_3	4.3×10^{-7}		HCO_3^-	2.3×10^{-8}
	H_2S	8.9×10^{-8}		HS^-	1.1×10^{-7}
	$H_2PO_4^-$	6.2×10^{-8}		HPO_4^{2-}	1.6×10^{-7}
	HCN	4.9×10^{-10}		CN^-	2.0×10^{-8}
	H_3BO_3	5.8×10^{-10}		$H_3BO_3^-$	1.7×10^{-8}
	NH_4^+	5.6×10^{-10}		NH_3	1.8×10^{-8}

2. 共轭酸碱对的 K_a 与 K_b 的关系

以 HAc 为例讨论共轭酸碱对的 K_a 与 K_b 的关系。

$$HAc + H_2O \Longrightarrow H_3O^+ + Ac^-$$

$$K_a = \frac{[H^+][Ac^-]}{[HAc]} \tag{3-1}$$

$$Ac^- + H_2O \Longrightarrow HAc + OH^-$$

$$K_b = \frac{[HAc][OH^-]}{[Ac^-]} \tag{3-2}$$

则 $\quad K_a K_b = \dfrac{[HAc][OH^-]}{[Ac^-]} \dfrac{[Ac^-][H^+]}{[HAc]} = [H_3O^+][OH^-] = K_w = 1.0 \times 10^{-14}$

可见共轭酸碱对的 K_a 与 K_b 之间有确定的关系，若已知某酸或碱的离解常数，则可求其对应的共轭碱或共轭酸的离解常数。同样对多元酸碱来说，由于在水溶液中是分级离解的，所以存在多个共轭酸碱对。这些共轭酸碱对的 K_a 与 K_b 之间也存在类似的情况，但较一元酸碱复杂。

$$H_2S + H_2O \Longrightarrow H_3O^+ + HS^-$$

$$K_{a_1} = \frac{[H_3O^+][HS^-]}{[H_2S]}$$

$$HS^- + H_2O \Longrightarrow H_3O^+ + S^{2-}$$

$$K_{a_2} = \frac{[H_3O^+][S^{2-}]}{[HS^-]}$$

碱 S^{2-} 逐级水解接受 H^+。

$$S^{2-} + H_3O^+ \Longrightarrow HS^- + OH^-$$

$$K_{b_1} = \frac{[HS^-][OH^-]}{[S^{2-}]}$$

$$HS^- + H_3O^+ \Longrightarrow H_2S + OH^-$$

$$K_{b_2} = \frac{[H_2S][OH^-]}{[HS^-]}$$

可见共轭酸碱对 H_2S/HS^- 和 HS^-/S^{2-} 的 K_a 与 K_b 的关系分别是

$$K_{a_1} K_{b_2} = K_{a_2} K_{b_1} = K_w = 1.0 \times 10^{-14} \tag{3-3}$$

对于水以外的其他溶剂有

$$K_a K_b = K_s \text{(溶剂的质子自递常数)}$$

由此得出结论：共轭酸碱对的 K_a 和 K_b 的乘积为一常数 K_w 或 K_s。

3.1.4 活度与活度系数

在溶液中，由于离子间存在静电引力作用，离子的自由运动和反应活性受到了影响，使得离子参加化学反应的有效浓度比它的实际浓度低。因此，引入"活度"的概念。活度可以认为是离子在化学反应中起作用的有效浓度。如果以 a 表示离子的活度，c 表示其摩尔浓度，则它们之间的关系为

$$a = \gamma c \tag{3-4}$$

γ称为活度系数，它反映实际溶液与理想溶液之间的偏差度。对于强电解质溶液，当浓度极稀时，离子之间的距离相当大，离子之间的相互作用力可以忽略不计，$\gamma \approx 1$，可以认为活度等于浓度。对于很浓的强电解质溶液来说，情况比较复杂，目前没有较好的计算公式。对于稀的强电解质溶液（$<0.1\text{mol/L}$）来说，由于离子的总浓度较高，离子间的作用力较大，活度系数小于1，活度也就小于浓度。在这种情况下，严格地讲，各种平衡常数的计算都不能用浓度，而应用活度来进行。

活度系数γ的大小不仅与溶液中各种离子的总浓度有关，也与离子的电荷数有关。稀溶液中离子的活度系数，可以利用德拜-休克尔极限公式近似计算。

$$-\lg\gamma = 0.512z_i^2\sqrt{I} \tag{3-5}$$

式中，z_i为粒子的电荷数；I为溶液的离子强度。

离子强度与溶液中各种离子的浓度及电荷数有关，稀溶液的计算式为

$$I = \frac{1}{2}\sum_{i=1}^{n}c_iz_i^2 \tag{3-6}$$

显然，溶液中的离子浓度越大，电荷越高，离子强度越大，活度系数越小。

3.2　酸碱平衡中 H⁺浓度的计算

3.2.1　平衡浓度和分布系数

1. 分析浓度

分析浓度（Analytical Concentration）：物质总浓度或标签浓度，用符号 c 表示。平衡浓度（Equilibrium Concentration）：平衡状态时，溶液中溶质各型体的浓度。以符号 〔 〕表示。显然，溶质各型体平衡浓度之和必等于其分析浓度，这种等衡关系称为物料平衡，其数学表达式称物料平衡方程，简写为 MBE（Mass Balance Equation）。在酸碱平衡体系中，酸和碱以各种不同的型体存在，并随 pH 值的改变而有规律地变化。了解和掌握这种变化规律，对控制反应向需要的方向进行和溶液中溶质各种型体浓度的计算都是有帮助的。

如酸的浓度，酸的总浓度 c_{HB} 包括离解部分和未离解部分。酸度：溶液中氢离子的活度，以 pH 值表示，其大小与酸的种类、浓度有关。pH 值范围通常为 $1 \sim 14$，pH 值为负值或大于 14 极不常见。

2. 分布系数

溶液中某酸碱组分的平衡浓度占其总浓度的分数，称为分布系数，以 δ 表示。分布系数取决于该酸碱物质的性质和溶液 H⁺浓度，与总浓度无关。分布系数能定量说明溶液中的各种酸碱组分的分布情况。通过分布系数，可求得溶液中酸碱组分的平衡浓度。酸度对溶液中酸（或碱）各种存在形式的分布的影响规律，对掌握反应条件具有指导意义。各种存在形式的分布系数的和等于1。以酸 HA 为例，〔HA〕，〔A⁻〕随 pH 值的变化而变化。酸

的总浓度 c 不随 pH 值变化。

1) 一元酸溶液（Monacid Solution）

一元酸仅以两种型体存在，其分布较简单。以醋酸为例，醋酸在溶液中以 HAc 和 Ac^- 两种型体存在。设醋酸的总浓度为 c，HAc 和 Ac^- 的平衡浓度为 [HAC] 和 [Ac$^-$]。则分布系数为

$$\delta_1 = \frac{[HAc]}{c} = \frac{[HAc]}{[HAc]+[Ac^-]} = \frac{[H^+]}{K_a+[H^+]} \qquad (3-7a)$$

$$\delta_0 = \frac{[Ac^-]}{c} = \frac{[Ac^-]}{[HAc]+[Ac^-]} = \frac{K_a}{K_a+[H^+]} \qquad (3-7b)$$

$$\delta_1 + \delta_0 = 1$$

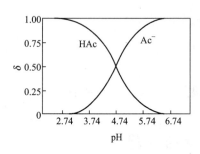

图 3.1 **HAc 和 Ac$^-$ 的分布分数与溶液 pH 值的关系**

pH 值不同时，可得一系列的 δ_i，以 δ_i 对 pH 值作图，可得图 3.1 所示的曲线，称为分布系数曲线（简称分布曲线）。由图 3.1 可见，δ_{Ac^-} 随 pH 值的增大而增大，δ_{HAc} 随 pH 值的增大而减小。当 pH $= pK_a = 4.74$ 时，$\delta_{Ac^-} = \delta_{HAc} = 0.50$，HAc 与 Ac^- 各占一半；pH $<$ pKa 时，主要存在形式是 HAc；pH $>$ pKa 时，主要存在形式是 Ac^-。δ 与总浓度 c 无关，是 pH 和 pKa 的函数。[HAc] 和 [Ac$^-$] 与总浓度 c 有关。这种情况可以推广到其他一元酸。

[**例 3.1**] 计算 pH $= 5.00$ 时，HAc 和 Ac^- 的分布分数。

解：

$$\delta_1 = \frac{[HAc]}{c} = \frac{[H^+]}{K_a+[H^+]} = \frac{1.0 \times 10^{-5}}{1.8 \times 10^{-5} + 1.0 \times 10^{-5}} = 0.36$$

$$\delta_0 = 1 - 0.36 = 0.64$$

2) 多元酸溶液（Polyprotic Acid Solution）

多元酸溶液中酸碱组分较多，其分布要复杂一些。以草酸为例讨论多元酸溶液组分平衡时的分布系数。草酸为二元弱酸，在溶液中以 $H_2C_2O_4$，$HC_2O_4^-$，$C_2O_4^{2-}$ 这 3 种型体存在，设草酸的总浓度为 c，δ_2、δ_1、δ_0 分别表示 $H_2C_2O_4$，$HC_2O_4^-$，$C_2O_4^{2-}$ 的分布系数，则

$$\delta_2 = \frac{[H_2C_2O_4]}{c} = \frac{[H_2C_2O_4]}{[H_2C_2O_4]+[HC_2O_4^-]+[C_2O_4^{2-}]}$$

$$= \frac{1}{1 + \dfrac{[HC_2O_4^-]}{[H_2C_2O_4]} + \dfrac{[C_2O_4^{2-}]}{[H_2C_2O_4]}}$$

$$= \frac{1}{1 + \dfrac{K_{a_1}}{[H^+]} + \dfrac{K_{a_1}K_{a_2}}{[H^+]^2}}$$

$$= \frac{[H^+]^2}{[H^+]^2 + K_{a_1}[H^+] + K_{a_1}K_{a_2}} \qquad (3-8a)$$

同理可得

$$\delta_1 = \frac{K_{a_1}[H^+]}{[H^+]^2 + K_{a_1}[H^+] + K_{a_1}K_{a_2}} \qquad (3-8b)$$

$$\delta_0 = \frac{K_{a_1}K_{a_2}}{[H^+]^2 + K_{a_1}[H^+] + K_{a_1}K_{a_2}} \qquad (3-8c)$$

$$\delta_0 + \delta_1 + \delta_2 = 1$$

以 δ_i 对 pH 值作图，得分布系数曲线如图 3.2 所示。pH $<$ pK_{a_1} 时，主要存在形式是 $H_2C_2O_4$；p$K_{a_1} <$ pH $<$ pK_{a_2} 时，主要存在形式是 $HC_2O_4^-$；pH $>$ pK_{a_2} 时，主要存在形式是 $C_2O_4^{2-}$。当 pH = pK_{a_1} = 1.23 时，$\delta_0 = \delta_1 =$ 0.50；当 pH = pK_{a_2} = 4.19 时，$\delta_1 = \delta_2 =$ 0.50。

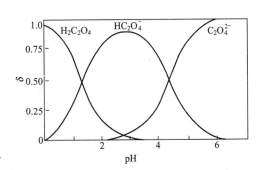

图 3.2　草酸 3 种形式的分布分数与 pH 的关系

[**例 3.2**]　计算 pH = 3.0 时，0.1000mol/L 草酸溶液中 $H_2C_2O_4$，$HC_2O_4^-$，$C_2O_4^{2-}$ 的浓度。

解：

$$\delta_2 = \frac{[H_2C_2O_4]}{c} = \frac{[H^+]^2}{[H^+]^2 + K_{a_1}[H^+] + K_{a_1}K_{a_2}}$$

$$= \frac{(1.0 \times 10^{-3})^2}{(1.0 \times 10^{-3})^2 + 5.9 \times 10^{-2} \times 10^{-3} + 5.9 \times 10^{-2} \times 6.4 \times 10^{-5}}$$

$$= 0.0157$$

同理 $\delta_1 = 0.9251$，$\delta_2 = 0.0592$

故　$[H_2C_2O_4] = \delta_2 \cdot c = 0.0157 \times 0.1000 = 0.0016$mol/L

$[HC_2O_4^-] = \delta_1 \cdot c = 0.9251 \times 0.1000 = 0.925$mol/L

$[C_2O_4^{2-}] = \delta_2 \cdot c = 0.0592 \times 0.1000 = 0.059$mol/L

如果是三元酸，情况要更复杂一些，但可采用同样方法处理，得到各组分的分布系数。例如磷酸，其在溶液中以 H_3PO_4，$H_2PO_4^{-1}$，HPO_4^{2-}，PO_4^{3-} 这 4 种型体存在，其分布系数分别为

$$\delta_3 = \frac{[H_3PO_4]}{c} = \frac{[H^+]^3}{[H^+]^3 + K_{a_1}[H^+]^2 + K_{a_1}K_{a_2}[H^+] + K_{a_1}K_{a_2}K_{a_3}} \qquad (3-9a)$$

$$\delta_2 = \frac{[H_2PO_4^-]}{c} = \frac{K_{a_1}[H^+]^2}{[H^+]^3 + K_{a_1}[H^+]^2 + K_{a_1}K_{a_2}[H^+] + K_{a_1}K_{a_2}K_{a_3}} \qquad (3-9b)$$

$$\delta_1 = \frac{[HPO_4^{2-}]}{c} = \frac{K_{a_1}K_{a_2}[H^+]}{[H^+]^3 + K_{a_1}[H^+]^2 + K_{a_1}K_{a_2}[H^+] + K_{a_1}K_{a_2}K_{a_3}} \qquad (3-9c)$$

$$\delta_0 = \frac{[PO_4^{3-}]}{c} = \frac{K_{a_1}K_{a_2}K_{a_3}}{[H^+]^3 + K_{a_1}[H^+]^2 + K_{a_1}K_{a_2}[H^+] + K_{a_1}K_{a_2}K_{a_3}} \qquad (3-9d)$$

磷酸的分布曲线如图 3.3 所示。

其他多元酸的分布系数可照此类推。至于碱的分布系数，可按类似方法处理。若将其当作酸的组分来对待，它的最高级共轭酸可看作其原始酸的存在形式。计算时要注意是用碱的离解常数还是用相应共轭酸的离解常数。如氨水，若按碱处理，其分布系数为

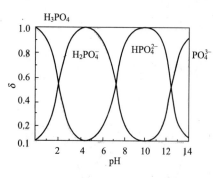

图 3.3　H_3PO_4 的 δ - pH 曲线

$$\delta_0 = \frac{[NH_3]}{c} = \frac{[NH_3]}{[NH_3]+[NH_4^+]} = \frac{[OH^-]}{K_b+[OH^-]}$$

$$\delta_1 = \frac{[NH_4^+]}{c} = \frac{[NH_4^+]}{[NH_3]+[NH_4^+]} = \frac{K_b}{K_b+[OH^-]}$$

若按酸来处理，NH_4^+ 为原始酸的形式，其分布系数为

$$\delta_0 = \frac{[NH_3]}{c} = \frac{K_a}{K_a+[H^+]} \tag{3-10a}$$

$$\delta_1 = \frac{[NH_4^+]}{c} = \frac{[H^+]}{K_a+[H^+]} \tag{3-10b}$$

一元弱酸或弱碱中的共轭酸碱对的分布系数的计算通式是

$$\delta_{共轭酸} = \frac{[H^+]}{K_a+[H^+]} \tag{3-11a}$$

$$\delta_{共轭碱} = \frac{K_a}{K_a+[H^+]} \tag{3-11b}$$

由上述可知，分布系数取决于酸碱的解离常数和溶液中的 H^+ 的浓度，而与其总浓度无关。在溶液中同一物质的不同型体的分布系数之和恒为 1。

3.2.2　溶液中 H^+ 浓度的计算

1. 物料平衡、电荷平衡和质子条件式

（1）物料平衡方程简称物料平衡（Material Balance Equation），用 MBE 表示。在一个化学平衡体系中，某一给定物质的总浓度，等于各种有关形式平衡浓度之和。

例如，浓度为 c 的 HAc 溶液的物料平衡为

$$[HAc]+[Ac^-]=c$$

浓度为 c 的 Na_2SO_3 溶液的物料平衡为

$$[Na^+]=2c \quad [SO_3^{2-}]+[HSO_3^-]+[H_2SO_3]=c$$

（2）电荷平衡方程简称电荷平衡（Charge Balance Equation），用 CBE 表示。其含义是单位体积溶液中阳离子所带正电荷的量（mol）应等于阴离子所带负电荷的量（mol）。

例如，浓度为 c 的 NaCN 溶液的电荷平衡为

$$[H^+]+[Na^+]=[CN^-]+[OH^-]$$

$$[H^+]+c=[CN^-]+[OH^-]$$

浓度为 c 的 $CaCl_2$ 溶液的电荷平衡为

$$[H^+]+[Ca^{2+}]=[OH^-]+2[Cl^-]$$

（3）质子条件式又称质子平衡方程（Proton Balance Equation），用 PBE 表示。其含义是溶液中得质子物质得到质子的量与失质子物质失去质子的量相等，反映了溶液中质子转移的物质的量的关系。按质子条件式可以得到溶液中 H^+ 浓度与有关组分浓度的关系式，它是处理酸碱平衡有关计算问题的基本关系式。

HAc 水溶液　　　　　　$[H^+]_总=[Ac^-]+[OH^-]$

Na_2S 的 $[OH^-]$ 质子条件式为　　$[OH^-]_总=2[H_2S]+[HS^-]+[H^+]$

$NaHCO_3$ 的质子条件式为　　$[H^+]_总 = [CO_3^{2-}] - [H_2CO_3] + [OH^-]$

注意事项：

① 选好质子参考水准。以溶液中大量存在并参与质子转移的物质为质子参考水准，通常是原始的酸碱组分及水。在质子条件式中不应出现作为质子参考水准的物质，因为这些物质不管失去质子或是接受质子都不会生成它本身。

② 写出质了参考水准得到质子后的产物和失去质子后的产物，并将所得到质子后的产物平衡浓度的总和写在等式的一边，所有失去质子后的产物平衡浓度的总和写在等式的另一边，即得到质子条件式。

③ 在处理多元酸碱时应注意浓度前的系数。

④ 根据得失质子的物质的量相等的原则，写出 PBE。

[例 3.3]　写出 $NH_4H_2PO_4$ 水溶液的质子条件式。

解：零水准：H_2O、$H_2PO_4^-$、NH_4^+

在 $NH_4H_2PO_4$ 水溶液中存在的离解平衡反应式为

$$H_2O \rightleftharpoons H^+ + OH^-$$
$$NH_4^+ \rightleftharpoons H^+ + NH_3$$
$$H_2PO_4^- \rightleftharpoons H^+ + HPO_4^{2-}$$
$$HPO_4^{2-} \rightleftharpoons H^+ + PO_4^{3-}$$
$$H_2PO_4^- + H_2O \rightleftharpoons H_3PO_4 + OH^-$$

PEB 为　　$[H^+] + [H_3PO_4] = [OH^-] + [NH_3] + 2[PO_4^{3-}] + [HPO_4^{2-}]$

2. pH 值的计算

1) 强酸(强碱)溶液

强酸强碱在溶液中全部离解，所以在一般情况下，H^+ 浓度的计算比较简单。一元强酸 HA，其浓度为 c_{HA}，在 HA 溶液中存在以下离解平衡。

$$HA + H_2O \rightleftharpoons H_3O^+ + A^-$$
$$2H_2O \rightleftharpoons H_3O^+ + OH^-$$

PEB 为　　　　　　　$[H^+] = [A^-] + [OH^-] = c_{HA} + [OH^-]$

将 $[A^-] = c_{HA}$，$[OH^-] = \dfrac{K_w}{[H^+]}$ 带入 PBE 中

得　　　　　　　　　$[H^+]^2 - c_{HA}[H^+] - K_w = 0$

$$[H^+] = \frac{c_{HA} + \sqrt{c_{HA}^2 + 4K_w}}{2} \qquad (3-12a)$$

该式为强酸溶液中 $[H^+]$ 的精确计算公式，它完整地表示了强酸溶液中 $[H^+]$ 与溶质和溶剂之间的平衡关系式。

当 HA 溶液的浓度不是很低时（$c_{HA} \geqslant 10^{-6} \text{mol/L}$），可忽略水的离解，溶液中的 H^+ 几乎全部是 HA 离解的，则强酸溶液中 $[H^+]$ 的计算最简式为

$$[H^+] = c_{HA} \qquad (3-12b)$$

对于强碱 MOH 溶液，可按同样方法处理。

精确式为

$$[OH^-] = \frac{c_{MOH} + \sqrt{c_{MOH}^2 + 4K_w}}{2} \qquad (3-13a)$$

最简式为 $\qquad [OH^-]=c_{MOH}(c_{MOH}\geqslant 10^{-6}\,mol/L)$ (3-13b)

2）一元弱酸（碱）

设一元弱酸 HB 溶液的浓度为 c_{HB}，离解常数为 K_a，溶液中存在的酸碱组分有 H^+、OH^-、H_2O、B^-、HB，以 HB 和 H_2O 为参考水准。

PEB 为 $\qquad [H^+]=[B^-]+[OH^-]$

由离解平衡 $HB \Longrightarrow H^+ + B^-$ 可知

$$[B^-]=\frac{K_a[HB]}{[H^+]}$$

带入 PEB 得

$$[H^+]=\frac{K_a[HB]}{[H^+]}+\frac{K_w}{[H^+]}$$

$$[H^+]=\sqrt{K_w+K_a[HB]}$$ (3-14)

式中 $\qquad [HB]=c_{HB}\delta_{HB}=c_{HB}\times \dfrac{[H^+]}{[H^+]+K_a}$ (3-15)

将式(3-15)代入式(3-14)，整理得

$$[H^+]^3+K_a[H^+]^2-(K_a c_{HB}+K_w)[H^+]-K_a K_w=0$$ (3-16a)

这是计算一元弱酸溶液 H^+ 浓度的精确式，解此一元三次方程十分麻烦，在实际工作中也没有必要。通常根据计算 H^+ 浓度时的允许误差，视弱酸的 K_a 和 c_{HB} 值大小，采用近似法计算。

当 $K_a c_{HB}\geqslant 20K_w$ 及 $c_{HB}/K_a<500$ 时，可忽略 K_w，但不能忽略 HB 离解产生的 H^+，式(3-14)可简化为

$$[H^+]=\sqrt{K_a[HB]}$$ (3-16b)

根据物料平衡和离解平衡，对于浓度为 c_{HB} 的弱酸 HB 溶液，$[HB]=c_{HB}-[H^+]$，代入式(3-16b)得

$$[H^+]=\sqrt{K_a(c_{HB}-[H^+])}$$

即 $\qquad [H^+]^2+K_a[H^+]-K_a c_{HB}=0$

则 $\qquad [H^+]=\dfrac{-K_a+\sqrt{K_a^2+4K_a c_{HB}}}{2}$ (3-16c)

式(3-16c)是计算一元弱酸溶液中 $[H^+]$ 的近似公式。

当 $K_a c_{HB}\geqslant 20K_w$ 及 $c_{HB}/K_a\geqslant 500$ 时，可忽略水的离解，同时 HB 因离解而减少的部分又可忽略不计，则 $[HB]=c_{HB}$，则式(3-4)可简化为最简式。

$$[H^+]=\sqrt{c_{HB}K_a}$$ (3-16d)

当 $K_a c_{HB}\leqslant 20K_w$ 及 $c_{HB}/K_a\geqslant 500$ 时，水的离解不能忽略，而 HB 因离解而减少的部分可忽略不计，则 $[HB]=c_{HB}$，则式(3-14)可简化为计算酸性极弱和浓度极低的酸溶液 $[H^+]$ 的计算公式。

$$[H^+]=\sqrt{K_w+c_{HB}K_a}$$ (3-16e)

当 $K_a c_{HB}<20K_w$ 及 $c_{HB}/K_a<500$ 时，水的离解不能忽略，而 HB 的离解度又大，此时不能采用近似公式，而采用精确式计算又太麻烦，可将式(3-15)代入式(3-14)中得

$$[H^+]=\sqrt{K_w+K_a\frac{c_{HB}[H^+]}{[H^+]+K_a}}$$ (3-16f)

再用逐步逼近法计算。首先假设一个 $[H^+]_1$，并代入上面方程式右侧求出 $[H^+]$ 的近似值 $[H^+]_2$，如果 $[H^+]_1$ 与 $[H^+]_2$ 不接近，再把 $[H^+]_2$ 代入求得第三次近似值 $[H^+]_3$，以此类推，直到相邻两次计算结果一致时为止（要求相对误差＜5%），此时 $[H^+]$ 即为所求结果。

[例3.4] 计算 0.1mol/LHCN 溶液的 pH 值。

解： 已知 $c_{HCN}=0.1$mol/L，查表得 HCN 的 $K_a=4.9\times10^{-9}$，可见 $K_a c_{HAC}>20K_w$，且 $c_{HCN}/K_a>500$，故采用最简式计算。

$$[H^+]=\sqrt{c_{HCN}K_a}=\sqrt{0.1\times4.9\times10^{-9}}=2.21\times10^{-5}\text{mol/L}$$

[例3.5] 计算 1.0×10^{-4}mol/L HBO_3 溶液的 pH 值。

解： 已知 HBO_3 的 $K_a=5.8\times10^{-10}$

由于 $K_a c_{HBO_3}=1.0\times10^{-4}\times5.8\times10^{-10}=5.8\times10^{-14}\leqslant20K_w$，$c_{HBO_3}/K_a=1.0\times10^{-4}/5.8\times10^{-10}>500$，所以采用式(3-16e)计算，得

$$[H^+]=\sqrt{K_w+c_{HB}K_a}$$
$$=\sqrt{1.0\times10^{-14}+5.8\times10^{-10}\times1.0\times10^{-4}}$$
$$=2.6\times10^{-7}\text{mol/L}$$

对于一元弱碱B，它在水溶液中存在下列酸碱平衡

$$B+H_2O\Longleftrightarrow BH^++OH^-$$

可见，与一元弱酸相似，所不同的是离解出来的是 OH^-。其质子条件式为

$$HB^++H^+=OH^-$$

按类似方法处理，可得相应计算式。实际上，前面有关计算一元弱酸溶液中 H^+ 浓度的计算式，只要将 K_a 换成 K_b，H^+ 换成 OH^-，均可用于计算一元弱碱溶液中 OH^- 的浓度。

3) 多元弱酸(碱)

多元弱酸(碱)溶液中 H^+ 浓度的计算方法与一元弱酸碱相似，但由于多元酸碱在溶液中逐级离解，所以情况要复杂些。设二元弱酸 H_2B 溶液浓度为 c_{H_2B}，离解常数为 K_{a_1} 和 K_{a_2}，溶液中存在的酸碱组分有 H^+、OH^-、H_2O、HB^-、B^{2-}、H_2B，以 H_2B 和 H_2O 为参考水准，其质子条件式为

$$[H^+]=2[B^{2-}]+[HB^-]+[OH^-] \tag{3-17}$$

又 $\quad [OH^-]=\dfrac{K_w}{[H^+]}$，$[HB^-]=\dfrac{K_{a_1}[H_2B]}{[H^+]}$，$[B^{2-}]=\dfrac{K_{a_1}K_{a_2}[H_2B]}{[H^+]^2}$

代入式(3-17)，并整理得精确式

$$[H^+]=\frac{K_w}{[H^+]}+\frac{K_{a_1}[H_2B]}{[H^+]}+\frac{2K_{a_1}K_{a_2}[H_2B]}{[H^+]^2}$$

$$[H^+]=\sqrt{[H_2B]K_{a_1}\left(1+\frac{2K_{a_2}}{[H^+]}\right)+K_w} \tag{3-18a}$$

将 $[H_2B]=\delta_2 c_{H_2B}=\dfrac{c_{H_2B}[H^+]^2}{[H^+]^2+K_{a_1}[H^+]+K_{a_1}K_{a_2}}$ 代入式(3-18a)得

$$[H^+]^4+K_{a_1}[H^+]^3+(c_{H_2B}K_{a_1}-K_{a_1}K_{a_2}+K_w)[H^+]^2$$
$$-(2c_{H_2B}K_{a_1}K_{a_2}+K_{a_1}K_w)[H^+]-K_{a_1}K_{a_2}K_w=0 \tag{3-18b}$$

解此一元四次方程十分麻烦，在实际工作中也没有必要。通常采用近似法计算。

如果 $c_{H_2B}K_{a_1} \geqslant 20K_w$，$2K_{a_2}/[H^+] = 2K_{a_2}/\sqrt{c_{H_2B}K_{a_1}} < 0.05$，可忽略 K_w 和 K_{a_2}，得二元弱酸溶液的 $[H^+]$ 计算的近似公式为

$$[H^+] = \sqrt{K_{a_1}[H_2B]} \tag{3-18c}$$

此时二元弱酸可按一元弱酸处理，则浓度为 c_{H_2B} 的二元弱酸 H_2B 溶液中，H_2B 的平衡浓度 $[H_2B] = c_{H_2B} - [H^+]$，将其代入式(3-18c)得

$$[H^+] = \sqrt{K_{a_1}c_{H_2B} - [H^+]} \quad （近似式）$$

整理后有 $\qquad\qquad [H^+]^2 + K_{a_1}[H^+] - c_{H_2B}K_{a_1} = 0$

$$[H^+] = \frac{-K_{a_1} + \sqrt{K_{a_1}^2 + 4c_{H_2B}K_{a1}}}{2} \tag{3-18d}$$

式(3-18d)为计算二元弱酸溶液中 $[H^+]$ 的近似公式。

若同时满足 $c_{H_2B}/K_{a_1} > 500$，可得到二元弱酸溶液中 $[H^+]$ 的最简式

$$[H^+] = \sqrt{K_{a_1}c_{H_2B}} \tag{3-18e}$$

二元碱溶液中 $[OH^-]$ 的计算，与二元酸类似。对于二元以上的多元弱酸碱溶液的 $[H^+]$ 和 $[OH^-]$ 的计算，可用同样的方法进行近似处理，按二元酸碱来处理。

二元酸简化计算的条件讨论：

二元酸可否作一元酸处理，主要取决于两级离解常数的差别的大小。对溶液 pH 值的计算，一般误差可允许 <5%，只要酸的浓度不是太小，$\Delta pK > 1.5$ 的二元酸可作一元酸处理。

[例3.6] 计算 0.2 mol/L $H_2C_2O_4$ 溶液的 pH 值。

解： 已知 $H_2C_2O_4$ 的 $K_{a_1} = 5.9 \times 10^{-2}$，$K_{a_2} = 6.4 \times 10^{-5}$，

因为 $2K_{a_2}/\sqrt{c_{H_2C_2O_4}K_{a_1}} = 2 \times 6.4 \times 10^{-5}/\sqrt{0.2 \times 5.9 \times 10^{-2}} < 0.05$

故 $H_2C_2O_4$ 可按一元弱酸处理。

又因为 $c/K_a = 0.2/(5.9 \times 10^{-2}) < 500$，$cK_{a_1} > 20K_w$，

所以用式(3-18d)

$$[H^+] = \frac{-K_{a1} + \sqrt{K_{a_1}^2 + 4c_{H_2B}K_{a1}}}{2}$$

$$= \frac{-5.9 \times 10^{-2} + \sqrt{(5.9 \times 10^{-2})^2 + 4 \times 5.9 \times 10^{-2} \times 0.20}}{2}$$

$$= 8.3 \times 10^{-2} \text{mol/L}$$

$$pH = 1.08$$

4) 两性物质

两性物质是指在溶液中既可以接受质子显碱性的性质，又可以提供质子显酸性的物质。溶液中的两性物质有多元酸的酸式盐，如 $NaHCO_3$，Na_2HPO_4，NaH_2PO_4；弱酸弱碱盐，如 NH_4Ac，NH_2CH_2COOH 等。以酸式盐为例讨论两性物质的酸碱平衡。

酸式盐的通式为 MHB，浓度为 c_{MHB}，其质子条件式为

$$[H^+] + [H_2B] = [OH^-] + [B]$$

又 $\qquad [OH^-] = \frac{K_w}{[H^+]}$，$\quad [H_2B] = \frac{[H^+][HB^-]}{K_{a_1}}$，$\quad [B^{2-}] = \frac{K_{a_2}[HB^-]}{[H^+]}$

$$[H^+] + \frac{[H^+][HB^-]}{K_{a_1}} = \frac{K_w}{[H^+]} + \frac{K_{a_2}[HB^-]}{[H^+]}$$

$$[H^+]=\frac{K_w}{[H^+]}+\frac{K_{a_2}[HB^-]}{[H^+]}-\frac{[H^+][HB^-]}{K_{a_1}}$$

即解得精确式：
$$[H^+]=\sqrt{\frac{K_{a_1}(K_w+K_{a_2}[HB^-])}{K_{a_1}+[HB^-]}} \qquad (3-19a)$$

其中
$$[HB^-]=\delta_{HA}c=\frac{K_{a_1}[H^+]}{[H^+]^2+K_{a_1}[H^+]+K_{a_1}K_{a_2}}$$

一般情况下，HB^- 的酸式离解和碱式离解的倾向都比较小，因此溶液中的 HB^- 消耗甚少，可以忽略 HB^- 的离解，$[HB^-]\approx c_{MHB}$，得近似式为

$$[H^+]=\sqrt{\frac{K_{a_1}(K_{a_2}c_{MHB}+K_w)}{K_{a_1}+c_{MHB}}} \qquad (3-19b)$$

若同时满足 $K_{a_2}c_{HB}\geqslant 20K_w$，则忽略水的离解，式(3-19b)可进一步简化为

$$[H^+]=\sqrt{\frac{K_{a_1}K_{a_2}c_{MHB}}{K_{a_1}+c_{MHB}}} \qquad (3-19c)$$

式(3-19b)和(3-19c)均为计算酸式盐 $[H^+]$ 的近似公式。

当 $c_{MHB}>20K_{a_1}$ 时，可认为 $K_{a_1}+c_{MHB}=c_{MHB}$，式(3-19c)进一步简化得最简式。

$$[H^+]=\sqrt{K_{a_1}K_{a_2}} \qquad (3-19d)$$

即应用最简式的条件为 $[HB^-]\approx c_{MHB}$，$K_{a_2}C_{HB}\geqslant 20K_w$，$c_{MHB}>20K_{a_1}$。

弱酸弱碱盐溶液中 $[H^+]$ 的计算方法与酸式盐相似。不同的是上述各公式中 K_{a_1} 和 K_{a_2} 分别为弱酸的 K_a 和弱碱的共轭酸的 K_a。其中 K_a 值大的为 K_{a_1}，小的为 K_{a_2}。上述讨论酸式盐溶液中 $[H^+]$ 的计算式均适用于弱酸弱碱盐的计算。

[例3.7] 计算 $1.0\times 10^{-2}mol/L\ Na_2HPO_4$ 溶液的 pH 值。

解： 已知 $K_{a_2}=6.3\times 10^{-8}$，$K_{a_2}=4.4\times 10^{-13}$

因为 $cK_{a_3}=1.0\times 10^{-2}\times 4.4\times 10^{-13}=4.4\times 10^{-15}<20K_w$，所以不能忽略水的离解，采用近似式(3-19b)得

$$[H^+]=\sqrt{\frac{K_{a_2}(K_{a_3}c_{MHB}+K_w)}{K_{a_2}+c_{MHB}}}$$
$$=\sqrt{\frac{6.3\times 10^{-8}\times(4.4\times 10^{-13}\times 1.0\times 10^{-2}+1.0\times 10^{-14})}{1.0\times 10^{-2}+1.0\times 10^{-14}}}$$
$$=3.0\times 10^{-10}mol/L$$
$$pH=9.52$$

[例3.8] 计算 $0.1mol/L\ NH_4Ac$ 溶液的 pH 值。已知 NH_4^+ 的 $K_{a_2}=5.6\times 10^{-10}$，$HAc$ 的 $K_{a_1}=1.7\times 10^{-5}$。

解： 因为 $K_{a_2}c=0.1\times 5.6\times 10^{-10}=5.6\times 10^{-11}>20K_w$，$c=0.1>20K_{a_1}$，所以可采用最简式计算。

$$[H^+]=\sqrt{K_{a_1}K_{a_2}}$$
$$=\sqrt{1.7\times 10^{-5}\times 5.6\times 10^{-10}}$$
$$=1.0\times 10^{-7}$$
$$pH=7$$

3.3 缓冲溶液

缓冲溶液(Buffer Solution)是一种能对溶液的酸度起稳定作用的溶液。若往缓冲溶液中加入少量酸或少量碱，或因溶液中发生的化学反应产生了少量的酸或碱，或将溶液稍加稀释，溶液的酸度基本不变。

缓冲溶液通常由浓度较大的弱酸及其共轭碱所组成。pH 值的范围一般为 2～12。例如 $HAc - Ac^-$，$NH_4Cl - NH_3$ 等。强酸(pH<2)或强碱(pH>12)溶液也是缓冲溶液，可以抵抗少量外加酸或碱的作用，但不具有抗稀释作用。

3.3.1 缓冲溶液 pH 值计算

假设缓冲溶液是由弱酸 HB 及其共轭碱 NaB 组成，浓度分别为 c_{HB} 和 c_{B^-}。

参考水准：H_2O，HB

PEB $\quad [H^+]=[OH^-]+[B]-c_{B^-} \quad [B]=c_{B^-}+[H^+]-[OH^-]$

参考水准：H_2O，B^-

PEB $\quad [H^+]+[HB]-c_{HB}=[OH^-] \quad [HB]=c_{HB}-[H^+]+[OH^-]$

解离平衡 $\quad HB \Longrightarrow H^+ + B^-$

$$[H^+]=K_a\frac{[HB]}{[B^-]}=K_a\frac{c_{HB}-[H^+]+[OH^-]}{c_{B^-}+[H^+]-[OH^-]} \tag{3-20}$$

这是计算弱酸及其共轭碱组成的缓冲溶液的 $[H^+]$ 的精确式。用精确式进行计算时，数学处理较复杂，通常根据具体情况进行简化处理。

当 pH≤6 时，可忽略 $[OH^-]$，式(3-20)简化为

$$[H^+]=K_a\frac{c_{HB}-[H^+]}{c_{B^-}+[H^+]} \tag{3-21}$$

当 pH≥8 时，可忽略 $[H^+]$，式(3-20)简化为

$$[H^+]=K_a\frac{c_{HB}+[OH^-]}{c_{B^-}-[OH^-]} \tag{3-22}$$

若 $c_{HB}\gg[OH^-]-[H^+]$，$c_{B^-}\gg[H^+]-[OH^-]$，则式(3-20)简化为

$$[H^+]=K_a\frac{c_{HB}}{c_{B^-}} \tag{3-23a}$$

$$pH=pK_a-\lg\frac{c_{HB}}{c_{B^-}} \tag{3-23b}$$

这是计算缓冲溶液 $[H^+]$ 的最简式，作为一般控制酸度用的缓冲溶液，因其浓度较大，对计算结果的要求也不十分精确，所以通常可采用最简式进行计算。但当缓冲溶液的各组分过稀，或者二组分的浓度比相差悬殊时，最简式的计算结果偏差较大。

弱酸的离解度较小，在缓冲体系中大量存在的 B^- 对 HB 产生同离子效应，使 HB 的离解度变得更小，因此式(3-23b)中的 c_{HB} 可以看作是等于共轭酸 HB 的总浓度。同时，NaB 在溶液中完全离解，式(3-23b)中的 c_{B^-} 可以看作等于共轭碱 NaB 的总浓度，则式(3-23b)可转化为

$$pH = pK_a - lg \frac{[共轭酸]}{[共轭碱]} \qquad (3-24)$$

上式称为亨德森-哈塞尔巴赫方程式，简称为亨德森方程式。它表明缓冲溶液 pH 的值决定于共轭酸的离解常数 K_a 和组成缓冲溶液的共轭碱与共轭酸浓度的比值。对于一定的共轭酸，pK_a 为定值，所以缓冲溶液的 pH 值就决定于两者浓度的比值，即缓冲比。当缓冲溶液加水稀释时，由于共轭碱和共轭酸的浓度受到同等程度的稀释，缓冲比是不变的；在一定的稀释度范围内，缓冲溶液的 pH 值实际上也几乎不变。

[**例 3.9**]　计算 0.10mol/L NH_4Cl 和 0.20mol/L NH_3 缓冲溶液的 pH 值。已知 NH_3 的 $K_b = 1.6 \times 10^{-5}$。

解：NH_4^+ 的 $K_a = \dfrac{K_w}{K_b} = 5.6 \times 10^{-10}$，由于 c_{NH_3} 和 c_{NH_4Cl} 的浓度均较大，可采用(3-24)式计算。

$$pH = pK_a - lg \frac{[NH_4^+]}{[NH_3]}$$

$$= 5.6 \times 10^{-10} - lg \frac{0.10}{0.20}$$

$$= 9.56$$

3.3.2　缓冲溶液的选择和配制

1. 缓冲溶液选择的原则

（1）缓冲溶液对测量过程应没有干扰；

（2）所需控制的 pH 值应在缓冲溶液的缓冲范围之内。如果缓冲溶液是由弱酸及其共轭碱组成的，pK_a 值应尽量与所需控制的 pH 值一致，即 $pK_a \approx pH$；

（3）缓冲溶液应有足够的缓冲容量，即组成缓冲溶液的各组分的浓度不能太小，一般应在 0.01～1mol/L 之间，且各组分的浓度比最好是 1:1，此时缓冲能力最大；

（4）缓冲物质应廉价易得，避免污染。

2. 缓冲溶液的配制

（1）一般缓冲溶液的配制方法可利用有关公式进行计算得到。

[**例 3.10**]　欲配制 pH = 5.00 的缓冲溶液 1000mL，若其中 $c_{HAc} = 0.4$mol/L，问需要浓度为 1.00mol/L 的 HAc 溶液多少毫升，需要加入 NaAc 多少克？

解：已知 pH = 5.00，即 $[H^+] = 1.0 \times 10^{-5}$，$c_{HAc} = 0.40$mol/L，由式(3-23a)可得

$$[H^+] = K_a \frac{[HAc]}{[Ac^-]}$$

$$1.0 \times 10^{-5} = 1.8 \times 10^{-5} \times \frac{0.40}{[Ac^-]}$$

$$[Ac^-] = 0.72mol/L$$

已知 NaAc 的分子量为 82，需要 NaAc 的量为

$$82 \times 0.72 = 59.04g$$

需要浓度为 1.00mol/L 的 HAc 溶液的体积为

$$0.40 \times 1000/1.0 = 400mL$$

几种常用的缓冲溶液见表 3 - 2。

表 3 - 2　常用缓冲溶液

缓冲溶液	pK_a	缓冲范围
氨基乙酸＋HCl	2.35	1.5～3.0
氯乙酸＋NaOH	2.86	2.0～3.5
甲酸＋NaOH	3.77	3.0～4.5
HAc＋NaAc	4.76	4.0～5.5
六次甲基四胺＋HCl	5.13	4.5～6.0
$H_2PO_4^-＋HPO_4^{2-}$	7.21	6.5～8.0
三羟甲基甲胺＋HCl	8.21	7.5～9.0
硼砂($H_3BO_3＋H_2BO_3^-$)	9.24	8.5～10.0
$NH_4^+＋NH_3$	9.25	8.5～10.0

（2）标准缓冲溶液的 pH 值是在一定温度下由实验准确测定的。若用有关公式进行理论计算时，应校正离子强度的影响，否则会出现理论值与实验值不符。用酸度计测量溶液的 pH 值前必须先用标准缓冲溶液校准酸度计，亦称定位。这类用于校准酸度计的缓冲溶液称为标准缓冲溶液。pH 标准缓冲溶液可由共轭酸碱对组成，也可由逐级解离常数相差较小的两性物质组成。常用的 pH 标准缓冲溶液在 25℃ 的 pH 值列于表 3 - 3 中。

表 3 - 3　pH 标准溶液

pH 标准溶液	pH(25℃)
饱和酒石酸氢钾(0.034mol/L)	3.56
0.050mol/L 邻苯二甲酸氢钾	4.01
0.025mol/L $KH_2PO_4^-$－0.025mol·$L^{-1}Na_2HPO_4$	6.86
0.010mol/L 硼砂	9.18

3.4　酸碱指示剂

3.4.1　酸碱指示剂的作用原理

酸碱指示剂(Indicator)一般是有机弱酸或有机弱碱，其共轭酸碱形式具有明显不同的颜色。当溶液的 pH 值改变时，指示剂失去质子由酸式转化为碱式，或得到质子由碱式转化为酸式，结构上的改变，引起了颜色的变化，而且这些结构变化和颜色反应都是可逆的。例如甲基橙(Methyl Orange, MO)，双色指示剂。

$$(CH_3)_2N - \overset{+}{=} N - \underset{H}{N} - \overset{-}{SO_3^-} \quad \overset{OH^-}{\underset{H^+}{\rightleftharpoons}}$$

红色（醌式）　　　　$pK_a=3.4$

$$(CH_3)_2N - \overline{} - N = N - \overline{} - SO_3^-$$

黄色（偶氮式）

当 pH≤3.1 时，显酸式色，溶液呈红色；当 pH≥4.4 时，显碱式色，溶液呈黄色；pH 值在 3.1～4.4 范围内，两种形式共存，为混合色，溶液呈橙色。

酚酞(Phenolphthalein，PP)，单色指示剂。在酸性溶液中无色，在碱性溶液中转化为酸式后显红色。但在足够浓的强碱溶液中，它又进一步转化为无色的羧酸盐形式。

其他酸碱指示剂的颜色变化情况与酚酞、甲基橙相似，如甲基红(Methyl red，MR)，双色指示剂。在酸性溶液中显红色，在碱性溶液中显黄色。石蕊，双色指示剂。在酸性溶液中显红色，在碱性溶液中显蓝色。即溶液的 pH 值变化引起指示剂的结构变化，从而显现不同的颜色。

3.4.2　指示剂的变色范围

指示剂的变色范围可用指示剂在溶液中的离解平衡来解释，以弱酸型指示剂 HIn 为例来解释。指示剂 HIn 在溶液中的离解平衡为

$$HIn \rightleftharpoons H^+ + In^-$$

其离解常数为 $K_a = \dfrac{[H^+][In^-]}{[HIn]}$，则

$$[H^+] = \frac{K_a[HIn]}{[In^-]}$$

$$pH = pK_a - \lg \frac{[HIn]}{[In^-]} \tag{3-25}$$

式中的 $[HIn]$ 和 $[In^-]$ 分别对应于指示剂共轭酸碱的平衡浓度。在一定温度下，K_a 是一个常数。溶液的颜色是由 $[HIn]$ 与 $[In^-]$ 的比值决定的，$[HIn]/[In^-]$ 是 $[H^+]$ 的函数，若溶液中 pH 值改变，其比值也相应变化。当 $[HIn]/[In^-]=1$ 时，$pH = pK_a$，这时溶液的 pH 值就是指示剂的理论变色点。变色点所显示的颜色为酸式色和碱式色的混合色。当 $[HIn] > [In^-]$，溶液中以 HIn(酸式色)的颜色为主；当 $[HIn] < [In^-]$ 时，以 In^-(碱式色)的颜色为主。

一般来说，当一种浓度是另一种浓度的 10 倍时，就只能看到浓度大的那种颜色。所以当 $[HIn]/[In^-] \geq 10$ 时，只能观察出 HIn(酸式色)的颜色，这时溶液的 pH 为 $pK_a - 1$；当 $[HIn]/[In^-] \leq 0.1$ 时，只能观察出 In^-(碱式色)的颜色。这时溶液的 pH 为 $pK_a + 1$。因此，当溶液的 pH 由 $pK_a - 1$ 变化到 $pK_a + 1$ 时，能明显观察到指示剂由酸式色变为碱式色，反之亦然。所以酸碱指示剂变色的 pH 值的变色范围为 $pH = pK_a \pm 1$，这是指理论变色范围。不同的指示剂其 pK_a 是不同的，发生颜色变化的 pH 值，即变色范围不同，指示剂的理论变色范围为 2 个 pH 单位。

在实际中指示剂的变色范围不是根据 pK_a 计算出来的，而是依靠人眼观察出来的，由

于人眼对各种颜色的敏感程度不同，加上两种颜色相互掩盖，影响观察，实际观察结果与理论计算值有差别，大多数指示剂的变色范围为 $1.6\sim1.8$ 个 pH 单位。例如甲基红的 $pK_a=5.0$，其理论变色范围为 $4.0\sim6.0$，但实际观察结果为 $4.2\sim6.3$。此外不同人的观察结果也不同，甲基红的变色范围还有报道为 $4.4\sim6.2$。指示剂变色范围越窄越好，因为 pH 值稍有改变就可观察到溶液颜色的改变，有利于提高测定结果的准确度。

常用酸碱指示剂可以分为酚酞类、偶氮化合物类、磺代酚酞类和硝基苯酚类几种。表 3-4 中列出了几种常见酸碱指示剂及配制方法。

表 3-4　常见酸碱指示剂的颜色变化

指示剂	变色范围 pH	颜色		pK_{HIn}	浓度
		酸色	碱色		
百里酚蓝（第一次变色）	1.2～2.8	红	黄	1.6	0.1%（20%乙醇溶液）
甲基黄	2.9～4.0	红	黄	3.3	0.1%（90%乙醇溶液）
甲基橙	3.1～4.4	红	黄	3.4	0.05%水溶液
溴酚蓝	3.1～4.6	黄	紫	4.1	0.1%（20%乙醇溶液）或指示剂钠盐的水溶液
溴甲酚绿	3.8～5.4	黄	蓝	4.9	0.1%水溶液，每 100mg 指示剂加 0.05mol/L NaOH 2.9mL
甲基红	4.4～6.2	红	黄	5.2	0.1%（60%乙醇溶液）或指示剂钠盐的水溶液
溴百里酚蓝	6.0～7.6	黄	蓝	7.3	0.1%（20%乙醇溶液）或指示剂钠盐的水溶液
中性红	6.8～8.0	红	黄橙	7.4	0.1%（60%乙醇溶液）
酚红	6.7～8.4	黄	红	8.0	0.1%（60%乙醇溶液）或指示剂钠盐的水溶液
酚酞	8.0～9.6	无	红	9.1	0.1%（90%乙醇溶液）
百里酚蓝（第二次变色）	8.0～9.6	黄	蓝	8.9	0.1%（20%乙醇溶液）
百里酚酞	9.4～10.6	无	蓝	10.0	0.1%（90%乙醇溶液）

3.4.3　影响指示剂变色的因素

响指示剂变色范围的因素除了人的肉眼的敏感力外，还有温度、指示剂用量、溶剂等。

（1）温度：温度改变时，指示剂的解离常数有所改变，因而指示剂的变色范围也随之变化。例如酚酞在室温下的变色范围为 $8.0\sim9.6$，而在 100℃时为 $8.1\sim9.0$。所以滴定应在室温下进行，有必要加热时，最好将溶液冷却至室温后再滴定。

（2）指示剂的用量：对于双色指示剂，如甲基橙，指示剂用量的多少，不会影响指示剂变色点的 pH 值。但若指示剂用量过多，色调变化不明显，而指示剂本身也要消耗滴定剂，则对分析不利，易造成误差。

对于单色指示剂如酚酞，指示剂用量的多少对它的变色范围是有影响的。指示剂加入过多，终点提前。如在 $500\sim100mL$ 溶液中加 $2\sim3$ 滴 0.1% 的酚酞溶液，$pH\approx9$ 时呈粉红色；相同条件下加入 $15\sim20$ 滴 0.1% 的酚酞溶液，则在 $pH\approx8$ 时就呈粉红色。

（3）溶剂：指示剂在不同溶剂中的 pK_a 值是不同的。例如甲基橙在水溶液中 $pK_a=$ 3.4，在甲醇溶液中 $pK_a-3.8$，因此在不同的溶剂中指示剂的变色范围不同。

3.4.4 混合指示剂

单一指示剂变色范围一般都较宽，然而在酸碱滴定中有时需要将滴定终点限制在很窄的 pH 值范围，这时可采用混合指示剂。混合指示剂具有变色范围窄，变色明显等优点。非混合指示剂的终点颜色变化约有 $\pm0.3pH$ 的不确定度。用混合指示剂，有 $\pm0.2pH$ 的不确定度。

混合指示剂是由人工配制而成的，有两类。一类是同时使用两种指示剂，利用彼此颜色之间的互补作用，使变色更加敏锐。如溴甲酚绿和甲基红，如图 3.4 所示。另一类由指示剂与惰性染料(如亚甲基蓝，靛蓝二磺酸钠)组成，也是利用颜色的互补作用来提高变色的敏锐度。表 3-5 列出了常用酸碱混合指示剂及其配制方法。

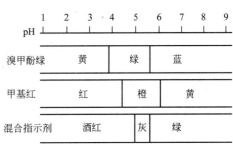

图 3.4　溴甲酚和甲基红的颜色叠加示意图

表 3-5　常用酸碱混合指示剂及其配制方法

指示剂溶液的组成	变色点 pH	颜色		备注
		酸色	碱色	
一份 0.1%甲基黄乙醇溶液 一份 0.1%亚甲基蓝乙醇溶液	3.25	蓝紫	绿	pH3.4 绿色 pH3.2 蓝紫色
一份 0.1%甲基橙水溶液 一份 0.25%靛蓝二磺酸钠水溶液	4.1	紫	黄绿	
三份 0.1%溴甲酚绿乙醇溶液 一份 0.2%甲基红乙醇溶液	5.1	酒红	绿	
一份 0.1%溴甲酚绿钠盐水溶液 一份 0.1%氯酚红钠盐水溶液	6.1	黄绿	蓝紫	pH5.4 蓝紫色，5.8 蓝色， 6.0 蓝带紫，6.2 蓝紫
一份 0.1%中性红乙醇溶液 一份 0.1%亚甲基蓝乙醇溶液	7.0	蓝紫	绿	pH7.0 紫蓝

3.5　酸碱滴定法的基本原理

酸碱滴定法是以酸碱反应为基础的滴定分析方法。在酸碱滴定中，滴定剂一般是强酸或强碱，如 HCl，H_2SO_4，NaOH 和 KOH 等；被滴定的是各种具有碱性或酸性的物质，

如 NaOH，Na_2CO_3，HCl、HAC 和吡啶盐等。在进行滴定时，重要的是要了解被测物质能否被准确滴定，滴定过程中溶液 pH 值如何变化以及选择什么指示剂来确定滴定终点（End Point，EP）。本节将根据酸碱平衡原理，主要讨论能直接进行酸碱滴定的条件，滴定过程中 pH 值的变化规律及怎样选择合适的指示剂。

3.5.1 强碱滴定强酸或强酸滴定强碱

强酸强碱在溶液中完全离解，所以滴定时的反应为

$$H^+ + OH^- \Longrightarrow H_2O$$

滴定到化学计量点时，滴定液的 pH = 7.00，滴定反应进行得非常完全。现以 0.1000mol/L NaOH 溶液滴定 20.00mL 0.1000mol/L HCl 溶液为例，讨论强酸强碱相互滴定时的 pH 值变化、滴定曲线和指示剂的选择。

（1）滴定前，加入滴定剂（NaOH）体积为 0mL 时，溶液中 $[H^+]$ 等于 HCl 的原始浓度。

$$[H^+] = 0.1000 \text{mol/L}$$

$$溶液 pH = 1$$

（2）滴定开始至化学计量点前，溶液的 pH 值取决于剩余的 HCl 的浓度。

加入滴定剂体积为 18.00mL 时

$$[H^+] = 0.1000 \times (20.00 - 18.00)/(20.00 + 18.00)$$
$$= 5.3 \times 10^{-3} \text{mol/L}$$
$$溶液 pH = 2.28$$

加入滴定剂体积为 19.98mL 时（离化学计量点差约半滴）

$$[H^+] = cV_{HCl}/V$$
$$= 0.1000 \times (20.00 - 19.98)/(20.00 + 19.98)$$
$$= 5.0 \times 10^{-5} \text{mol/L}$$
$$溶液 pH = 4.3$$

（3）化学计量点，即加入滴定剂体积为 20.00mL，此时也正好反应完全，溶液呈中性。

$$[H^+] = 10^{-7} \text{mol/L}$$
$$溶液 pH = 7$$

（4）化学计量点后，溶液的 pH 值取决于过量的 NaOH 的量。加入滴定剂体积为 20.02mL，过量 0.02mL（约半滴）

$$[OH^-] = nNaOH/V$$
$$= (0.1000 \times 0.02)/(20.00 + 20.02)$$
$$= 5.0 \times 10^{-5} \text{mol/L}$$
$$pOH = 4.3$$
$$溶液 pH = 14 - 4.3 = 9.7$$

按上述方法逐一计算滴定过程中的 pH 值变化，结果列于表3-6中，以溶液的 pH 值为纵坐标，所滴入的滴定剂的物质的量或体积为横坐标绘制滴定曲线（Titration Curve），如图3.5所示。从表3-6和图3.5中可以看出，从滴定开始到加入 19.80mL NaOH 溶液，溶液的 pH 值只改变了 2.3 个单位。再滴入 0.18mL NaOH 溶液，pH 值就改变了一个单位，变化速度加快了。再滴入 0.02mL NaOH 溶液，正好是化学计量点，此时 pH 值迅速增全 7.0。再滴入 0.02mL NaOH 溶液，pH 值为 9.70。此后过量 NaOH 溶液所引起的 pH 值的变化又越来越小。

表 3-6　0.1000mol/L NaOH 滴定 20.00mL 0.1000mol/L HCl 溶液的 pH 值变化

加入 NaOH 体积/mL	滴定百分数(%)	剩余 HCl 体积/mL	过量 NaOH 体积/mL	pH
0.00	0.00	20.00		1.00
18.00	90.00	2.00		2.28
19.80	99.00	0.20		3.30
19.96	99.80	0.04		4.00
19.98	99.90	0.02		4.30 ⎫突跃
20.00	100.00	0.00	0.00	7.00
20.02	100.10		0.02	9.70 ⎭范围
20.04	100.20		0.04	10.00
20.20	101.00		0.20	10.70
22.00	110.00		2.00	11.70
40.00	200.00		20.00	12.50

由此可见，在化学计量点前后，从剩余 0.02mL HCl 到过量 0.02mLNaOH，即滴定由不足 0.1% 到过量 0.1%，溶液的 pH 值从 4.30 增大到 9.70，变化近 5.4 个单位，形成滴定曲线的突越部分。把 pH 值的这种急剧变化叫做滴定突跃（Titration Jump），把对应化学计量点前后±0.1% 的 pH 值变化范围称为突跃范围。突跃范围是选择指示剂的基本依据。显然，最理想的指示剂应该恰好在化学计量点时变色，但是凡在突跃范围以内变色的指示剂，都可保证其滴定终点误差小于±0.1%。因此，甲基红（4.4～6.2）、酚酞（8.0～9.6）、酚红（6.8～8.4）、溴百里酚蓝（6.0～7.6）等，均可用作这一滴定的指示剂。

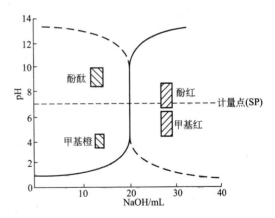

图 3.5　强碱滴定强酸的滴定曲线（实线部分）
（0.1000mol/L NaOH 滴定 0.1000mol/L HCl）
虚线——同浓度的 HCl 滴定 NaOH 曲线

滴定突跃的大小与溶液的浓度有关。图 3.6 为通过计算得到的不同浓度 NaOH 与 HCl

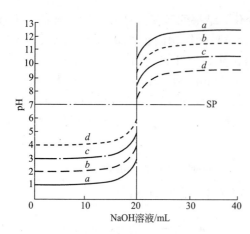

图 3.6 起始浓度对强酸强碱滴定突跃的影响
（强碱滴定等浓度强酸）

a. 1.000×10^{-1}mol/L   b. 1.000×10^{-2}mol/L
c. 1.000×10^{-3}mol/L   d. 1.000×10^{-4}mol/L

的滴定曲线。可见，当酸碱浓度增大 10 倍时，滴定突跃部分的 pH 值变化范围增加约两个单位。假设用 1mol/L NaOH 滴定 1mol/LHCl，其突跃范围为 3.3～10.7。此时若以甲基橙为指示剂，滴定至黄色为终点，滴定误差将小于 ±0.1%。假如用 0.01mol/L NaOH 滴定 0.01mol/LHCl，则突跃范围减小为 5.3～8.7，由于滴定突跃小了，指示剂的选择就受到限制。要使终点误差小于±0.1%，最好用甲基红作指示剂，也可用酚酞。若用甲基橙作指示剂，误差则达±1%以上。

强酸滴定强碱的情况与强碱滴定强酸相似，只是 pH 值的变化与此相反（图 3.5 中虚线部分），下面的讨论中亦是如此，因此不再赘述。

3.5.2 一元弱酸弱碱的滴定

1. 强碱滴定弱酸

以 0.1000mol/L NaOH 滴定 20.00mL 初始浓度为 0.1000mol/L 的弱酸 HAc 为例，讨论强碱滴定弱酸的滴定曲线和指示剂的选择。滴定反应为

$$HAc + NaOH \rightleftharpoons NaAC + H_2O$$

（1）滴定开始前，为一元弱酸 HAc（$K_a = 1.8 \times 10^{-5}$）的 0.1000mol/L 溶液（HAc 发生微弱离解）用最简式计算其 pH 值。

$$[H]^+ = \sqrt{c_a K_a} = \sqrt{0.1000 \times 10^{-4.74}}$$
$$= 10^{-2.87}$$
$$pH = 2.87$$

（2）滴定开始至化学计量点前，即溶液变为 HAc - NaAc 缓冲溶液，按缓冲溶液的 pH 值进行计算。

$$pH = pK_a - \lg \frac{[HAc]}{[Ac^-]}$$

加入滴定剂体积 19.98mL 时

$$[HAc] = 0.02 \times 0.1000/(20.00 + 19.98)$$
$$= 5.00 \times 10^{-5} mol/L$$
$$[Ac^-] = 19.98 \times 0.1000/(20.00 + 19.98)$$
$$= 5.00 \times 10^{-2} mol/L$$
$$pH = pK_a - \lg \frac{[HAc]}{[Ac^-]} = 4.74 - \lg \frac{5.00 \times 10^{-5}}{5.00 \times 10^{-2}} = 7.74$$

（3）化学计量点：全部 HAc 被中和，生成 NaAc。由于 Ac^- 为弱碱，溶液的 pH 值可根据弱碱的有关计算式计算。

$$[Ac^-]=20.00\times0.1000/(20.00+20.00)$$
$$=5.00\times10^{-2}mol/L$$
$$K_b=K_w/K_a=5.6\times10^{-10}$$
$$[OH]=\sqrt{K_b[Ac^-]}=\sqrt{5.6\times10^{-10}\times5.00\times10^{-2}}=5.3\times10^{-6}mol/L$$
$$pOH=5.28$$
$$pH=14-5.28=8.72$$

（4）化学计量点后：由于过量 NaOH 的存在，抑制了 Ac^- 的离解，故此时溶液的 pH 值主要取决于过量的 NaOH 浓度，其计算方法与强碱滴定强酸相同。

例如，滴入 NaOH 溶液 20.02mL，溶液的 pH 值可按下式计算。

$$[OH^-]=0.1000\times0.02/(20.00+20.02)$$
$$=5.0\times10^{-5}mol/L$$
$$pOH=4.3$$
$$pH=14-4.3=9.7$$

如此逐一计算，计算结果列于表 3-7 中。绘制的滴定曲线如图 3.7 所示。从表 3-7 和图 3.7 中可以看出，滴定前，弱酸在溶液中部分电离，与强酸相比，曲线开始点提高；滴定开始时，溶液 pH 升高较快，这是由于中和生成的 Ac^- 产生同离子效应，使 HAc 更难离解，$[H^+]$ 降低较快，继续滴加 NaOH，溶液形成缓冲体系，曲线变化平缓。接近化学计量点时，溶液中剩余的 HAc 已很少，溶液的缓冲作用减弱，pH 变化加快。化学计量点前后产生 pH 突跃，滴加体积为 0.04mL，pH 由 7.74 突变到 9.70，改变 1.96 个 pH 单位，与强酸相比，突跃变小。化学计量点以后，溶液 pH 的变化规律与强碱滴定强酸时的情况基本相同。

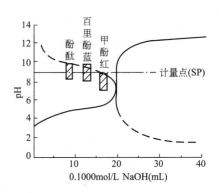

图 3.7 强碱滴定弱酸的滴定曲线
（0.1000mol/L NaOH 溶液滴定同浓度 HAc 溶液的滴定曲线）

表 3-7　0.1000mol/L NaOH 滴定 20.00mL 0.1000mol/L HAc 溶液的 pH 值变化

加入 NaOH 体积/mL	滴定百分数（%）	剩余 HAc 体积/mL	过量 NaOH 体积/mL	pH
0.00	0.00	20.00		2.87
18.00	90.00	2.00		5.70
19.80	99.00	0.20		6.73
19.98	99.90	0.02		7.74 ⎫突跃
20.00	100.00	0.00	0.00	8.72 ⎬
20.02	100.10		0.02	9.70 ⎭范围
20.20	101.00		0.20	10.70
22.00	110.00		2.00	11.70
40.00	200.00		20.00	12.50

由于 pH 突跃范围为 7.74～9.70，因此酚酞、百里酚酞和百里酚蓝等的变色范围恰好在突跃范围之内，可作为这一滴定类型的指示剂。在酸性范围内变色的指示剂，如甲基橙、甲基红等，都不能用作 NaOH 滴定 HAc 的指示剂，否则，将引起较大的滴定误差。

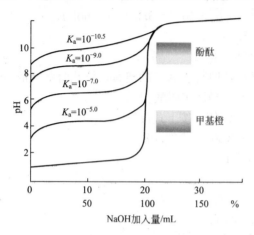

图 3.8　强碱滴定不同强度弱酸滴定曲线

用 0.1mol/L NaOH 溶液滴定 0.1mol/L 不同强度弱酸的滴定曲线如图 3.8 所示。从图 3.8 可以看出，K_a 越大，即酸性越强时，滴定突跃范围也越大。当 $K_a \leqslant 10^{-9}$ 时，已经没有明显的突跃了。在这种情况下，已无法利用一般的酸碱指示剂确定它的滴定终点。另一方面，当 K_a 一定时，酸的浓度增大，突跃范围也增大。因此，如果弱酸的离解常数很小，或酸的浓度很低，达到一定限度时，就不能准确进行滴定了。如用指示剂来检测终点，即使指示剂的变色点与化学计量点一致，但由于人眼判断终点时仍有 ±0.2～0.3pH 的不确定性。因此，要保证滴定的准确度，滴定突跃就不能太小。若以 ΔpH＝±0.20 作为借助指示剂判别终点的极限，要使滴定终点误差小于 ±0.2%，则突跃范围应大于 0.4pH，这要求 $C_{sp}K_a \geqslant 10^{-8}$。

2. 强酸滴定弱碱

强酸滴定弱碱的情况与强碱滴定弱酸类似，所不同的是曲线的形状刚好相反（图 3.7 虚线部分）。强酸滴定弱碱，在化学计量点时溶液呈弱酸性。例如，用 0.1000mol/L HCl 标准溶液滴定 20.00mL 0.1000mol/L $NH_3 \cdot H_2O$，其 pH 值为 5.28。pH 值的突跃范围为 6.25～4.30。应选用在酸性范围内变色的指示剂，如甲基红、溴甲酚紫等。与弱酸的滴定一样，弱碱的强度（K_b）和浓度（c_{sp}）都会影响滴定突跃的大小。只有当弱碱的 $c_{sp}K_b \geqslant 10^{-8}$ 时，才能借助指示剂准确判定滴定终点。

3.5.3　多元酸碱的滴定

多元酸一般为弱酸，在水溶液中分步离解。对多元酸的滴定需要分级滴定，溶液中组分复杂，准确计算多元酸的滴定曲线比较复杂，下面只讨论滴定的可行性判断（包括能否分步滴定的判断）、化学计量点 pH_{sp} 的计算和指示剂的选择。

1. 滴定的可行性判断

1）分级滴定的条件

如以允许终点观测误差为 ±0.1%，终点判断的不确定性为 ±0.2pH 为前提，则直接分级准确滴定多元酸碱或混合酸碱的判据是必须同时满足以下条件的。

$$c_{sp_i}K_{a_i} \geqslant 10^{-8}$$

$$\Delta pK_i \geqslant 6 \tag{3-26a}$$

这里 ΔpK_i 为相邻两级离解常数的负对数值之差，实际上代表了相邻两级离解常数的比值，即 $K_{a_i}/K_{a_{i+1}} \geqslant 10^6$，比值越大，分级滴定的突跃也越大。首先由 $c_{sp_i}K_{a_i}$ 是否大于

10^{-8} 判断各级离解的 H^+ 能否准确滴定，再由 $K_{a_i}/K_{a_{i+1}}$ 是否大于 10^6 判断第二级离解的 H^+ 是否对滴定第一级离解的 H^+ 产生干扰。

现存在的多元酸碱中很少有能满足 $\Delta pK_i \geqslant 6$ 这个条件的，但实践中确有许多多元酸碱在要求测定准确度不太高的情况下可以分级滴定。因此，在处理多元酸碱分级滴定时，除规定终点判断的不确定性为 $\pm 0.2 pH$ 外，把允许的终点观测误差放宽到 $\pm 1\%$。这样，强碱（或强酸）直接准确分级滴定多元酸（或碱）的判据为必须同时满足以下条件

$$c_{sp_i} K_{a_i} \geqslant 10^{-10} \tag{3-26b}$$
$$\Delta pK_i \geqslant 4$$

2) 滴总量的判断式

多元酸碱给出质子或接受质子的总量能否全部滴定，其判断标准类似于一元弱酸碱能否被直接滴定的判据。但为了与分级滴定保持一致，将终点判断的不确定性为 $\pm 0.2 pH$，终点观测误差为 $\pm 1\%$ 范围内。滴总量的判据为

$$c_{sp_n} K_{a_n} \geqslant 10^{-10} \tag{3-27}$$

2. 多元酸的滴定

以 $0.10 mol/L NaOH$ 滴定 $0.10 mol/L H_3PO_4$ 溶液为例进行讨论。H_3PO_4 的各级离解平衡常数为

$$H_3PO_4 = H^+ + H_2PO_4^- \qquad K_{a_1} = 7.5 \times 10^{-3}$$
$$H_2PO_4^- = H^+ + HPO_4^{2-} \qquad K_{a_2} = 6.3 \times 10^{-8}$$
$$HPO_4^{2-} = H^+ + PO_4^{3-} \qquad K_{a_3} = 4.4 \times 10^{-13}$$

第一化学计量点：H_3PO_4 被中和，生成两性物质 $H_2PO_4^-$，浓度为 $0.05 mol/L$，因为 $c_{sp} K_{a_2} > 20 K_w$，溶液的 pH 值按式(3-19c)进行计算。

$$[H^+] = \sqrt{\frac{K_{a_1} K_{a_2} c_{sp_1}}{K_{a_1} + c_{sp_1}}} = 2.0 \times 10^{-5} mol/L$$
$$pH = 4.70$$

可选用甲基橙作指示剂，终点颜色由红变黄，测定结果的误差为 -0.5%。为简便起见，在选择指示剂时可采用最简式计算 pH 值。

$$[H^+] = \sqrt{K_{a_1} K_{a_2}} = 2.17 \times 10^{-5} mol/L$$
$$pH = 4.66$$

第二化学计量点：H_3PO_4 作为二元酸被滴定，生成两性物质 HPO_4^{2-}，浓度为 $0.033 mol/L$，因为 K_{a_2}、K_{a_3} 都很小，不能忽略水的离解，溶液的 pH 值按式(3-19b)进行计算。

$$[H^+] = \sqrt{\frac{K_{a_2}(K_w + K_{a_3} c_{sp_2})}{c_{sp_2}}} = 2.2 \times 10^{-10} mol/L$$
$$pH = 9.66$$

可选用百里酚酞作指示剂，终点颜色由无色变为浅蓝色，测定结果的误差为 $+0.3\%$。为简便起见，亦可采用最简式计算 pH 值。

$$[H^+] = \sqrt{K_{a_2} K_{a_3}} = 1.66 \times 10^{-10} mol/L$$
$$pH = 9.78$$

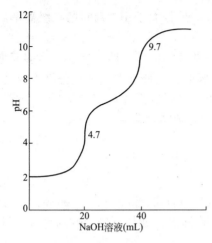

图 3.9　H_3PO_4 的滴定曲线

第三化学计量点：由于 H_3PO_4 的 K_{a_3} 太小，$c_{sp}K_a < 10^{-8}$，不能用 NaOH 直接滴定。

H_3PO_4 的滴定曲线如图 3.9 所示。

3. 多元碱的滴定

用强酸滴定多元碱时，其情况与多元酸的滴定相似。例如，用 0.1000mol/L HCl 标准溶液滴定同浓度 Na_2CO_3，Na_2CO_3 为二元弱碱，其离解常数为 $K_{b_1} = 1.8 \times 10^{-4}$，$K_{b_2} = 2.4 \times 10^{-8}$。由于 $K_{b_1}/K_{b_2} > 10^4$，且 $c_{sp}K_b > 10^{-10}$，可直接准确分级滴定。

滴定前，$[OH^-]$ 主要取决 CO_3^{2-} 的一级离解。

$$[OH^-] = \sqrt{K_{b_1} c} = 4.23 \times 10^{-3} \text{mol/L}$$
$$pH = 14 - pOH = 14 - 2.38 = 11.62$$

第一化学计量点：滴定产物为两性物质 $NaHCO_3$，忽略水的离解，按最简式计算 $[H^+]$。

$$[H^+] = \sqrt{K_{a_1} K_{a_2}} = 4.85 \times 10^{-9} \text{mol/L}$$
$$pH = 8.31$$

可选用酚酞作指示剂。为了准确判断第一化学计量点，通常采用 $NaHCO_3$ 溶液作参照，或使用甲酚红与百里酚蓝混合指示剂(变色点 pH＝8.3，颜色由黄到紫)，可以提高滴定结果的准确度。

第二化学计量点：滴定产物为 H_2CO_3，溶液 pH 值由 H_2CO_3 浓度决定，$K_{a_1} \gg K_{a_2}$，所以只考虑 H_2CO_3 的一级离解。

$$[H^+] = \sqrt{K_{a_1} c_{H_2CO_3}} = 1.3 \times 10^{-4} \text{mol/L}$$
$$pH = 3.89$$

可选用甲基橙(pH＝3.1～4.4)，和溴甲酚绿-甲基红混合指示剂(pH＝4.8)。由于在滴定过程中生成的 H_2CO_3 慢慢转变为 CO_2，易形成 CO_2 的过饱和溶液，使溶液酸度增大，致使终点出现过早且变色不明显。为此，在快到终点时通常采用加热的方法去除溶液中的 CO_2，冷却后再滴定。

混合酸碱的滴定与多元酸相似。各类酸碱滴定时的计算公式见表 3-8。

表 3-8　各类滴定化学计量点(ep)附近溶液氢离子浓度的计算公式

类型		主要组分	计算公式
强酸 HCl 的滴定	ep 前	HCl	$[H^+] = c_{HCl}$
	ep	H_2O	$[H^+] = \sqrt{K_w}$
	ep 后	NaOH	$[OH^-] = c_{NaOH}$
强碱 NaOH 的滴定	ep 前	NaOH	$[OH^-] = c_{NaOH}$
	ep	H_2O	$[H^+] = \sqrt{K_w}$
	ep 后	HCl	$[H^+] = c_{HCl}$

（续）

类型		主要组分	计算公式
弱酸 HA 的滴定	ep 前 ep cp 后	HA‐NaA HA IICl‐HA	$[H^+]=K_a \times \dfrac{c_{HA}}{c_{H^+}}$ $[OH^-]=\sqrt{\dfrac{K_w}{K_a} \times c_{A^-}}$ $[OH^-]=c_{HCl}$
弱碱 NaA 的滴定	ep 前 ep ep 后	NaA‐HA HA HCl‐HA	$[OH^-]=K_b \times \dfrac{c_{H^+}}{c_{HA}}$ $[H^+]=\sqrt{\dfrac{K_w}{K_b} \times c_{HA}}$ $[H^+]=c_{HCl}$
二元酸 H_2A 的滴定	HA^- ep A^{2-} ep	Na HA Na_2A	$[H^+]=\sqrt{K_{a_1} K_{a_2}}$ $[OH^-]=\sqrt{\dfrac{K_w}{K_{a_2}} \times c_{A^{2-}}}$
二元碱 Na_2A 的滴定	HA^- ep H_2A ep	Na HA H_2A	$[H^+]=\sqrt{K_{a_1} K_{a_2}}$ $[H^+]=\sqrt{K_{a_1} c_{H_2A}}$

注：ep 代表滴定化学计量点。

3.5.4 酸碱滴定中 CO_2 的影响

在酸碱滴定中，所使用的蒸馏水和配置碱标准溶液的碱固体会溶进和吸收一定量的 CO_2，甚至在滴定过程中也会有一定量 CO_2 溶于滴定液中。这些溶入的 CO_2 对测定结果的影响大小与滴定终点时溶液的 pH 值有关。当滴定终点时溶液的 pH≈4 时，$\delta_{H_2CO_3} \approx 1$，$CO_2$ 几乎不被滴定；当滴定计量点 pH≈7 时，$\delta_{H_2CO_3}=0.1864$，$\delta_{HCO_3^-}=0.8132$，此时 CO_2 的影响较大，这种情况下最好煮沸溶液驱赶 CO_2，并配制不含 HCO_3^- 的碱标准溶液；当计量点 pH≈9 时，CO_2 对滴定的影响不能忽略，应对碱标准溶液所吸收的 CO_2 的量进行校正。

3.6 酸碱滴定的终点误差

在酸碱滴定中，以指示剂颜色的改变来指示滴定终点。一般情况下，滴定终点与反应的化学计量点不相符，由此带来了滴定误差。在酸碱滴定中，因滴定终点与化学计量点不一致而引起的误差称为终点误差，用 TE 表示。根据滴定终点时溶液中剩余的酸或碱的数量，或者多加的酸或碱的数量计算终点误差。

1. 强酸（碱）的滴定

以 NaOH 滴定 HCl 为例，反应达到化学计量点时，质子条件式为

$$[OH^-]=[H^+]$$

若终点与化学计量点不一致，终点误差为

$$TE=\frac{n(\text{终点时过量或不足的 NaOH})}{n(\text{化学计量点时应加的 NaOH})}$$

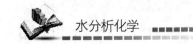

$$= \frac{\left[c_{ep}(NaOH) - c_{ep}(HCl)\right] V_{ep}}{c_{sp}(HCl) V_{sp}}$$

因为 $V_{ep} \approx V_{sp}$，所以

$$TE = \frac{[OH^-]_{ep} - [H^+]_{ep}}{c_{sp}(HCl)} \tag{3-28}$$

式中，下角标 ep 表示滴定终点；sp 表示化学计量点。

若是用 HCl 滴定 NaOH，终点误差为

$$TE = \frac{[H^+]_{ep} - [OH^-]_{ep}}{c_{sp}(NaOH)} \tag{3-29}$$

2. 弱酸(碱)的滴定

以 NaOH 滴定 HAc 为例，反应达到化学计量点时，质子条件式为

$$[H^+] = [OH^-] - [HAc]$$

若滴定时 NaOH 过量，浓度为 c_{NaOH}，终点的质子条件式为

$$[H^+]_{ep} = [OH^-]_{ep} - [HAc]_{ep} - c_{NaOH}$$

过量的 NaOH 浓度为

$$c_{NaOH} = [OH^-]_{ep} - [H^+]_{ep} - [HAc]_{ep}$$

终点时溶液为弱碱性，$[H^+]_{ep}$ 可忽略不计，则

$$TE = \frac{[OH^-]_{ep} - [HAc]_{ep}}{c_{sp}(HAc)}$$

式中，$[HAc]_{ep} = c_{ep}(HAc) \cdot \delta_{HAc} = c_{ep}(HAc) \cdot \dfrac{[H^+]_{ep}}{K_a + [H^+]_{ep}}$，$c_{ep}(HAc) \approx c_{sp}(HAc)$

则

$$TE = \frac{[OH^-]_{ep}}{c_{sp}(HAc)} - \frac{[H^+]_{ep}}{[H^+]_{ep} + K_a} \tag{3-30}$$

如果用 HCl 滴定一元弱碱 BOH，终点误差为

$$TE = \frac{[H^+]_{ep} - [BOH]_{ep}}{c_{sp}(BOH)} = \frac{[H^+]_{ep}}{c_{sp}(BOH)} - \frac{[OH^-]_{ep}}{[OH^-]_{ep} + K_b} \tag{3-31}$$

3.7 酸碱滴定法在水质分析中的应用

3.7.1 酸度和碱度

碱和酸度都是水质综合性特征指标之一，当水中碱度或酸度的组成成分为已知时，可用具体物质的量来表示碱度或酸度。水中酸度或碱度的测定在评价水环境中污染物质的迁移转化规律和研究水体的缓冲容量等方面有重要的意义。

1. 酸度

酸度是指水中的所含能够给出质子的物质的总量，即水中所有能与强碱发生中和作用的物质的总量。构成水中酸度的物质包括盐酸、硫酸和硝酸等无机强酸，碳酸以及各种有机酸和强酸弱碱盐等，大多数天然水、生活污水和污染不严重的各种工业废水中只含有弱酸，主要是碳酸，即 CO_2 是酸度的基本成分。地面水中，由于溶入二氧化碳或机械、选

矿、电镀、农药、印染、化工等行业排放的含酸废水，使水体 pH 值降低，破坏了水生生物和农作物的正常生活及生长条件，造成鱼类死亡，作物受害。含酸废水可腐蚀管道破坏建筑物，所以，酸度是衡量水体水质的一项重要指标。

测定酸度的方法有酸碱指示剂滴定法和电位滴定法两种。

酸碱指示剂滴定法的方法原理、滴定步骤与计算如下所示。

1) 方法原理

在水中，由于溶质的离解或水解而产生氢离子，用标准氢氧化钠溶液滴定水样至一定 pH 值，根据其所消耗的量计算酸度。酸度数值的大小，随所用指示剂指示终点 pH 值的不同而异，滴定终点的 pH 值一般规定为 pH＝8.3 和 pH＝3.7，这是根据习惯使用酚酞和甲基橙作为指示剂的变色终点。用酚酞作指示剂，用氢氧化钠标准溶液滴至 pH 为 8.3，测得的酸度称为总酸度或酚酞酸度，包括强酸和弱酸；用甲基橙作指示剂，用氢氧化钠滴至 pH 约 3.7，测得的酸度称强酸酸度(无机酸度)或甲基橙酸度。由于使水样呈酸性的物质种类较复杂，不易分别测定，所以酸度的结果是表示与强碱起反应的酸性物质的总量。

2) 测定步骤

(1) 取适量水样置于 250mL 锥形瓶中，用无 CO_2 水稀释至 100mL，加入 2 滴甲基橙指示剂于锥形瓶中，用 NaOH 标准溶液滴定至溶液由橙红色变为黄色为终点，记录 NaOH 标准溶液用量 V_1。

(2) 另取一份水样于 250mL 锥形瓶中，用无 CO_2 水稀释至 100mL，加入 4 滴酚酞指示剂，用 NaOH 标准溶液滴定至溶液呈现浅粉色即为终点，记录用量 V_2。

如水样中含硫酸铁、硫酸铝时，加酚酞后加热煮沸 2min，趁热滴至浅红色。

3) 计算

$$\text{甲基橙酸度}(CaCO_3, \text{mg/L}) = \frac{M \times V_1 \times 50.05 \times 1000}{V} \quad (3-32)$$

$$\text{酚酞酸度}(\text{总酸度} CaCO_3, \text{mg/L}) = \frac{M \times V_2 \times 50.05 \times 1000}{V} \quad (3-33)$$

式中，M 为 NaOH 标准溶液浓度，mol/L；V 为水样体积，mL；50.05 为碳酸钙 $(0.5CaCO_3)$ 摩尔质量，g/mol。

2. 碱度

水的碱度是指水中所含能接受质子的物质的总量，即水中所有能与强酸发生中和作用的全部物质。组成水中碱度的物质可以分为 3 类，包括强碱、弱碱、强碱弱酸盐。水中碱度的来源较多，地表水的碱度基本上是由重碳酸盐、碳酸盐和氢氧化物组成的，所以总碱度被当作这些成分浓度的总和。当水中含有硼酸盐、磷酸盐或硅酸盐等时，则总碱度的测定值也包含它们所起的作用。

引起碱度的污染源主要是造纸、印染、化工、电镀等行业排放的废水及洗涤剂、化肥和农药在使用过程中的流失。碱度和酸度是判断水质和废水处理控制的重要指标，碱度指标也常用于评价水体的缓冲能力及金属在其中的溶解性和毒性。若碱度是由过量的碱金属盐类所形成，则碱度又是确定这种水是否适宜于灌溉的重要依据。

碱度的测定值因使用的指示剂终点 pH 值不同而异，只有当试样中的化学组成已知时，才能解释为具体的物质。对于天然水和未污染的地表水，可直接以酸滴定至 pH 为 8.3 时消耗的量作为酚酞碱度。以酸滴定至 pH 为 4.4～4.5 时消耗的量作为甲基橙碱度。

通过计算，可求出相应的碳酸盐、重碳酸盐和氢氧根离子的含量。对于废水、污水，则由于组分复杂，这种计算无实际意义，往往需要根据水中物质的组分确定其与酸作用达到终点时的 pH 值。然后，用酸滴定以便获得分析者感兴趣的参数，并作出解释。

测定水中碱度的方法有酸碱指示剂滴定法和电位滴定法。前者是用酸碱指示剂指示滴定终点，简便快速。电位滴定法根据电位滴定曲线在终点时的突跃，确定特定 pH 值下的碱度，它不受水样浊度、色度的影响，适用范围较广。

以甲基橙和酚酞作指示剂，用 HCl 或 H_2SO_4 标准溶液滴定水样中碱度至规定的 pH 值，其终点可由加入的酸碱指示剂在该 pH 值时的颜色变化来判断，然后根据所消耗酸标准溶液的量，计算水样中的碱度。

当滴定至酚酞指示剂由红色变为无色(pH 为 8.3)时，此时 OH^- 已被中和，CO_3^{2-} 被中和为 HCO_3^-，反应式为

$$OH^- + H^+ = H_2O$$
$$CO_3^{2-} + H^+ = HCO_3^-$$

当继续滴定至甲基橙指示剂由桔黄色变为桔红色时(pH 约 4.4)，此时水中的 HCO_3^-(包括原有的和由碳酸盐转化成的两部分)被中和完，即全部致碱物质都已被强酸中和完，反应式为

$$HCO_3^- + H^+ = H_2O + CO_2$$

根据酚酞和甲基橙的变色范围不同，到达终点时所消耗的盐酸标准溶液的体积的相对大小，可分析碱度的组成，计算出水中碳酸盐、重碳酸盐、氢氧根及总碱度。

上述方法不适用于污水及复杂体系中碳酸盐和重碳酸盐的计算。

测定方法包括连续滴定法和分别滴定法。

1) 连续滴定法

(1) 取 100mL 水样于 250mL 锥形瓶中，加入 3 滴酚酞指示剂，摇匀。当溶液呈红色时，用盐酸标准溶液滴至无色，记下盐酸用量 V_1。若加入酚酞后，溶液无色，接着进行下项操作。

(2) 再向上述锥形瓶中加入 3 滴甲基橙指示剂，摇匀。继续用盐酸标准溶液滴定至溶液由橘黄变为橘红为止，记下盐酸用量 V_2。

水样以酚酞为指示剂滴定消耗强酸量为 V_1，此时滴定的碱度为酚酞碱度，继续以甲基橙为指示剂滴定消耗强酸量为 V_2，二者之和为测定水的总碱度。根据 V_1 和 V_2 的大小，可分析碱度的组成，共有 5 种情况列于表 3-9 中。

表 3-9　碱度的组成

滴定结果	氢氧化物(OH^-)	碳酸盐(CO_3^{2-})	重碳酸盐(HCO_3^-)
$V_1 > 0$　$V_2 = 0$	V_1	0	0
$V_1 > V_2$	$V_1 - V_2$	$2V_2$	0
$V_1 = V_2$	0	$2V_2$(或 $2V_1$)	0
$V_1 < V_2$	0	$2V_1$	$V_2 - V_1$
$V_1 = 0$　$V_2 > 0$	0	0	V_2

从表中数值可知，即使用两种指示剂滴定所消耗的酸量，可分别计算出水中的各种分碱度和总碱度，其单位常以 $CaCO_3$ 或 CaO 计的 mg/L 表示。

$$总碱度(以 CaO 计，mg/L) = \frac{c \times (V_1 + V_2) \times 28.04 \times 1000}{V} \qquad (3-34)$$

$$总碱度(以 CaCO_3 计，mg/L) = \frac{c \times (V_1 + V_2) \times 50.05 \times 1000}{V} \qquad (3-35)$$

当 $V_1 < V_2$ 时，$$碳酸盐碱度(以 CaCO_3 计，mg/L) = \frac{c \times 2V_1 \times 50.05 \times 1000}{V} \qquad (3-36)$$

$$重碳酸盐碱度(以 CaCO_3 计，mg/L) = \frac{c \times (V_2 - V_1) \times 50.05 \times 1000}{V} \qquad (3-37)$$

式中，c 为盐酸标准溶液浓度，mol/L；V 为水样体积 mL；28.04 为氧化钙($0.5CaO$)摩尔质量，g/mol；50.05 为碳酸钙($0.5CaCO_3$)摩尔质量，g/mol。

2）分别滴定法

分别滴定法经常采用两种混合指示剂进行分别滴定，测定水的碱度。

分别取两份体积相同的水样置于 250mL 锥形瓶中，其中一份加入 2 滴百里酚蓝—甲酚红混合指示剂，以 HCl 标准溶液滴定至终点(pH 为 8.3)时，溶液由紫色变为黄色，消耗盐酸的体积为 $V_{pH8.3}$；向另一份水样中加入溴甲酚绿—甲基红混合指示剂，用 HCl 标准溶液滴定至终点(pH 为 4.8)时，溶液由绿色变为浅灰紫色，消耗盐酸的体积为 $V_{pH4.8}$。根据 $V_{pH8.3}$ 和 $V_{pH4.8}$ 的大小，可分析碱度的组成和计算总碱度和分碱度，具体见表 3-10。

表 3-10　碱度的组成

滴定结果	氢氧化物(OH^-)	碳酸盐(CO_3^{2-})	重碳酸盐(HCO_3^-)
$V_{pH8.3} = V_{pH4.8}$	$V_{pH8.3}$	0	0
$V_{pH8.3} > 0.5V_{pH4.8}$	$2V_{pH8.3} - V_{pH4.8}$	$2(V_{pH4.8} - V_{pH8.3})$	0
$V_{pH8.3} = 0.5V_{pH4.8}$	0	$V_{pH4.8}$(或 $2V_{pH8.3}$)	0
$V_{pH8.3} < 0.5V_{pH4.8}$	0	$2V_{pH8.3}$	$V_{pH4.8} - 2V_{pH8.3}$
$V_{pH8.3} = 0$　$V_{pH4.8} > 0$	0	0	$V_{pH4.8}$

3.7.2　水中游离 CO_2 的测定

水中游离 CO_2 是 CO_2 和 H_2CO_3 两种存在形式的总和。与 NaOH 的反应为

$$CO_2 + NaOH \Longleftrightarrow NaHCO_3$$
$$H_2CO_3 + NaOH \Longleftrightarrow NaHCO_3 + H_2O$$

测定时以 NaOH 为滴定剂，酚酞为指示剂，滴定至微红色为终点，根据 NaOH 标准溶液的消耗量计算水中游离 CO_2。

$$游离 CO_2(mg/L) = \frac{V_1 \times c_{NaOH} \times 44 \times 1000}{V_水} \qquad (3-38)$$

式中，V_1 为 NaOH 标准溶液体积，mL；$V_水$ 为水样体积，mL；44 为 CO_2 的摩尔质量，g/mol。

3.7.3　侵蚀性 CO_2 的测定

天然水中含有 CO_2，可与岩石中的碳酸盐建立如下平衡。

$$CaCO_3 + CO_2 + H_2O \Longrightarrow Ca(HCO_3)_2$$

如果水中 CO_2 的含量大于上述平衡所需的 CO_2，就会溶解碳酸盐，使平衡向右移动，这部分能与碳酸盐起反应的 CO_2 称为侵蚀性 CO_2。

测定时，在水样中加入 $CaCO_3$ 粉末放置 5d，待水样中侵蚀性 CO_2 与 $CaCO_3$ 反应完全后，以甲基橙作指示剂，用 HCl 标准溶液滴定，其反应为

$$2HCl + Ca(HCO_3)_2 \Longrightarrow CaCl_2 + 2H_2CO_3$$

根据滴定到达终点时消耗 HCl 标准溶液的体积和未加入 $CaCO_3$ 的水样用同浓度 HCl 滴定时消耗 HCl 标准溶液的体积之差，可求出水样中侵蚀性 CO_2 的含量。

$$侵蚀性 CO_2(mg/L) = \frac{(V_2 - V_1) \times c_{HCl} \times 22 \times 1000}{V_水} \qquad (3-39)$$

式中，V_1 为加入 $CaCO_3$ 粉末的水样 5 天后滴定时消耗 HCl 标准溶液体积，mL；V_2 为未加入 $CaCO_3$ 的水样滴定时消耗 HCl 标准溶液体积，mL；$V_水$ 为水样体积，mL；22 为侵蚀性 CO_2 的摩尔质量，$0.5CO_2$，g/mol。

本 章 小 结

本章介绍了酸碱平衡的基本理论、平衡计算基本原理与方法及溶液 pH 值的计算。酸碱指示剂及其变色原理和变色范围，酸碱滴定时溶液 pH 的变化，各种类型的酸碱滴定曲线和滴定突跃，选择指示剂的原则和方法，酸、碱度的组成和测定方法。

 知识链接

天然色素酸碱指示剂

酸碱滴定法是以酸碱反应为基础，通过酸碱指示剂在滴定终点颜色的变化来指示滴定终点，是定量分析应用相当广泛的基本方法之一，在分析化学中占有相当重要的地位。常用的酸碱指示剂有酚酞、甲基橙、甲基红等，这些人工合成的指示剂对人体和环境都存在一定的危害。在自然界里，有许多植物色素在不同的酸碱性溶液中，都会发生颜色的变化，并且它们来源广泛、提取方便、成本低廉、天然环保，可以用作常用的酸碱指示剂的代用品。已有报道的可提取天然色素的植物有茶叶、红苋菜、虞美人、紫甘蓝、萝卜、紫草、苏木、玫瑰茄、矮牵牛、八月菊、一串红、美人蕉、牵牛花、海棠花等。从这些植物中提取的天然色素随溶液的 pH 值的变化颜色发生鲜明的变化，如茶汁作指示剂与酚酞和甲基橙相当；苋菜红指示酸碱滴定终点变色与酚酞相当；紫甘蓝的变色范围广，不仅可以指示物质的酸、碱性，而且可以比较酸碱性的强弱，较之石蕊试纸、酚酞试纸有一定的优势。红苋菜是一种野生蔬菜，成熟的红苋菜茎叶含有丰富的红色素，呈玫瑰红色，色泽鲜艳自然。由于其易种植且产量高，故可作为天然红色素的提取原料。苋菜红色素的主要成分为苋菜苷，分子式为 C_3OH_{34} N_2O_{17}，为紫红色无定形干燥粉末，易溶于水和稀乙醇溶液。苋菜红溶液在 pH 值小于 7 时呈紫红色，

pH值大于9时，由紫红色转变为黄色，故可作为酸碱滴定指示剂。

"纳米"指示剂

由于纳米技术的发展，基于纳米金和阳离子聚噻吩衍生物颜色变化的酸碱指示剂也已被报道。由富含胞嘧啶序列形成的"i-motif"结构在人类基因组中十分常见。在人类端粒DNA、骨髓基因、眼癌基因和人胰腺癌相关基因c-ki-ras的调节区中都含有富胞嘧啶的DNA序列。纳米金是一种优秀的光学探针。它具有高消光系数，颜色具有强烈的尺寸依赖性。13nm纳米金溶液呈红色，柠檬酸钠还原法制得的纳米金表面均匀分布柠檬酸根负离子，通过静电排斥使金颗粒保持均匀分散的稳定状态。盐离子的加入会破坏金表面电荷斥力，进而聚集，溶液变为蓝色。纳米金对DNA单双链具有高效分辨能力。纳米金吸附单链后更加稳定，加入一定量盐离子不会引起聚集；而吸附双链会破坏纳米金颗粒之间电荷斥力，加入等量的盐就会变蓝。Wang等基于此性质报道了基于纳米金的pH诱导DNA结构变化的比色传感器。富含胞嘧啶的寡脱氧核苷酸，在弱酸性条件下形成稳定的四面体"i-motif"结构。加入纳米金中，由于探针表面负离子堆积程度高，对金表面的负电荷有屏蔽作用，导致金颗粒间排斥力减弱，体系加入一定盐后容易发生聚集，溶液颜色由原来红色转变为蓝色；而在中性偏碱性环境中，寡脱氧核苷酸不能形成"i-motif"结构，因此以自由卷曲的单链构象存在，可以静电吸附于金表面，使纳米金更为稳定，加盐后，溶液仍为红色。

 习——题

1. 选择题

(1) 共轭酸碱对的 K_a 和 K_b 的关系是（　　）。

    A. $K_a = K_b$ B. $K_a K_b = 1$ C. $K_a / K_b = K_w$ D. $K_a K_b = K_w$

(2) 某25℃的水溶液，其pH值为4.5，则此溶液中的 OH^- 的浓度为（　　）。

    A. $10^{-4.5} mol/L$ B. $10^{4.5} mol/L$ C. $10^{-11.5} mol/L$ D. $10^{-9.5} mol/L$

(3) 某弱酸 HA 的 $K_a = 1.0 \times 10^{-4}$，则其 1mol/L 水溶液的 pH 值为（　　）。

    A. 2.0   B. 3.0   C. 4.0   D. 6.0

(4) 某弱酸 HA 的 $K_a = 1.0 \times 10^{-5}$，则其 0.1mol/L 水溶液的 pH 值为（　　）。

    A. 1.0   B. 2.0   C. 3.0   D. 3.5

(5) NH_4^+ 的 $K_a = 1.0 \times 10^{-9.26}$，则 0.1mol/L NH_3 水溶液的 pH 值为（　　）。

    A. 9.26   B. 11.13   C. 4.74   D. 2.87

(6) 某弱碱 MOH 的 $K_b = 1.0 \times 10^{-5}$，其 0.1mol/L 溶液的 pH 值为（　　）。

    A. 3.0   B. 5.0   C. 9.0   D. 11.0

(7) 以 NaOH 滴定 H_3PO_4 （$K_{a_1} = 7.5 \times 10^{-3}$；$K_{a_2} = 6.2 \times 10^{-8}$；$K_{a_3} = 5.0 \times 10^{-13}$）至生成 NaH_2PO_4 时溶液的 pH 值为（　　）。

    A. 2.3   B. 2.6   C. 3.6   D. 4.7

(8) 以 NaOH 滴定 H_3PO_4 （$K_{a_1} = 7.5 \times 10^{-3}$；$K_{a_2} = 6.2 \times 10^{-8}$；$K_{a_3} = 5.0 \times 10^{-13}$）至生成 Na_2HPO_4 时溶液的 pH 值为（　　）。

    A. 10.7   B. 9.8   C. 8.7   D. 7.7

(9) 以 NaOH 滴定 H_2SO_3 （$K_{a_1} = 1.7 \times 10^{-2}$；$K_{a_2} = 1.0 \times 10^{-7}$）至生成 $NaHSO_3$ 时溶

液的 pH 值为( )。

    A. 2.4   B. 3.4   C. 4.4   D. 5.4

2. 简答题

（1）解释下列术语：甲基橙碱度，酚酞碱度，总碱度，拉平效应，区分效应。

（2）酸碱反应的实质是什么？

（3）酸碱的强度用什么表示？

（4）如何计算两性物质的 pH 值？

（5）什么是缓冲溶液？缓冲溶液的作用原理是什么？

（6）什么是酸碱指示剂？酸碱指示剂的作用原理是什么？什么是指示剂的变色范围？影响突跃范围大小的因素有哪些？

（7）金属指示剂的封闭和僵化现象及相应的防止措施是什么？

（8）酸度和碱度的测定原理各是什么？

3. 计算题

（1）某水样，采用 pH8.3 指示剂滴定到终点用去 0.0500mol/L 盐酸 5.00mL，而用 pH4.8 指示剂滴定到终点用去 35.00mL，水样的体积 100mL，分析水样的碱度及含量（以 $CaCO_3\ mg/L$ 表示）。

（2）某工业废水，用分别滴定法测定碱度时，用 0.100mol/L 盐酸溶液滴定，当用 pH4.8 指示剂 $V_{4.8}=22.24mL$，当用 pH8.3 指示剂时 $V_{8.3}=16.48mL$，水样体积均为 50mL，分析该水样由何种碱度组成（以 $CaCO_3\ mg/L$ 表示）。

（3）某自来水水样 100mL，加 pH8.3 指示剂不变色，又加 pH4.8 指示剂用盐酸（$c_{HCl}=0.1000mol/L$）滴定至橙色，消耗盐酸 4.33mL，求其碱度（以 $CaCO_3\ mol/L$ 表示）。

（4）取水样 100mL，用 0.05000mol/L 盐酸滴至酚酞终点，用去盐酸 30.00mL，加甲基橙指示剂至橙色出现，又消耗盐酸 5.00mL，问水样中有何种碱度，其含量以 $CaCO_3$ 计（mg/L）。

（5）用连续滴定法测某水样碱度。取 150mL 水样，用 0.0500mol/LHCl 溶液滴至酚酞终点，用去 HCl 溶液 15.00mL 后将甲基橙指示剂又用去 22.00mL，问水中存在何种碱度，其含量以 $CaCO_3$ 计（mg/L）。

（6）取某水样 100mL，加入酚酞指示剂后若不出现红色，则迅速用 0.0100mol/LNaOH 溶液滴定至红色，消耗 2.40mLNaOH 溶液，问该水样中游离 CO_2 含量为多少？若出现红色说明什么问题？

📖【实际操作训练】

现要测定一河流的碱度，由于条件限制不能在采样后马上测定。请结合水样的采集和保存的相关知识设计一实验方案，采用连续滴定法测定水样的碱度的类型和含量。

第4章
络合滴定法

本章教学要点

知识要点	掌握程度	相关知识	应用方向
络合剂	熟悉	EDTA 存在形式、离解平衡、与金属离子的络合物	络合滴定的理论基础
络合平衡	掌握	络合物的稳定常数与各级分布分数、络合滴定中的副反应、副反应系数	络合滴定的理论基础
络合滴定基本原理	掌握	滴定曲线、金属指示剂的作用原理、指示剂的封闭、僵化与变质、终点误差与准确滴定的判别式、单一离子滴定的酸度控制、控制酸度进行分步滴定	了解络合原理进行定量分析
络合滴定的方式及应用	掌握	络合滴定的方式、水中硬度的测定	水质分析项目的测定

导入案例

　　水中硬度的测定是一项重要的水质分析指标，与日常生活和工业生产的关系十分密切。江苏省扬州市某浴室的锅炉余热水箱突然爆炸，导致司炉工重伤。原因之一就是水箱内结垢严重，出水口被水垢堵死，余热水箱内水循环被破坏，水箱内的热水迅速汽化，体积急剧膨胀，压力迅速升高，最终导致爆炸。类似的情况在汽车水箱、锅炉、热水器等都有发生。水硬度太高（特别是暂时硬度），长期烧煮后，水里的钙盐和镁盐会在水箱、锅炉等容器内结成水垢，使金属管道的导热能力大大降低，水垢侵蚀金属会使锅炉等容器内壁变脆。通常锅炉有相应的软化装置来控制锅炉用水的硬度。而水中硬度的测定通常采用络合滴定的方法。

　　络合滴定（Complex Titration）又称为配位滴定，是以络合反应和络合平衡为基础的滴定分析法。它是化学分析中最重要的方法之一。络合反应是金属离子（M）和中性分子或阴离子（称为配位体，以 L 表示）以配位键结合生成络合物的反应。络合反应具有一定的普遍性，例如在水溶液中，金属离子与水分子形成水合离子，$[Cu(H_2O)_4]^{2+}$、$[Fe(H_2O)_6]^{3+}$ 的反应也是络合反应。但并非所有的络合反应都可用于络合滴定，能够用于滴定的反应除了必须满足一般滴定分析的基本要求外，还应满足下列条件。

　　(1) 络合配位反应必须完全，即生成的络合物要有足够大的稳定常数。

　　(2) 在一定条件下，配位数恒定，即只形成一种配位数的化合物。

　　在水质分析中，络合滴定法主要用于测定水中的硬度以及 Ca^{2+}、Mg^{2+}、Fe^{3+}、Al^{3+} 等多种金属离子，也可间接测定水中的 SO_4^{2-}、PO_4^{3-} 等阴离子。

　　为了便于处理各种因素对络合平衡的影响，本章引入了副反应系数（重点是酸效应系数、络合效应系数和共存离子效应系数）及条件稳定常数等概念，进一步阐明络合滴定原理，为熟练地处理络合平衡和络合滴定的有关问题，掌握水质分析中硬度等的测定奠定基础。

4.1　常用的络合剂

4.1.1　分析化学中的络合剂

络合滴定中所用的络合剂分无机和有机两类。

1. 无机络合剂

无机络合剂（如 NH_3、Cl^-、F^-、CN^- 等）与金属离子形成无机络合物，这类络合物为简单络合物，绝大多数无机络合剂属单齿络合剂，即与金属离子络合时仅有一个结合点，稳定常数较小；常形成逐级络合物，如同多元弱酸一样，存在逐级离解平衡关系，这种现象称为分级络合现象。简单络合物的逐级稳定常数一般较为接近，使溶液中常有多种络合形式同时存在，平衡情况变得复杂，无法满足滴定分析的基本要求，限制了它在滴定分析中的应用，因此将其仅用作掩蔽剂、显色剂和指示剂，例如，用 KCN 掩蔽 Zn^{2+}，消除其对 EDTA 滴定 Pb^{2+} 的干扰。而作为滴定剂的只有以 CN^- 为络合剂的氰量法和以 Hg^{2+} 为中心离子的汞量法具有一些实际意义。

$$Cu^{2+}-NH_3\ 络合物 \qquad 乙二胺-Cu^{2+}\ 络合物$$

2. 有机络合剂

有机络合剂如乙二胺、乙二胺四乙酸等常含有两个或两个以上的配位原子，与金属离子配位时，形成配位数简单、具有环状结构的螯合物。由于形成了环状结构，减少甚至消除了分级络合现象，能使络合物的稳定性大大增加，所以有机络合剂在水分析化学中得到了广泛的应用。目前广为应用的有机络合剂是氨羧络合剂。

氨羧络合剂是一类含氨基($-NH_2$)和羧基($-COOH$)的有机化合物，是一类以氨基乙二酸 $\left[-N \begin{matrix} CH_2COOH \\ CH_2COOH \end{matrix} \right]$ 为主体的有机络合物。常见的氨羧络合剂有环己烷二胺四乙酸(CyDTa 或 DCTA)，氨基三乙酸(NTA)，乙二醇二乙醚二胺四乙酸(EGTA)，乙二胺四丙酸(EDTP)，乙二胺四乙酸(EDTA)等，其中最常用的是乙二胺四乙酸(Euhylene Diamine Tetraacetic Acid，EDTA)。用 EDTA 标准溶液可以滴定几十种金属离子，所以通常所谓的络合滴定法主要是 EDTA 滴定法。

4.1.2 EDTA 及其络合物

1. 乙二胺四乙酸

乙二胺四乙酸简称 EDTA，为四元酸，用 H_4Y 表示其分子式。EDTA 在水中溶解度较小(22℃时仅为 0.02g/100mL)，难溶于酸和有机溶剂，易溶于 NaOH，并形成相应的盐，该盐在水中的溶解度较大(22℃时为 11.2g/100mL，浓度约为 0.3mol/L，pH 约为 4.4)。因此，实际使用的是 EDTA 二钠盐($Na_2H_2Y \cdot 2H_2O$)。EDTA 二钠盐通常也简称 EDTA，分析中一般配成 0.01~0.02mol/L 的溶液，0.01mol/LEDTA 溶液的 pH 约为 4.8。

在水溶液中 EDTA 分子中互为对角线上的两个羧基的 H^+ 会转移至 N 原子上形成双偶极离子结构。

在溶液酸度较大时，H_4Y 的两个羧酸根可再接受 H^+，形成 H_6Y^{2+}，EDTA 就相当于一个六元酸，相应地有 6 级离解及离解平衡常数。在水溶液中有 7 种存在形式。最高配位数为 6，包括 2 个氨氮配位原子，4 个羧氧配位原子。

$$H_6Y^{2+} \rightleftharpoons H^+ + H_5Y^+ \qquad K_{a_1} = 1.3 \times 10^{-1} = 10^{-0.9}$$

$$H_5Y^+ \rightleftharpoons H^+ + H_4Y \qquad K_{a_2} = 2.5 \times 10^{-2} = 10^{-1.6}$$

$$H_4Y \rightleftharpoons H^+ + H_3Y^- \qquad K_{a_3} = 8.5 \times 10^{-3} = 10^{-2.07}$$

$$H_3Y^- \rightleftharpoons H^+ + H_2Y^{2-} \qquad K_{a_4} = 1.77 \times 10^{-3} = 10^{-2.75}$$

$$H_2Y^{2-} \rightleftharpoons H^+ + HY^{3-} \qquad K_{a_5} = 5.75 \times 10^{-7} = 10^{-6.24}$$

$$HY^{3-} \rightleftharpoons H^+ + Y^{4-} \qquad K_{a_6} = 4.57 \times 10^{-11} = 10^{-10.34}$$

水溶液中，EDTA 的 7 种存在型体为 H_6Y^{2+}、H_5Y^+、H_4Y、H_3Y^-、H_2Y^{2-}、HY^{3-}、Y^{4-}，它们存在一系列的酸碱平衡。在不同酸度下，各种型体的浓度不同，它们的分布系数 δ 与 pH 值的关系如图 4.1 所示。

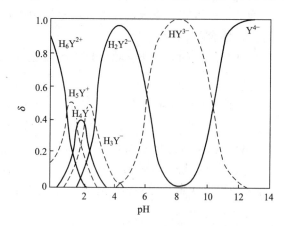

图 4.1 EDTA 各种存在形体的分布图

由图 4.1 可知，pH<1 时，EDTA 主要以 H_6Y^{2+} 型体存在；pH = 2.75～6.24 时，EDTA 主要以 H_2Y^{2-} 型体存在；pH>10.34 时，EDTA 主要以 Y^{4-} 型体存在；pH≥12 时，只有 Y^{4-} 一种型体存在，此时 Y^{4-} 的分布系数 $\delta_0 \approx 1$。这些型体中，只有 Y^{4-} 与金属离子形成的络合物最稳定。

2. EDTA 与金属离子的络合物

（1）EDTA 具有广泛配位性能。在水溶液中，EDTA 几乎能与所有金属离子迅速形成络合物，可以满足络合滴定的要求，但是 EDTA 络合作用的普遍性，使其络合反应的选择性降低，这就要求在进行络合滴定时要设法提高其选择性，以便有针对性地测定其中的某一种金属离子。

（2）EDTA 络合物的稳定性较高。EDTA 络合物之所以具有很高的稳定性，是因为 EDTA 分子能与绝大多数金属离子形成具有多个五圆环结构的螯合物，其立体结构如图 4.2 所示。在 EDTA 中能形成配位键的 N—O 之间和两个 N 原子之间均隔着两个不能配位的 C 原子，所以 EDTA 与金属离子络合时可形成具有 5 个五圆环，而具有五圆环或六圆环的螯合物很稳定，而且形成的环越多，螯合物就越稳定。

不同金属离子与 EDTA 形成络合物的稳定性不同。表 4-1 列出了一些金属离子与 EDTA 形成络合物(MY)的稳定常数。由表 4-1 可见，碱金属离子(如 Na^+、K^+)的络合物最不稳定；碱土金属离子(如 Mg^{2+}、Ca^{2+}、Sr、Ba、Be)与其他络合剂形成络合物的倾向较小，但其与 EDTA 的络合物比较稳定，$\lg K_稳$ 为 8～11；过渡金属离子、稀土金属离子（如 Fe^{2+}、Co^{2+}、Ni^{2+} 等）及 Al^{3+} 所形成络合物稳定，$\lg K_稳$ 为 15～19；3 价、4 价金属离子及 Hg^{2+} 所形成的络合物相当稳定，$\lg K_稳 > 20$。造成这种差别的本质因素是金属离子本身的离子电荷、离子半径和电子结构的内在差别。络合反应中溶液的温度、pH 值和其他络合剂的存在等外界条件的变化也能影响络合物的稳定性，其中溶液的 pH 值对络合物的稳定性的影响是最主要的。

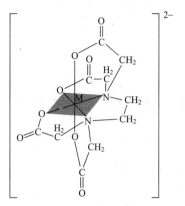

图 4.2　EDTA-M 整合物的立体结构

表 4-1　EDTA 螯合物的 $\lg K_稳$（$I=0.1$，$20℃$）

Li^+	2.79	Dy^{3+}	18.30	Co^{3+}	36
Na^+	1.66	Ho^{3+}	18.74	Ni^{2+}	18.62
Be^{2+}	9.2	Er^{3+}	18.85	Pd^{2+}	18.5
Mg^{2+}	8.69	Tm^{3+}	19.07	Cu^{2+}	18.80
Ca^{2+}	10.69	Yb^{3+}	19.57	Ag^{2+}	7.32
Sr^{2+}	8.63	Lu^{2+}	19.83	Zn^{2+}	16.50
Ba^{2+}	7.86	Ti^{3+}	21.3	Cd^{2+}	16.46
Sc^{3+}	23.1	TiO^{2+}	17.3	Hg^{2+}	21.7
Y^{3+}	18.09	ZrO^{2+}	29.5	Al^{3+}	16.13
La^{3+}	15.50	HfO^{2+}	19.1	Ga^{3+}	20.3
Ce^{3+}	15.98	VO^{2+}	18.8	In^{3+}	25.0
Pr^{3+}	16.40	VO_2^+	18.1	Tl^{3+}	37.8
Nd^{3+}	16.6	Cr^{3+}	23.4	Sn^{2+}	22.11
Pm^{3+}	16.75	MoO_2^+	28	Pd^{2+}	18.04
Sm^{3+}	17.14	Mn^{2+}	13.87	Bi^{3+}	27.94
Eu^{3+}	17.35	Fe^{2+}	14.32	Th^{4+}	23.2
Gd^{3+}	17.37	Fe^{3+}	25.1	$U(IV)$	25.8
Tb^{3+}	17.67	Co^{2+}	16.31		

（3）EDTA 的络合比简单。EDTA 与多数金属离子以 1:1 的比值形成络合物，没有分级络合现象。EDTA 是多基配位体，有 6 个配位原子，且这 6 个配位原子在空间位置上均能与同一金属离子配位，而大多数金属离子的配位数不超过 6，因此一般均生成 1:1 的螯合物。只有少数高价金属离子与 EDTA 络合时，形成的络合物不是 1:1 型的，如 5 价钼与 EDTA 形成的络合物 $(MoO_2)_2Y^{2-}$。

（4）EDTA 与无色金属离子生成无色的螯合物，这有利于用指示剂确定终点。与有色金属离子一般生成颜色更深的螯合物，如 Cu^{2+} 显浅蓝色，而 CuY^{2-} 显深蓝色。滴定这些离子时，要控制金属离子的浓度，否则络合物的颜色将干扰终点颜色的观察。如果颜色太深，只能用电位滴定法来指示终点，如 Cr^{3+} 的测定。

4.2 络 合 平 衡

4.2.1 络合物的稳定常数与各级分布分数

1. 稳定常数

在络合反应中，络合物的形成和离解构成络合平衡。其平衡常数用稳定常数或不稳定常数表示。金属离子与络合剂的反应，如果只形成 1：1 型络合物，如 EDTA 与金属离子 (M) 的反应方程式为

$$M+Y=MY$$

当络合反应达到平衡时，其反应平衡常数为络合物的稳定常数，用 $K_稳$ 表示。

$$K_稳 = \frac{[MY]}{[M][Y]}$$

其逆反应 MY＝M＋Y 是络合物的离解反应，达到平衡时的平衡常数为络合物的离解常数，又称作不稳定常数。

$$K_{不稳} = \frac{[M][Y]}{[MY]}$$

$$K_{不稳} = \frac{1}{K_稳}$$

$$\lg K_稳 = pK_{不稳}$$

不同络合物具有不同的稳定常数 $K_稳$，见附表 2。可根据稳定常数大小判断一个络合物的稳定性，稳定常数越大，络合物越稳定，络合反应越易发生。

当金属离子 M 与络合剂 L 反应，形成的是 1：n 型络合物（如 ML_n）时，其络合反应是逐级进行的，相应的逐级稳定常数用 $K_{稳_1}$，$K_{稳_2}$，$K_{稳_3}$，…，$K_{稳_n}$ 表示。

$$M+L \rightleftharpoons ML \qquad K_{稳_1} = \frac{[ML]}{[M][L]}$$

$$ML+L \rightleftharpoons ML_2 \qquad K_{稳_2} = \frac{[ML_2]}{[ML][L]}$$

$$\cdots \qquad\qquad \cdots$$

$$ML_{(n-1)}+L \rightleftharpoons ML_n \qquad K_{稳_n} = \frac{[ML_n]}{[ML_{(n-1)}][L]}$$

此时，同一级的 $K_稳$ 与 $K_{不稳}$ 不是倒数关系；其第一级稳定常数是第 n 级不稳定常数的倒数，第二级稳定常数是第 $n-1$ 级不稳定常数的倒数，依次类推。

也可用累积稳定常数 β_i 表示。

第一级累积稳定常数 $\qquad \beta_1 = \frac{[ML]}{[M][L]} = K_{稳_1}$

第二级累积稳定常数 $\quad \beta_2 = \dfrac{[\mathrm{ML}_2]}{[\mathrm{M}][\mathrm{L}]^2} = K_{稳_1} \cdot K_{稳_2}$

$\qquad\qquad\cdots \qquad\qquad\qquad\qquad\cdots$

第 n 级累积稳定常数 $\quad \beta_n = \dfrac{[\mathrm{ML}_n]}{[\mathrm{M}][\mathrm{L}]^n} = K_{稳_1} \cdot K_{稳_2} \cdots K_{稳_n}$

最后一级累积稳定常数 β_n 又称为总稳定常数。运用稳定常数和各级累积稳定常数，可以比较方便地计算溶液中各级络合物型体的平衡浓度。

$\mathrm{M+L=ML} \qquad\qquad\qquad [\mathrm{ML}] = K_{稳_1}[\mathrm{M}][\mathrm{L}] = \beta_1[\mathrm{M}][\mathrm{L}]$

$\mathrm{ML+L=ML_2} \qquad\qquad [\mathrm{ML}_2] = K_{稳_1}K_{稳_2}[\mathrm{M}][\mathrm{L}]^2 = \beta_2[\mathrm{M}][\mathrm{L}]^2$

$\qquad\qquad\cdots \qquad\qquad\qquad\qquad\cdots$

$\mathrm{ML}_{n-1}\mathrm{+L=ML}_n \qquad [\mathrm{ML}_n] = K_{稳_1}K_{稳_2}\cdots K_{稳_n}[\mathrm{M}][\mathrm{L}]^n = \beta_n[\mathrm{M}][\mathrm{L}]^n$

2. 分布系数

与酸碱溶液的分布系数相似，在络合平衡中，溶液中金属离子所存在的各种型体的平衡浓度与溶液中金属离子总浓度（即分析浓度）的比值称为各级络合物的分布分数（或摩尔分数），用 δ_{ML_n} 表示，当溶液中金属离子的分析浓度为 c_{M} 时，则有

$$
\begin{aligned}
c_{\mathrm{M}} &= [\mathrm{M}] + [\mathrm{ML}] + [\mathrm{ML}_2] + \cdots + [\mathrm{ML}_n] \\
&= [\mathrm{M}] + [\mathrm{M}]\beta_1[\mathrm{L}] + [\mathrm{M}]\beta_2[\mathrm{L}]^2 + \cdots + [\mathrm{M}]\beta_n[\mathrm{L}]^n \\
&= [\mathrm{M}](1 + \beta_1[\mathrm{L}] + \beta_2[\mathrm{L}]^2 + \cdots + \beta_n[\mathrm{L}]^n)
\end{aligned}
$$

按分布分数 δ 的定义，得到

$$
\delta_{\mathrm{M}} = \frac{[\mathrm{M}]}{c_{\mathrm{M}}} = \frac{[\mathrm{M}]}{[\mathrm{M}]\left(1 + \sum_{i=1}^{n}\beta_i[\mathrm{L}]^i\right)} = \frac{1}{1 + \sum_{i=1}^{n}\beta_i[\mathrm{L}]^i}
$$

$$
\delta_{\mathrm{ML}} = \frac{[\mathrm{ML}]}{c_{\mathrm{M}}} = \frac{\beta_1[\mathrm{M}][\mathrm{L}]}{[\mathrm{M}]\left(1 + \sum_{i=1}^{n}\beta_i[\mathrm{L}]^i\right)} = \frac{\beta_1[\mathrm{L}]}{1 + \sum_{i=1}^{n}\beta_i[\mathrm{L}]^i}
$$

$$
\cdots
$$

$$
\delta_{\mathrm{ML}_n} = \frac{[\mathrm{ML}_n]}{c_{\mathrm{M}}} = \frac{\beta_n[\mathrm{M}][\mathrm{L}]^n}{[\mathrm{M}]\left(1 + \sum_{i=1}^{n}\beta_i[\mathrm{L}]^i\right)} = \frac{\beta_n[\mathrm{L}]^n}{1 + \sum_{i=1}^{n}\beta_i[\mathrm{L}]^i} \tag{4-1}
$$

可见，络合物的分布分数值 δ_{ML_n} 是 $[\mathrm{L}]$ 的函数，且各型体的分布系数之和为 1。

即 $\qquad\qquad\qquad\qquad \delta_{\mathrm{M}} + \delta_{\mathrm{ML}} + \delta_{\mathrm{ML}_2} + \cdots + \delta_{\mathrm{ML}_n} = 1 \tag{4-2}$

4.2.2 络合滴定中的副反应

在络合滴定中，被滴定的金属离子与络合剂的反应为主反应，除此之外还存在各种副反应（Side Reaction），如图 4.3 所示。反应物 M 及 Y 的各种副反应不利于主反应的进行，生成物 MY 的各种副反应有利于主反应的进行。M，Y 及 MY 的各种副反应进行的程度，由副反应系数显示出来。

根据平衡关系计算副反应的影响，即求未参加主反应组分 M 或 Y 的总浓度与平衡浓度 $[\mathrm{M}]$ 或 $[\mathrm{Y}]$ 的比值，得到副反应系数（Side Reaction Coefficient）。下面对络合物滴定反应中几种重要的副反应及副反应系数分别加以讨论。

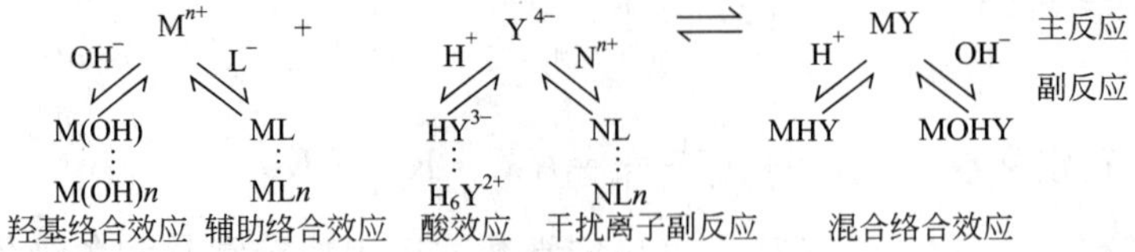

图 4.3 EDTA 滴定中的各种副反应

1. EDTA 的副反应及副反应系数

EDTA 的副反应主要是溶液中的 H^+ 产生的酸效应和其他共存金属离子产生的共存离子效应。

1）酸效应和酸效应系数

如前所述，在水溶液中 EDTA 有 7 种存在型体：H_6Y^{2+}、H_5Y^+、H_4Y、H_3Y^-、H_2Y^{2-}、HY^{3-} 和 Y^{4-}，各型体的相对含量取决于溶液的 pH 值的大小。按酸碱质子理论，这 7 种型体的 EDTA(Y) 是一种广义的碱。因此，当 M 与 Y 进行络合反应时，如有 H^+ 存在，就会与 Y 作用，生成它的共轭酸 HY、H_2Y、H_3Y、…、H_6Y 等一系列副反应产物，而使 Y 的平衡浓度降低，使主反应受到影响。

$$M+Y \longrightarrow MY（主反应）$$

$$Y \xrightarrow{H^+} HY \xrightarrow{H^+} H_2Y \longrightarrow \cdots \longrightarrow H_6Y（副反应）$$

EDTA 的酸效应消耗了参加主反应的络合剂，影响到主反应，可见，pH 值对 EDTA 离解平衡有重要影响，这种由于 H^+ 的存在，使络合剂参加主体反应能力降低的效应称为酸效应。H^+ 引起副反应时的副反应系数称为酸效应系数，用 $\alpha_{Y(H)}$ 表示。

EDTA 各型体与金属离子（M^{n+}）形成的络合物中，Y^{4-} 形成的络合物最稳定，所以 EDTA 与金属离子络合的有效浓度为 $[Y^{4-}]$。从 EDTA 的分布系数与 pH 值的分布曲线（图 4.1）可见，只有 pH≥12 时，才能有 100% Y^{4-} 型体，在其他的 pH 值下，Y^{4-} 离子只占 EDTA 总浓度的一部分。如用 $[Y]_总$ 表示未与 M^{n+} 络合的 EDTA 总浓度，则

$$[Y]_总=[Y^{4-}]+[HY^{3-}]+[H_2Y^{2-}]+[H_3Y^-]+[H_4Y]+[H_5Y^+]+[H_6Y^{2+}]$$

$$(4-3)$$

酸效应系数 $\alpha_{Y(H)}$ 表示未与 M^{n+} 络合的 EDTA 的总浓度 $[Y]_总$ 是 Y 的平衡浓度 $[Y^{4-}]$ 的多少倍。

$$\alpha_{Y(H)}=\frac{[Y]_总}{[Y^{4-}]} \qquad (4-4a)$$

由于 $[Y^{4-}]$ 随 pH 值增大而增大，$\alpha_{Y(H)}$ 随 pH 值增大而降低，说明 H^+ 对 EDTA 的络合反应影响越小；反之 pH 降低，$\alpha_{Y(H)}$ 酸效应系数越大，说明 H^+ 对 EDTA 的络合反应影响越大。

由式（4-4a）可见，EDTA 的 $\alpha_{Y(H)}$ 是 Y^{4-} 的分布系数 $\delta_{Y^{4-}}$ 的倒数。

$$\alpha_{Y(H)}=\frac{1}{\delta_{Y^{4-}}} \qquad (4-4b)$$

EDTA 的各型体可以看作 Y^{4-} 与 H^+ 产生的多级络合物，则

$$Y^{4-} + H^+ \rightleftharpoons HY^{3-} \qquad K_1 = \frac{[HY^{3-}]}{[H^+][Y^{4-}]} = \frac{1}{K_{a_6}}$$

$$HY^{3-} + H^+ \rightleftharpoons H_2Y^{2-} \qquad K_2 = \frac{[H_2Y^{2-}]}{[H^+][HY^{3-}]} = \frac{1}{K_{a_5}}$$

$$\cdots \qquad\qquad\qquad\qquad \cdots$$

$$H_5Y^+ + H^+ \rightleftharpoons H_6Y^{2+} \qquad K_n = \frac{[H_6Y^{2+}]}{[H^+][H_5Y^+]} = \frac{1}{K_{a_1}}$$

用累积稳定常数表示有

$$\beta_1 = K_1 = \frac{[HY^{3-}]}{[H^+][Y^{4-}]} = \frac{1}{K_{a_6}}$$

$$\beta_2 = K_1 \cdot K_2 = \frac{[H_2Y^{2-}]}{[H^+]^2[Y^{4-}]} = \frac{1}{K_{a_6}K_{a_5}}$$

$$\cdots \qquad\qquad\qquad\qquad \cdots$$

$$\beta_n = K_1 \cdot K_2 \cdots K_n = \frac{[H_6Y^{2+}]}{[H^+]^6[Y^{4-}]} = \frac{1}{K_{a_6}K_{a_5}\cdots K_{a_1}}$$

则式(4-3)变为

$$[Y]_{总} = [Y^{4-}] + [HY^{3-}] + [H_2Y^{2-}] + [H_3Y^-] + [H_4Y] + [H_5Y^+] + [H_6Y^{2+}]$$
$$= [Y^{4-}] + \beta_1[Y^{4-}][H^+] + \beta_2[Y^{4-}][H^+]^2 + \beta_3[Y^{4-}][H^+]^3$$
$$+ \beta_4[Y^{4-}][H^+]^4 + \beta_5[Y^{4-}][H^+]^5 + \beta_6[Y^{4-}][H^+]^6$$
$$= [Y^{4-}](1 + \beta_1[H^+] + \beta_2[H^+]^2 + \beta_3[H^+]^3 + \beta_4[H^+]^4 + \beta_5[H^+]^5 + \beta_6[H^+]^6)$$

将上式带入式(4-4a),则

$$\alpha_{Y(H)} = \frac{[Y]_{总}}{[Y^{4-}]} = 1 + \beta_1[H^+] + \beta_2[H^+]^2 + \beta_3[H^+]^3 + \beta_4[H^+]^4 + \beta_5[H^+]^5 + \beta_6[H^+]^6$$

$$(4-5)$$

可见,酸效应系数 $\alpha_{Y(H)}$ 是 $[H^+]$ 的函数,是定量表示 EDTA 酸效应进行程度的参数,$\alpha_{Y(H)}$ 值越大,酸效应越显著。如果没有发生副反应,即未络合的 EDTA 全部以 Y^{4-} 形式存在,则 $\alpha_{Y(H)} = 1$;如果有副反应发生,则 $\alpha_{Y(H)} > 1$。表 4-2 为不同 pH 值时的 $\lg\alpha_{Y(H)}$。

[**例 4.1**]　计算 pH = 4 和 pH = 12 时 EDTA 的酸效应系数和 Y^{4-} 在总浓度中所占的比例。

解: 已知 EDTA 作为六元酸的各级稳定常数($K_1 \sim K_6$)分别为:$10^{10.34}$、$10^{6.24}$、$10^{2.75}$、$10^{2.07}$、$10^{1.6}$、$10^{0.9}$。各级累积稳定常数($\beta_1 \sim \beta_6$)分别为:$10^{10.34}$、$10^{16.58}$、$10^{19.33}$、$10^{21.40}$、$10^{23.0}$、$10^{23.9}$。

pH = 4 时,$[H^+] = 1 \times 10^{-4}$ mol/L,由式(4-5)得

$$\alpha_{Y(H)} = 1 + 10^{10.34} \times 10^{-4} + 10^{16.58} \times 10^{-8} + 10^{19.33} \times 10^{-12} + 10^{21.40} \times 10^{-16} +$$
$$10^{23.0} \times 10^{-20} + 10^{23.9} \times 10^{-24}$$
$$\approx 10^{8.61}$$

$$\frac{[Y^{4-}]}{[Y_{总}]} = \frac{1}{\alpha_{Y(H)}} = 2.24 \times 10^{-9} = 2.45 \times 10^{-7}\%$$

同理,pH = 12 时,$[H^+] = 1 \times 10^{-12}$ mol/L

可求得,$\alpha_{Y(H)} = 1.02$,$\dfrac{[Y^{4-}]}{[Y_{总}]} = \dfrac{1}{\alpha_{Y(H)}} = 98.04\%$

由例 4.1 可见，随 pH 值的增加，Y^{4-} 在总浓度中所占的比例显著增加，即 pH 值的增加有利于络合滴定的进行。

表 4-2 不同 pH 值时的 $lg\alpha_{Y(H)}$

pH	$lg\alpha_{Y(H)}$	pH	$lg\alpha_{Y(H)}$	pH	$lg\alpha_{Y(H)}$	pH	$lg\alpha_{Y(H)}$	pH	$lg\alpha_{Y(H)}$
0.0	23.64	2.5	11.90	5.0	6.45	7.5	2.78	10.0	0.45
0.1	23.06	2.6	11.62	5.1	6.26	7.6	2.68	10.1	0.39
0.2	22.47	2.7	11.35	5.2	6.07	7.7	2.57	10.2	0.33
0.3	21.89	2.8	11.09	5.3	5.88	7.8	2.47	10.3	0.28
0.4	21.32	2.9	10.84	5.4	5.69	7.9	2.37	10.4	0.24
0.5	20.75	3.0	10.8	5.5	5.51	8.0	2.3	10.5	0.20
0.6	20.18	3.1	10.37	5.6	5.33	8.1	2.17	10.6	0.16
0.7	19.62	3.2	10.14	5.7	5.15	8.2	2.07	10.7	0.13
0.8	19.08	3.3	9.92	5.8	4.98	8.3	1.97	10.8	0.11
0.9	18.54	3.4	9.70	5.9	4.81	8.4	1.87	10.9	0.09
1.0	18.01	3.5	9.48	6.0	4.8	8.5	1.77	11.0	0.07
1.1	17.49	3.6	9.27	6.1	4.49	8.6	1.67	11.1	0.06
1.2	16.98	3.7	9.06	6.2	4.34	8.7	1.57	11.2	0.05
1.3	16.49	3.8	8.85	6.3	4.20	8.8	1.48	11.3	0.04
1.4	16.02	3.9	8.65	6.4	4.06	8.9	1.38	11.4	0.03
1.5	15.55	4.0	8.6	6.5	3.92	9.0	1.29	11.5	0.02
1.6	15.11	4.1	8.24	6.6	3.79	9.1	1.19	11.6	0.02
1.7	14.68	4.2	8.04	6.7	3.67	9.2	1.10	11.7	0.02
1.8	14.27	4.3	7.84	6.8	3.55	9.3	1.01	11.8	0.01
1.9	13.88	4.4	7.64	6.9	3.43	9.4	0.92	11.9	0.01
2.0	13.8	4.5	7.44	7.0	3.4	9.5	0.83	12.0	0.01
2.1	13.16	4.6	7.24	7.1	3.21	9.6	0.75	12.1	0.01
2.2	12.82	4.7	7.04	7.2	3.10	9.7	0.67	12.2	0.005
2.3	12.50	4.8	6.84	7.3	2.99	9.8	0.59	13.0	0.0008
2.4	12.19	4.9	6.65	7.4	2.88	9.9	0.52	13.9	0.0001

2) 共存离子效应

若除了金属离子 M 与络合剂 Y 反应外，共存离子 N 也能与络合剂 Y 反应，则这一反应可看作 Y 的一种副反应，它能降低 Y 的平衡浓度。共存离子引起的副反应称为共存离子效应。共存离子效应的副反应系数称为共存离子效应系数，用 $\alpha_{Y(N)}$ 表示

$$\alpha_{Y(N)} = \frac{[Y]_{\stackrel{.}{\unicode{24635}}}}{[Y]} = \frac{[NY] + [Y]}{[Y]} = 1 + K_{NY}[N] \qquad (4-6a)$$

式中，$[Y]_{\stackrel{.}{\unicode{24635}}}$ 为 NY 的平衡浓度与游离 Y 的平衡浓度之和；K_{NY} 为 NY 的稳定常数；$[N]$ 为游离 N 的平衡浓度。

若有多种共存离子 N_1，N_2，N_3，$\cdots$，N_n 存在，则

$$\alpha_{Y(N)} = \frac{[Y]_{\stackrel{.}{\unicode{24635}}}}{[Y]} = \frac{[Y] + [N_1 Y] + [N_2 Y] + \cdots + [N_n Y]}{[Y]}$$

$$= 1 + K_{N_1 Y}[N_1] + K_{N_2 Y}[N_2] + \cdots + K_{N_n Y}[N_n]$$

$$= \alpha_{Y(N_1)} + \alpha_{Y(N_2)} + \cdots + \alpha_{Y(N_n)} - (n-1) \qquad (4-6b)$$

当有多种共存离子存在时，往往只取其中一种或少数几种影响较大的共存离子副反应系数之和，而其他次要项可忽略不计。

3）EDTA 的总副反应系数 α_Y

当体系中既有共存离子 N，又有酸效应时，Y 的总副反应系数为

$$\alpha_Y = \alpha_{Y(H)} + \alpha_{Y(N)} - 1 \qquad (4-7)$$

2. M 副反应及副反应系数

1）络合效应和络合效应系数

溶液中存在其他络合剂(L)能与 M 形成络合物，使金属离子与络合剂 Y 进行主反应的能力降低的现象称为络合效应。络合剂 L 引起副反应时的副反应系数为络合效应系数 $\alpha_{M(L)}$，其表示没有参加主反应的金属离子总浓度是游离金属离子浓度 $[M]$ 的多少倍。

$$\alpha_{M(L)} = \frac{[M']}{[M]} = \frac{[M] + [ML] + [ML_2] + \cdots + [ML_n]}{[M]} \qquad (4-8)$$

$\alpha_{M(L)}$ 越大，表示副反应越严重。如果 M 没有副反应，则 $\alpha_{M(L)} = 1$。如金属离子与络合剂(L)形成 $1:n$ 型络合物 ML_n，由络合平衡可知

$$[M'] = [M] + [ML] + [ML_2] + \cdots + [ML_n]$$

$$= [M](1 + K_1[M][L] + K_1 K_2[M][L]^2 + \cdots + K_1 K_2 \cdots K_n[M][L]^n$$

$$= [M](1 + \beta_1[M][L] + \beta_2[M][L] + \cdots + \beta_n[M][L]^n)$$

代入式(4-8)

$$\alpha_{M(L)} = 1 + K_1[L] + K_1 K_2[L]^2 + \cdots + K_1 K_2 \cdots K_n[L]^n$$

$$= 1 + \beta_1[L] + \beta_2[L]^2 + \cdots + \beta_n[L]^n$$

可见，$\alpha_{M(L)}$ 仅仅是 $[L]$ 的函数。一些金属离子的 $\lg\alpha_{M(OH)}$ 值见表 4-3。

2）M 的总副反应系数 α_M

如果溶液中有多种络合剂能同时与金属离子 M 发生副反应，则 M 的总副反应系数 α_M 为

$$\alpha_M = \alpha_{M(L_1)} + \alpha_{M(L_2)} + \cdots + \alpha_{M(L_n)} - (n-1) \qquad (4-9)$$

一般来说，有多种络合剂共存的情况下，只有一种或少数几种络合剂的副反应是主要的，由此来决定副反应系数，其他副反应可以忽略。

表 4-3　金属离子的水解副反应系数 $\lg\alpha_{M(OH)}$

金属离子	I	pH													
		1	2	3	4	5	6	7	8	9	10	11	12	13	14
Ag^+	0.1											0.1	0.5	2.3	5.1
Al^{3+}	2					0.4	1.3	5.3	9.3	13.3	17.3	21.3	25.3	29.3	33.3
Ba^{2+}	0.1													0.1	0.5
Bi^{3+}	3	0.1	0.5	1.4	2.4	2.4	4.4	5.4							
Ca^{2+}	0.1													0.3	1.0
Cd^{2+}	3									0.1	0.5	2.0	4.5	8.1	12.0
Ce^{2+}	1~2	1.2	3.1	5.1	7.1	9.1	11.1	13.1							
Cu^{2+}	0.1								0.2	0.8	1.7	2.7	2.7	4.7	5.7
Fe^{2+}	0.1									0.1	0.6	1.5	2.5	3.5	4.5
Fe^{3+}	3			0.4	1.8	3.7	5.7	7.7	9.7	11.7	13.7	15.7	17.7	19.7	21.7
Hg^{2+}	0.1			0.5	1.9	3.9	5.9	7.9	9.9	11.9	13.9	15.9	17.9	19.9	21.9
La^{3+}	3										0.3	1.0	1.9	2.9	3.9
Mg^{2+}	0.1											0.1	0.5	1.3	2.3
Ni^{2+}	0.1												0.1	0.7	1.6
Pb^{2+}	0.1							0.1	0.5	1.4	2.7	4.7	7.4	10.4	13.4
Th^{4+}	1				0.2	0.8	1.7	2.7	3.7	4.7	5.7	6.7	7.7	8.7	9.7
Zn^{2+}	0.1									0.2	2.4	5.4	8.5	11.8	15.5

3. MY 的副反应及副反应系数

在较高的酸度下，金属离子 M 除主反应产物 MY 外，还能与 EDTA 生成酸式络合物 MHY。在较低酸度下，金属离子 M 还能与 EDTA 生成碱式络合物 M(OH)Y。酸式和碱式络合物的生成使 EDTA 对 M 的络合能力增强，是对主反应有利的副反应。相应的副反应系数为

$$\alpha_{MY(H)}=\frac{[MY']}{[MY]}=\frac{[MY]+[MHY]}{[MY]}$$

$$\alpha_{MY(OH)}=1+K^{OH}_{M(OH)Y}[OH^-]$$

由于酸式、碱式络合物一般不太稳定，故在多数计算中忽略。

4.2.3　条件稳定常数

络合滴定时金属离子 M 与络合剂 EDTA 反应生成 MY，在没有副反应发生的情况下，可用 $K_稳$ 衡量金属离子 M 与 EDTA 的反应进程，$K_稳$ 越大，络合物越稳定。在实际滴定时，受 M、Y 及 MY 的各种副反应的影响，$K_稳$ 已不能真实反映主反应的进程。此时应考虑未参加反应的 M、Y 的其他型体。用 [M'] 表示未参加反应的 M 的总浓度，用 [Y'] 表示未参加反应的 Y 的总浓度，用 [MY'] 表示生成的 MY、MHY、M(OH)Y 等生成物的总浓度，当反应达到平衡时，可得到用 [M']、[Y']、[MY'] 表示的稳定常数，即条件稳定常数(Condition Stability Constant)$K'_稳$，其表示在有副反应存在的条件下，络合反应的实际反应程度，在络合滴定中更有实际意义。

$$K'_稳=\frac{[MY']}{[M'][Y']}$$

从上面副反应系数的讨论可知

$$[M']=\alpha_M[M], \quad [Y']=\alpha_Y[Y], \quad [MY']=\alpha_{MY}[MY]$$

所以

$$K'_{稳}=\frac{\alpha_{MY}[MY]}{\alpha_M[M]\alpha_Y[Y]}=K_{稳}\frac{\alpha_{MY}}{\alpha_M\alpha_Y} \qquad (4-10a)$$

取对数，得

$$\lg K'_{稳}=\lg K_{稳}-\lg\alpha_M-\lg\alpha_Y+\lg\alpha_{MY}$$

在一定条件下，α_M、α_Y、α_{MY} 为定值，$K'_{稳}$ 在一定条件下也为定值。在很多情况下，MY 的副反应可忽略，式(4-10a)可简化为

$$\lg K'_{稳}=\lg K_{稳}-\lg\alpha_M-\lg\alpha_Y \qquad (4-10b)$$

校正了酸效应、水解效应及生成酸式、碱式络合物效应后的部分 EDTA 的条件稳定常数见表 4-4。

表 4-4　校正酸效应、水解效应及生成酸式或碱式络合物效应后
部分 EDTA 络合物的条件稳定常数

金属离子	pH														
	0	1	2	3	4	5	6	7	8	9	10	11	12	13	14
Ag^+					0.7	1.7	2.8	3.9	5.0	5.9	6.8	7.1	6.8	5.0	2.2
Al^{3+}			3.0	5.4	7.5	9.6	10.4	8.5	6.6	4.5	2.4				
Ba^{2+}						1.3	3.0	4.4	5.5	6.4	7.3	7.7	7.8	7.7	7.3
Bi^{3+}	1.4	5.3	8.6	10.6	11.8	12.8	13.6	14.0	14.1	14.0	13.9	13.3	12.4	11.4	10.4
Ca^{2+}					2.2	4.1	5.9	7.3	8.4	9.3	10.2	10.6	10.7	10.4	9.7
Cd^{2+}			1.0	3.8	6.0	7.9	9.9	11.7	13.1	14.2	15.0	15.5	14.4	12.0	8.4	4.5
Co^{2+}			1.0	3.7	5.9	7.8	9.7	11.5	12.9	13.9	14.5	14.7	14.1	12.1	
Cu^{2+}			3.4	6.1	8.3	10.2	12.2	14.0	15.4	16.3	16.6	16.6	16.1	15.7	16.6	15.6
Fe^{2+}			1.5	3.7	5.7	7.7	9.5	10.9	12.0	12.8	13.2	12.7	11.8	10.8	9.8
Fe^{3+}	5.1	8.2	11.5	13.9	14.7	14.8	14.6	14.1	13.7	13.6	14.0	14.3	14.4	14.4	14.4
Hg^{2+}	3.5	6.5	9.2	11.1	11.3	11.3	11.1	10.5	9.6	8.8	8.4	7.7	6.8	6.8	4.8
La^{3+}			1.7	4.6	6.8	8.8	10.6	12.0	13.1	14.0	14.8	14.3	13.5	12.5	11.5
Mg^{2+}					2.1	3.9	5.3	6.4	7.3	8.2	8.5	8.2	7.4		
Mn^{2+}			1.4	3.6	5.5	7.4	9.2	10.6	11.7	12.6	13.4	13.4	12.6	11.6	10.6
Ni^{2+}			3.4	6.1	8.2	10.1	12.0	13.8	15.2	16.3	17.1	17.4	16.9		
Pb^{2+}			2.4	5.2	7.4	9.4	11.4	13.2	14.5	15.2	15.2	14.8	13.9	10.6	7.6	4.6
Sr^{2+}						2.0	3.8	5.2	6.3	7.2	8.1	8.5	8.6	8.5	8.0
Th^{4+}	1.8	5.8	9.5	12.4	14.5	15.8	16.7	17.4	18.2	19.1	20.0	20.4	20.5	20.5	20.5
Zn^{2+}			1.1	3.8	6.0	7.9	9.9	11.7	13.1	14.2	14.9	13.6	11.0	8.0	4.7	1.0

[例 4.2]　用 EDTA 滴定溶液中的 Zn^{2+}，以 0.1mol/L 的 NH_3-NH_4Cl 为缓冲溶液并控制溶液 pH=10.0，计算此时 ZnY 的条件稳定常数 $K'_{稳}$。

解：pH＝10.0 时，$\lg K_{ZnY}=16.50$

忽略 MY 的副反应，由式（4-10b）可知 ZnY 的 $K'_{稳}$ 与 $\lg\alpha_M$ 和 $\lg\alpha_Y$ 相关。

对于 EDTA 只考虑其酸效应系数，pH＝10.0 时，$\lg\alpha_{Y(H)}=0.45$；对于 Zn^{2+}，在溶液中可以和其 NH_3 和 OH^- 发生副反应，查表 4-3 可知，$\lg\alpha_{Zn(OH)}=2.4$；已知锌氨络合物的各级累积稳定常数（$\beta_1\sim\beta_4$）分别为：$10^{2.27}$、$10^{4.61}$、$10^{7.01}$、和 $10^{9.06}$。

$$\begin{aligned}
\alpha_{Zn(L)}&=1+\beta_1[NH_3]+\beta_2[NH_3]^2+\beta_3[NH_3]^3+\beta_4[NH_3]^4\\
&=1+10^{2.27}\times10^{-1}+10^{4.61}\times10^{-2}+10^{7.01}\times10^{-3}+10^{9.06}\times10^{-4}\\
&=10^{5.49}
\end{aligned}$$

$$\begin{aligned}
\alpha_M&=\alpha_{M(NH_3)}+\alpha_{M(OH)}-1\\
&=10^{5.49}+10^{2.4}-1\\
&\approx10^{5.49}
\end{aligned}$$

$$\begin{aligned}
\lg K'_{稳}&=\lg K'_{稳}-\lg\alpha_M-\lg\alpha_Y\\
&=16.50-5.49-0.45\\
&=10.56\\
K'_{稳}&=10^{10.95}
\end{aligned}$$

4.3　络合滴定基本原理

在络合滴定法中，通常以 EDTA 为滴定剂，这里主要讨论以 EDTA 为滴定剂的络合滴定法的有关原理及络合滴定曲线。

4.3.1　滴定曲线

在络合滴定中，若被滴定的是金属离子，则随着络合滴定剂的加入，金属离子不断被络合，其浓度不断减小。达到化学计量点附近时，溶液的 pM 发生突变。以 pM 为纵坐标，以 EDTA 的加入量或滴定分数为横坐标绘制的曲线即为络合滴定曲线。由此可见，讨论滴定过程中金属离子浓度的变化规律，即滴定曲线及影响 pM 突跃的因素是极其重要的。

1. 滴定曲线

络合滴定与酸碱滴定相似，大多数金属离子 M 与 EDTA 形成 1：1 型络合物，可视 M 为酸，Y 为碱，与一元酸碱滴定类似。但是，M 有络合效应和水解效应，Y 有酸效应和共存离子效应，所以络合滴定要比酸碱滴定复杂。酸碱滴定中，酸的 K_a 或碱的 K_b 是不变的，而络合滴定中由于有各种副反应的存在，$K_稳$ 是随滴定体系中反应的条件而变化的。但条件稳定常数 $K'_{稳}$ 基本不变，所以在络合滴定中用条件稳定常数 $K'_{稳}$ 衡量主反应的进程。

金属离子 M 的初始浓度为 c_M，体积为 V_M，滴定剂 Y 的浓度 $c_Y=c_M$，滴入的体积为 V_Y，则滴定分数 $a=V_Y/V_M$。

若只考虑 EDTA 的酸效应，讨论不同 pH 值时以 0.0100mol/L EDTA 标准溶液滴定 20.00mL 0.0100mol/l Ca^{2+}（$\lg K_{CaY}=10.69$）溶液的滴定曲线。

只考虑 EDTA 的酸效应，则条件稳定常数

$$K'_稳 = \frac{K_稳}{\alpha_{Y(H)}} = \frac{[CaY]}{[Ca][Y]_总}$$

以 pH＝12.0 和 pH＝9.0 为例。查表 4-2 对应的 $\lg\alpha_{Y(H)}$，分别为 0.01(此时可认为无酸效应)和 1.29(有酸效应)，则

pH＝12.0 $\qquad \lg K'_{CaY} = \lg K_{CaY} - \lg\alpha_{Y(H)} = \lg K_{CaY} = 10.69$

pH＝9.0 $\qquad \lg K'_{CaY} = \lg K_{CaY} - \lg\alpha_{Y(H)} = 10.69 - 1.29 = 9.40$

(1) 滴定前，溶液中 Ca^{2+} 浓度为

$$[Ca^{2+}] = 0.0100mol/L, \quad pCa = -\lg[Ca^{2+}] = 2.0$$

(2) 滴定开始至计量点前，溶液中的 $[Ca^{2+}]$ 主要取决于被滴定的 Ca^{2+} 浓度。当滴入 19.98mLEDTA 溶液时

$$[Ca^{2+}] = 0.0100 \times (20.00-19.98)/(20.00+19.98) = 5.0 \times 10^{-6}(mol/L)$$
$$pCa = -\lg[Ca^{2+}] = 5.3$$

(3) 计量点时，当滴入 20.00mL EDTA 溶液时，Ca^{2+} 与 EDTA 完全配位，此时 $[Ca^{2+}]_{sp} = [Y]_{sp}$，

$$[CaY] = c_{Ca}/2 = 0.0050mol/L$$
$$K'_稳 = \frac{[CaY]}{[Ca]_{sp}[Y]_{sp}} = \frac{c_{Ca}/2}{[Ca^{2+}]_{sp}^2}$$

pH＝12.0 $\qquad [Ca]_{sp} = \sqrt{\frac{c_{Ca}}{2K'_稳}} = \sqrt{\frac{0.0050}{10^{10.69}}} = 10^{-6.50}(mol/L)$

$$pCa = -\lg[Ca^{2+}] = 6.50$$

pH＝9.0 $\qquad [Ca]_{sp} = \sqrt{\frac{c_{Ca}}{2K'_稳}} = \sqrt{\frac{0.0050}{10^{9.40}}} = 10^{-5.85}(mol/L)$

$$pCa = -\lg[Ca^{2+}] = 5.85$$

(4) 计量点后，溶液中 $[Y]$ 决定于 EDTA 的过量浓度，当加入 20.02mL 的 EDTA 时

$$[Y] = 0.0100 \times (20.02-20.00)/(20.00+20.02) = 4.998 \times 10^{-6}(mol/L)$$
$$[CaY] = 0.0100 \times 20.00/(20.00+20.02) = 5.00 \times 10^{-3}(mol/L)$$
$$K'_稳 = \frac{[CaY]}{[Ca^{2+}][Y]}$$

pH＝12.0

$$K'_稳 = \frac{[CaY]}{[Ca^{2+}][Y]} = 10^{10.69}$$
$$[Ca^{2+}] = \frac{[CaY]}{K'_稳[Y]} = \frac{5.00 \times 10^{-3}}{10^{10.69} \times 4.998 \times 10^{-6}} = 10^{-7.69}$$
$$pCa = -\lg[Ca^{2+}] = 7.69$$

pH＝9.0 $\qquad [Ca^{2+}] = \frac{[CaY]}{K'_稳[Y]} = \frac{5.00 \times 10^{-3}}{10^{9.4} \times 4.998 \times 10^{-6}} = 10^{-6.4}$

$$pCa = -\lg[Ca^{2+}] = 6.4$$

所以 pH＝12.0 时，突跃范围 pCa＝5.3～7.69;

pH＝9.0 时，突跃范围 pCa＝5.3～6.4。

根据条件稳定常数 $K'_稳$ 的数值，按上述方法可求出 pH＝6.0、7.0、10.0 时各点的 pM

值，并逐一计算滴定过程中的 $[Ca^{2+}]$ 变化，并以 pM 为纵坐标，以滴定分数为横坐标绘制出络合滴定曲线，如图 4.4 所示。

2. 影响滴定突越范围的主要因素

影响络合滴定中的 pM 突跃大小的主要因素有滴定产物的条件稳定常数 $K'_稳$ 和被滴定金属离子浓度 c_M。

1）金属离子浓度对 pM 突跃大小的影响

不同金属离子浓度的滴定曲线如图 4.5 所示。由图 4.5 可以看出，c_M 越大，滴定曲线的起点就越低，pM 突跃就越大；反之，pM 突跃就越小。

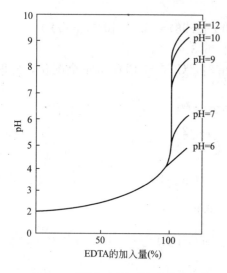

图 4.4　不同 pH 值时的滴定曲线　　　　图 4.5　EDTA 与不同离子浓度的滴定曲线

2）$K'_稳$ 对 pM 突跃大小的影响

由图 4.5 可知，$K'_稳$ 值的大小是影响 pM 突跃的重要因素之一，而 $K'_稳$ 值取决于 $K_稳$ 和 $\alpha_{Y(H)}$ 值。滴定体系 pH 值越小，$\alpha_{Y(H)}$ 值越大，$K'_稳$ 值越小，滴定曲线的 pM 突跃范围越小。$K_稳$ 值增大，$K'_稳$ 值相应增大，pM 突跃增大，反之就小。

3）计量点时金属离子浓度的计算

$K'_稳$ 不同，计量点时的 pM_{sp} 也不同。在选择适当金属指示剂和计算终点误差时，经常需要计算 pM_{sp} 值。其计算式如下

$$[M]_{sp} = \sqrt{\frac{c_{M_{sp}}}{2K'_稳}} = \sqrt{\frac{c_M}{2K'_稳}} \tag{4-11a}$$

$$pM_{sp} = \frac{1}{2}(pc_{M_{sp}} + lgK'_{MY}) \tag{4-11b}$$

式中，$[M]_{sp}$ 为计量点时溶液中金属离子 M 的平衡浓度；$c_{M_{sp}}$ 为计量点时溶液中金属离子 M 的分析浓度，即 M 各存在型体的总浓度；c_M 为原始水样中金属离子 M 的浓度。

因为 $[M]_{sp}$ 值很小，计算时近似认为

$$c_{M_{sp}} = [MY]_{sp} + [M]_{sp} \approx [MY]_{sp} = 1/2 \, c_M$$

[例4.3] 用 0.0200mol/L EDTA 滴定溶液中 0.0200mol/L 的 Cu^{2+}，以 0.20mol/L 的 NH_3-NH_4Cl 缓冲溶液控制 $pH=10$，计算化学计量点时的 pCu_{sp}。若被滴定的是 0.0200mol/L 的 Ca^{2+}，化学计量点时的 pCa_{sp} 为多少？已知 $lgK_{CuY}=18.80$，$lgK_{CaY}=10.69$。

解：因滴定剂 EDTA 与被滴定离子的浓度相等，故化学计量点时

$$c_{Cu,sp}=1/2 c_{Cu}=0.0100mol/L \qquad [NH_3]_{sp}=1/2 c_{NH_3}=0.100mol/L \qquad c_{Ca,sp}=1/2 c_{Ca}=0.0100mol/L$$

在滴定铜时，除有酸效应外还有络合效应。

已知铜氨络合物的各级累积稳定常数（$\beta_1 \sim \beta_5$）分别为：$10^{4.31}$、$10^{7.98}$、$10^{11.02}$、$10^{13.32}$、$10^{12.86}$。

$$\alpha_{M(L)}=1+\beta_1[NH_3]+\beta_2[NH_3]^2+\beta_3[NH_3]^3+\beta_4[NH_3]^4+\beta_5[NH_3]^5$$
$$=1+10^{4.31}\times10^{-1}+10^{7.98}\times10^{-2}+10^{11.02}\times10^{-3}+10^{13.32}\times10^{-4}+10^{12.86}\times10^{-5}$$
$$=10^{9.36}$$

$pH=10$ 时，$\alpha_{Cu(OH)}=10^{1.7}\ll10^{9.36}$，所以 $\alpha_{Cu(OH)}$ 可以忽略；$pH=10$ 时，$\alpha_{Y(H)}=10^{0.45}$。

$$lgK'_{CuY}=lgK_{CuY}-lg\alpha_{Y(H)}-lg\alpha_{Cu(NH_3)}$$
$$=18.80-0.45-9.36$$
$$=8.99$$

$$pCu_{sp}=\frac{1}{2}(pc_{Cu_{sp}}+lgK'_{CuY})$$
$$=\frac{1}{2}(2.00+9.09)$$
$$=5.54$$

Ca^{2+} 不能形成氨络合物和氢氧基络合物，$pH=10$ 时，$\alpha_{Y(H)}=10^{0.45}$。

$$lgK'_{CaY}=lgK_{CaY}-lg\alpha_{Y(H)}$$
$$=10.69-0.45=10.24$$

$$pCa_{sp}=\frac{1}{2}(pc_{Ca_{sp}+lgK'_{CaY}})$$
$$=\frac{1}{2}(2.00+10.24)$$
$$=6.12$$

计算结果表明，在 $pH=10$ 时，虽然 K_{CuY} 和 K_{CaY} 相差较大，但在氨性溶液中条件稳定常数 K'_{CuY} 和 K'_{CaY} 相差不大，化学计量点时两种离子的 pM_{sp} 也相近。因此如果溶液中同时存在 Cu^{2+} 和 Ca^{2+}，将一起被 EDTA 滴定，得到的是它们的总量。

4.3.2 金属指示剂

在络合滴定中，通常利用能与金属离子形成一种有色的络合物的有机络合剂，来指示滴定过程中金属离子浓度的变化，这种有机络合剂称为金属指示剂。

1. 金属指示剂的作用原理

金属指示剂通常是一种有机络合剂，它能与金属离子形成一种络合物，这种络合物的颜色与指示剂本身的颜色有显著不同，以指示滴定终点。现以 EDTA 滴定金属离子为例，

说明金属指示剂(In)的作用原理。

在用 EDTA 滴定前,将少量金属指示剂加入被测金属离子溶液中,此时指示剂与金属离子反应,形成一种与指示剂本身颜色不同的络合物。

$$M + In = MIn$$
$$（颜色 A）\quad（颜色 B）$$

滴加 EDTA 时,金属离子逐步被络合,当达到反应的化学计量点时,溶液中游离的金属离子完全被络合。此时,EDTA 夺取 MIn 络合物中的金属离子,使指示剂 In 被释放出来,溶液由金属指示剂络合物的颜色 B,转变为指示剂本身的颜色 A,以指示滴定终点的到达。

$$Y + MIn = MY + In$$
$$（颜色 B）\quad（颜色 A）$$

(1) 指示剂(In)的颜色与显色络合物(MIn)的颜色应显著不同。例如,铬黑 T 是一个三元酸,在不同 pH 条件下呈现不同颜色,当溶液 pH<6.4 时,是紫红色;pH>11.5 时,是橙色;6.4<pH<11.5 时为蓝色,而铬黑 T 指示剂与许多金属离子 Ca^{2+}、Mg^{2+}、Zn^{2+}、Cd^{2+} 等形成红色络合物。显然,只有在 pH=6.4～11.5 进行滴定时,滴定终点才有敏锐的颜色变化。

(2) 指示剂(In)与金属离子形成的有色络合物(MIn)稳定性要适当,要有足够的稳定性但又要比该金属的 EDTA 络合物的稳定性小。如果稳定性太低,在化学计量点前就会显示出指示剂本身的颜色,使滴定终点提前出现,而且变色不敏锐;如果稳定性太高,就会使滴定终点拖后,而且有可能使 EDTA 不能夺取 MIn 络合物中的金属离子,得不到滴定终点。一般来说,两者的稳定常数应相差 100 倍以上,才能有效地指示滴定终点。

例如,用 EDTA 标准溶液测定水中 Ca^{2+}、Mg^{2+} 时,以铬黑 T 为指示剂,如水中含有 Fe^{3+}、Al^{3+}、Cu^{2+}、Ni^{2+} 等离子时,则与铬黑 T 指示剂形成络合物,其 $K_{MIn} > K_{MY}$,则显色络合物 MIn 不能被 EDTA 置换,得不到终点,而影响滴定。

(3) 指示剂应具有一定的选择性,即在一定条件下,只对某一种(或某几种)离子发生显色反应。

(4) 指示剂与金属离子的显色反应要灵敏、迅速,有良好的变色可逆性。

(5)指示剂应比较稳定,不容易被氧化、还原或分解等,便于储藏和使用。

(6) 指示剂与金属离子形成的络合物应易溶于水。如果生成胶体溶液或沉淀,则会使变色不明显。

2. 金属指示剂的选择

从络合滴定曲线的讨论中可知,在化学计量点附近时,被滴定金属离子的 pM 发生突跃。因此,要求指示剂能在此区间内发生颜色变化,并且,指示剂变色点的 pM 应尽量与化学计量点的 pM 一致,以免引起终点误差。

设金属离子 M 与指示剂 In 形成络合物 MIn

$$M + In = MIn$$

若只考虑指示剂的酸效应,则达到平衡时其条件稳定常数为

$$K'_{MIn} = \frac{[MIn]}{[M][In]_{总}} = \frac{K_{MIn}}{\alpha_{In(H)}}$$

取对数，得

$$\lg K'_{MIn} = pM + \lg\frac{[MIn]}{[In]_{总}} = \lg K_{MIn} - \lg\alpha_{In(H)}$$

当达到指示剂的变色点时，$[MIn] = [In]_{总}$，故

$$pM = \lg K'_{MIn} = \lg K'_{MIn} - \lg\alpha_{In(H)} \tag{4-12}$$

可见，指示剂变色点的 pM 等于有色络合物的 $\lg K'_{MIn}$，即金属指示剂的理论变色点不是一个定值，pM 随滴定条件发生变化。

络合滴定中所用的指示剂一般为有机弱酸，存在着酸效应。它与金属离子 M 所形成的有色络合物的条件稳定常数 K'_{MIn}，将随 pH 值的变化而变化；指示剂变色点的 pM，也随 pH 值的变化而变化。因此，金属指示剂不可能像酸碱指示剂那样，有一个确定的变色点。在选择金属指示剂时，必须考虑酸度的影响，应使有色络合物的 $\lg K'_{MIn}$ 与化学计量点的 pM 尽量一致，至少应在化学计量点的 pM 突跃范围内。否则，指示剂变色点的 pM 与化学计量点的 pM 相差较大，就会产生较大的滴定误差。

3. 指示剂的封闭、僵化与变质

络合滴定中金属离子指示剂在化学计量点附近应有敏锐的颜色变化，但在实际工作中有时会发生 MIn 络合物颜色不变或变化非常缓慢的现象，前者称为指示剂的封闭，后者称为指示剂的僵化。

产生指示剂封闭现象的原因，可能是溶液中存在的某些离子与指示剂形成十分稳定的有色络合物，且比该金属离子与 Y 形成的螯合物还稳定，因而造成颜色不变现象。通常可采用适当的掩蔽剂加以消除。如以铬黑 T 作指示剂，用 EDTA 滴定 Ca^{2+} 和 Mg^{2+} 时，若有 Fe^{3+}、Al^{3+} 等存在，就会发生封闭现象，可用三乙醇胺与氰化钾或硫化物掩蔽 Fe^{3+}、Al^{3+} 等而加以消除。

有时产生封闭现象是由于动力学方面的原因，即由于有色络合物的颜色变化是由不可逆反应所引起的。此时，金属指示剂有色络合物的稳定性虽不及金属 EDTA 络合物的稳定性高，但由于其颜色变化为不可逆，有色络合物不能很快地被 EDTA 所破坏，故对指示剂也产生封闭现象。这种由被滴定离子本身引起的封闭现象，可用先加入过量 EDTA，然后进行返滴定的方法，加以避免。

产生指示剂僵化现象的原因，是金属离子与指示剂生成难溶于水的有色络合物，虽然它的稳定性比该金属离子与 Y 生成的螯合物差，但置换反应速率缓慢，使终点拖长。一般采用加入适当的有机溶剂或加热来使指示剂颜色变化敏锐。如用 PAN 作指示剂时，加入乙醇或丙酮或加热，可使指示剂颜色变化明显。

金属离子指示剂多为含双键的有色化合物，易受氧化剂、日光和空气等的影响而分解，在水溶液中多不稳定。改变溶剂或配成固体混合物可增加稳定性，例如铬黑 T 和钙指示剂，常用氯化钠固体粉末作稀释剂配制。

4. 常用的金属指示剂

络合滴定中常用的几种指示剂及颜色变化列于表 4-5。

表 4 - 5　常用的指示剂

指示剂	适用的 pH 范围	颜色变化		直接滴定 的离子	注意事项	配置方法
		MIn	In			
铬黑 T (Eriochrome Black T) 简称 EB 或 EBT	8～10	红	蓝	pH10，Mg^{2+}、Zn^{2+}、Cd^{2+}、Pb^{2+}、Mn^{2+}、稀土离子	Fe^{3+}、Al^{3+}、Cu^{2+}、Ni^{2+} 等离子封闭 EBT	1：100NaCl （固体）
酸性铬蓝 K (Acid Chrome Blue K)	8～13	红	蓝	pH10，Mg^{2+}、Zn^{2+}、Mn^{2+}、pH13，Ca^{2+}		1：100NaCl （固体）
二甲酚橙 (Xylenol Orange) 简称 XO	<6	紫红	亮黄	pH<1，Zr^{4+} pH1～3.5，Bi^{3+}、Th^{4+} pH5～6 Zn^{2+}、Cd^{2+}、Pb^{2+}、Hg^{2+}、Tl^{3+}，稀土离子	Fe^{3+}、Al^{3+}、Ti(Ⅳ)、Ni^{2+} 等离子封闭 XO	0.5% 水溶液
钙指示剂 (Calconcarboxy lic Acid) 简称 NN	12～13	红	蓝	pH12～13，Ca^{2+}	Fe^{3+}、Al^{3+}、Ti(Ⅳ)、Ni^{2+}、Cu^{2+} 等离子封闭 NN	1：100NaCl （固体）
磺基水杨酸 (Sulfosalicylic Acid) 简称 Ssal	1.5～2.5	紫红	无色	pH1.5～2.5，Fe^{3+}	Ssal 本身无色，FeY 亮黄色	5%水溶液
PAN	2～12	红	黄	pH2～3，Bi^{3+}、Th^{4+} pH4～5，Cu^{2+} Ni^{2+}	Ni^{2+} 对 Cu - PAN 有封闭作用	0.1% 乙醇溶液

4.3.3　终点误差与准确滴定的判别式

1. 滴定终点误差的计算

终点误差是指滴定终点与化学计量点之间的不一致所带来的误差。通过分析络合滴定终点时的平衡情况，可得其计算式。

$$TE = \frac{10^{\Delta pM} - 10^{-\Delta pM}}{\sqrt{c_{M,sp} K'_{稳}}} \times 100\% \tag{4-13a}$$

或

$$c_{M,sp} K'_{稳} = \left(\frac{10^{\Delta pM} - 10^{-\Delta pM}}{0.001} \right)^2 \times 100\% \tag{4-13b}$$

式中，$\Delta pM = pM_{ep} - pM_{sp}$，即终点与计量点的 pM 之差。

此式即林邦终点误差公式。由式（4 - 13）可看出，影响终点误差的因素是多方面的，ΔpM 越小，终点误差越小；络合物 MY 的条件稳定常数 $K'_{稳}$ 越大，被测金属离子在化学计量点时的分析浓度 c_M 越大，终点误差越小。

［例4.4］　采用 $NH_3 - NH_4Cl$ 缓冲溶液控制 pH=10.0，以铬黑 T 为指示剂，计算用 0.0200mol/L EDTA 分别滴定溶液中 0.0200mol/L 的 Ca^{2+} 时的终点误差。已知 $\lg K_{CaY} = 10.69$；$\lg K_{CaEBT} = 5.4$。

解：由例 4.3 可知，$\lg K'_{CaY} = 10^{10.24}$，$pCa_{sp} = \dfrac{1}{2}(pc_{Ca_{sp}} + \lg K'_{CaY}) = 6.12$

已知铬黑 T 的 $\beta_1 = 10^{11.6}$，$\beta_2 = 10^{17.9}$

$$\alpha_{EBT(H)} = 1 + \beta_1[H^+] + \beta_2[H^+]^2$$
$$= 1 + 10^{11.6} \times 10^{10} + 10^{17.9} \times 10^{-20}$$
$$-40.81$$
$$\lg\alpha_{EBT(H)} = 1.6$$

由式(4-12)可知

$$pCa_{ep} = \lg K'_{CaEBT} = \lg K_{CaEBT} - \lg\alpha_{EBT(H)} = 5.4 - 1.6 = 3.8$$
$$\Delta pCa = pCa_{ep} - pCa_{sp} = 3.8 - 6.12 = -2.32$$

将数据带入式(4-13)，得

$$TE = \frac{10^{\Delta pCa} - 10^{\Delta pCa}}{\sqrt{c_{Ca,sp} K'_{CaY}}} \times 100\%$$
$$= \frac{10^{-2.3} - 10^{2.3}}{\sqrt{0.01 \times 10^{10.24}}} \times 100\%$$
$$= -1.5\%$$

2. 准确滴定的判别式

1) 单一金属离子准确滴定的判别式

在络合滴定中，通常采用金属离子指示剂指示滴定终点，由于人眼判断颜色的局限性，即使指示剂的变色点与计量点完全一致，仍有可能造成 $\pm 0.2 \sim 0.5 pM$ 单位的不确定性。设 $\triangle pM = \pm 0.2$，用等浓度的 EDTA 滴定初始浓度为 c 的金属离子 M，若要求终点误差 $TE \leqslant |0.1\%|$，由林邦误差公式可得

$$c_{M,sp}K'_{稳} \geqslant \left(\frac{10^{\Delta pM} - 10^{-\Delta pM}}{0.001}\right)^2 \times 100\%$$

即
$$c_{M,sp}K'_{稳} \geqslant 10^6 \quad 或 \quad \lg c_{M,sp}K'_{稳} \geqslant 6 \qquad (4-14)$$

式(4-14)即为单一离子的准确滴定判别式。当然，这种判断是有前提条件的，若允许误差增大到 $\pm 0.3\%$，则允许 $\lg c_{M,sp}K'_{稳} \geqslant 5$；若允许误差增大到 1%，则允许 $\lg c_{M,sp}K'_{稳} \geqslant 4$。

2) 混合离子分别滴定判别式

在实际工作中，经常遇到的情况是多种金属离子共存于同一溶液中，而 EDTA 能与很多金属离子生成稳定的络合物。因此，判断能否进行分别滴定是极为重要的。

现在讨论一种比较简单的情况。设溶液中含有被测离子 M 和干扰离子 N，且 $K_{MY} > K_{NY}$，在化学计量点的分析浓度分别为 $c_{M,sp}$ 和 $c_{N,sp}$。则在此情况下，准确地选择性地滴定 M 而不受 N 干扰，除满足单一离子准确滴定的要求外，还需要解决的问题是：M 和 N 浓度相差多大才能在 N 存在下准确滴定 M，即分步滴定的问题。

考虑到混合离子中选择滴定的允许误差较大，所以，设计 $\Delta pM = \pm 0.2$，$TE \leqslant \pm 0.3\%$，由林邦误差公式可得到

$$\lg c_{M,sp}K'_{稳} \geqslant 5$$

若金属离子 M 无副反应

$$\lg c_{M,sp}K'_{MY} = \lg c_{M,sp}K_{MY} - \lg\alpha_Y$$
$$= \lg c_{M,sp}K_{MY} - \lg\alpha_{Y(H)} - \lg\alpha_{Y(N)} \qquad (4-15a)$$

所以，能否准确地选择性地滴定 M，而 N 不干扰的关键是 $\lg\alpha_{Y(H)}+\lg\alpha_{Y(N)}$ 项。若 $\alpha_{Y(H)}\ll\alpha_{Y(N)}$，干扰最严重。将此情况下 N 不干扰的极限条件求出，即得分布滴定的条件。当 $\alpha_{Y(H)}\ll\alpha_{Y(N)}$ 时

$$\alpha_Y\approx\alpha_{Y(N)}\approx1+K_{NY}c_{N,sp}\approx K_{NY}c_{N,sp}$$

将上式带入式（4-15a）得

$$\lg c_{M,sp}K'_{MY}=\lg c_{M,sp}K'_{MY}-\lg c_{N,sp}K'_{NY}\geq5$$

即 $$\Delta\lg Kc\geq5 \tag{4-15b}$$

式（4-15b）就是混合离子分步滴定的判别式。当滴定体系满足此条件时，可不加掩蔽剂或不分离 N，只要有合适的指示剂，适宜的酸度，便能准确滴定 M 而不受 N 离子的干扰。

若有其他配位剂存在，需考虑金属离子 M 的副反应时，式（4-15b）变为

$$\Delta\lg K'c\geq5 \tag{4-15c}$$

4.3.4 单一离子滴定的酸度控制

如前所述，由林邦误差公式可知，在 $\Delta pM=\pm0.2$，终点误差 $TE\leq|0.1\%|$ 时单一离子的准确滴定需要满足的条件为 $\lg c_{M,sp}K'_稳\geq6$。

假设络合反应中除 EDTA 的酸效应没有其他副反应，则

$$\lg c_{M,sp}K'_稳=\lg c_{M,sp}+\lg K_稳-\lg\alpha_{Y(H)}\geq6$$

即 $$\lg\alpha_{Y(H)}\leq\lg K_稳+\lg c_{M,sp}-6 \tag{4-16}$$

由此式可算出滴定任意金属离子时所允许的最大 $\alpha_{Y(H)}$，查表 4-2 即可得到所对应的最低 pH 值。在络合滴定中，通常金属离子浓度 $c_{M,sp}$ 为 0.01，带入上式，有

$$\lg\alpha_{Y(H)}\leq\lg K_稳-8 \tag{4-17}$$

即在上述条件时，$\lg K'_稳\geq8$ 才能准确滴定。

[例 4.5] 用 0.20mol/L EDTA 滴定 0.020mol/L 的 Pb^{2+} 溶液，若要求 $\Delta pM=\pm0.2$，终点误差 $TE=0.1\%$，计算滴定 Pb^{2+} 的最高酸度。

解： $\Delta pM=\pm0.2$，终点误差 $TE=0.1\%$，则 $\lg c_{M,sp}K'_稳\geq6$

$$\lg\alpha_{Y(H)}\leq\lg K_稳+\lg c_{M,sp}-6$$

$$\leq18.04+\lg\frac{0.02}{2}-6$$

$$\leq18.04-8$$

$$\leq10.04$$

由表 4-2 可知，$pH\approx3.2$，即滴定 Pb^{2+} 的最高酸度为 pH=3.2。

在以 EDTA 二钠盐溶液进行络合滴定的过程中，随着络合物的生成，不断有 H^+ 释放，使溶液的酸度增大，条件稳定常数变小，造成 pM 突跃减小；同时，络合滴定所用指示剂的变色点也随 pH 值而变化，导致较大误差。因此，在络合滴定中需用适当的缓冲溶液来控制溶液的 pH 值。缓冲溶液的选择首先需考虑其所能缓冲的 pH 值范围，还要考虑其是否会引起金属离子的副反应而影响反应的完全度。

在络合滴定中，了解各种金属离子滴定时的最高允许酸度，对解决实际问题有一定意义。由式（4-17）可以计算出各种金属离子滴定时的最高允许酸度。

以各种金属离子的 $\lg K_{MY}$ 值对应的最低 pH 值作图，所得到的曲线就是酸效应曲线，

也称林旁曲线，如图 4.6 所示。

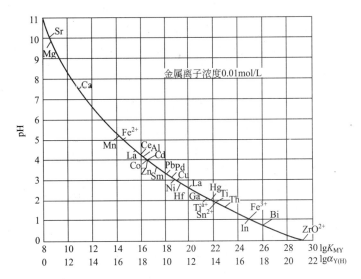

图 4.6 EDTA 的酸效应曲线（$c_M = 0.01 mol/L$）

利用酸效应曲线可以完成以下计算。

（1）确定某一金属离子单独滴定时溶液的最低 pH 值。

如，滴定 Fe^{3+} 时溶液的 pH 值须大于 1.3；若滴定 Zn^{2+}，pH 值必须大于 4。

（2）判断在一定的 pH 值范围内，哪些离子可以被准确滴定，哪些离子有干扰。

如，在 pH≥10 时，可滴定 Mg^{2+}，但如果 pH＜10 时，有 Ca^{2+}、Mn^{2+} 等离子干扰测定。

（3）选择在同一溶液中连续或分别滴定不同金属离子的 pH 值。

如，当溶液中含有 Bi^{3+}、Zn^{2+} 及 Mg^{2+} 时，在 pH＝1.0 时，用 EDTA 滴定 Bi^{3+}，然后在 pH＝5.0～6.0 时连续滴定 Zn^{2+}，最后在 pH＝10.0～11.0 时滴定 Mg^{2+}。

必须注意，从图 4.6 查得的滴定某种金属的最低 pH 值，相应于以下条件：$c_M = 0.01 mol/L$，滴定的允许误差≤±0.1%，且仅有酸效应存在。如果条件改变，要求的最低 pH 值也就不同了。

4.3.5 混合离子的选择滴定

EDTA 与金属离子具有广泛的配位作用，这使得它应用广泛。但是，当多种金属离子同时存在时，往往产生互相干扰。因此，如何消除共存离子的干扰、提高络合滴定的选择性，便成为络合滴定中必须解决的重要问题。

1. 控制酸度进行分步滴定

由混合离子分步滴定的判别式（4-15）可以看出，当待测离子 M 与干扰离子 N 的稳定常数值相差较大时，控制溶液酸度是消除干扰比较方便的方法。一般地，当符合下述条件时

$$\lg c_{M,sp} K'_{稳} \geqslant 6 \quad 且 \quad \lg c_{M,sp} K_{MY} - \lg c_{N,sp} K_{NY} \geqslant 5 \qquad (4-18)$$

可以通过控制酸度的方法，首先在较小 pH 值下滴定 MY 稳定性较大的 M，再在较大

的 pH 值下滴定 MY 稳定性较小的 N，实现分别滴定或连续滴定。

例如，溶液中的 Mg^{2+}、Zn^{2+} 都在 0.01mol/L 左右时，$\lg K_{MgY} = 8.69$，$\lg K_{ZnY} = 16.5$，从 $\lg c_{M, sp} K_{MY} - \lg c_{N, sp} K_{NY} \geqslant 5$ 判断，可选择滴定 Zn^{2+}。查酸效应曲线可知，控制 $pH \approx 5$，以二甲酚橙作指示剂，可用 EDTA 直接滴定 Zn^{2+}，而不受 Mg^{2+} 的干扰。

2. 利用掩蔽和解蔽

当待测离子与共存离子络合物的稳定性相差不大时（$\Delta \lg K < 5$），有时甚至 $\lg K_{MY} < \lg K_{NY}$，就不能用控制酸度的方法分别滴定。通常利用加入掩蔽剂的方法消除干扰。利用掩蔽剂可降低干扰离子的浓度，使其不与 EDTA 络合，从而减小或消除干扰，提高络合滴定的选择性。

按反应类型的不同，掩蔽方法有络合掩蔽法、沉淀掩蔽法和氧化还原掩蔽法。其中应用最广泛的是络合掩蔽法。

1）掩蔽方法

（1）络合掩蔽法：络合掩蔽法是利用络合反应降低干扰离子浓度以消除干扰的方法。常用的掩蔽剂有 NaF、KCN、三乙醇胺等。例如，用 EDTA 滴定水中的 Ca^{2+}、Mg^{2+}，即测定水的硬度时，Fe^{3+}、Al^{3+} 等离子的存在会产生干扰，可加入三乙醇胺作为掩蔽剂。使之与 Fe^{3+}、Al^{3+} 生成稳定的络合物，而且不与 Ca^{2+}、Mg^{2+} 作用，从而消除干扰。

采用络合掩蔽剂时需注意以下几点。

① 掩蔽剂不与待测离子络合，即使形成络合物，其稳定性也应远小于待测离子与 EDTA 络合物的稳定性。

② 干扰离子与掩蔽剂形成的络合物的稳定性大于与 EDTA 形成的络合物，而且形成的络合物应为无色或浅色，不影响终点的判断。

③ 使用掩蔽剂时应注意适用的 pH 值范围。

（2）沉淀掩蔽法：沉淀掩蔽法是利用沉淀反应降低干扰离子的浓度，在不分离沉淀的条件下直接滴定的方法。常用的掩蔽剂有 OH^-、SO_4^{2-}、NaS、$K_4[Fe(CN)_6]$、铜试剂（DDTC）等。例如，为消除 Mg^{2+} 对 Ca^{2+} 测定的干扰，利用 $pH \geqslant 12$ 时 Mg^{2+} 与 OH^- 生成 $Mg(OH)_2$ 沉淀，可消除干扰。

（3）氧化还原掩蔽法：氧化还原掩蔽法是利用氧化还原反应改变干扰离子价态以消除干扰的方法。常用的还原剂有抗坏血酸、联胺、硫脲、$Na_2S_2O_3$ 等；常用的氧化剂有 H_2O_2、$(NH_4)_2S_2O_8$ 等。例如，由于 $\lg_{Fe(II)Y} = 14.33$，$\lg_{Fe(III)Y} = 25.1$，当测定水中 Bi^{3+}、Th^{4+}、Sc^{3+}、In^{3+} 等 $\lg K_{稳}$ 和 Fe^{3+} 相近的离子时，对 Fe^{3+} 干扰的测定可在水中加入盐酸羟胺或抗坏血酸使 Fe^{3+} 还原成 Fe^{2+}，增大 $\Delta \lg K$ 值，达到选择滴定上述离子的目的。

2）解蔽方法

在掩蔽一些离子进行滴定后，采用适当的方法解除掩蔽，并将已络合的络合剂或金属离子释放出来的作用称为解蔽。利用选择性的解蔽剂，也可以提高络合滴定的选择性。

例如，要测定共存的 Zn^{2+} 和 Pb^{2+} 两种离子时，由于二者的 $\lg K_{稳}$ 相近，无法用控制酸度的方法实现分别滴定。可以先用氨水调节溶液 pH 值为 10 左右，加入 KCN，生成 $[Zn(CN)_4]^{2-}$ 掩蔽 Zn^{2+}，用 EDTA 标准溶液滴定 Pb^{2+} 后，加入甲醛或三氯乙醛破坏 $[Zn(CN)_4]^{2-}$，释放出 Zn^{2+}，再用 EDTA 滴定。

4.4 络合滴定的方式及应用

4.4.1 各种滴定方式

在络合滴定中采用不同的滴定方式，不仅可以扩大络合滴定的应用范围，同时也可以提高络合滴定的选择性。常用的方式有以下 4 种。

1. 直接滴定法

直接滴定法是络合滴定中最基本的方法。这种方法在一定的酸度下，直接用 EDTA 标准溶液进行滴定，然后根据消耗 EDTA 溶液的量计算试样中被测组分的含量。采用直接滴定法时，必须符合以下几个条件。

(1) 被测离子的浓度及其络合物的条件稳定常数满足 $\lg c_{M,sp}K'_{稳}\geq 6$ 的要求，且反应速度快。

(2) 应有变色敏锐的指示剂，且无封闭现象。

(3) 在选用的滴定条件下，被测组分不发生水解和沉淀反应，必要时可先加入辅助络合剂来防止这些反应发生。如滴定 Pb^{2+} 时可加入酒石酸盐络合 Pb^{2+} 以防止 Pb^{2+} 的水解。

直接滴定法方便、快速、引入的误差较小。只要络合反应能符合滴定分析的要求，有合适的指示剂，应当尽量采用直接滴定法。可直接滴定的金属离子很多，如 Mg^{2+}、Zn^{2+}、Cd^{2+}、Pb^{2+}、Mn^{2+}、Fe^{3+}、Hg^{2+}、Cu^{2+} 及稀土离子等，在一定的 pH 值和合适的指示剂存在时可直接滴定。

2. 返滴定法

返滴定法是在试液中先加入已知过量的 EDTA 标准溶液，再用另一种金属盐类的标准溶液滴定过量的 EDTA，由两种标准溶液的浓度和用量即可求得被测组分的含量。

返滴定法适用于下列情况。

(1) 被测金属离子与 EDTA 不能迅速络合，本身易水解或对指示剂有封闭作用；

(2) 采用直接滴定时缺乏合适的指示剂，或被测金属离子与 EDTA 的络合物不稳定；

(3) 干扰离子复杂，不进行分离时，不能直接准确滴定。

用作返滴定剂的金属离子与 EDTA 的络合物应有足够的稳定性，但不能比待测离子的络合物更稳定，否则在滴定过程中，返滴定剂会置换出被测离子，引起误差。

例如，Al^{3+} 与 EDTA 络合缓慢，Al^{3+} 对二甲酚橙指示剂有封闭作用，酸度不高时，Al^{3+} 水解形成多种多核羟基络合物，因此，Al^{3+} 不能直接滴定。为了避免上述问题，可先加入一定过量的 EDTA 溶液，在 pH≈ 3.5 时煮沸。此时因酸度较大，不至于形成多核络合物，且又有过量的 EDTA 存在，能使 Al^{3+} 与 EDTA 络合完全。再调节 pH 值至 $5\sim 6$，加入二甲酚橙作指示剂(此时 Al^{3+} 已形成 AlY，不再封闭指示剂)，用 Zn^{2+} 标准溶液返滴定过量的 EDTA。

3. 置换滴定法

利用置换反应，置换出一种金属离子，或置换出 EDTA，然后用 EDTA 或另一种金

属离子标准溶液滴定，获得被测离子浓度的滴定方法叫置换滴定法。

（1）置换出金属离子：如果被测离子 M 与 EDTA 反应不完全或所形成的络合物不稳定，可让 M 置换出另一络合物（NL）中等物质的量的 N，用 EDTA 滴定 N，然后求出 M 的含量。

例如，Ag^+ 与 EDTA 的络合物很不稳定，不能用 EDTA 直接滴定，若将 Ag^+ 加入到过量的 $[Ni(CN)_4]^{2-}$ 溶液中则有下列反应。

$$2Ag^+ + [Ni(CN)_4]^{2-} = 2Ag(CN)_2^- + Ni^{2+}$$

在 pH＝10 的氨性溶液中，以紫脲酸铵作指示剂，用 EDTA 滴定置换出来的 Ni^{2+}，可求得 Ag^+ 的含量。

（2）置换出 EDTA：用一种选择性高的络合剂 L 从被测 M 与 EDTA 络合物中夺取 M，并释放出 EDTA。然后再用金属盐类标准溶液滴定释放出来的与 M 等物质的量的 EDTA，即可求得 M 的含量。这种方法适用于多种金属离子存在下测定其中一种金属离子的情况。

例如，测定某复杂试样中的 Al^{3+}，试样中可能含有 Pb^{2+}、Zn^{2+}、Fe^{3+} 等杂质离子。用返滴定法测定 Al^{3+} 时，实际测得的是这些离子的总量。为了得到 Al^{3+} 的准确含量，在返滴定至终点后，加入 NH_4F 选择性地将 AlY 中的 EDTA 释放出来，再用 Zn^{2+} 标准溶液滴定 EDTA，得到 Al^{3+} 的含量。

（3）用置换滴定法可扩大络合滴定应用范围，提高选择性，还可以改善指示剂指示终点的敏锐性。

例如，铬黑 T 与 Mg^{2+} 显色很灵敏，但与 Ca^{2+} 显色的灵敏度较差。为此，在 pH＝10 的溶液中用 EDTA 滴定 Ca^{2+} 时，常于溶液中先加入少量 MgY，此时发生下列置换反应。

$$MgY + Ca^{2+} = CaY + Mg^{2+}$$

置换出来的 Mg^{2+} 与铬黑 T 显很深的红色。滴定时，EDTA 先与 Ca^{2+} 络合，当达到滴定终点时，EDTA 夺取 Mg^{2+}-铬黑 T 络合物中的 Mg^{2+}，形成 MgY，游离出指示剂，显纯蓝色，颜色变化很明显。因为滴定前加入的 MgY 和最后生成的 MgY 的量相等，故加入的 MgY 不影响滴定结果。

4. 间接滴定法

如果被测金属离子和 EDTA 生成的络合物不稳定，如 Li^+、Na^+、K^+ 等，或不能和 EDTA 络合，如有些阴离子 SO_4^{2-}、PO_4^{2-} 等，则不能用络合滴定法测定，这时可采用间接滴定法测定。

例如 SO_4^{2-} 的测定，可先加入过量的 $BaCl_2$ 标准溶液，生成 $BaSO_4$ 沉淀，在 pH＝10 时，以一定量且过量的 EDTA 煮沸生成 Ba-EDTA，过量的 EDTA 用 Mg^{2+} 标准溶液返滴定，确定剩余的 Ba^{2+}，从而计算 SO_4^{2-} 的量。

4.4.2 EDTA 标准溶液的配制与标定

EDTA 标准溶液常采用 EDTA 二钠盐（$Na_2H_2Y \cdot 2H_2O$）配制。EDTA 二钠盐是白色结晶粉末，易溶于水，常含有少量杂质，其标准溶液一般采用间接配制法。若 EDTA 二钠盐进一步提纯可以作为基准试剂。

用于标定 EDTA 标准溶液的基准试剂有纯金属（如 Zn 等）、金属氧化物（如 ZnO、MgO 等）及其盐类（如 $CaCO_3$、$MgSO_4 \cdot 7H_2O$）。金属比较稳定，纯度高（99.99%），能在

pH＝5～6 时以二甲酚橙作指示剂进行标定；也可在 pH＝10 的氨性溶液中以铬黑 T 为指示剂，用 $MgSO_4 \cdot 7H_2O$ 作基准物质进行标定。

4.4.3 络合滴定在水分析中的应用

水的硬度是表示水质的一项重要指标，主要由水中含有的可溶性钙盐和镁盐构成。其他金属离子如 Fe^{3+}、Al^{3+}、Mn^{2+} 等也对硬度有一定贡献，但一般含量甚微，在测定硬度时可忽略不计。

公众对水中硬度的接受程度各地区差异很大。钙离子硬度的味阈值范围为 100～300mg/L，取决于钙离子所对应的阴离子；镁离子硬度的味阈值较钙低。一般情况下，硬度值不超过 500mg/L 的水是可以被用户所接受的。

水中硬度的测定是一项重要的水质分析指标，与日常生活和工业生产的关系十分密切。当水中硬度值较高时，会给人们的生活、生产带来诸多不便。长期饮用硬度过大的水会影响人们的身体健康，甚至引发各种疾病，硬水洗衣服也会浪费肥皂且产生较多浮渣。工农业生产用水硬度值过高会使给水管网中产生水垢，造成堵塞和腐蚀。另一方面，软水，其硬度低于 100mg/L，缓冲能力较低，水管将更易腐蚀。锅炉若长期使用硬度高的水，会形成水垢，既浪费燃料还可能引起锅炉爆炸。在纺织行业，硬度高的水会生成沉淀粘附在纺织纤维上造成斑点，从而使产品质量下降。

1) 硬度的分类及表示单位

水的硬度分为碳酸盐硬度和非碳酸盐硬度两类。总硬度即为二者的总和。

碳酸盐硬度，也称暂时硬度。钙、镁以碳酸盐和重碳酸盐的形式存在，一般可加热煮沸除去，如

$$Ca(HCO_3)_2 \xrightarrow{\Delta} CaCO_3 + CO_2 + H_2O$$

由于分解生成的 $CaCO_3$ 沉淀，在水中还有一定的溶解度(100℃时为 13mg/L)，则碳酸盐硬度并不能由加热煮沸完全除尽。

非碳酸盐硬度，也称永久硬度。钙、镁以硫酸盐、氯化物或硝酸盐的形式存在。该硬度不能用加热的方法除去，只能采用蒸馏、离子交换等方法处理，才能使其软化。

硬度在各国的表示方法有所不同，我国的表示方法是将钙、镁总量折合成 CaO 或 $CaCO_3$ 的质量来具体表示，具体如下。

(1) mg/LCaO 或 $mg/LCaCO_3$；

(2) mmol/LCaO 或 $mmol/L\ CaCO_3$；

1mmol/L＝100.0mg/L(以 $CaCO_3$ 计)，1mmol/L＝56.1mg/L(以 CaO 计)。

在实际工作中硬度的单位常用"度"来表示，1 德国度指 1L 水中含有 10mgCaO；1 法国度指 1L 水中含有 $10mgCaCO_3$。如不加说明，一般硬度指的是德国度。硬度根据水中硬度的大小可分 4 类。硬度在 4 度以下为最软水，4～8 度为软水，8～16 度为稍硬水，16～30 度为硬水，超过 30 度为最硬水。世界卫生组织(WHO)《饮用水水质准则》规定的指标值为 500mg/L($CaCO_3$)。我国《生活饮用水卫生标准》(GB 5749—85)规定的指标值为 450mg/L($CaCO_3$)(≤25.2 度)。一般工业废水和生活污水不考虑硬度的测定。

2) 硬度测定的原理及其计算

水中硬度的测定常采用络合滴定法。用氨性缓冲溶液控制 pH＝10，以铬黑 T(EBT)

为指示剂，用 EDTA 可直接测定出 Ca^{2+}、Mg^{2+} 的总量。

水样首先加入 NH_3 - NH_4Cl 缓冲溶液控制水样 pH=10.0，然后加入铬黑 T，溶液中的部分 Ca^{2+}、Mg^{2+} 与铬黑 T 形成酒红色络合物 CaEBT、MgEBT，接着用 EDTA 标准溶液滴定水中的 Ca^{2+}（$lgK_{CaY}=10.7$）、Mg^{2+}（$lgK_{MgY}=8.7$），则 EDTA 优先与 Ca^{2+} 络合，再与 Mg^{2+} 络合，继续滴加 EDTA 标准溶液至 Ca^{2+}、Mg^{2+} 完全被络合时，即达计量点。由于 $lgK_{MgY}>lgK_{MgEBT}$，则滴入的 EDTA 从络合物 CaEBT、MgEBT 中夺取 Ca^{2+}、Mg^{2+}，从而使指示剂游离出来，溶液由酒红色变为蓝色，指示滴定终点。根据 EDTA 的用量即可计算总硬度。

计算公式

$$YD = \frac{c_{EDTA}V_{EDTA}}{V_{水样}} \times 1000 \text{mmol/L}$$

$$YD（以\ CaO\ 计）= \frac{c_{EDTA}V_{EDTA}M_{CaO}}{V_{水样}} \times 1000 \text{mg/L} \qquad (4-19)$$

$$YD（以\ CaCO_3\ 计）= \frac{c_{EDTA}V_{EDTA}M_{CaCO_3}}{V_{水样}} \times 1000 \text{mg/L}$$

3）天然水中硬度与碱度的关系

在锅炉给水的处理中与水中硬度、碱度有关的主要问题是：锅炉壁、管道中的结垢和泥渣等沉积物的形成；苛性脆化，所谓苛性脆化也是一种腐蚀现象，在汽包的接头处易产生苛性脆化，用显微镜观察有裂纹，如不及时控制，会使锅炉爆炸，甚至把锅炉房炸毁；汽水共腾和发泡。因此，了解天然水中硬度与碱度的关系对锅炉给水的处理与安全运行是十分重要的。天然水中硬度与碱度的关系一般有 3 种情况。

（1）总硬度＞总碱度：当水中含有较多 Ca^{2+}、Mg^{2+} 时，则与 CO_3^{2-} 和 HCO_3^- 作用完后，其余的 Ca^{2+}、Mg^{2+} 便首先与 SO_4^{2-}、Cl^- 化合成 $CaSO_4$、$MgSO_4$、$CaCl_2$、$MgCl_2$ 等非碳酸盐硬度，故水中有无碱金属碳酸盐（如 Na_2CO_3、K_2CO_3）等存在，此时

碳酸盐硬度＝总碱度

非碳酸盐硬度＝总硬度－总碱度

（2）总硬度＜总碱度：当水中 CO_3^{2-} 和 HCO_3^- 含量较大时，首先与 Ca^{2+}、Mg^{2+} 作用完全后，CO_3^{2-} 和 HCO_3^- 便与 Na^+、K^+ 等形成碱金属碳酸盐（如 Na_2CO_3、K_2CO_3 等），此时

碳酸盐硬度＝总硬度

负硬度＝总碱度－总硬度

其中 $NaHCO_3$、$KHCO_3$、Na_2CO_3、K_2CO_3 等称为负硬度。在石灰软化处理中必须充分考虑这部分负硬度的去除，以便投加足量的药剂来达到软化目的。

（3）总硬度＝总碱度：当水中 CO_3^{2-} 和 HCO_3^- 与 Ca^{2+}、Mg^{2+} 作用完全之后，均无剩余，总硬度的量就是总碱度的量。此时只有碳酸盐硬度。

碳酸盐硬度＝总硬度＝总碱度

本 章 小 结

本章介绍了络合平衡、氨羧络合剂 EDTA 及其络合物的性质，EDTA 的络合平衡、酸效应和条件稳定常数，络合滴定的基本原理，金属指示剂及其作用原理和使用条件，准确滴定的判别式，络合滴定的方式及硬度的测定。

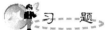 习 —— 题

1. 选择题

(1) 在 EDTA 络合滴定中，下列有关酸效应的叙述，何者是正确的？（　　）

　A. 酸效应系数越大，络合物的稳定性越大

　B. pH 值越大，酸效应系数越大

　C. 酸效应曲线表示的是各金属离子能够准确滴定的最高 pH 值

　D. 酸效应系数越大，络合滴定曲线的 pM 突跃范围越大

(2) $K_{CaY} = 10^{10.69}$。当 pH = 9.0 时，$\lg \alpha_{Y(H)} = 1.29$，则 K'_{CaY} 等于（　　）。

　A. $10^{1.29}$　　　　　B. $10^{11.98}$　　　　　C. $10^{10.69}$　　　　　D. $10^{9.40}$

(3) 在 pH 值为 13 的水溶液中，EDTA 存在的主要形式是（　　）。

　A. H_3Y^-　　　　　B. H_2Y^{2-}　　　　　C. HY^{3-}　　　　　D. Y^{4-}

(4) 用 EDTA 滴定金属离子 M，若要求相对误差小于 0.1%，则滴定的酸度条件必须满足（　　）。

　A. $c_M K_{MY} \geqslant 10^6$　　B. $c_M K'_{MY} \leqslant 10^6$　　C. $c_M K'_{MY} \geqslant 10^6$　　D. $c_M K_{MY} \leqslant 10^6$

(5) 当溶液中有两种（M，N）金属离子共存时，欲以 EDTA 滴定 M 而 N 不干扰，则要求（　　）。

　A. $(c_M K_{MY} / c_N K_{NY}) \geqslant 10^5$　　　　　　B. $(c_M K_{MY} / c_N K_{NY}) \geqslant 10^{-5}$

　C. $(c_M K_{MY} / c_N K_{NY}) \geqslant 10^3$　　　　　　D. $(c_M K_{MY} / c_N K_{NY}) \geqslant 10^{-3}$

(6) 某溶液主要含有 Ca^{2+}、Mg^{2+} 及少量 Fe^{3+}、Al^{3+}。今在 pH = 10，加入三乙醇胺后以 EDTA 滴定，用铬黑 T 为指示剂，则测出的是（　　）。

　A. Mg^{2+} 含量　　　　　　　　　　　B. Ca^{2+} 含量

　C. Mg^{2+} 和 Ca^{2+} 的总量　　　　　　D. Fe^{3+}，Al^{3+}，Ca^{2+}，Mg^{2+} 总量

(7) 在 Fe^{3+}、Al^{3+}、Ca^{2+}、Mg^{2+} 的混合液中，用 EDTA 法测定 Ca^{2+}、Mg^{2+}，要消除 Fe^{3+}、Al^{3+} 的干扰，在下列方法中有哪两种较适用？（　　）

　A. 沉淀分离法　　　B. 控制酸度法　　　C. 络合掩蔽法　　　D. 离子交换法

(8) 在 Ca^{2+}、Mg^{2+} 的混合液中，用 EDTA 法测定 Ca^{2+}，要消除 Mg^{2+} 的干扰，宜用（　　）。

　A. 离子交换法　　　　　　　　　　　B. 络合掩蔽法

　C. 氧化还原掩蔽法　　　　　　　　　D. 沉淀掩蔽法

2. 简答题

(1) 什么叫酸效应系数？酸效应系数与介质的 pH 值有什么关系？酸效应系数的大小说明了什么问题？

(2) 什么叫指示剂的封闭和僵化现象？如何让其消除？

(3) 络合滴定时为什么要控制 pH 值？怎样控制 pH 值？

(4) 配位滴定条件如何选择？主要从哪几个方面考虑？

3. 计算题

(1) 计算 pH＝5 和 pH＝12 时，EDTA 的酸效应系数和 Y^{4-} 在总浓度中所占的比例。

(2) 铝盐混凝剂试样 1.200g，溶解后加入过量 10.0mol/L EDTA 溶液 50.00mL，pH 值为 5～6，以 XO 为指示剂，用 10.0mol/L 锌标准溶液回滴，消耗 10.90mL，求该混凝剂中 Al_2O_3 的百分含量。

(3) Cd^{2+}，Hg^{2+} 混合溶液中两种离子浓度均为 0.020mol/L，在 pH＝6.0 时，用等浓度的 EDTA 滴定混合液中 Cd^{2+}，试问：

① 用 KI 掩蔽其中的 Hg^{2+}，使终点时 I^- 的游离浓度为 0.01mol/L，能否完全掩蔽 Hg^{2+}？此时 lgK'_{CdY} 为多少？

② pH＝6.0 时，$lgK'_{CdIn}＝5.5$，$lgK'_{HgIn}＝9.0$，能否用二甲酚橙作 Cd^{2+} 的指示剂？

③ 滴定 Cd^{2+} 时若用二甲酚橙作指示剂，终点误差为多少？

(4) 有一水样，取一份 100mL，调节 pH＝10，以铬黑 T 为指示剂，用 0.0100mol/L EDTA 溶液滴定到终点时用去 25.40mL，另一份水样用样调 pH＝12，加钙指示剂，用 EDTA 溶液 14.25mL，求总硬度、钙、镁硬度(以 $CaCO_3\ mg/L$ 计)。

【实际操作训练】

现要测定某锅炉进水软化前、后的硬度，由于条件限制不能在采样后马上测定。请结合水样的采集和保存的相关知识设计一实验方案，测定水样的总硬度和钙、镁硬度。

第5章
沉淀滴定法

 本章教学要点

知识要点	掌握程度	相关知识	应用方向
沉淀滴定法的滴定曲线	熟悉	滴定曲线	水中 Cl^-、Br^-、I^-、Ag^+、CN^- 等离子的测定
银量法	掌握	莫尔法、佛尔哈德法、法扬司法	水中 Cl^-、Br^-、I^-、Ag^+、CN^- 等离子的测定

氯离子是水体中常见的阴离子，水中氯离子的含量不但是评价锅炉给水、炉水、循环冷却水、蒸汽品质的主要指标，也是防止锅炉汽水共腾和金属腐蚀的重要指标。氯离子的存在可引起金属热力设备的晶间裂纹和脆性破裂，使金属发生腐蚀等。电厂水汽系统中氯离子含量受到了严格的控制和检测，另外炼油废水、COD 的测定等对 Cl^- 含量都有限制。目前国家标准测量方法是银量法，银量法还可用于水中其他卤素离子、Ag^+、CN^- 等的测定。

沉淀滴定法又称容量沉淀法(Volumetric Precipitation Method)，是以沉淀反应为基础的滴定分析方法。用作滴定法的沉淀反应必须符合下列条件：沉淀的溶解度必须很小，反应能定量进行；沉淀反应必须迅速完成，并很快达到平衡，不易形成过饱和溶液；有适当的方法指示化学计量点。

沉淀反应虽然很多，但是由于上述条件的限制，能够真正用于沉淀滴定分析的沉淀反应并不是很多，实际应用较多的沉淀滴定法是银量法，其主要用于水中 Cl^-、Br^-、I^-、Ag^+、CN^- 等的测定。

本章主要介绍沉淀滴定法的滴定曲线和几种重要的银量法(莫尔法、佛尔哈德法、法扬斯法)。

5.1　沉淀滴定法的滴定曲线

银量法在滴定过程中，溶液中离子浓度的变化与其他滴定法相似，可以用滴定曲线表示。若以 $AgNO_3$(0.1000mol/L)滴定 20.00mLNaCl 溶液(0.1000mol/L)为例

$$Ag^+(液) + Cl^-(液) = AgCl \downarrow (固) \quad K_{sp} = 1.8 \times 10^{-10}$$

反应的平衡常数为

$$K = (K_{sp})^{-1} = (1.8 \times 10^{-10})^{-1} = 5.6 \times 10^9$$

1. 滴定开始前

$$[Cl^-] = 0.1000mol/L \quad pCl = -lg[Cl^-] = 1.00$$

2. 滴定至化学计量点前

溶液中的 $[Cl^-]$ 主要取决于剩余的 Cl^- 浓度。当滴入 19.98mLAgNO₃ 溶液时

$$[Cl^-] = \frac{0.1000 \times (20.00 - 19.98)}{20.00 + 19.98} = 5.0 \times 10^{-5} mol/L$$

$$pCl = -lg[Cl^-] = 4.3$$

由于 AgCl 沉淀的溶解度小，沉淀所析出的 Cl^- 很少，可忽略不计。因此根据溶液中的 $[Cl^-]$ 和 $K_{sp,AgCl}$ 计算 $[Ag^+]$ 和 pAg。

$$[Ag^+] = \frac{K_{sp,AgCl}}{[Cl^-]} = \frac{1.8 \times 10^{-10}}{5.0 \times 10^{-5}} = 3.6 \times 10^{-6} mol/L$$

$$pAg = -lg[Ag^+] = 5.44$$

3. 化学计量点时

到达化学计量点时，滴定加入的 Ag^+ 和 Cl^- 定量反应生成微溶化合物 AgCl，溶液是 AgCl 的饱和溶液。此时溶液中的 Ag^+ 和 Cl^- 的量可以认为完全由 AgCl 溶解所产生。所以

$$[Ag^+] = [Cl^-] = \sqrt{K_{sp,AgCl}} = \sqrt{1.8 \times 10^{-10}} = 1.34 \times 10^{-5} \text{mol/L}$$

$$pAg = pCl = 4.87$$

4. 化学计量点后

化学计量点之后，溶液中有 AgCl 沉淀和滴加的过量的 $AgNO_3$ 溶液，由于 AgCl 沉淀所溶解出的 Ag^+ 很少，可以忽略不计，因此只按过量的 $AgNO_3$ 的量近似求得 $[Ag^+]$。

当加入 $AgNO_3$ 溶液 20.02mL 时

$$[Ag^+] = \frac{0.1000 \times (20.02 - 20.00)}{20.00 + 20.02} = 5.0 \times 10^{-5}$$

$$pAg = -\lg[Ag^+] = 4.3$$

$$pCl = 9.81 - 4.3 = 5.51$$

按照类似方法可以求出其他点的 pAg 值。以 $AgNO_3$ 的加入量（mL）为横坐标，以对应的 pAg 值为纵坐标绘制的曲线为沉淀滴定曲线，如图 5.1 所示。

由图 5.1 可见，与酸碱滴定曲线相似，开始滴定时曲线比较平坦，在化学计量点附近形成突跃。$AgNO_3$ 溶液滴定水中的 Cl^- 计量点时 pAg 为 4.87，突跃范围 pAg = 5.44~4.3。

沉淀滴定的突跃范围与滴定剂和被滴定物质的浓度及沉淀的 K_{sp} 大小有关。滴定剂的浓度越大，滴定突跃就越大；沉淀的 K_{sp} 值越大，滴定突跃就越小。由图 5.1 可见，AgCl 的 $K_{sp} = 1.8 \times 10^{-10}$，AgI 的 $K_{sp} = 8.3 \times 10^{-17}$，用 $AgNO_3$ 滴定 Cl^- 时的突跃小于滴定同浓度的 I^-。

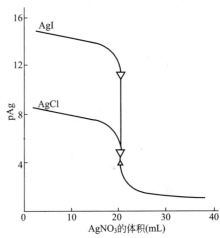

图 5.1　0.1000mol/L $AgNO_3$ 滴定同浓度 NaCl 和 NaI 的滴定曲线

5.2　银　量　法

利用生成难溶性银盐的沉淀滴定法称为银量法。根据所用的标准溶液和指示剂的不同，银量法有 3 种：莫尔法，以 $AgNO_3$ 为标液、K_2CrO_4 为指示剂；佛尔哈德法，以 KSCN 或 NH_4SCN 为标液、$NH_4Fe(SO_4)_2$ 为指示剂；法扬斯法，以 $AgNO_3$ 为标液，吸附指示剂。

5.2.1　莫尔(Mohr)法

莫尔法，以 $AgNO_3$ 为标液、K_2CrO_4 为指示剂的银量法。

1. 滴定原理

用 $AgNO_3$ 标准溶液直接滴定 Cl^-，以 K_2CrO_4 为指示剂，由于 $AgCl$ 的溶解度小于 Ag_2CrO_4，故根据分步沉淀的原理，首先发生滴定反应析出白色的 $AgCl$ 沉淀。其滴定反应为

$$Ag^+ + Cl^- \longrightarrow AgCl \downarrow \quad K_{sp} = 1.8 \times 10^{-10}$$

Cl^- 被定量沉淀后，稍过量的 Ag^+ 就会与 CrO_4^{2-} 反应，产生砖红色沉淀 Ag_2CrO_4 而指示滴定终点。其指示终点反应为

$$Ag^+ + CrO_4^{2-} \longrightarrow Ag_2CrO_4 \downarrow \quad K_{sp} = 1.10 \times 10^{-12}$$

2. 滴定条件

(1) 指示剂的用量：指示剂的用量是影响测定结果准确度的关键问题之一。若指示剂浓度太大，Ag_2CrO_4 沉淀析出偏早，将会引起终点提前，且 K_2CrO_4 本身的黄色也会影响对终点的观察；若指示剂浓度太小，则 Ag_2CrO_4 沉淀析出偏迟，又会使终点滞后。因此指示剂的加入量要适当，恰好在计量点时析出 Ag_2CrO_4 沉淀。实际滴定时，一般采用 K_2CrO_4 的浓度为 5.0×10^{-3} mol/L 时，不会影响终点观察。

(2) 溶液的酸度：溶液的酸度是影响测定结果准确度的另一关键问题。滴定应在中性或微碱性介质中进行。因为溶液的 pH 指示剂 K_2CrO_4 是二元弱酸盐，则存在着如下平衡。

$$2CrO_4^{2-} + 2H^+ \longrightarrow Cr_2O_7^{2-} + H_2O$$

若酸度过高，CrO_4^{2-} 转化为 $Cr_2O_7^{2-}$，使其浓度降低，导致 Ag_2CrO_4 沉淀出现过迟甚至不沉淀；若溶液的碱性太强，又将生成 Ag_2O 沉淀，适宜的 pH 值为 $6.5 \sim 10.5$。若试液中有铵盐存在，溶液的 pH 值应控制在 $6.5 \sim 7.2$。若溶液 pH 值过高，生成 $Ag(NH_3)^+$ 或 $[Ag(NH_3)_2]^+$，致使 $AgCl$ 和 Ag_2CrO_4 的溶解度增大，测定的准确度降低。实验证明，当 $[NH_4^+] < 0.05$ mol/L 时，pH 值控制在 $6.5 \sim 7.2$ 范围内滴定可得到满意的结果。若 $[NH_4^+] > 0.05$ mol/L 时，则仅仅通过控制溶液酸度已不能消除其影响，此时需在滴定前将大量铵盐除去。

(3) 减少 $AgCl$ 沉淀的吸附作用：$AgCl$ 沉淀对 Cl^- 有强烈的吸附作用，滴定时应剧烈振摇，使被 $AgCl$ 沉淀吸附的 Cl^- 及时释放出来，防止终点提前。

(4) 消除干扰离子：凡与 Ag^+ 能生成沉淀或络合物的阴离子都干扰测定，如 PO_4^{3-}、S^{2-}、AsO_4^{3-}、CO_3^{2-}、$C_2O_4^{2-}$ 等；与 CrO_4^{2-} 能生成沉淀的阳离子，如 Ba^{2+}、Pb^{2+} 等；大量 Cu^{2+}、Co^{2+}、Ni^{2+} 等有色离子；以及在中性或弱碱性溶液中易发生水解反应的离子，如 Fe^{3+}、Al^{3+}、Bi^{3+} 和 $Sn(IV)$ 等均干扰测定，应预先分离或掩蔽。

3. 应用范围

莫尔法主要用于水中 Cl^-、Br^- 的测定，不适用于滴定 I^- 和 SCN^-。这是因为 AgI 和 $AgSCN$ 沉淀更强烈地对吸附 I^- 和 SCN^-，即使剧烈振摇也无法使之释放出来，使测定结果偏低。

莫尔法不能直接用 Cl^- 标准溶液滴定 Ag^+。因为水中 Ag^+ 在加入 K_2CrO_4 后，立即生成 Ag_2CrO_4 沉淀，用 $NaCl$ 标准溶液滴定时，Ag_2CrO_4 转化成 $AgCl$ 的速率极慢，不能敏锐地指示滴定终点，使滴定无法进行。

若用铬酸钾指示剂法测定 Ag^+，可采用返滴定法，即先加入一定量且过量的 $NaCl$ 标准溶液，加入指示剂，用 $AgNO_3$ 标准溶液返滴定剩余的 Cl^-。

5.2.2 佛尔哈德(Volhard)法

佛尔哈德法，以 KSCN 或 NH_4SCN 为标液、$NH_4Fe(SO_4)_2$ 为指示剂的银量法。可分为直接滴定法和返滴定法。

1. 滴定原理

(1) 直接滴定法：在酸性条件下，以 $NH_4Fe(SO_4)_2$ 为指示剂，用 KSCN 或 NH_4SCN 标准溶液直接滴定溶液中的 Ag^+。在化学计量点以前，SCN^- 与被滴定的 Ag^+ 生成白色的 AgSCN 沉淀，滴定反应为

$$Ag^+ + SCN^- \longrightarrow AgSCN \downarrow \quad K_{sp} = 1.0 \times 10^{-12}$$

在化学计量点附近，由于 Ag^+ 浓度迅速降低，SCN^- 浓度迅速增大，可与溶液中加入的 Fe^{3+} 发生配位反应生成血红色的络合物 $FeSCN^{2+}$，指示滴定终点，反应为

$$Fe^{3+} + SCN \longrightarrow FeSCN^{2+}（血红色）\quad K = 200$$

(2) 返滴定法：该法是在被滴定的含有 Cl^-、Br^-、I^- 的水样中先加入一定量过量的 $AgNO_3$ 标准溶液，使测定离子生成卤化银沉淀，然后加入 $NH_4Fe(SO_4)_2$ 指示剂，用 NH_4SCN 标准溶液返滴定过量的 Ag^+。

$$Ag^+ + Cl^- \longrightarrow AgCl \downarrow$$
$$Ag^+ + SCN^- \longrightarrow AgSCN \downarrow$$

在化学计量点时，稍过量的 SCN^- 与溶液中加入的 Fe^{3+} 生成血红色的络合物 $FeSCN^{2+}$，指示滴定终点。

2. 滴定条件

(1) 指示剂的用量：指示剂 $NH_4Fe(SO_4)_2$ 的用量不同，将导致滴定终点超前或滞后于化学计量点。指示剂浓度越高，终点越超前，反之，则终点越滞后。实验证明，指示剂的适宜浓度为 0.015mol/L。

(2) 溶液的 pH 值：佛尔哈德法应在强酸性溶液中进行滴定。原因是指示剂 $NH_4Fe(SO_4)_2$ 在水溶液中离解出 Fe^{3+}，在 pH 值较低时，Fe^{3+} 可水解生成棕黄色羟基络合物，影响终点的判断。所以，一般溶液的 $[H^+]$ 控制在 $0.1 \sim 1.0mol/L$ 之间，此时 Fe^{3+} 以颜色较浅的 $Fe(H_2O)_6^{3+}$ 形式存在。

(3) 滴定时应剧烈振摇：在滴定过程中形成的 AgSCN 沉淀具有强烈的吸附作用，所以有部分 Ag^+ 被吸附于其表面上，往往会产生终点出现过早的情况，使结果偏低。滴定时，必须充分振摇，使被吸附的 Ag^+ 及时地释放出来。

(4) 保护 AgCl 沉淀：采用佛尔哈德法返滴定测定 Cl^- 时，溶液中 AgCl 的溶解度比 AgSCN 大，所以在滴定终点附近，稍过量的 SCN^- 便会置换 AgCl 沉淀中的 Cl^-，使 AgCl 沉淀转变为溶解度更小的 AgSCN 沉淀，使 SCN^- 浓度降低，生成的 $[FeSCN]^{2+}$ 离解，红色不能及时出现或出现后又随振摇消失。要想得到持久的红色，就必须继续滴入 NH_4SCN 标准溶液，直至 Cl^- 与 SCN^- 之间建立一定的平衡关系为止。这样就多消耗一部分的 NH_4SCN 标准溶液，造成测定的结果偏低。为减小误差，通常采取以下措施。

① 将已生成的 AgCl 沉淀滤去，再用 NH_4SCN 标准溶液滴定滤液。

② 在用 NH_4SCN 标准溶液滴定前，向待测 Cl^- 的样品中加入一定量的有机溶剂，如硝基苯、二甲酯类等，强烈振摇后，有机溶剂将 $AgCl$ 沉淀包住，使它与溶液隔开，这就阻止了 SCN^- 与 $AgCl$ 发生沉淀转化反应。

③ 提高 Fe^{3+} 的浓度以减小终点时 SCN^- 的浓度，从而减小滴定误差。实验证明，当溶液中 Fe^{3+} 浓度为 $0.2mol/L$ 时，滴定误差将小于 0.1%。

用返滴定法测定 Br^- 或 I^- 时，由于 $AgBr$ 和 AgI 的溶解度比 $AgSCN$ 小，不存在沉淀的转化。但滴定碘化物时，指示剂必须在加入过量 $AgNO_3$ 溶液之后才能加入，以防止 I^- 被 Fe^{3+} 氧化成 I_2。

佛尔哈德法的最大优点是可以在酸性溶液中进行滴定，有很高的选择性。但也有缺点，如水样中的强氧化剂、氮的低价氧化物及铜盐、汞盐等均能与 SCN^- 作用，干扰测定，必须预先除去。

3. 应用范围

采用直接滴定法可测定 Ag^+，采用返滴定法可测定 Cl^-、Br^-、I^-、SCN^- 等。

5.2.3　法扬司(Fajans)法

法扬司法，以 $AgNO_3$ 为标液，吸附指示剂的银量法。

1. 原理

吸附指示剂是一类有机化合物，它们在沉淀表面吸附后，由于分子结构变化或形成某种化合物，导致颜色发生变化，从而指示终点。

吸附指示剂可分为两类：一类是酸性染料，如荧光黄及其衍生物，它们是有机弱酸，离解出指示剂阴离子；另一类是碱性染料，如甲基紫、罗丹明 6G 等，离解出指示剂阳离子。例如，用 $AgNO_3$ 标准溶液滴定 Cl^- 时，可采用荧光黄作指示剂。荧光黄（HFI）是一种有机弱酸，在水溶液中发生离解，离解后形成的荧光黄阴离子 FI^- 在水溶液中呈黄绿色。

$$HFI \longrightarrow H^+ + FI^-$$

在化学计量点之前，溶液中有未被滴定的 Cl^-，则 $AgCl$ 沉淀表面由于吸附 Cl^- 而带负电荷，不能吸附指示剂阴离子 FI^-，溶液呈黄绿色；在计量终点时，过量 1 滴 $AgNO_3$ 的溶液中，$AgCl$ 沉淀由于吸附 Ag^+ 而带正电荷，极易吸附指示剂阴离子 FI^-。荧光黄阴离子被吸附后，由于在 $AgCl$ 表面上形成了荧光黄银的化合物，而呈淡红色，从而指示滴定终点。

如果以荧光黄为指示剂，用 $NaCl$ 滴定 Ag^+，则滴定终点的颜色变化刚好与上述相反。

2. 滴定条件

(1) 卤化银沉淀应具有较大的比表面积。吸附指示剂被沉淀表面吸附后才能发生颜色变化。沉淀的比表面积越大，吸附能力越强，终点现象就越敏锐。因此，在滴定时，通常需要加入胶体保护剂，如淀粉或糊精等，以防止胶体凝聚。

(2) 胶体颗粒对指示剂的吸附能力应略小于对被测离子的吸附能力，否则指示剂将在化学计量点前变色。但也不能太小，否则终点出现过迟。卤化银对卤化物和几种常见吸附指示剂的吸附能力的次序如下。

$$I^- > 二甲基二碘荧光黄 > Br^- > 曙红 > Cl^- > 荧光黄$$

因此，滴定 Cl^- 时只能选荧光黄，滴定 Br^- 选曙红为指示剂。

（3）溶液酸度要适当。溶液的酸度大小应随所采用指示剂的不同而异，由于吸附指示剂多是有机弱酸，被吸附而变色的是其共轭碱，例如，荧光黄的 $pK_a \approx 7$，溶液应控制 pH 值在 $7 \sim 10$ 之间。二氯荧光黄的 $pK_a = 4$，可以在 pH 值为 $4 \sim 10$ 范围内使用。

（4）应避免在强日光下进行滴定。因卤化银对光敏感，感光后易分解析出金属银而使溶液变成灰色或黑色，影响观察滴定终点。

3. 应用范围

可测定 Cl^-、Br^-、I^-、SCN^- 等离子。

本 章 小 结

本章介绍了沉淀滴定法的滴定曲线，几种重要的银量法，即莫尔法、佛尔哈德法和法扬司法的原理、滴定过程中的条件控制和在水质分析中的应用。

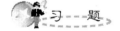 习 —— 题

1. 选择题

（1）莫尔法测定 Cl^- 含量时，要求介质的 pH 值在 $6.5 \sim 10.0$ 范围内，若酸度过高，则（　　）。

    A. AgCl 沉淀不完全　　　　　　　　B. AgCl 沉淀易胶溶

    C. AgCl 沉淀吸附 Cl^- 增强　　　　　D. Ag_2CrO_4 沉淀不易形成

（2）以铁铵矾为指示剂，用 NH_4SCN 标准液滴定 Ag^+ 时，应在下列哪种条件下进行？（　　）

    A. 酸性　　　　　B. 弱酸性　　　　　C. 中性　　　　　D. 弱碱性

2. 简答题

（1）莫尔法准确滴定水样中的氯离子时，为什么要做空白试验？

（2）莫尔法为什么不能用氯离子滴定银离子？

（3）为什么在有铵盐存在时，莫尔法测定氯离子只能在中性条件下进行？

（4）写出莫尔法、佛尔哈德法、法扬司法测定 Cl^- 的主要反应，并指出各种方法适用的指示剂和酸度条件。

3. 计算题

（1）某水样用莫尔法测氯离子时，100mL 水样消耗 0.1016mol/L $AgNO_3$ 8.08mL，空白试验消耗 1.05mL，求该水样中氯离子浓度（以 Cl mg/L 表示，已知 Cl 的原子量为

35.45)。

(2) 某含磷酸工业废水，用佛尔哈德法在 pH＝0.5 时测定 Cl^-，100mL 水样加 0.1180mol/L20mLAgNO$_3$，加硝基苯保护沉淀后，再用 0.1017mol/LKSCN 滴定消耗 6.53mL，求含氯离子量(以 Cl mg/L 表示)。

(3) 已知 $K_{sp}(AgCl)＝1.8×10^{-10}$，$K_{sp}(AgOH)＝2.0×10^{-8}$，计算 $AgCl＋OH^-＝AgOH＋Cl^-$ 反应的平衡常数 K，并说明莫尔法不能在强碱性溶液中进行。

(4) 已知 $Ag^+＋2NH_3 \longrightarrow Ag(NH_3)_2^+$、$K_{稳}＝10^{7.05}$，$K_{sp}(AgCl)＝1.8×10^{-10}$，计算 $AgCl＋2NH_3 \longrightarrow Ag(NH_3)_2^+＋Cl^-$ 反应的平衡常数 K，并说明水样中有铵盐存在时不能在碱性条件下进行。

第6章
氧化还原滴定法

本章教学要点

知识要点	掌握程度	相关知识	应用方向
氧化还原平衡	熟悉	电极电位与能斯特方程，条件电极电位及影响因素	氧化还原滴定的理论基础
氧化还原反应的速度	了解	氧化还原反应的速度及影响因素	氧化还原滴定的理论基础
氧化还原滴定原理	掌握	氧化还原的滴定曲线，计量点时的电极电位，林邦误差公式，氧化还原反应指示剂	了解氧化还原滴定原理进行定量分析
常用氧化还原滴定方法及其在水质分析中的应用	重点掌握	高锰酸钾法，重铬酸钾法和碘法的原理、标准溶液的配制及在水质分析中的应用	有机物污染指标 BOD_5、COD、DO 等的测定

水体中的溶解氧对于水生生物的生存和维持整个水体生态系统的平衡具有非常重要的意义。当水体受到生活污水、工业废水的污染时，由于污废水中含有的耗氧性有机物在生物氧化时消耗水中的溶解氧，导致水体溶解氧浓度降低，严重时会导致水质恶化，水体发黑变臭，水生植物和鱼虾贝类等绝迹。而水中的有机污染物种类繁多，组成复杂，分子量范围大，含量低，很难逐一测定每一种有机物的含量，但是大多数有机物在水体中的主要危害是大量消耗溶解氧，根据这一特性，常用综合指标来间接测定水中的耗氧性有机物的量，即通过测定有机物被氧化过程中消耗的氧气的量来间接表示水中耗氧性有机物的量，常用的综合指标有总需氧量 TOD、生化需氧量 BOD_5、化学需氧量 COD、高锰酸钾指数等。其中 BOD_5、COD 和高锰酸钾指数的测定均采用氧化还原滴定法。借助于氧化还原原理，不仅可以用于水质分析中直接或间接测定许多无机和有机污染物，也可将其作为有效的水处理手段广泛地用于水中污染物质的处理。因此，氧化还原滴定法在水质分析和水处理实践中有着重要的意义。

氧化还原滴定法（Redox Titration）是以氧化还原反应为基础的滴定分析法。它在水质分析中的应用十分广泛，如水中溶解氧、化学需氧量、高锰酸钾指数等的测定。氧化还原反应是基于电子得失（转移）的反应，多为复杂反应，由多个基元反应组成，反应机理比较复杂，有些反应常因伴有副反应的发生而没有确定的计量关系；有些反应虽然从热力学上判断可以进行，但反应速率缓慢，易受外界条件的影响，必须创造适宜的条件才能用于氧化还原滴定。

适当的氧化性和还原性标准溶液均可以作为滴定剂。通常根据滴定剂的名称命名氧化还原滴定法，如高锰酸钾法、重铬酸钾法、碘量法、溴酸钾法和硫酸铈法等。

6.1 氧化还原平衡

6.1.1 氧化还原电对

在氧化还原反应中，氧化剂和还原剂的强弱可以用氧化还原电对的电极电位来衡量。氧化还原电对常粗略地分为可逆和不可逆两大类。可逆电对在氧化还原反应的任一瞬间，都能迅速地建立起氧化还原平衡，其电极电位的实测值基本符合能斯特（Nernst）方程计算出的理论电极电位，如 Fe^{3+}/Fe^{2+}，$Fe(CN)_6^{3-}/Fe(CN)_6^{4-}$、$I/I^-$ 等；不可逆电对在氧化还原反应的任一瞬间均不能真正建立起平衡，其电极电位的实测值和 Nernst 方程的计算值相差较大，如 $Cr_2O_7^{2-}/Cr^{3+}$，SO_4^{2-}/SO_3^{2-}，O_2/H_2O_2 等。但仍可用 Nernst 方程计算其电极电位并作为初步判断的依据，所得结果在实际工作中仍然具有相当的参考价值。

氧化还原电对有对称和不对称的区别。对称的电对氧化态的、还原态的系数相同，如 $Fe^{3+}+e^- \Longrightarrow Fe^{2+}$，$Sn^{4+}+2e^- \Longrightarrow Sn^{2+}$ 等。不对称的电对，氧化态与还原态的系数不相同，如 $Cr_2O_7^{2-}+6e^-+14H^+ \Longrightarrow 2Cr^{3+}+7H_2O$，$I^{2+}+2e^- \Longrightarrow 2I^-$。

6.1.2 电极电位与能斯特方程

如果用 Ox 表示某一电对的氧化态，用 Red 表示还原态，则该电对的氧化还原半反应可表示为

$$Ox + ne^- \rightleftharpoons Red$$

其电极电位可用 Nernst 方程来计算。Nernst 方程的表达式为

$$\varphi_{Ox/Red} = \varphi^\theta_{Ox/Red} + \frac{2.303RT}{nF} \lg \frac{a_{Ox}}{a_{Red}} \tag{6-1}$$

式中，$\varphi_{Ox/Red}$ 为 Ox/Red 电对的电极电位；$\varphi^\theta_{Ox/Red}$ 为 Ox/Red 电对的标准电极电位；a_{Ox}，a_{Red} 为分别为氧化态和还原态的活度；n 为半反应中电子的转移数；R 为理想气体常数，8.314J/(mol·L)；F 为法拉第常数，96487C/mol。

在 25℃时，有

$$\varphi_{Ox/Red} = \varphi^\theta_{Ox/Red} + \frac{0.059}{n} \lg \frac{a_{Ox}}{a_{Red}} \tag{6-2}$$

当氧化还原半反应中各组分都处于标准状态下(即分子或离子的活度等于 1.0mol/L 或 $a_{Ox}/a_{Red} = 1$)，如有气体参加反应，其分压为 101.325kPa 时，该电对相对于标准氢电极的电极电位为该电对的标准电极电位 $\varphi^\theta_{Ox/Red}$。$\varphi^\theta_{Ox/Red}$ 的大小只与电对的本性及温度有关，在温度一定时为常数。一些常见电对的标准电极电位值参见附表5。

电对的电极电位越大，其氧化态的氧化能力越强；电对的电极电位越小，其还原态的还原能力越强。根据电对的电极电位的相对大小，可以判断各物质氧化还原能力的强弱，还可以判断氧化还原反应进行的方向。电对电极电位小的还原态物质可以还原电极电位大的氧化态物质。

例如，已知 $\varphi^\theta Fe^{3+}/Fe = -0.036V$、$\varphi^\theta Fe^{2+}/Fe = -0.44V$、$\varphi^\theta Hg^{2+}/Hg = 0.854V$，说明 Fe 的还原性能力强，$Hg^{2+}$ 的氧化能力强，下列方程式可以向右进行。

$$Fe + Hg^{2+} \rightleftharpoons Fe^{2+} + Hg$$
$$2Fe + 3Hg^{2+} \rightleftharpoons 2Fe^{3+} + 3Hg$$

所以在水处理中，可以利用 Fe 的还原性用铁屑处理含汞废水，将 Hg^{2+} 还原为蒸汽态 Hg。

6.1.3 条件电极电位

在水质分析中，通常知道的是离子的浓度而不是活度。为简化起见，常常忽略离子强度的影响，以溶液中离子的实际浓度([Ox] 和 [Red])代替活度进行计算，则 Nernst 方程表示为

$$\varphi_{Ox/Red} = \varphi^\theta_{Ox/Red} + \frac{0.059}{n} \lg \frac{[Ox]}{[Red]} \tag{6-3}$$

在实际分析中，当电解质溶液浓度较高时，不能忽略离子强度的影响。另外，当溶液的组成改变时，电对的氧化态或还原态的存在形式往往也随之改变，从而引起电对的电极电位变化。因此在用 Nernst 方程计算电对的电极电位时，必须考虑离子强度和氧化态或还原态的存在形式的影响，否则，即使是可逆电对的计算结果和实际值也会有较大误差。

例如，在 25℃时，HCl 溶液中 Fe(Ⅲ)/Fe(Ⅱ)体系电极电位的计算，由式(6-2)有

$$\varphi_{Fe^{3+}/Fe^{2+}} = \varphi^{\theta}_{Fe^{3+}/Fe^{2+}} + 0.059 \lg \frac{a_{Fe^{3+}}}{a_{Fe^{2+}}}$$

$$= \varphi^{\theta}_{Fe^{3+}/Fe^{2+}} + 0.059 \lg \frac{\gamma_{Fe^{3+}}[Fe^{3+}]}{\gamma_{Fe^{2+}}[Fe^{2+}]} \tag{1}$$

在 HCl 溶液中，铁离子能与 OH^- 和 Cl^- 发生配位反应而产生其他多种型体。因此，在溶液中 Fe(Ⅲ)除了 Fe^{3+} 外，溶液中还存在 $FeOH^{2+}$、$FeCl^{2+}$、$FeCl_2^+$ 等；在溶液中 Fe(Ⅱ)除了 Fe^{2+} 外，还有 $FeOH^+$、$FeCl^+$、$FeCl_2$ 等。用 $c_{Fe^{3+}}$ 和 $c_{Fe^{2+}}$ 分别表示溶液中 Fe^{3+} 及 Fe^{2+} 的分析浓度(即总浓度)，$\alpha_{Fe^{3+}}$ 和 $\alpha_{Fe^{2+}}$ 分别表示 HCl 溶液中 Fe^{3+} 和 Fe^{2+} 的副反应系数，则

$$[Fe^{3+}] = c_{Fe^{3+}}/\alpha_{Fe^{3+}}$$
$$[Fe^{2+}] = c_{Fe^{2+}}/\alpha_{Fe^{2+}} \tag{2}$$

将式(2)代入式(1)得

$$\varphi_{Fe^{3+}/Fe^{2+}} = \varphi^{\theta}_{Fe^{3+}/Fe^{2+}} + 0.059 \lg \frac{\gamma_{Fe^{3+}}\alpha_{Fe^{2+}}c_{Fe^{3+}}}{\gamma_{Fe^{2+}}\alpha_{Fe^{3+}}c_{Fe^{2+}}} \tag{6-4}$$

式(6-4)即为考虑了离子强度和氧化态或还原态的存在形式影响后的能斯特方程。

但是，当溶液的离子强度很大时，计算溶液中的活度系数 γ 值很烦琐；当副反应很多时，副反应系数 α 值也不易求得，直接利用式(6-4)计算 Fe^{3+}/Fe^{2+} 电对的电极电位将十分复杂。为简化计算，式(6-4)变为

$$\varphi_{Fe^{3+}/Fe^{2+}} = \varphi^{\theta}_{Fe^{3+}/Fe^{2+}} + 0.059 \lg \frac{\gamma_{Fe^{3+}}\alpha_{Fe^{2+}}}{\gamma_{Fe^{2+}}\alpha_{Fe^{3+}}} + 0.059 \lg \frac{c_{Fe^{3+}}}{c_{Fe^{2+}}}$$

当 $c_{Fe^{3+}} = c_{Fe^{2+}} = 1.0 mol/L$ 时，上式变为

$$\varphi_{Fe^{3+}/Fe^{2+}} = \varphi^{\theta}_{Fe^{3+}/Fe^{2+}} + 0.059 \lg \frac{\gamma_{Fe^{3+}}\alpha_{Fe^{2+}}}{\gamma_{Fe^{2+}}\alpha_{Fe^{3+}}}$$

由于 γ 及 α 在一定条件下为定值，上式应为一个常数，用 $\varphi^{\theta'}$ 表示，则

$$\varphi^{\theta}_{Fe^{3+}/Fe^{2+}} + 0.059 \lg \frac{\gamma_{Fe^{3+}}\alpha_{Fe^{2+}}}{\gamma_{Fe^{2+}}\alpha_{Fe^{3+}}} = \varphi^{\theta'} \tag{6-5}$$

通式为

$$\varphi^{\theta'} = \varphi^{\theta}_{Ox/Red} + 0.059 \lg \frac{\gamma_{Ox}\alpha_{Red}}{\gamma_{Red}\alpha_{Ox}} \tag{6-6}$$

$\varphi^{\theta'}$ 称为电对的条件电极电位。条件电极电位是在特定条件下，氧化态、还原态的总浓度均为 $1.0 mol/L$ 或它们的浓度之比为 $c_{Ox}/c_{Red} = 1$ 时的实际电极电位。则计算电极电位的一般通式为

$$\varphi_{Ox/Red} = \varphi^{\theta'}_{Ox/Red} + \frac{0.059}{n} \lg \frac{c_{Ox}}{c_{Red}} \tag{6-7}$$

条件电极电位 $\varphi^{\theta'}$ 和电极电位 φ^{θ} 的关系与配位反应中条件稳定常数和稳定常数的关系相似。当条件不变时，$\varphi^{\theta'}$ 是一常数。由式(6-6)可知，$\varphi^{\theta'}$ 的大小与 φ^{θ}、温度、活度系数、溶液的 pH 值、络合剂浓度等因素有关。$\varphi^{\theta'}$ 反映了离子强度和副反应影响的总结果，其大小表示某些外界因素影响下氧化还原电对的实际氧化还原能力。一定条件下，$\varphi^{\theta'}$ 值可以直接通过实验测得。另外，对于一些较简单的情况，在做了一些近似处理后，也可以通过计算求得 $\varphi^{\theta'}$ 值。附表 6 列出了部分氧化还原半反应的 $\varphi^{\theta'}$。应用条件电极电位能更准确地

判断氧化还原反应的方向、次序和反应完成的程度。采用条件电极电位处理问题时，既简便又比较符合实际情况。但是，由于条件电极电位的数据还比较少，若该条件下的 $\varphi^{\theta\prime}$ 值缺乏，可采用最接近条件下的 $\varphi^{\theta\prime}$ 值。如查不到 $1.5mol/L\ H_2SO_4$ 溶液中 Fe^{3+}/Fe^{2+} 电对的 $\varphi^{\theta\prime}$ 值，可用 $1mol/L\ H_2SO_4$ 溶液中该电对的 $\varphi^{\theta\prime}$ 值 $0.68V$ 代替。若采用标准电势（$0.77V$），则误差更大。

[**例 6.1**] 计算 $3.5mol/L\ H_2SO_4$ 溶液中用固体亚铁盐将 $0.1000mol/LK_2Cr_2O_7$ 溶液还原至一半时溶液的电极电位。

解： 反应式为

$$Cr_2O_7^{2-}+6Fe^{2+}+14H^+ \Longleftrightarrow 2Cr^{3+}+6Fe^{3+}+7H_2O$$

溶液的电极电位等于电对 $Cr_2O_7^{2-}/Cr^{3+}$ 的电极电位。电对的半反应为

$$Cr_2O_7^{2-}+14H^++6e^- \Longleftrightarrow 2Cr^{3+}+7H_2O$$

查附表 6 中没有 $3.5mo/L\ H_2SO_4$ 溶液中该电对的条件电极电位，可采用条件最接近的 $4mol/L\ H_2SO_4$ 溶液中的条件电极电位值，$\varphi^{\theta\prime}_{Cr_2O_7^{2-}/Cr^{3+}}=1.15V$。

根据题意，$0.1000mol/LK_2Cr_2O_7$ 还原至一半时：$c_{Cr_2O_7^{2-}}=0.0500mol/L$

$$c_{Cr^{3+}}=2\times(0.1000-c_{Cr_2O_7^{2-}})=0.1000mol/L$$

所以由式（6-7）得

$$\varphi_{Cr_2O_7^{2-}/Cr^{3+}}=\varphi^{\theta\prime}_{Cr_2O_7^{2-}/Cr^{3+}}+\frac{0.059}{6}lg\frac{c_{Cr_2O_7^{2-}}}{(c_{Cr^{3+}})^2}$$

$$=1.15+\frac{0.059}{6}lg\frac{0.0500}{(0.1000)^2}=1.16V$$

6.1.4 影响条件电极电位的因素

由式（6-6）可知，影响电对物质活度系数和副反应系数的因素就是影响条件电极电位 $\varphi^{\theta\prime}$ 的因素。所以影响 $\varphi^{\theta\prime}$ 的因素有温度、溶液离子强度、溶液 pH 值、配位剂浓度以及氧化态、还原态的副反应等。

1. 离子强度的影响

活度系数 γ 是 $\varphi^{\theta\prime}_{Ox/Red}$ 值的影响因素之一。γ 值取决于溶液中的离子强度。当溶液中离子强度较大时，γ 远小于 1，活度与浓度之间存在较大差别，若用浓度代替活度，用能斯特方程计算的结果与实际情况差别较大。由于离子强度的影响远小于各种副反应及其他因素的影响，且活度系数的计算烦琐，所以一般情况下，忽略离子强度的影响，近似认为 $\gamma=1$。此时条件电位表达式简化为

$$\varphi^{\theta\prime}=\varphi^{\theta}_{Ox/Red}+0.059lg\frac{\alpha_{Red}}{\alpha_{Ox}} \tag{6-8}$$

2. 副反应的影响

沉淀反应和配位反应可以使电对的氧化态或还原态的浓度发生改变，从而改变电对的电极电位。在氧化还原反应中常常人为地加入沉淀剂或络合剂，使氧化还原反应历程向着有利于实际需要的方向进行。

1）生成沉淀的影响

向溶液中加入能与氧化态或还原态物质生成沉淀的沉淀剂时，或者溶液中氧化态或还

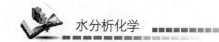

原态物质水解而生成沉淀时，由于氧化态或还原态物质浓度的改变，电对的电极电位发生改变。氧化态生成沉淀时使电对的电极电位降低，氧化能力减小；还原态生成沉淀时使电对的电极电位升高，还原能力降低。这时的电极电位实质上是沉淀剂存在下的条件电极电位。

[例 6.2] 讨论曝气法处理地下水中铁的可能性。

解： 水中的溶解氧将水中的 Fe^{2+} 氧化成 Fe^{3+}，并水解成 $Fe(OH)_3$ 沉淀。其反应为

$$4Fe^{2+}+8HCO_3^-+O_2+2H_2O \Longrightarrow 4Fe(OH)_3 \downarrow +8CO_2 \uparrow$$

该反应中各电对的标准电极电位 $\varphi^{\theta}_{Fe^{3+}/Fe^{2+}}=0.77V$，$\varphi^{\theta}_{O_2/OH^-}=0.40V$，由标准电极电位考虑，采用曝气法处理地下水中的铁是不可行的。

由于 Fe^{3+} 水解生成 $Fe(OH)_3$ 沉淀，溶液中 Fe^{3+} 的浓度应是由微溶化合物 $Fe(OH)_3$ 溶解平衡决定的，$Fe(OH)_3$ 沉淀的溶度积 $K_{sp,Fe(OH)_3}=3\times10^{-39}$。

$$Fe(OH)_3 \Longrightarrow Fe^{3+}+3OH^-$$

$$[Fe^{3+}]=\frac{K_{sp,Fe(OH)_3}}{[OH^-]^3}$$

则

$$\varphi_{Fe^{3+}/Fe^{2+}}=\varphi^{\theta}_{Fe^{3+}/Fe^{2+}}+0.059\lg\frac{[Fe^{3+}]}{[Fe^{2+}]}$$

$$=\varphi^{\theta}_{Fe^{3+}/Fe^{2+}}+0.059\lg\frac{K_{sp,Fe(OH)_3}}{[OH^-]^3[Fe^{2+}]}$$

$$=\varphi^{\theta}_{Fe^{3+}/Fe^{2+}}+0.059\lg K_{sp,Fe(OH)_3}+0.059\lg\frac{1}{[OH^-]^3[Fe^{2+}]}$$

当 $c_{OH^-}=c_{Fe^{2+}}=1mol/L$ 时，体系的实际电位就是 $Fe(OH)_3/Fe^{2+}$ 电对的条件电极电位，

$$\varphi^{\theta'}_{Fe(OH)_3/Fe^{2+}}=\varphi^{\theta}_{Fe^{3+}/Fe^{2+}}+0.059\lg K_{sp,Fe(OH)_3}$$

$$=0.77+0.059\lg(3\times10^{-39})$$

$$=-1.50V$$

由于 Fe^{3+} 水解生成沉淀，使电极电位由原来的 0.77V 下降至 $-1.50V$。此时 $\varphi^{\theta}_{O_2/OH^-}=0.40V>\varphi^{\theta'}_{Fe^{3+}/Fe^{2+}}=-1.50V$，$O_2$ 能够将 Fe^{2+} 氧化为 Fe^{3+} 并最终以 $Fe(OH)_3$ 沉淀的形式除去。说明采用曝气法去除地下水中的铁是可行的。这说明采用条件电极电位处理问题更符合实际。

2）生成络合物的影响

溶液中如果有能与氧化态或还原态生成络合物的物质存在时，由于副反应的发生，改变平衡体系中某种离子的浓度，相应改变体系的条件电极电位，使氧化还原反应的方向发生改变。

[例 6.3] 如何降低溶液中存在的 Fe^{3+} 对碘量法测定 Cu^{2+} 的干扰？

解： Fe^{3+}/Fe^{2+} 电对的 $\varphi^{\theta}_{Fe^{3+}/Fe^{2+}}=0.77V$，$I_2/I^-$ 电对的 $\varphi^{\theta}_{I_2/I^-}=0.54V$，由于 $\varphi^{\theta}_{Fe^{3+}/Fe^{2+}}>\varphi^{\theta}_{I_2/I^-}$，在溶液中 Fe^{3+} 可以作为氧化剂将溶液中的 I^- 氧化为 I_2，反应式为

$$2Fe^{3+}+2I^- \Longrightarrow 2Fe^{2+}+I_2$$

如果用碘量法测定含少量 Fe^{3+} 的水样中的 Cu^{2+} 时，Fe^{3+} 会干扰 Cu^{2+} 的测定。如果调节溶液 pH=3.0，向溶液中加入 NaF，Fe^{3+} 可与 F^- 形成很稳定的络合物 $Fe(F_6)^{3-}$，使 Fe^{3+} 的浓度改变，此时副反应系数 α 是影响条件电极电位的主要因素。

$$Fe^{3+}+6F^- \rightleftharpoons Fe(F_6)^{3-}$$

由副反应系数的计算方法，Fe^{3+} 可与 F^- 形成的络合物的各级累积稳定常数 $\beta_1=10^{5.2}$、$\beta_2=10^{9.2}$、$\beta_3=10^{11.9}$、$\beta_5=10^{15.77}$，如果 pH=3.0 的体系中 $[F^-]=0.04mol/L$，副反应系数 $\alpha_{Fe^{3+}(F^-)}$ 近似为

$$\alpha_{Fe^{3+}(F^-)}=1+10^{5.2}\times0.04+10^{9.2}\times(0.04)^2+10^{11.9}\times(0.04)^3+10^{15.77}\times(0.04)^5$$
$$=10^{8.81}$$

$$\alpha_{Fe^{2+}}=1$$

则 $$\varphi^{\theta\prime}_{(FeF_6)^{3-}/Fe^{2+}}=\varphi^{\theta}_{Fe^{3+}/Fe^{2+}}+0.059lg\frac{\alpha_{Fe^{2+}}}{\alpha_{Fe^{3+}}}$$

$$=0.77+0.059lg\frac{1}{10^{8.81}}$$

$$=0.25V$$

可见，由于 F^- 的加入 Fe^{3+}/Fe^{2+} 电对的电极电位显著降低（$\varphi^{\theta\prime}_{Fe^{3+}/Fe^{2+}}=0.25V$），$Fe^{3+}$ 不能氧化 I^-，不再干扰 Cu^{2+} 的测定。这也进一步证明应用条件电极电位更符合实际。

3. 溶液 pH 值的影响

若有 H^+、OH^- 参加的氧化还原半反应，则氧化还原电对的电极电位必然会受溶液 pH 值的影响。

[**例 6.4**]　判断溶液中 $[H^+]$ 分别为 1、0.1、1.0×10^{-3}、1.0×10^{-5}、$1.0\times10^{-8}mol/L$ 时，能否用直接碘量法测定水中亚砷酸盐（忽略离子强度和副反应的影响）。

解：用直接碘量法测定亚砷酸盐时，是以 I_2 标准溶液直接滴定 AsO_3^{3-}，使 AsO_3^{3-} 被氧化为 AsO_4^{3-}，I_2 同时被还原为 I^-。

滴定反应式为

$$AsO_3^{3-}+I_2+H_2O \rightleftharpoons AsO_3^{3-}+2I^-+2H^+$$

在酸性溶液中，AsO_4^{3-}/AsO_3^{3-} 电对和 I_2/I^- 电对的半反应分别为

$$H_3AsO_4+2H^-+2e^- \rightleftharpoons H_3AsO_3+H_2O \quad \varphi^{\theta}_{H_3AsO_4/H_3AsO_3}=0.559V$$
$$I_2+2e^- \rightleftharpoons 2I^- \quad \varphi^{\theta}_{I_2/I^-}=0.536V$$

$$\varphi_{H_3AsO_4/H_3AsO_3}=\varphi^{\theta}_{H_3AsO_4/H_3AsO_3}+\frac{0.059}{2}lg\frac{[H_3AsO_4]\cdot[H^+]^2}{[H_3AsO_3]}$$

当 $[H_3AsO_4]=[H_3AsO_3]=1mol/L$ 时，其条件电极电位为

$$\varphi^{\theta\prime}_{H_3AsO_4/H_3AsO_3}=\varphi^{\theta}_{H_3AsO_4/H_3AsO_3}+\frac{0.059}{2}lg[H^+]^2$$

改变体系的 pH 值，则两个半反应的电极电位的变化为：由于 I_2/I^- 电对的半反应中没有 H^+ 参与反应，故其电极电位没有变化。

当 $[H^+]=1mol/L$ 时，由能斯特方程（忽略离子强度和副反应的影响）得

$$\varphi^{\theta\prime}_{H_3AsO_4/H_3AsO_3}=\varphi^{\theta}_{H_3AsO_4/H_3AsO_3}+\frac{0.059}{2}lg[H^+]^2=\varphi^{\theta}_{H_3AsO_4/H_3AsO_3}=0.559V$$

此时，$\varphi^{\theta\prime}_{H_3AsO_4/H_3AsO_3}>\varphi^{\theta}_{I_2/I^-}$，$I_2$ 不能氧化 AsO_3^{3-}，不能用直接碘量法测定水中亚砷酸盐。

当 $[H^+]=10\times10^{-1}mol/L$ 时，由能斯特方程得

$$\varphi^{\theta'}_{H_3AsO_4/H_3AsO_3} = \varphi^{\theta}_{H_3AsO_4/H_3AsO_3} + \frac{0.059}{2}\lg[H^+]^2 = 0.56 + \frac{0.059}{2}\lg(1.0\times10^{-1})^2 = 0.509V,$$

此时 $\varphi^{\theta'}_{H_3AsO_4/H_3AsO_3} < \varphi^{\theta}_{I_2/I^-}$ 能氧化 H_3AsO_3,可以用直接碘量法测定水中亚砷酸盐。

同理计算得 $[H^+] = 1.0\times10^{-3}$、1.0×10^{-5} 和 1.0×10^{-8} mol/L 时,$\varphi^{\theta'}_{H_3AsO_4/H_3AsO_3}$ 分别为 0.382V、0.264V 和 0.087V。

由上述计算可知,在 pH>1 时,$\varphi^{\theta'}_{H_3AsO_4/H_3AsO_3} < \varphi^{\theta}_{I_2/I^-}$,亚砷酸能还原 I_2,可以用直接碘量法测定水中亚砷酸盐。一般是在碱性溶液中(pH=8)进行测定。

6.1.5　氧化还原平衡常数

氧化还原反应的通式为

$$n_2 Ox_1 + n_1 Red_2 \rightleftharpoons n_2 Red_1 + n_1 Ox_2$$

反应的平衡常数的表达式为

$$K = \frac{a^{n_2}_{Red_1} a^{n_1}_{Ox_2}}{a^{n_2}_{Ox_1} a^{n_1}_{Red_2}} \qquad (6-9a)$$

若考虑溶液中各种副反应的影响,以相应的总浓度 c_{Ox}、c_{Red} 代替活度 a_{Ox}、a_{Red},所得平衡常数为条件平衡常数 K'。

$$K' = \frac{c^{n_2}_{Red_1} c^{n_1}_{Ox_2}}{c^{n_2}_{Ox_1} c^{n_1}_{Red_2}} \qquad (6-9b)$$

有关电对的半反应及相应电极电位分别为

$$Ox_1 + n_1 e^- \rightleftharpoons Red_1$$

$$\varphi_1 = \varphi^{\theta}_1 + \frac{0.059}{n_1}\lg\frac{a_{Ox_1}}{a_{Red_1}}$$

$$Ox_2 + n_2 e^- \rightleftharpoons Red_2$$

$$\varphi_2 = \varphi^{\theta}_2 + \frac{0.059}{n_2}\lg\frac{a_{Ox_2}}{a_{Red_2}}$$

反应达到平衡时,两电对的电极电位相等,$\varphi_1 = \varphi_2$,则有

$$\varphi^{\theta}_1 + \frac{0.059}{n_1}\lg\frac{a_{Ox_1}}{a_{Red_1}} = \varphi^{\theta}_2 + \frac{0.059}{n_2}\lg\frac{a_{Ox_2}}{a_{Red_2}}$$

两边同乘以 n_1 与 n_2 的最小公倍数 n,整理后得

$$\lg K = \frac{(\varphi^{\theta}_1 - \varphi^{\theta}_2)n_1 n_2}{0.059} \qquad (6-10a)$$

或

$$\lg K = \frac{(\varphi^{\theta}_1 - \varphi^{\theta}_2)n}{0.059} \qquad (6-10b)$$

式中,K 为氧化还原反应的平衡常数;φ^{θ}_1,φ^{θ}_2 为两电对的标准电极电位;n_1,n_2 为氧化剂与还原剂半反应中的电子转移数;n 为 n_1 和 n_2 的最小公倍数。

若考虑溶液中各种副反应的影响,以相应的条件电极电位 $\varphi^{\theta'}$ 代替 φ^{θ},整理得

$$\lg K' = \frac{(\varphi'_1 - \varphi'_2)n_1 n_2}{0.059} \qquad (6-11a)$$

或

$$\lg K' = \frac{(\varphi'_1 - \varphi'_2)n}{0.059} \qquad (6-11b)$$

式(6-10)和式(6-11)表明,氧化还原反应的平衡常数 K 和 K' 值和两电对的标准电

极电位差和条件电极电位差及电子的转移数有关，而式（6－11）能更好地说明反应实际进行的程度。$\Delta\varphi^\theta$ 或 $\Delta\varphi^{\theta'}$ 越大，则 K 或 K' 越大，反应进行得越完全。因此也可通过比较两电对的 $\Delta\varphi^\theta$ 或 $\Delta\varphi^{\theta'}$ 来判断反应进行的程度。考虑到实际滴定条件以及滴定剂和被滴定水样中物质的性质，常用比较两个电对条件电极电位的差值 $\Delta\varphi^{\theta'}$，由 $\lg K'$ 来判断氧化还原反应进行的完全程度。

6.1.6　反应进行程度

在化学计量点时，氧化还原反应进行的程度可用氧化态和还原态浓度的比值来表示，该比值可根据平衡常数求得。一般滴定分析中，要使反应完全程度达 99.9% 以上，要求在计量点时

$$\frac{c_{\text{Red}_1}}{c_{\text{Ox}_1}} \geq 10^3, \quad \frac{c_{\text{Ox}_2}}{c_{\text{Red}_2}} \geq 10^3$$

当 $n_1 \neq n_2$ 时

$$\lg K' = \lg\left(\frac{c_{\text{Red}_1}}{c_{\text{Ox}_1}}\right)^{n_2}\left(\frac{c_{\text{Ox}_2}}{c_{\text{Red}_2}}\right)^{n_1} \geq \lg(10^{3n_2} \times 10^{3n_1}) = 3(n_1 + n_2)$$

即
$$\lg K' \geq 3(n_1 + n_2) \tag{6-12}$$

将式（6－12）代入式（6－11a），得

$$\frac{(\varphi'_1 - \varphi'_2)n_1 n_2}{0.059} \geq 3(n_1 + n_2)$$

整理得

$$\varphi^{\theta'}_1 - \varphi^{\theta'}_2 \geq 3(n_1 + n_2) \times \frac{0.059}{n_1 n_2} \tag{6-13}$$

当 $n_1 = n_2 = n$ 时，则

$$\lg K' = \lg\left(\frac{c_{\text{Red}_1}}{c_{\text{Ox}_1}}\right)^{n_2}\left(\frac{c_{\text{Ox}_2}}{c_{\text{Red}_2}}\right)^{n_1} \geq \lg(10^{3n_2} \times 10^{3n_1}) = 6n$$

即
$$\lg K' \geq 6n$$

$$\varphi^{\theta'}_1 - \varphi^{\theta'}_2 = \frac{0.059}{n} \times \lg K' \geq \frac{0.059}{n} \times 6 = \frac{0.35}{n} \tag{6-14}$$

当 $n_1 = n_2 = 1$ 时，$\lg K' \geq 6$ 或 $\varphi^{\theta'}_1 - \varphi^{\theta'}_2 \geq 0.35\text{V}$。实际应用中，对于电子转移数为 1 的氧化还原反应，只有当条件稳定常数 $K' \geq 10^6$ 或条件电极电位的差值 $\Delta\varphi^{\theta'} \geq 0.40\text{V}$ 时，才能用于氧化还原滴定分析。

［例 6.5］　判断在 0.1mol/L 和 4mol/L 的 H_2SO_4 溶液中，用 $K_2Cr_2O_7$ 滴定 Fe^{2+} 时能否定量反应完全。

解：酸性条件下，$K_2Cr_2O_7$ 滴定 Fe^{2+} 时的反应为
$$Cr_2O_7^{2-} + 14H^+ + 6Fe^{2+} \Longrightarrow 6Fe^{3+} + 2Cr^{3+} + 7H_2O$$
其中两个半反应分别为
$$Cr_2O_7^{2-} + 14H^+ + 6e^- \Longrightarrow 2Cr^{3+} + 7H_2O \quad n_1 = 6$$
$$Fe^{3+} + e^- \Longrightarrow Fe^{2+} \quad n_2 = 1$$
在 0.1mol/L 的 H_2SO_4 溶液中，$\varphi^{\theta'}_1 = 0.95$，$\varphi^{\theta'}_2 = 0.68$。

由式（6－11）得

$$\lg K' = \frac{[0.92-0.68] \times 6 \times 1}{0.059} = 24.4 > 3(1+6) = 21$$

且 $\varphi_1^{\theta'} - \varphi_2^{\theta'} = 0.95 - 0.68 = 0.24V \geqslant 3(n_1+n_2) \times \frac{0.059}{n_1 n_2} = 0.21V$

在 0.1mol/L 的 H_2SO_4 溶液中，$\varphi_1^{\theta'} = 1.15$，$\varphi_2^{\theta'} = 0.68$。

由式(6-11)得

$$\lg K' = \frac{[1.15-0.68] \times 6 \times 1}{0.059} = 47.8 > 3(1+6) = 21$$

且 $\varphi_1^{\theta'} - \varphi_2^{\theta'} = 1.15 - 0.68 = 0.47V \geqslant 3(n_1+n_2) \times \frac{0.059}{n_1 n_2} = 0.21V$

说明反应在 0.1mol/L 和 4mol/L 的 H_2SO_4 溶液中均进行得很完全，可用于滴定分析。但是由计算结果可知，溶液的酸度越大，反应的 K' 和 $\Delta\varphi^{\theta'}$ 越大，反应进行的越完全。由不同 $[H^+]$ 下的 $\varphi^{\theta'}$ 也说明了在强酸越强 $K_2Cr_2O_7$ 氧化能力越强。在用重铬酸钾法测定水样的化学需氧量时，就是在强酸性的条件下进行的。

6.2 氧化还原反应的速度

滴定分析要求化学反应不但要能定量地进行，而且应该有足够的反应速率。在氧化还原中，根据两个电对电位和 $\lg K'$ 的大小，可以判断反应进行的方向。但这只能指出反应进行的可能性，并不能指出反应进行的速度。实际上不同的氧化还原反应，其反应速度存在很大的差别。有的反应速度较快，有的反应速度较慢，有的反应虽然从理论上看是可以进行的，但实际上由于反应速度太慢而没有实际意义。所以在氧化还原滴定分析中，从平衡观点出发，不仅要考虑反应的可能性，还要从反应速度来考虑反应的现实性。

由于许多氧化还原反应较复杂，通常在一定时间内才能完成，所以在氧化还原滴定中，必须设法创造条件加快反应速率。影响氧化还原反应速率的因素有浓度、温度和催化剂等。

1. 反应物浓度

由于氧化还原反应的机理较为复杂，反应常常是分步进行的，因此，不能从总的反应式来判断反应物浓度对反应速率的影响程度。但一般说来，反应物的浓度越大，反应的速度越快。

2. 温度

对大多数反应来说，升高溶液的温度，可提高反应速率。通常溶液的温度每增高 10℃，反应速度增大 2～3 倍。这是由于升高溶液的温度不仅增加了反应物之间的碰撞概率，更重要的是增加了活化分子或活化离子的数目，所以提高了反应速率。例如，在酸性溶液中，$KMnO_4$ 和 $Na_2C_2O_4$ 的反应为

$$2MnO_4^- + 5C_2O_4^{2-} + 16H^+ \Longrightarrow 2Mn^{2+} + 10CO_2 + 8H_2O$$

在室温下，反应速率缓慢。如果将溶液加热至 80℃ 左右，反应速率大大加快。所以用 $Na_2C_2O_4$ 滴定 $KMnO_4$ 时，通常将溶液加热至 75～85℃。

应该注意，不是在所有的情况下都允许用升高溶液温度的办法来加快反应，对于易挥

发和易被空气中氧气氧化的物质，不宜采用此法来加速反应。

3. 催化剂

1）催化反应

催化剂有正催化剂和负催化剂之分。正催化剂加快反应速度，负催化剂减慢反应速度。催化反应的历程非常复杂。在催化反应中，由于催化剂的存在，可能产生一些不稳定的中间价态的离子、游离基或活泼的中间络合物，从而改变了原来的氧化还原反应历程，或者降低了原来进行反应时所需的活化能，使反应速度发生变化。

在水质分析中，经常利用催化剂来改变氧化还原反应的速度。例如，上述 $KMnO_4$ 与 $Na_2C_2O_4$ 的反应，即使温度升高到 $75\sim85℃$，反应仍然很慢。但若在溶液中加入 Mn^{2+}，则反应速度快速提高。这里 Mn^{2+} 就是催化剂，它加速了反应的进程，是正催化剂。而 Mn^{2+} 同时又是反应的生成物，这种生成物本身起催化作用的反应，叫做自动催化反应。在水体有机物的综合指标化学需氧量的测定中以 Ag_2SO_4 作为反应的催化剂，加速 $K_2Cr_2O_7$ 对有机物的分解速度。在水质分析中还经常用到负催化剂，如加入多元醇可以减慢 $SnCl_2$ 与溶液中氧的作用等。

2）诱导反应

由于某一个反应的发生，促进了另一个反应的进行，这种现象称为诱导作用。例如，$KMnO_4$ 氧化 Cl^- 的速度很慢，但是当溶液中同时存在 Fe^{2+} 时，$KMnO_4$ 与 Fe^{2+} 的反应可以加速 $KMnO_4$ 与 Cl^- 的反应。

$$MnO_4^- +5Fe^{2+} +8H^+ \longrightarrow Mn^{2+} +5Fe^{3+} +4H_2O$$

$$2MnO_4^- +10Cl^- +16H^+ \longrightarrow 2Mn^{2+} +5Cl_2 +8H_2O$$

其中 MnO_4^- 称为作用体，Fe^{2+} 称为诱导体，Cl^- 称为受诱体。所以用 $KMnO_4$ 法测定 Fe^{2+} 时，不能用 HCl 来控制酸度。但是，如果溶液中同时存在大量 Mn^{2+}，由于 Mn^{2+} 的催化作用，使 MnO_4^- 基本上不与 Cl^- 起反应，减弱了 Cl^- 对 $KMnO_4$ 的还原作用。则在大量 Mn^{2+} 的存在下用 $KMnO_4$ 法测定 Fe^{2+} 时可以 HCl 来控制酸度。

6.3　氧化还原滴定原理

6.3.1　氧化还原滴定曲线

在氧化还原滴定中，随着滴定剂的加入，被滴定物质的氧化态和还原态的浓度逐渐改变，电对的电位也随之不断变化，并且在化学计量点附近有一个突跃。这种电位变化的情况可用滴定曲线表示。氧化还原滴定曲线是以滴定剂的体积（或滴定百分数）为横坐标，以电对的电极电位为纵坐标绘制的。滴定曲线一般通过实验方法测得，但也可以根据能斯特方程式，从理论上进行计算。

现以 $1mol/L$ H_2SO_4 溶液中，用 $0.1000mol/L$ Ce^{4+} 标准溶液滴定 $20.00mL$、$0.1000mol/L$ 的 Fe^{2+} 溶液为例，说明可逆、对称的氧化还原电对滴定曲线的计算方法。滴定反应方程式为

$$Ce^{4+} +Fe^{2+} \Longleftrightarrow Ce^{3+} +Fe^{3+}$$

两个可逆电对 Ce^{4+}/Ce^{3+} 和 Fe^{3+}/Fe^{2+} 的半反应及电极电位的表达式分别为

$$Ce^{4+}+e^- \Longrightarrow Ce^{3+}$$

$$\varphi_{Ce^{4+}/Ce^{3+}} = \varphi^{\theta'}_{Ce^{4+}/Ce^{3+}} + 0.059\lg\frac{c_{Ce^{4+}}}{c_{Ce^{3+}}}, \quad \varphi^{\theta'}_{Ce^{4+}/Ce^{3+}} = 1.44V$$

$$Fe^{3+}+e^- \Longrightarrow Fe^{2+}$$

$$\varphi_{Fe^{3+}/Fe^{2+}} = \varphi^{\theta'}_{Fe^{3+}/Fe^{2+}} + 0.059\lg\frac{c_{Fe^{3+}}}{c_{Fe^{2+}}}, \quad \varphi^{\theta'}_{Fe^{3+}/Fe^{2+}} = 0.68V$$

滴定之前，由于空气中 O_2 的氧化作用，不可避免地溶液会有少量的 Fe^{3+} 存在，在溶液中组成 Fe^{3+}/Fe^{2+} 电对。但由于 Fe^{3+} 的量极少，浓度不定，所以此时的电极电位无法计算。

一旦开始滴定，体系中将同时存在 Ce^{4+}/Ce^{3+} 和 Fe^{3+}/Fe^{2+} 两个可逆电对，不管反应进行到何种程度，只要体系达到平衡，体系中电对的电极电位值必然趋向于相等。即

$$\varphi^{\theta'}_{Fe^{3+}/Fe^{2+}} + 0.059\lg\frac{c_{Fe^{3+}}}{c_{Fe^{2+}}} = \varphi^{\theta'}_{Ce^{4+}/Ce^{3+}} + 0.059\lg\frac{c_{Ce^{4+}}}{c_{Ce^{3+}}}$$

因此，在滴定过程中溶液各平衡点的电极电位计算，可以选择其中比较便于计算的电对或同时利用两个电对来进行。滴定过程中电极电位的变化计算如下。

化学计量点前溶液电极电位的计算

(1) 滴定开始至化学计量点前，体系中滴入的 Ce^{4+} 几乎全部转化为 Ce^{3+}，溶液中 $c_{Ce^{3+}}$ 极小且不易直接求得，而 $c_{Fe^{3+}}/c_{Fe^{2+}}$ 的数值取决于加入的滴定剂 Ce^{4+} 的百分数，所以采用 Fe^{3+}/Fe^{2+} 电对的 Nernst 方程来计算溶液的电极电位值。

例如，当滴入 1.00mL Ce^{4+} 时，即加入滴定剂 Ce^{4+} 的百分数为 5% 时，有 5% 的 Fe^{2+} 被氧化生成 Fe^{3+}，则

$$\varphi_{Fe^{3+}/Fe^{2+}} = \varphi^{\theta'}_{Fe^{3+}/Fe^{2+}} + 0.059\lg\frac{c_{Fe^{3+}}}{c_{Fe^{2+}}} = 0.68 + 0.059\lg\frac{5}{95} = 0.61(V)$$

当滴入 19.98mL Ce^{4+} 时，即加入滴定剂 Ce^{4+} 的百分数为 99.9% 时，有 99.9% 的 Fe^{2+} 被氧化生成 Fe^{3+}，则

$$\varphi_{Fe^{3+}/Fe^{2+}} = \varphi^{\theta'}_{Fe^{3+}/Fe^{2+}} + 0.059\lg\frac{c_{Fe^{3+}}}{c_{Fe^{2+}}} = 0.68 + 0.059\lg\frac{99.9}{0.1} = 0.86(V)$$

同理可逐一计算化学计量点前，滴入任一体积 Ce^{4+} 溶液时的电位。

(2) 滴定至化学计量点时，加入的 Ce^{4+} 和溶液中的 Fe^{2+} 全部定量反应完毕，Ce^{4+} 和 Fe^{2+} 的浓度都很小，且不能直接求得，因此单独用 Fe^{3+}/Fe^{2+} 电对或 Ce^{4+}/Ce^{3+} 电对的能斯特方程都无法求得 φ 值，但在计量点时，滴入的 Ce^{4+} 的物质的量等于被氧化的 Fe^{2+} 的物质的量、生成的 Ce^{3+} 与生成的 Fe^{3+} 的物质的量相等，即

$$\frac{c_{Fe^{3+},sp}c_{Ce^{4+},sp}}{c_{Fe^{2+},sp}c_{Ce^{3+},sp}} = 1$$

此时，两电对的电极电位相等且都等于化学计量点的电位，即

$$\varphi_{Fe^{3+}/Fe^{2+}} = \varphi_{Ce^{4+}/Ce^{3+}} = \varphi_{sp}$$

电极电位分别为

$$\varphi_{Ce^{4+}/Ce^{3+}} = \varphi^{\theta\prime}_{Ce^{4+}/Ce^{3+}} + 0.059\lg\frac{c_{Ce^{4+}}}{c_{Ce^{3+}}} = 0.68 + 0.059\lg\frac{c_{Ce^{4+}}}{c_{Ce^{3+}}}$$

$$\varphi_{Fe^{3+}/Fe^{2+}} = \varphi^{\theta\prime}_{Fe^{3+}/Fe^{2+}} + 0.059\lg\frac{c_{Fe^{3+}}}{c_{Fe^{2+}}} = 1.44 + 0.059\lg\frac{c_{Fe^{3+}}}{c_{Fe^{2+}}}$$

将上两式等号两边两两相加,即

$$2\varphi_{sp} = \varphi^{\theta\prime}_{Fe^{3+}/Fe^{2+}} + \varphi^{\theta\prime}_{Ce^{4+}/Ce^{3+}} + 0.059\lg\frac{c_{Fe^{3+},sp}c_{Ce^{4+},sp}}{c_{Fe^{2+},sp}c_{Ce^{3+},sp}} = \varphi^{\theta\prime}_{Fe^{3+}/Fe^{2+}} + \varphi^{\theta\prime}_{Ce^{4+}/Ce^{3+}}$$

所以

$$\varphi_{sp} = (\varphi^{\theta\prime}_{Fe^{3+}/Fe^{2+}} + \varphi^{\theta\prime}_{Ce^{4+}/Ce^{3+}})/2 = (0.68+1.44)/2 = 1.06(V)$$

(3) 滴定至化学计量点后,溶液中的 Fe^{2+} 在计量点时几乎全部被氧化成 Fe^{3+},其浓度极小不易直接求得。而 $c_{Fe^{3+}}/c_{Fe^{2+}}$ 的数值取决于过量的滴定剂 Ce^{4+} 的百分数,因此在计量点之后,采用 Ce^{4+}/Ce^{3+} 电对的 Nernst 方程来计算溶液的电极电位值。

例如,向溶液中滴入 20.02mL Ce^{4+} 时,即滴定剂 Ce^{4+} 过量的百分数为 0.1%,则

$$\varphi_{Ce^{4+}/Ce^{3+}} = \varphi^{\theta\prime}_{Ce^{4+}/Ce^{3+}} + 0.059\lg\frac{c_{Ce^{4+}}}{c_{Ce^{3+}}} = 1.44 - 0.059\lg\frac{0.1}{100} = 1.44 - 0.059\times3 = 1.26(V)$$

若滴入 Ce^{4+} 体积为 22.00mL,Ce^{4+} 过量的百分数为 10% 时

$$\varphi_{Ce^{4+}/Ce^{3+}} = \varphi^{\theta\prime}_{Ce^{4+}/Ce^{3+}} + 0.059\lg\frac{c_{Ce^{4+}}}{c_{Ce^{3+}}} = 1.44 - 0.059\lg\frac{10}{100} = 1.44 - 0.059\times1 = 1.38(V)$$

同理,可逐一计算化学计量点后滴入任一体积 Ce^{4+} 溶液时的电位,结果见表 6-1。以电对的电极电位 φ 为纵坐标,以滴定剂 Ce^{4+} 滴定的百分数为横坐标,绘制该滴定反应的氧化还原滴定曲线,如图 6.1 所示。

表 6-1 1mol/L H_2SO_4 溶液中,用 Ce^{4+} 标准溶液滴定的 Fe^+ 溶液

滴入 Ce^{4+} 溶液体积/mL	滴定百分数(%)	电极电位/V
1.00	5	0.60
2.00	10	0.62
4.00	20	0.64
8.00	40	0.67
10.00	50	0.68
12.00	60	0.69
18.00	90	0.74
19.80	99	0.80
19.98	99.9	0.86 突跃
20.00	100	1.06
20.02	100.1	1.26 范围
22.00	110	1.38
30.00	150	1.42
40.00	200	1.44

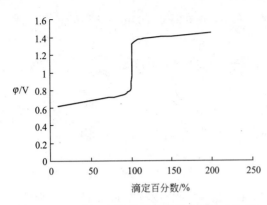

图 6.1 0.1000mol/L Ce^{4+} 滴定 0.1000mol/L 的 Fe^{2+} 的标准曲线

从图 6.1 和表 6-1 可见，在化学计量点前后，加入的 Ce^{4+} 溶液的体积从不足 0.1%（0.02mL）到过量 0.1%（0.02mL），溶液的电极电位从 0.86V 突变到 1.26V，通常称为该氧化还原滴定曲线的突跃范围。化学计量点正好位于滴定突跃（0.86～1.26V）的正中，滴定曲线在化学计量点前后基本对称。

对于可逆对称型氧化还原体系，理论计算与实测的滴定曲线相符，但对有不可逆氧化还原电对参加的反应，理论计算与实测的滴定曲线常有差别。

6.3.2 计量点时的电极电位 φ_{sp}

6.3.1 节中是以可逆对称电对为例介绍了滴定曲线和计量点电极电位 φ_{sp} 的计算，由上述讨论可知，φ_{sp} 对于氧化还原滴定曲线的绘制十分重要，而且也是选择氧化还原指示剂的重要依据。这里对计算 φ_{sp} 的通式进行简单推导。

氧化还原反应通式

$$n_2 Ox_1 + n_1 Red_2 \Longrightarrow n_2 Red_1 + n_1 Ox_2$$

设参与反应的两电对均为可逆电对，计量点时

$$\varphi_{sp} = \varphi^{\theta'}_1 + \frac{0.059}{n_1} \lg \frac{c_{Ox_1,sp}}{c_{Red_1,sp}} \tag{6-15}$$

$$\varphi_{sp} = \varphi^{\theta'}_2 + \frac{0.059}{n_2} \lg \frac{c_{Ox_2,sp}}{c_{Red_2,sp}} \tag{6-16}$$

(6-15)$\times n_1$+(6-16)$\times n_2$ 得

$$(n_1+n_2)\varphi_{sp} = (n_1\varphi^{\theta'}_1 + n_2\varphi^{\theta'}_2) + 0.059\lg \frac{c_{Ox_1,sp}c_{Ox_2,sp}}{c_{Red_1,sp}c_{Red_2,sp}} \tag{6-17}$$

对于可逆、对称的反应，在计量点时必有

$$\frac{c_{Ox_1,sp}}{c_{Red_2,sp}} = \frac{n_2}{n_1}, \qquad \frac{c_{Red_1,sp}}{c_{Ox_2,sp}} = \frac{n_2}{n_1}$$

则

$$\frac{c_{Ox_1,sp}c_{Ox_2,sp}}{c_{Red_1,sp}c_{Red_2,sp}} = 1$$

$$\lg \frac{c_{Ox_1,sp}c_{Ox_2,sp}}{c_{Red_1,sp}c_{Red_2,sp}} = 0$$

代入式(6-17)中，整理后得计算 φ_{sp} 的通式

$$\varphi_{sp} = \frac{n_1\varphi^{\theta'}_1 + n_2\varphi^{\theta'}_2}{n_1+n_2} \tag{6-18a}$$

当 $n_1 = n_2$ 时，有

$$\varphi_{sp} = \frac{\varphi^{\theta'}_1 + \varphi^{\theta'}_2}{2} \tag{6-18b}$$

计量点电极电位的计算公式(6-18)只适用于可逆氧化还原体系，且参加滴定反应的两个电对都是对称电对的情况。可以看出，只有当 $n_1 = n_2$ 时，滴定终点才与计量点一致，且计量点 φ_{sp} 处于突跃范围的正中。若 $n_1 \neq n_2$，则 φ_{sp} 不处在突跃范围中点，而是偏向转移电子较多的电对一方，用 $KMnO_4$ 滴定 Fe^{2+} 就属于这种情况。

由能斯特方程可以导出氧化还原滴定的突跃范围，考虑滴定分析的误差要求小于 $\pm 0.1\%$，则突跃范围为

$$\varphi_2' + \frac{0.059}{n_2}\lg 10^3 \sim \varphi_1' + \frac{0.059}{n_1}\lg 10^{-3} \qquad (6-19)$$

由式(6-19)可见，突跃范围取决于两电对的电子转移数和电极电位，而与浓度无关。反应的两电对的电极电位(或条件电极电位)差有关，差值越大，突跃范围也越大。

对于有不对称电对参与的氧化还原滴定，其 φ_{sp} 不仅与条件电极电位、电子转移数有关，还与反应前后有不对称系数的电对的物质浓度有关，计量点电位计算公式及其推导请参阅有关书籍。

应该注意，在用电位法测得滴定曲线后，通常以滴定曲线中突跃部分的中点作为滴定终点，而指示剂确定滴定终点时，是以指示剂的变色电位为终点，可能与化学计量点电位不一致。

例6.6 求在 $1mol/L$ HCl 介质中，用 Fe^{3+} 滴定 Sn^{2+} 的 φ_{sp} 及滴定突跃范围，已知 $\varphi_1' = 0.70$，$\varphi_2' = 0.14$。

解： 反应式为

$$2Fe^{3+} + Sn^{2+} \Longleftrightarrow 2Fe^{2+} + Sn^{4+}$$

$$\varphi_{sp} = \frac{1 \times 0.70 + 2 \times 0.14}{1+2} = 0.33V$$

突跃范围为 $0.14 + \dfrac{0.059}{n_2}\lg 10^3 \sim 0.70 + \dfrac{0.059}{1}\lg 10^{-3} = 0.23 \sim 0.52V$，

其中点为 $0.38V$，可见 φ_{sp} 不在突跃范围的正中，而偏向于电对 Sn^{4+}/Sn^{2+} 一方(即电子转移数较大的电对一方)。

6.3.3　终点误差

在酸碱及配位滴定中已广泛采用林邦误差公式计算滴定误差，十分方便。氧化还原滴定误差同样采用林邦误差公式来处理氧化还原滴定的终点误差，可以使各种滴定的终点误差计算统一起来。氧化还原滴定误差是由指示剂的变色电极电位 (φ_{ep}) 与计量点电极电位 (φ_{sp}) 不一致引起的。这里仅给出林邦误差处理公式及其在氧化还原滴定中的应用举例。

氧化还原反应通式

$$n_2 Ox_1 + n_1 Red_2 \Longleftrightarrow n_2 Red_1 + n_1 Ox_2$$

当 $n_1 = n_2$ 时，氧化还原滴定误差 $TE(\%)$ 为

$$TE(\%) = \frac{10^{\Delta\varphi/0.059} - 10^{-\Delta\varphi/0.059}}{10^{\Delta\varphi^{\theta'}/2 \times 0.059}} \times 100\% \qquad (6-20)$$

当 $n_1 \neq n_2$ 时，氧化还原滴定误差 $TE(\%)$ 为

$$TE(\%) = \frac{10^{n_1\Delta\varphi/0.059} - 10^{-n_2\Delta\varphi/0.059}}{10^{n_1 n_2 \Delta\varphi^{\theta'}/(n_1+n_2) \times 0.059}} \times 100\% \qquad (6-21)$$

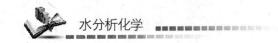

式中，$\Delta\varphi=\varphi_{ep}-\varphi_{sp}$；$\Delta\varphi^{\theta\prime}=\varphi^{\theta\prime}_1-\varphi^{\theta\prime}_2$；$\varphi_{ep}$为滴定终点时指示剂的变色电极电位；$\varphi_{sp}$为计量点时电极电位。

若$TE(\%)>0$，表示终点在计量点之后到达；若$TE(\%)<0$，表示终点在计量点之前到达。

[**例6.7**] 在$1.0mol/L\ H_2SO_4$介质中，以$0.1000mol/L\ Ce^{4+}$溶液滴定$0.1000mol/L$的Fe^{2+}，若以二苯胺磺酸纳为指示剂，计算终点误差。

解： 已知$\varphi^{\theta\prime}_1=1.44V$，$\varphi^{\theta\prime}_2=0.68V$，$n_1=n_2=1$，二苯胺磺酸纳电极电位$\varphi_{In}=0.84V$，则

$$\Delta\varphi^{\theta\prime}=\varphi^{\theta\prime}_1-\varphi^{\theta\prime}_2=1.44-0.68=0.76V$$

$$\varphi_{ep}=\varphi_{In}=0.84V$$

$$\varphi_{sp}=(\varphi^{\theta\prime}_1+\varphi^{\theta\prime}_2)/2=\frac{1.44+0.68}{2}=1.06V$$

$$\Delta\varphi=\varphi_{ep}-\varphi_{sp}=0.84V-1.06V=-0.22V$$

$$TE(\%)=\frac{10^{\Delta\varphi/0.059}-10^{-\Delta\varphi/0.059}}{10^{\Delta\varphi^{\theta\prime}/2\times0.059}}\times100\%=\frac{10^{-0.22/0.059}-10^{0.22/0.059}}{10^{0.76/2\times0.059}}\times100\%$$

$$=\frac{10^{-3.78}-10^{3.78}}{10^{6.44}}\times100\%=-0.19\%$$

由计算结果可以断定滴定终点在计量点之前。

[**例6.8**] 在$3.0mol/L\ HCl$介质中，用$0.1000mol/L\ K_2Cr_2O_7$滴定同浓度的$(NH_4)_2Fe(SO_4)_2$，用邻二氮菲亚铁作指示剂，计算终点误差。

解： 已知$\varphi^{\theta\prime}_1=1.08V$，$\varphi^{\theta\prime}_2==0.68V$，$n_1=6$，$n_2=1$，邻二氮菲-亚铁电极电位$\varphi_{In}=1.06V$，则

$$\Delta\varphi^{\theta\prime}=\varphi^{\theta\prime}_1-\varphi^{\theta\prime}_2=1.08V-0.68V=0.40V$$

$$\varphi_{ep}=\varphi_{In}=1.06V$$

$$\varphi_{sp}=\frac{n_1\varphi^{\theta\prime}_1+n_2\varphi^{\theta\prime}_2}{n_1+n_2}=\frac{6\times1.08+1\times0.68}{6+1}=1.02V$$

$$\Delta\varphi=\varphi_{ep}-\varphi_{sp}=1.06V-1.02V=0.04V$$

$$TE(\%)=\frac{10^{n_1\Delta\varphi/0.059}-10^{-n_2\Delta\varphi/0.059}}{10^{n_1n_2\Delta\varphi^{\theta\prime}/(n_1+n_2)\times0.059}}\times100\%=\frac{10^{6\times0.04/0.059}-10^{-1\times0.04/0.059}}{10^{6\times1\times0.40/(6+1)\times0.059}}\times100\%$$

$$=\frac{10^{4.07}-10^{-0.68}}{10^{5.81}}\times100\%=1.82\%$$

由计算结果可以断定滴定终点在计量点之后。

6.3.4 氧化还原指示剂

根据指示剂的性质，氧化还原滴定中常用的指示剂可以分为自身指示剂、专属指示剂和氧化还原指示剂。

1. 自身指示剂

若滴定剂或被滴定物质在反应前后，本身的颜色发生明显变化，且可利用这种颜色变化来指示终点，则滴定剂或被滴定物质就是自身指示剂。例如，在高锰酸钾法中，MnO_4^-

本身显紫红色，在滴定反应中 MnO_4^- 转化为无色的 Mn^{2+}。当用它滴定无色或浅色的还原性物质，在滴定达到化学计量点前，溶液为无色。到达化学计量点时，稍微过量的 MnO_4^- 就可使溶液呈粉红色，表示已经到达了滴定终点。这里的滴定剂 $KMnO_4$ 就是自身指示剂。实验表明，颜色可被察觉的 MnO_4^- 最低浓度约为 $2 \times 10^{-6} mol/L$。

2. 专属指示剂

专属指示剂又称显色指示剂，是一种本身并没有氧化还原性质但能与滴定剂或被滴定物发生显色反应指示滴定终点的试剂。例如，碘量法中常用的淀粉指示剂，本身无色，也不发生氧化还原反应，但可溶性淀粉与碘溶液反应可生成深蓝色的络合物，当 I_2 被还原为 I^- 时，深蓝色消失。因此可利用淀粉作指示剂。室温下淀粉可检出 $5 \times 10^{-6} mol/L$ 的 I_2。

3. 氧化还原指示剂

氧化还原指示剂是本身具有氧化还原性质的有机化合物，在氧化还原滴定中，也会发生氧化还原反应。它们的氧化态和还原态的颜色不同，利用指示剂存在形态改变时的颜色突变，来指示滴定终点。例如，用 $K_2Cr_2O_7$ 溶液滴定 Fe^{2+}，常用二苯胺磺酸钠作指示剂。二苯胺磺酸钠的氧化态为紫红色，还原态为无色。在到达化学计量点时，稍过量的 $K_2Cr_2O_7$ 就能将二苯胺磺酸钠由还原态转化为氧化态，使溶液由绿色转变为紫红色，从而指示终点。氧化还原指示剂需满足的条件：一为指示剂变色的电势范围在滴定突跃范围内并应尽量使条件电极电位与化学计量点的电位一致；二为终点颜色变化明显。例如，在 $0.5mol/L H_2SO_4$ 介质中，用 $Ce(SO_4)_2$ 滴定 Fe^{2+} 时，滴定曲线的突跃范围为 $0.86 \sim 1.26V$，计量点电位 $\varphi_{sp} = 1.06V$。用邻二氮菲亚铁或二苯胺磺酸钠做指示剂，在滴定至终点时，二者均有明显的颜色变化。但由于邻二氮菲亚铁的变色电位 $\varphi^{\theta'}_{In(Ox)/In(Red)} = 1.06V$ 与 φ_{sp} 一致而二苯胺磺酸钠的变色电位 $\varphi^{\theta'}_{In(Ox)/In(Red)} = 0.84V$ 与 φ_{sp} 相差较远，故滴定中往往选用邻二氮菲亚铁为指示剂，其滴定误差小于 0.1%。

常用的氧化还原指示剂及其条件电极电位见表 $6-2$。

表 6-2　常用氧化还原指示剂及其条件电极电位 $\varphi^{\theta'}$

指示剂	$\varphi^{\theta'}/V$ ($[H^+]=1mol/L$)	颜色变化		配制方法
		氧化态	还原态	
亚甲基蓝	0.53	蓝	无	0.05% 水溶液
二苯胺	0.76	紫	无	1% 的浓 H_2SO_4 溶液
二苯胺磺酸钠	0.84	紫红	无	0.05% 水溶液
邻苯氨基苯甲酸	0.89	紫红	无	0.107g 溶于 20mL 5% Na_2CO_3，用水稀释至 100mL（0.1% Na_2CO_3 溶液）
羊毛罂红 A	1.00	橙红	黄绿	0.1% 水溶液
邻二氮菲亚铁	1.06	浅蓝	红	1.485g 邻二氮菲加 0.965gFeSO₄ 溶于 100mL 水中（0.025mol/L 水溶液）
硝基邻二氮菲亚铁	1.25	浅蓝	紫红	1.485g 邻二氮菲加 0.965g FeSO₄ 溶于 100mL 水中（0.025mol/L 水溶液）

6.4 高锰酸钾法

在实际应用中，常常根据所使用滴定剂种类的不同将氧化还原滴定法进行分类。水质分析中，经常采用的有高锰酸钾法、重铬酸钾法、碘量法和溴酸钾法。本节介绍高锰酸钾法。

高锰酸钾法（Potassium Permanganate Method）是以高锰酸钾（$KMnO_4$）为滴定剂的氧化还原滴定分析方法。在水质分析中主要用于测定水中高锰酸盐的指数。

6.4.1 高锰酸钾法的概述

高锰酸钾（$KMnO_4$），暗紫色棱柱状晶体，是一种强氧化剂。高锰酸钾法的优点是氧化能力强，可以测定多种有机和无机物质；由于 MnO_4^- 本身显紫红色，所以在滴定浅色或无色溶液时，可以在滴定过程中做自身指示剂。其主要缺点是试剂中常含少量的杂质，选择性较差，干扰较多，$KMnO_4$ 标准溶液不稳定。比如，$KMnO_4$ 易与水中有机物或空气中尘埃、氨等还原性物质作用，并且还可自行分解，见光时分解更快。

$$4KMnO_4 + 2H_2O \Longrightarrow 4MnO_2 \downarrow + 3O_2 \uparrow + 4KOH$$

因此，在应用高锰酸钾法时，一定要注意将 $KMnO_4$ 标准溶液避光保存，每次使用之前一定要标定。

高锰酸钾的氧化性与溶液的酸度有关。例如，在强酸溶液中，$KMnO_4$ 与还原剂作用，MnO_4^- 被还原为 Mn^{2+}。电对反应及电极电位如下。

$$MnO_4^- + 8H^+ + 5e^- \Longrightarrow Mn^{2+} + 4H_2O \quad \varphi^\theta_{MnO_4^-/Mn^{2+}} = 1.51V$$

在弱酸性、中性或弱碱性溶液中，MnO_4^- 被还原为 MnO_2。电对反应及电极电位如下。

$$MnO_4^- + 2H_2O + 3e^- \Longrightarrow MnO_2 \downarrow + 4OH^- \quad \varphi^\theta_{MnO_4^-/Mn^{2+}} = 0.59V$$

在大于 2mol/L 的 NaOH 溶液中，$KMnO_4$ 可与很多种有机物（如甲酸、甲醇、甲醛、苯酚、甘油、酒石酸、柠檬酸和葡萄糖等）发生反应，MnO_4^- 则被还原为绿色的锰酸盐 MnO_4^{2-}。电对反应及电极电位如下。

$$MnO_4^- + e^- \Longrightarrow MnO_4^{2-} \quad \varphi^\theta_{MnO_4^-/Mn^{2+}} = 0.56V$$

由此可见，$KMnO_4$ 溶液在酸性介质中的氧化能力比在中性或碱性介质中强。为了利用 $KMnO_4$ 的强氧化性，高锰酸钾法一般在强酸性溶液中使用。同时也说明，必须严格控制反应的酸度条件，以保证滴定反应自始至终按照预期的反应式来进行。并且在应用高锰酸钾法时，应根据被测物质的性质采用不同的酸度。

6.4.2 高锰酸钾法的滴定方式

1. 直接滴定法

适用于对还原性物质的滴定，如 $FeSO_4$、H_2O_2、$H_2C_2O_4$ 等。可用 $KMnO_4$ 标准溶液直接滴定，并利用 $KMnO_4$ 本身的颜色指示滴定终点。

2. 返滴定法

适用于对氧化性物质的滴定。例如，测定 MnO_2 含量时，可在 H_2SO_4 介质中加入一

定量过量的 $Na_2C_2O_4$ 标准溶液,加热,待 MnO_2 与 $C_2O_4^{2-}$ 作用完全后,用 $KMnO_4$ 标准溶液滴定剩余的 $C_2O_4^{2-}$。化学计量点时,稍微过量的 MnO_4^- 使溶液显微红色,即指示滴定终点到达。由 $Na_2C_2O_4$ 和 $KMnO_4$ 的用量,即可计算 MnO_2 的含量。

3. 间接滴定法

适用于对非氧化还原性物质的滴定,如 Ca^{2+}、Ba^{2+}、Cd^{2+}、Zn^{2+}、Cu^{2+}、Ni^{2+} 等。例如,测定水中 Ca^{2+} 时,可首先加入过量 $Na_2C_2O_4$ 将其全部沉淀为 CaC_2O_4,再用稀 H_2SO_4 溶解所得 CaC_2O_4 沉淀,最后用 $KMnO_4$ 标准溶液滴定沉淀溶解出的 $C_2O_4^{2-}$,根据 $KMnO_4$ 标准溶液的浓度和消耗量,可间接求出 Ca^{2+} 的含量。

6.4.3 $KMnO_4$ 标准溶液的配制与标定

1. $KMnO_4$ 标准溶液的配制

市售的 $KMnO_4$ 试剂中常含有少量的 MnO_2 和其他杂质,且所用的蒸馏水中也常含有微量的还原性物质,它们与 $KMnO_4$ 反应生成 MnO_2 沉淀。另外,热、光、酸、碱等外界条件的改变均会促进 $KMnO_4$ 的分解。因而 $KMnO_4$ 标准溶液不能直接配制,一般先配制一近似浓度的溶液,然后再标定。

配制方法以 $0.1mol/L(1/5 KMnO_4)$ 为例。称取 $3.2g$ $KMnO_4$ 溶于 $1.2L$ 蒸馏水中,加热煮沸,使体积减少到约 $1L$,在暗处放置过夜,用 $G-3$ 玻璃砂芯漏斗过滤除去析出的沉淀,滤液储存于棕色试剂瓶中,并于暗处存放,使用前用 $0.1000mol/L$ 草酸钠标准溶液标定。$KMnO_4$ 标准溶液不宜长期储存。

需要注意的是所用的蒸馏水应为无有机物蒸馏水。无有机物蒸馏水的制备方法:向蒸馏水中加入少量的 $KMnO_4$ 碱性溶液,重新蒸馏即可。在整个蒸馏过程中应注意补加 $KMnO_4$ 以使水保持红色。

2. $KMnO_4$ 标准溶液的标定

标定 $KMnO_4$ 溶液的基准物质有 $Na_2C_2O_4$、$H_2C_2O_4 \cdot 2H_2O$、As_2O_3、纯铁丝等。由于 $Na_2C_2O_4$ 易于提纯、性质稳定、不含结晶水,所以最常用 $Na_2C_2O_4$ 作基准物质。将 $Na_2C_2O_4$ 在 $105 \sim 110 \, ^\circ\!C$ 烘干约 $2h$,然后置于干燥器中冷却后称重使用。用 $Na_2C_2O_4$ 标定 $KMnO_4$ 标准溶液的反应在 H_2SO_4 溶液中进行,反应式为

$$2MnO_4^- + 5C_2O_4^{2-} + 16H^+ \Longrightarrow 2Mn^{2+} + 10CO_2 + 8H_2O$$

为使标定反应定量且迅速完成,必须严格控制反应进行的条件。主要包括以下几个方面。

(1) 温度:该反应在室温下速率较慢,但温度高于 $90\, ^\circ\!C$ 又会导致部分 $H_2C_2O_4$ 发生分解使结果偏高。所以实际操作时可采用水浴加热控制反应温度在 $70 \sim 85\, ^\circ\!C$。

$$H_2C_2O_4 \Longrightarrow CO_2 \uparrow + CO \uparrow + H_2O$$

(2) 酸度:在滴定开始时溶液 $[H^+]$ 控制在 $0.5 \sim 1.0mol/L$。酸度过高,$H_2C_2O_4$ 易分解;酸度过低会使 $KMnO_4$ 部分还原为 MnO_2。一般应采用 H_2SO_4 进行控制,不能用 HCl 或 HNO_3 来控制酸度,因为 Cl^- 有一定的还原性,而 NO_3^- 有一定的氧化性,二者均会干扰测定。

(3) 滴定速度:滴定速度应先慢后快。因为在开始滴定时,即使在加热条件下,

$Na_2C_2O_4$ 和 $KMnO_4$ 的反应速率也是很慢的。因此开始滴定速度一定要慢，否则加入的 $KMnO_4$ 溶液来不及与 $C_2O_4^{2-}$ 反应，就会在热的酸性溶液中发生分解。

$$4MnO_4^- + 12H^+ \rightleftharpoons 4Mn^{2+} + 5O_2 \uparrow + 6H_2O$$

随着滴定的进行，Mn^{2+} 越来越多，由于 Mn^{2+} 的催化作用，反应的速率将逐渐加快，滴定速度可适当加快。

(4) 催化剂：溶液的 Mn^{2+} 起到催化剂作用，提高反应的速率。因此，常在滴定之前可先向溶液中加几滴 $MnSO_4$ 溶液。

(5) 滴定终点：上述反应采用 $KMnO_4$ 作为自身指示剂，指示滴定终点到达。但溶液中出现的粉红色不能持久，这是由于空气中还原性气体或尘埃等杂质落入溶液中使稍过量的 $KMnO_4$ 被还原。所以，如果溶液的粉红色在 $0.5\sim1min$ 内不褪色，即可认为已达滴定终点。

(6) 指示剂：$KMnO_4$ 可作为自身指示剂，但当 $KMnO_4$ 的浓度低于 $0.002mol/L$ 时，应加入二苯胺磺酸钠或 $1,10$-邻二氮菲-$Fe(Ⅱ)$ 等作指示剂。

6.4.4　高锰酸盐指数的测定

高锰酸盐指数是指在酸性条件或碱性条件下，以高锰酸钾为氧化剂，处理水样时所消耗的氧化剂的量，以氧的 mg/L 表示。水中的亚硝酸盐、亚铁盐、硫化物等还原性无机物和在此条件下能被氧化的有机物，均可与高锰酸钾反应。因此，高锰酸盐指数常被用于地表水、饮用水等较清洁或污染不甚严重水体中有机物的测定。在反应条件下，水中有机物只能部分被氧化，该值并不是理论上的需氧量，不能反映水体中总有机物的全部含量，只是一个相对的条件指标。

按测定溶液的介质不同，分为酸性高锰酸钾法和碱性高锰酸钾法。

1. 酸性高锰酸钾法

1) 方法原理和适用范围

水样在酸性条件下，加入一定量高锰酸钾溶液，在沸水浴中加热反应 30min，使水中有机物被氧化，剩余的高锰酸钾用过量的草酸钠标准溶液还原，然后再用高锰酸钾溶液回滴过量的草酸钠，根据实际消耗的高锰酸钾量计算高锰酸盐指数，其反应式如下。

$$4KMnO_4 + 5[C] + 6H_2SO_4 \rightleftharpoons 2K_2SO_4 + 4MnSO_4 + 5CO_2 + 6H_2O$$
$$2KMnO_4 + 5H_2C_2O_4 + 3H_2SO_4 \rightleftharpoons K_2SO_4 + 2MnSO_4 + 10CO_2 + 8H_2O$$

该方法适用于氯离子含量不超过 300mg/L 的水样。因在酸性条件下，高锰酸钾的氧化能力强，可氧化水中氯离子，影响测定。当水样中的高锰酸盐指数值超过 10mg/L 时，则应将水样稀释后再测定。

2) 测定步骤

(1) 取 100mL 混匀水样(原样或经稀释)于 250mL 锥形瓶中，加入 5mL(1+3)硫酸，混匀。

(2) 加入 10.00mL 0.01mol/L 高锰酸钾溶液(1/5 $KMnO_4$)，摇匀，立即放入沸水浴中加热 30min(从水浴重新沸腾起计时)。

(3) 取下锥形瓶，趁热加入 0.0100mol/L 草酸钠标准溶液(1/2 $Na_2C_2O_4$)10.00mL,

摇匀。立即用 0.01mol/L 高锰酸钾溶液滴定至显微红色，记录高锰酸钾溶液的消耗量。

（4）高锰酸钾溶液浓度的标定：将上述已滴定完毕的溶液加热至约 70℃，准确加入 10.00mL 草酸钠标准溶液（0.0100mol/L），再用 0.01mol/L 高锰酸钾溶液滴定至显微红色。记录高锰酸钾溶液的消耗量 V，按下式求得高锰酸钾溶液的校正系数（K）。

$$K = \frac{10.00}{V} \tag{6-22}$$

式中，V 为高锰酸钾溶液的消耗量（mL）。

若水样经稀释时，应同时另取 100mL 水，同水样操作步骤进行空白试验。

3）结果计算

水样不经稀释

$$高锰酸盐指数（O_2，mg/L） = \frac{[(10+V_1)K-10] \times M \times 8 \times 1000}{100} \tag{6-23}$$

式中，V_1 为滴定水样时，高锰酸钾溶液的消耗量，mL；K 为校正系数（每毫升高锰酸钾溶液相当于草酸钠标液的毫升数）；M 为草酸钠标准溶液（$1/2\ Na_2C_2O_4$）浓度，mol/L；100 为取水样体积，mL；8 为氧（$1/2\ O$）摩尔质量。

水样经稀释

$$高锰酸盐指数（O_2，mg/L）$$
$$= \frac{\{[(10+V_1)K-10] - [(10+V_0)K-10] \times f\} \times M \times 8 \times 1000}{V_2} \tag{6-24}$$

式中，V_0 为空白试验中高锰酸钾溶液消耗量，mL；V_2 为分取水样量，mL；f 为稀释水样中含稀释水的比值（如 10.0mL 水样稀释至 100mL，则 $f=0.90$）。

4）注意事项

（1）在水浴加热完毕后，溶液仍应保持淡红色，如变浅或全部褪去，说明高锰酸钾的用量不够。此时，应将水样稀释后再测定，应使加热氧化后剩余的高锰酸钾为加入量的 $1/2 \sim 1/3$。

（2）酸性条件下，应在 $60 \sim 80℃$ 使草酸钠和高锰酸钾反应，所以滴定操作需趁热进行。

（3）水样中氯离子的浓度大于 300mg/L 时，发生诱导反应，使测定结果偏高。

$$2MnO_4^- + 10\ Cl^- + 16H^+ \rightleftharpoons 2Mn^{2+} + 5Cl_2 + 8H_2O$$

防止这种干扰的措施有如下几种。

① 可加入 Ag_2SO_4 生成 AgCl 沉淀，除去后再行测定；

② 加蒸馏水稀释，降低氯离子浓度后再行测定；

③ 改用碱性高锰酸钾法测定。

2. 碱性高锰酸钾法

当水样中氯离子浓度高于 300mg/L 时，应采用碱性法。碱性高锰酸钾法和酸性高锰酸钾法的基本原理类似。所不同的是在碱性条件下反应，可加快高锰酸钾与水中有机物的反应速度，且在此条件下，高锰酸钾的氧化能力稍弱，此时不能氧化水中氯离子，故常用于测定含氯离子浓度较高的水样。

1）方法原理

在碱性溶液中，加一定量高锰酸钾溶液于水样中，加热一定时间以氧化水中的还原性

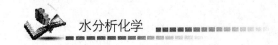

无机物和部分有机物。加酸酸化后，用草酸钠溶液还原剩余的高锰酸钾并加入过量，再以高锰酸钾溶液滴定至微红色。

2）测定步骤

（1）分取 100mL 混匀水样（原样或经稀释）于锥形瓶中，加入 0.5mL 50％氢氧化钠溶液，加入 0.01mol/L 高锰酸钾溶液 10.00mL；

（2）将锥形瓶放入沸水浴中加热 30min（从水浴重新沸腾起计时）；

（3）取下锥形瓶，冷却至 70～80℃，加入（1＋3）硫酸 5mL 并保持溶液呈酸性，加入 0.0100mol/L 草酸钠溶液 10.00mL，摇匀；

（4）迅速用 0.01mol/L 高锰酸钾溶液回滴至溶液呈微红色为止。

高锰酸钾溶液校正系数的测定与酸性法相同，计算也相同。

6.5 重铬酸钾法

重铬酸钾法（Dichromate Titration Method）是以重铬酸钾（$K_2Cr_2O_7$）为滴定剂的氧化还原滴定分析方法。在水质分析中常用于测定水中化学需氧量。

6.5.1 重铬酸钾法的概述

重铬酸钾是一种常用的强氧化剂。在酸性溶液中，$K_2Cr_2O_7$ 与还原性物质作用，$K_2Cr_2O_7$ 被还原为 Cr^{3+}。

$$Cr_2O_7^{2-} + 14H^+ + 6e^- \Longleftrightarrow 2Cr^{3+} + 7H_2O$$

$$\varphi^\theta_{Cr_2O_7^{2-}/Cr^{3+}} = 1.33V$$

实际上，$Cr_2O_7^{2-}/Cr^{3+}$ 电对在酸性介质中的条件电势往往小于标准电位。例如，在 1mol/LHCl 中 $\varphi'_{Cr_2O_7^{2-}/Cr^{3+}} = 1.00V$；在 3mol/LHCl 中 $\varphi'_{Cr_2O_7^{2-}/Cr^{3+}} = 1.08V$；在 1.0mol/L H_2SO_4 中 $\varphi'_{Cr_2O_7^{2-}/Cr^{3+}} = 1.03V$；在 4mol/L$H_2SO_4$ 中 $\varphi'_{Cr_2O_7^{2-}/Cr^{3+}} = 1.15V$。$K_2Cr_2O_7$ 的条件电极电位随酸度增加而增大。

重铬酸钾法的特点有如下几个。

（1）$K_2Cr_2O_7$ 容易提纯，在 140～250℃干燥后，可以直接称量配制标准溶液。

（2）$K_2Cr_2O_7$ 标准溶液非常稳定，可以长期保存。

（3）滴定反应速度快，通常可在常温下进行滴定，一般不需要加入催化剂。

（4）$K_2Cr_2O_7$ 的还原产物 Cr^{3+} 呈绿色，终点时无法辨别出过量的 $K_2Cr_2O_7$ 的黄色，因而需加入指示剂，常用二苯胺磺酸钠、邻二氮菲亚铁作指示剂。

6.5.2 化学需氧量的测定

化学需氧量（Chemical Oxygen Demand，COD）是指在一定条件下，用重铬酸钾作氧化剂处理水样时所消耗的氧化剂的量，以氧的 mg/L 表示。化学需氧量反映了水中受还原性物质污染的程度，水中还原性物质包括有机物和亚硝酸盐、硫化物、亚铁盐等无机物。基于水体中有机污染是极为普遍的，所以化学需氧量可作为有机物相对含量的指标之一，间接地表示有机污染的程度，但只能反映能被氧化的有机物污染，不能反映多环芳烃、PCB 等的污染状况。COD 是我国实施排放总量控制的指标之一。

水中化学需氧量的常用测定方法为重铬酸钾法，该法对有机物氧化比较完全，适用于各种水样。在该法的基础上建立起来的氧化还原电位滴定法和库仑滴定法，配以自动化的检测系统，制成 COD 测定仪，现已广泛应用于水质 COD 的连续自动监测。

1. 重铬酸钾法

1）方法原理

重铬酸钾法是指在水样中加入一定量的重铬酸钾溶液，并在强酸介质条件下以银盐作催化剂，经沸腾回流后，以试亚铁灵为指示剂，用硫酸亚铁铵标准溶液滴定水样中未被还原的重铬酸钾，根据消耗的硫酸亚铁铵的用量计算出水样中还原性物质消耗氧的量，反应式如下。

$$Cr_2O_7^{2-} + 14H^+ + 6e^- \rightleftharpoons 2Cr^{3+} + 7H_2O$$

$$Cr_2O_7^{2-} + 14H^+ + 6Fe^{2+} \rightleftharpoons 6Fe^{3+} + 2Cr^{3+} + 7H_2O$$

在酸性重铬酸钾条件下，大部分有机物被氧化，但芳烃及吡啶难以被氧化，其氧化率较低。在硫酸银催化作用下，直链脂肪化合物可有效地被氧化，但挥发性直链脂肪族化合物、苯等存在于蒸馏水气相，不能与氧化剂液体接触，氧化不明显。氯离子能被重铬酸钾氧化，并与硫酸银作用生成沉淀，可在回流前加入适量硫酸汞与之形成络合物来消除干扰。

该法测定 COD 未经稀释水样，测定上限为 700mg/L，当水样中 COD_{Cr} 低于 10mg/L 时，测定准确度较差。用 0.25mol/L 的重铬酸钾溶液可测定大于 50mg/L 的 COD 值，用 0.025mol/L 的重铬酸钾溶液可测定 5~50mg/L 的 COD 值，但准确度较差。

2）测定步骤

（1）取 20.00mL 混匀的水样（或适量水样稀释至 20.00mL）于 250mL 磨口回流锥形瓶中，准确加入 10.00mL 重铬酸钾标准溶液及数粒洗净的玻璃珠，连接回流冷凝管，从冷凝管上口慢慢地加入 30mL 硫酸-硫酸银溶液，轻轻摇动锥形瓶使溶液混匀，加热回流 2h（自开始沸腾时计时）注意事项有以下两点。

① 对于化学需氧量高的废水样，可先取上述操作所需体积 1/10 的废水样和试剂于 15mm×150mm 硬质玻璃试管中，摇匀，加热后观察是否变成绿色。如溶液显绿色，再适当减少废水取样量，直到溶液不变绿色为止，从而确定废水样分析时应取用的体积。稀释时，所取废水样量不得少于 5mL，如果化学需氧量很高，则废水样应多次逐级稀释。

② 废水中氯离子含量超过 30mg/L 时，应先把 0.4g 硫酸汞加入回流锥形瓶中，再加 20.00mL 废水（或适量废水稀释至 20.00mL）摇匀。以下操作同上。

（2）冷却后，用 90mL 水从上部慢慢冲洗冷凝管壁，取下锥形瓶。溶液总体积不得少于 140mL，否则因酸度太大，滴定终点不明显。

（3）溶液再度冷却后，加 3 滴试亚铁灵指示液，用硫酸亚铁铵标准溶液滴定，溶液的颜色由黄色经蓝绿色至红褐色，即为终点。硫酸亚铁铵标准溶液的用量 V_1。

（4）测定水样的同时，以 20.00mL 重蒸馏水，按同样操作步骤作空白试验，记录滴定空白时硫酸亚铁铵标准溶液的用量 V_0。

3）结果计算

$$COD(O_2, mg/L) = \frac{(V_0 - V_1) \times c \times 8 \times 1000}{V} \qquad (6-25)$$

式中，c 为硫酸亚铁铵标准溶液的浓度，mol/l；V_0 为滴定空白时硫酸亚铁铵标准溶液用量，mL；V_1 为滴定水样时硫酸亚铁铵标准溶液的用量，mL；V 为水样的体积，mL；8 为氧($1/2 O$)摩尔质量(g/mol)。

4）注意事项

（1）使用 0.4g 硫酸汞络合氯离子的最高量可达 40mg。若氯离子浓度较低，亦可少加硫酸汞，保持硫酸汞：氯离子＝10：1。出现少量氯化汞沉淀，并不影响测定。

（2）水样取用体积可在 10.00～50.00mL 范围之间，但试剂用量及浓度需按表 6-3 进行相应调整。

表 6-3　水样取用量和试剂用量表

水样体积 (mL)	0.2500mol/L $K_2Cr_2O_7$ (mL)	$H_2SO_4 - Ag_2SO_4$ (mL)	$HgSO_4$ (g)	$(NH_4)_2Fe(SO_4)_2$ (mol/L)	滴定前总体积 (mL)
10.00	5.00	15	0.2	0.050	70
20.00	10.00	30	0.4	0.100	140
30.00	15.00	45	0.6	0.150	210
40.00	20.00	60	0.8	0.200	280
50.00	25.00	75	1.0	0.250	350

（3）对于化学需氧量小于 50mg/L 的水样，应改用 0.0250mol/L 重铬酸钾标准溶液。回滴时用 0.01mol/L 硫酸亚铁铵标准溶液。

（4）水样加热回流后，溶液中重铬酸钾剩余量应是加入量的 1/5～4/5 为宜。

（5）COD_{Cr} 的测定结果应保留 3 位有效数字。

（6）硫酸亚铁铵溶液在每次使用时，必须标定。

2. 闭管回流分光光度分析法

闭管回流分光光度法的原理是在酸性介质和催化作用下，于恒定温度下闭管回流一定时间，使试样中还原性物质被重铬酸钾氧化，同时 Cr^{6+} 被还原为 Cr^{3+}。试样中 COD 与由 Cr^{6+} 还原生成的 Cr^{3+} 的浓度成正比，在波长 600nm 处测定试样的吸光度。根据朗伯-比尔定律，吸光度与 Cr^{3+} 浓度成正比，因此试样中 COD 值与试样吸光度成正比。用 COD 标准系列建立 COD 与吸光度之间的线性回归方程，由样品的吸光度即可计算样品的 COD。当分光光度计具备浓度直读功能时，可根据标准样品的 COD 值直接读出待测样品的 COD 值。

该法采用密闭的反应管消解试样，挥发性有机物不能逸出，因而其测定结果更具代表性，更为准确。试样在密闭的反应管内回流消解后，直接置入分光光度计中测定吸光度，计算 COD 值或直接读出 COD 值，可快速得到测定结果。闭管回流法所用的重铬酸钾等消解试剂仅为标准法的 5%～10%，可大幅度地降低测定成本和减少废液排放量。

6.6 碘 量 法

6.6.1 碘量法的概述

碘量法是利用 I_2 的氧化性和 I^- 的还原性来进行滴定的分析方法，广泛用于水中余氯、溶解氧、生化需氧量及水中有机物和无机还原性物质（如 Sn^{2+}、Sb^{3+}、As_2O_3、S^{2-}、SO_3^{2-} 等）的测定。

碘量法滴定时的半反应及电极电位的表达式为

$$I_2 + 2e^- \Longleftrightarrow 2I^-, \quad \varphi^\theta_{I_2/I^-} = 0.536V$$

由于 $\varphi^\theta_{I_2/I^-}$ 较小，所以 I_2 是一种较弱的氧化剂，能与较强的还原剂作用；而 I^- 是一种中等强度的还原剂，能与许多氧化剂作用。因此，可将碘量法分为直接碘量法和间接碘量法。

固体 I_2 的水溶性小（0.00133mol/L），常将 I_2 溶于 KI 溶液中，增加其溶解度，此时 I_2 以 I_3^- 的形式存在于溶液中，为方便起见，一般简写为 I_2。

1. 直接碘量法

该法又称碘滴定法，是直接用 I_2 标准溶液滴定电极电位比 $\varphi^\theta_{I_2/I^-}$ 低的还原性物质的方法。这些还原性物质有 S^{2-}、As^{3+}、SO_3^{2-}、$S_2O_3^{2-}$、Sn^{2+} 等。该方法用淀粉做指示剂，利用 I_2 被还原为 I^- 时，溶液蓝色消失指示滴定终点。

由于 I_2 的氧化能力弱，只有少数还原性强且不受 $[H^+]$ 影响的物质才能定量发生反应。另外，直接碘量法不能在碱性溶液中进行，因为在碱性环境中，I_2 会发生歧化反应。

$$3I_2 + 6OH^- \Longleftrightarrow IO_3^- + 5I^- + 3H_2O$$

直接碘量法的应用因此受到限制。

2. 间接碘量法

该法又称滴定碘法，是利用 I^- 的还原性测定电极电位比 $\varphi^-_{I_2/I^-}$ 大的氧化性物质的方法，这些氧化性物质有 Cl_2、ClO^-、O_3、H_2O_2、Fe^{3+}、Cu^{2+} 等。该方法在酸性溶液中使用时，被测氧化性物质与过量的 I^- 发生反应，定量地析出 I_2，以淀粉为指示剂，用 $Na_2S_2O_3$ 标准溶液滴定析出的 I_2。最后根据 $Na_2S_2O_3$ 标准溶液的浓度及用量，求出水中氧化性物质的含量。滴定过程基本反应式为

$$I_2 + 2e^- \Longleftrightarrow 2I^- \quad \varphi^\theta_{I_2/I^-} = 0.536V$$

$$2S_2O_3^{2-} + I_2 \Longleftrightarrow 2I^- + S_4O_6^{2-} \quad \varphi^\theta_{S_4O_6^{2-}/S_2O_3^{2-}} = 0.08V$$

另外，碱性介质间接碘量法也可用来测定能与 I_2 发生反应的某些有机物质。I^- 是一种中等强度的还原剂，能与许多氧化剂作用，所以间接碘量法在水处理、水质分析中的应用非常广泛。

在间接碘量法的应用中，必须注意以下几点。

(1) 控制溶液的酸度：由于在碱性溶液中，$S_2O_3^{2-}$ 与 I_2 之间发会生如下副反应。

$$S_2O_3^{2-} + 4I_2 + 10OH^- \Longleftrightarrow 2SO_4^{2-} + 8I^- + 5H_2O$$

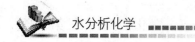

$$4I^- + 4H^+ + O_2 \Longrightarrow 2I_2 \downarrow + 2H_2O$$

同时 I_2 也会发生歧化反应。而在强酸性溶液中，$Na_2S_2O_3$ 溶液会发生分解。所以，$S_2O_3^{2-}$ 与 I_2 的反应必须在中性或弱酸性溶液中进行。

(2) 防止 I_2 的挥发和 I^- 的氧化：I_2 易挥发且固体 I_2 在水中的溶解度很小，但是 I_2 可与 KI 形成 I_3^-，降低了 I_2 的挥发性。因此，可以通过加入过量的 KI，且在滴定时不要剧烈摇动碘量瓶溶液，以减少 I_2 的挥发。I^- 易被空气中的 O_2 氧化成 I_2，并且光照和酸度增强、微量的 Cu^{2+}、NO_2^- 等均会促进这种氧化进程。因此，析出 I_2 后应立即滴定。

6.6.2 碘量法标准溶液的配制与标定

碘量法中经常使用 $Na_2S_2O_3$ 和 I_2 两种标准溶液，下面分别介绍这两种溶液的配制和标定方法。

1. $Na_2S_2O_3$ 标准溶液的配制与标定

市售硫代硫酸钠 $(Na_2S_2O_3 \cdot 5H_2O)$ 试剂中一般都含有少量的 S、Na_2SO_3、Na_2SO_4、Na_2CO_3、NaCl 等杂质，且易风化、潮解。因此不能直接配制 $Na_2S_2O_3$ 标准溶液，应先配制成近似浓度的溶液，然后进行标定计算出其准确浓度。$Na_2S_2O_3$ 标准溶液不稳定，易分解，主要原因有以下 3 个。

(1) 水中溶解的二氧化碳可促进 $Na_2S_2O_3$ 的分解；

$$S_2O_3^{2-} + CO_2 + H_2O \Longrightarrow HSO_3^- + HCO_3^- + S \downarrow$$

(2) 空气中氧的作用；

$$2S_2O_3^{2-} + O_2 \Longrightarrow 2SO_4^{2-} + 2S \downarrow$$

(3) 微生物的作用。

$$S_2O_3^{2-} \xrightarrow{\text{微生物}} SO_3^{2-} + S \downarrow$$

例如，配置 0.0100mol/L $Na_2S_2O_3$ 溶液，称取 3.2g $Na_2S_2O_3 \cdot 5H_2O$，溶于煮沸放冷的蒸馏水中，加入 0.2g Na_2CO_3，用水稀释至 1L，于棕色瓶中暗处放置 1～2 周后标定。

在配置时使用新鲜煮沸蒸馏水，是为了杀死水中细菌、去除 CO_2 和部分溶解氧；加入少量 Na_2CO_3 使溶液呈弱碱性，可以抑制细菌的生长和繁殖；放置 1～2 周可使水中能与 $Na_2S_2O_3$ 反应的 Fe^{3+}、Cu^{2+} 等氧化性物质与 $Na_2S_2O_3$ 充分作用完全，使 $Na_2S_2O_3$ 标准溶液的浓度趋于稳定。即使如此，这样配制的标准溶液也不宜长期保存，使用一段时间后要重新标定。如果发现溶液变浑浊或析出单质硫，就应该过滤后再标定，或者另配溶液。

$Na_2S_2O_3$ 标准溶液的标定采用间接碘量法。可以用于标定 $Na_2S_2O_3$ 标准溶液的基准物质有 $K_2Cr_2O_7$、KIO_3、$KBrO_3$ 等。其中最常用的是 $K_2Cr_2O_7$。称取一定量的基准物质，在弱酸性溶液中，与过量 KI 反应而析出 I_2。以淀粉为指示剂，用待标定的 $Na_2S_2O_3$ 标准溶液滴定至蓝色消失，用下式计算 $Na_2S_2O_3$ 标准溶液的浓度。

$$c_{Na_2S_2O_3} = \frac{c_{K_2Cr_2O_7} \times V_1}{V_2} \tag{6-26}$$

式中，$c_{Na_2S_2O_3}$ 为 $Na_2S_2O_3$ 标准溶液的浓度 $(Na_2S_2O_3)$，mol/L；$c_{K_2Cr_2O_7}$ 为 $K_2Cr_2O_7$ 标准溶液的浓度 $\left(\frac{1}{6}K_2Cr_2O_7\right)$，mol/L；$V_1$ 为 $K_2Cr_2O_7$ 标准溶液的量，mL；V_2 为消耗 $Na_2S_2O_3$ 标准溶液的量，mL。

标定时应注意以下几点。

(1) 控制溶液酸度在 $0.2\sim0.4mol/L$，酸度越大，反应速率越快。但酸度太大时，I^- 易被空气中 O_2 所氧化。

(2) $K_2Cr_2O_7$ 与 KI 的反应速率较慢，应将溶液储于碘量瓶中，在暗处放置一定时间 (5min)，待反应完全后，再进行滴定。

(3) KI 试剂不应含有 KIO_3（或 I_2）。一般 KI 溶液无色，如显黄色，则应事先将 KI 溶液酸化后，加入淀粉指示剂显蓝色，用 $Na_2S_2O_3$ 溶液滴定至刚好为无色后再使用。

2. I_2 标准溶液的配制与标定

用升华法制得的纯碘，可以直接配制成标准溶液，但由于操作中存在诸如碘的挥发、对天平的腐蚀等困难，实际工作中常采用间接配制法。首先用纯碘试剂配成近似浓度的溶液，再进行标定。

碘在水中的溶解度很小（20℃，$1.33mol/L$），但易溶于 KI 溶液。配制 I_2 标准溶液时先用托盘天平称好一定量的碘，然后加入过量 KI，置于研钵中，加少量水研磨至糊状后用水稀释至一定体积，使 I_2 与 I^- 形成 I_3^-，以提高 I_2 在水中的溶解度和降低 I_2 的挥发性。日光能促进 I^- 的氧化，使 I_2 溶液的浓度发生变化，故 I_2 溶液应装在棕色试剂瓶中并在暗处保存。储存和使用 I_2 溶液时，应避免 I_2 溶液与橡皮等有机物接触。

I_2 标准溶液的浓度可以用 $Na_2S_2O_3$ 标准溶液来标定，也可用基准级 As_2O_3 来标定。

6.6.3 溶解氧(DO)的测定

溶解于水中的分子态氧称为溶解氧，用 DO 表示，单位为 mg/L。水中溶解氧的含量与大气压力、水温及含盐量等因素有关。大气压力降低、水温升高、含盐量增加，都会导致溶解氧含量减少，其中温度影响尤为显著，不同温度下氧在水中的溶解度见表 6-4。

表 6-4　氧在水中的溶解度

温度 /℃	氯离子浓度/$(mg\cdot L^{-1})$					温度 /℃	氯离子浓度/$(mg\cdot L^{-1})$				
	0	5000	10000	15000	20000		0	5000	10000	15000	20000
0	14.8	13.8	13.0	12.1	11.3	16	9.8	9.5	9.0	8.5	8.0
1	14.4	13.4	12.6	11.8	11.0	17	9.6	9.3	8.8	8.3	7.8
2	13.9	13.1	12.3	11.5	10.8	18	9.4	9.1	8.6	8.2	7.7
3	13.5	12.7	12.0	11.2	10.5	19	9.2	8.9	8.5	8.0	7.6
4	13.1	12.4	11.7	11.0	10.3	20	9.1	8.7	8.3	7.9	7.4
5	12.8	12.1	11.4	10.7	10.0	21	8.9	8.6	8.1	7.7	7.3
6	12.4	11.8	11.1	10.5	9.8	22	8.7	8.4	8.0	7.6	7.1
7	12.1	11.5	10.9	10.2	9.6	23	8.6	8.3	7.9	7.4	7.0
8	11.8	11.2	10.6	10.0	9.4	24	8.4	8.1	7.7	7.3	6.9
9	11.5	11.0	10.4	9.8	9.2	25	8.3	8.0	7.6	7.2	6.7
10	11.3	10.7	10.1	9.6	9.0	26	8.1	7.8	7.4	7.0	6.6
11	11.0	10.5	9.9	9.4	8.8	27	8.0	7.7	7.3	6.9	6.5
12	10.7	10.3	9.7	9.2	8.6	28	7.8	7.5	7.1	6.8	6.4
13	10.5	10.1	9.5	9.0	8.5	29	7.7	7.4	7.0	6.6	6.3
14	10.3	9.9	9.3	8.8	8.3	30	7.6	7.3	6.9	6.5	6.1
15	10.0	9.7	9.1	8.6	8.1	—	—	—	—	—	—

清洁的地表水溶解氧一般接近饱和状态。当有大量藻类繁殖时，由于它的光合作用，溶解氧可能过饱和；相反，当水体被有机物质、无机还原物质污染时，会使溶解氧含量不断减少，甚至趋于零，使厌氧菌繁殖活跃，有机物质腐败，水质恶化。水中溶解氧小于3～4mg/L时，许多鱼类呼吸困难；再减少，则会导致鱼虾窒息死亡，一般规定水体中的溶解氧应不小于4mg/L。因此，溶解氧的测定，对了解水体自净作用的研究有重要意义，是评价水质的一项重要控制指标，另外，在水污染控制和废水处理工艺控制中，DO也是一项水质综合指标。

清洁水可直接采用碘量法来测定，该法准确、精密，但干扰较多。对于有色或含有氧化性及还原性物质、藻类、悬浮物等影响物质的受污染的地面水和工业废水必须用修正的碘量法来测定。

1. 碘量法

1) 方法原理

在水样中加入硫酸锰和碱性碘化钾，水中的溶解氧将低价锰(2价锰)氧化成高价锰(4价锰)，并生成4价锰的氢氧化物棕色沉淀。加酸后，沉淀溶解，4价锰又可氧化碘离子而释放出与溶解氧量相当的游离碘。以淀粉为指示剂，用硫代硫酸钠标准溶液滴定释放出的碘，可计算出溶解氧的含量。

$$MnSO_4 + 2NaOH \rightleftharpoons Na_2SO_4 + Mn(OH)_2 \downarrow$$
$$2Mn(OH)_2 + O_2 \rightleftharpoons 2MnO(OH)_2 \downarrow$$
$$（棕色沉淀）$$
$$MnO(OH)_2 + 2H_2SO_4 \rightleftharpoons Mn(SO_4)_2 + 3H_2O$$
$$Mn(SO_4)_2 + 2KI \rightleftharpoons MnSO_4 + K_2SO_4 + I_2$$
$$2Na_2S_2O_3 + I_2 \rightleftharpoons Na_2S_4O_6 + 2NaI$$

2) 测定步骤

(1) 溶解氧的固定：用吸管插入溶解氧瓶的液面下，加入1mL硫酸锰溶液、2mL碱性碘化钾溶液，盖好瓶塞，颠倒混合数次，静置。待棕色沉淀物降至瓶内一半时，再颠倒混合一次，待沉淀物下降到瓶底。一般在取样现场固定。

(2) 析出碘：轻轻打开瓶塞，立即用吸管插入液面下加入2.0mL硫酸。小心盖好瓶塞，颠倒混合摇匀至沉淀物全部溶解为止，放置暗处5min。

(3) 滴定：移取100.00mL上述溶液于250mL锥形瓶中，用硫代硫酸钠溶液滴定至溶液呈淡黄色，加入1mL淀粉溶液，继续滴定至蓝色刚好褪去为止，记录硫代硫酸钠溶液的用量。

3) 计算

$$溶解氧(O_2, mg/L) = \frac{c \times V \times 8 \times 1000}{100} \qquad (6-27)$$

式中，c为硫代硫酸钠标准溶液浓度，mol/L；V为滴定时消耗硫代硫酸钠标准溶液体积，mL；8为氧换算值，g。

如果水样呈强酸性或强碱性，可用氢氧化钠或硫酸调至中性后测定。当水中含有氧化性物质、还原性物质及有机物时，会干扰测定，应预先消除并根据不同的干扰物质采用修正的碘量法。

2. 修正的碘量法

1) 叠氮化钠修正法

水样中含有亚硝酸盐会干扰碘量法测定溶解氧，NO_2^- 在酸性溶液中，与 I^- 作用放出 I_2 和 N_2O_2，而引入误差。如果 N_2O_2 与新溶入的 O_2 继续作用，又形成 NO_2^-，并又将释放出更多的 I_2，如此循环，将引起更大的误差。

$$2NO_2^- + 2I^- + 4H^+ \Longleftrightarrow I_2 + N_2O_2 + 2H_2O$$
$$2N_2O_2 + 2H_2O + O_2 \Longleftrightarrow 4NO_2^- + 4H^+$$

此时在水样中加入叠氮化钠 NaN_3，将亚硝酸盐分解后再用碘量法测定。分解亚硝酸盐的反应如下。

$$2NaN_3 + H_2SO_4 \Longleftrightarrow 2HN_3 + Na_2SO_4$$
$$HNO_2 + HN_3 \Longleftrightarrow N_2O + N_2 + H_2O$$

亚硝酸盐主要存在于经生化处理的废水和河水中，当水样中 $NO_2^- > 0.05mg/L$、$Fe^{2+} < 1mg/L$ 时，可采用叠氮化钠修正法测定 DO。

测定步骤同碘量法，仅将试剂碱性碘化钾溶液改为碱性碘化钾-叠氮化钠溶液。

当水样中 3 价铁离子含量较高时，干扰测定，可加入氟化钾或用磷酸代替硫酸酸化来消除。即在水样采集后，用吸管插入液面下加入 1mL 40% 氟化钾，1mL 硫酸锰溶液和 2mL 碱性碘化钾-叠氮化钠溶液，盖好瓶盖，混均。以下步骤同碘量法。

测定结果按下式计算。

$$DO(O_2，mg/L) = \frac{c \times V \times 8 \times 1000}{V_水} \tag{6-28}$$

式中，c 为硫代硫酸钠标准溶液浓度，mol/L；V 为滴定消耗硫代硫酸钠标准溶液体积，mL；$V_水$ 为水样体积，mL。

应当注意，叠氮化钠是剧毒、易爆试剂，不能将碱性碘化钾-叠氮化钠溶液直接酸化，以免产生有毒的叠氮酸雾。

2) 高锰酸钾修正法

当水样中含有大量亚铁离子($Fe^{2+} > 1mg/L$)，不含其他还原剂及有机物时，可采用高锰酸钾修正法。水样在酸性条件下，用高锰酸钾氧化亚铁离子，消除干扰，过量的高锰酸钾用草酸钠溶液除去，生成的高价铁离子用氟化钾掩蔽。

测定步骤：水样采集到溶解氧瓶后，用吸管于液面下加入 0.7mL 硫酸、1mL 0.63% 高锰酸钾溶液、1mL 40% 氟化钾溶液，盖好瓶盖，颠倒混匀，放置 10min。如紫红色褪尽，需再加入少许高锰酸钾溶液使 5min 内紫红色不褪。然后用吸管于液面下加入 0.5mL 2% 草酸钾溶液，盖好瓶盖，颠倒混合几次，至紫红色于 2~10min 内褪尽。如不褪，再加入 0.5mL 草酸钾溶液，直至紫红色褪尽。以下步骤同叠氮化钠修正法。

测定结果按下式计算：

$$DO(O_2，mg/L) = \frac{V_1}{V_1 - R} \times \frac{c \times V \times 8 \times 1000}{100} \tag{6-29}$$

式中，c 为硫代硫酸钠标准溶液浓度，mol/L；V 为滴定消耗硫代硫酸钠标准溶液体积，mL；V_1 为水样体积，mL；R 为水样体积，mL。

6.6.4 生化需氧量(BOD)的测定

生化需氧量是指在规定的条件下，好氧微生物在分解水中有机物的生物化学氧化过程

中所消耗的溶解氧量。同时亦包括如硫化物、亚铁等还原性无机物质氧化所消耗的氧量，但这部分通常占很小比例，因此生化需氧量是表示水中有机物（主要是可生化降解的有机物）含量的重要指标。

在有氧的条件下，可生化降解有机物在微生物作用下好氧分解大体上分两个阶段。第一阶段是碳氧化阶段，即在异养菌的作用下，含碳有机物氧化为二氧化碳和水，含氮有机物被氧化为 NH_3，所消耗的氧量为 O_a，微生物在降解有机物的同时，进行内源呼吸消耗一定的氧量为 O_b，耗氧量 $O_a + O_b$ 称为第一阶段生化需氧量（总碳化需氧量或总生化需氧量）；第二阶段称为硝化阶段，即在自养菌（亚硝化菌和硝化菌）的作用下，NH_3 被氧化成亚硝酸盐和硝酸盐，第二阶段需氧量称为硝化需氧量。

由于有机物的生化过程延续时间很长，在 20℃ 水温下，完成两个阶段约需要 100 天以上。5 天的生化需氧量约占第一阶段生化需氧量的 $70\% \sim 80\%$，完成碳化阶段大约 20 天，因此常用 20 天的生化需氧量 BOD_{20} 作为总生化需氧量。在工程实用上，20 天时间太长，故用 5 天生化需氧量 BOD_5 作为可生物降解有机物的综合指标。对生活污水及与其接近的工业废水，硝化阶段在 5~7 天，甚至 10 天以后才显著进行，故目前国内外广泛采用的 20℃ 5 天培养法（BOD_5 法）测定 BOD 值一般不包括硝化阶段。

生化需氧量的经典测定方法是稀释接种法。测定生化需氧量的水样，采集时应充满并密封于瓶中，在 0~4℃ 下进行保存。一般应在 6h 内进行分析。若需要远距离转运，在任何情况下，储存时间不应超过 24h。

1. 方法原理

目前国内外普遍规定水样在 20 ± 1℃ 条件下培养 5d，分别测定样品培养前后的溶解氧，二者之差即为 BOD_5 值，以氧的 mg/L 表示。BOD_5 的测定根据水样中 DO 和有机物含量的多少，分为直接测定法和稀释测定法。如果水样中 DO 含量较高，有机物含量较少，5d 生化需氧量未超过 7mg/L，则可不经稀释，直接测定。对某些地表水及大多数工业废水，因含较多的有机物，需要稀释后再培养测定，以降低其浓度和保证有充足的溶解氧。

2. 适用范围

本方法适用于测定 BOD_5 大于或等于 2mg/L，最大不超过 6000mg/L 的水样。

3. 水样的稀释和接种

稀释的程度应使培养中所消耗的溶解氧大于 2mg/L，而剩余溶解氧在 1mg/L 以上。为了保证水样稀释后有足够的溶解氧，稀释水通常要通入空气进行曝气（或通入氧气），使稀释水中溶解氧接近饱和。稀释水中还应加入一定量的无机营养盐和缓冲物质，以保证微生物生长的需要，稀释水的 pH 值应为 7.2，其 BOD_5 应小于 0.2mg/L。

对水样中 BOD_5 的测定，除必要的 pH 值、养分和饱和 DO 等诸多要素外，还必须有降解有机物所需的微生物。如水样中缺乏微生物，则必须在稀释水中引入微生物，这种操作称为接种。当废水中存在着难于被一般生活污水中的微生物以正常速度降解的有机物或含有剧毒物质时，应将驯化后的微生物引入水样中进行接种。接种液可选择城市污水、表层土壤浸出液、含城市污水的河水或湖水、污水处理厂的出水等。当分析含有难于降解物质的废水时，在其排污口下游适当距离处取水样作为废水的驯化接种液。

稀释倍数：① 地表水：由测得的高锰酸盐指数与一定的系数的乘积，即求得稀释倍数，见表 6-5。

表 6-5　由高锰酸盐指数与一定的系数的乘积求得的稀释倍数

高锰酸盐指数/(mg·L^{-1})	系数	高锰酸盐指数/(mg·L^{-1})	系数
<5	—	10~20	0.4、0.6
5~10	0.2、0.3	>20	0.5、0.7、1.0

② 工业废水：由重铬酸钾法测得的 COD 值来确定，通常需作 3 个稀释比。使用稀释水时，由 COD 值分别乘以系数 0.075，0.15，0.225，即获得 3 个稀释倍数；使用接种稀释水时，则分别乘以 0.075，0.15 和 0.25 3 个系数。

4. 测定步骤

1) 直接测定法(不经稀释水样的测定)

水中 DO 含量较高、有机物含量较少的清洁地面水，一般 BOD$_5$< 7mg/L，可不经稀释直接测定。

(1) 直接以虹吸法将水样转移入两个溶解氧瓶内，转移过程中应注意不使其产生气泡，水样充满后并溢出少许，加塞，瓶内不应留有气泡。

(2) 其中一瓶立即测定水中溶解氧 c_1，另一瓶的瓶口进行水封后，放入培养箱中，在 20±1℃条件下培养 5d，培养过程中注意添加封口水。

(3) 从开始放入培养箱算起，经过 5 昼夜后，弃去封口水，测定剩余的溶解氧 c_2。

2) 稀释测定法(需经稀释水样的测定)

(1) 一般稀释法：根据确定的稀释比例，用虹吸法沿筒壁先引入部分稀释水(或接种稀释水)于 1000mL 量筒中，加入需要氧的均匀水样，再加入稀释水(或接种稀释水)至 800mL，用带胶板的玻璃棒小心上下搅匀。搅拌时勿使搅棒的胶板露出水面，防止产生气泡。然后按与直接测定法相同的操作步骤进行装瓶、测定当天溶解氧和培养 5d 后的溶解氧。另取两个溶解氧瓶，用虹吸法装满稀释水(或接种稀释水)作为空白试验，测定培养 5 天前后的溶解氧。

(2) 直接稀释法：直接稀释法是在溶解氧瓶内直接稀释。

在已知两个容积相同的溶解氧瓶内，用虹吸法加入部分稀释水(或接种稀释水)，再加入根据瓶容积和稀释比计算出的水样量，然后用稀释水(或接种稀释水)使其刚好充满，加塞，勿留气泡于瓶内。其余操作与上述一般稀释法相同。

测定 BOD$_5$ 时，一般采用叠氮化钠改良法测定溶解氧。如遇干扰物质，应根据具体情况采用其他修正的测定法。

5. 结果计算

1) 直接测定法(不经稀释直接培养的水样)

$$\mathrm{BOD_5(O_2，mg/L)}=c_1-c_2 \tag{6-30}$$

式中，c_1 为水样在培养前的溶解氧浓度，mg/L；c_2 为水样经 5d 培养后，剩余溶解氧浓度，mg/L。

2）稀释测定法（经稀释后培养的水样）

$$BOD_5(mg/L) = \frac{(c_1 - c_2) - (B_1 - B_2)f_1}{f_2}$$ （6-31）

式中，B_1 为稀释水（或接种稀释水）在培养前的溶解氧，mg/L；B_2 为稀释水（或接种稀释水）在培养后的溶解氧，mg/L；f_1 为稀释水（或接种稀释水）在培养液中所占比例；f_2 为水样在培养液中所占比例。

如果 2 个或 3 个稀释倍数的培养水样均消耗溶解氧 2mg/L 以上，且剩余的溶解氧大于 1mg/L，则取其测定计算结果的平均值为 BOD_5 数值。如果 3 个稀释倍数的培养水样均在上述范围以外，则应调整稀释倍数以后重做。

6.7 溴酸钾法

6.7.1 溴酸钾法的概述

溴酸钾法是利用溴酸钾做氧化剂的滴定方法。在水质分析中多用于测定苯酚等有机物。

溴酸钾（$KBrO_3$）是无色晶体或白色粉末，一种常用的强氧化剂。在酸性溶液中，$KBrO_3$ 与还原性物质反应，BrO_3^- 被还原为 Br^-，半反应为

$$BrO_3^- + 6H^+ + 6e^- \Longrightarrow Br^- + 3H_2O$$

$$\varphi^\theta_{BrO_3^-/Br^-} = 1.44V$$

$KBrO_3$ 易提纯，180℃烘干后，可直接配制成标准溶液。$KBrO_3$ 标准溶液的浓度也可以用间接碘量法标定。一定量的 $KBrO_3$ 与过量的 KI 作用析出 I_2，其反应如下。

$$BrO_3^- + 6I^- + 6H^+ \Longrightarrow Br^- + 3I_2 \downarrow + 3H_2O$$

析出的 I_2 用 $Na_2S_2O_3$ 标准溶液滴定。

溴酸钾法可以直接测定能与 $KBrO_3$ 迅速反应的还原性物质，如 As(Ⅲ)、Sb(Ⅲ)、Sn(Ⅱ)、Cu^+、联胺（N_2H_4）等。

实际中应用较多的是溴酸钾法与碘量法的配合使用。一定量的 $KBrO_3$ 标准溶液与水中还原性物质作用，用过量的 KI 在酸性条件下将剩余的 $KBrO_3$ 还原为 Br^-，析出游离的 I_2，最后以淀粉为指示剂，用 $Na_2S_2O_3$ 标准溶液滴定至终点。两种方法的配合使用在有机物分析中应用较多。尤其是利用 Br_2 的取代反应测定芳香族化合物，比如苯酚的测定。

6.7.2 水样中苯酚的测定

1. 方法原理

此法适用于测定含高浓度的挥发酚的工业废水。在含过量溴（由溴酸钾和溴化钾产生）的溶液中，酚与溴反应生成三溴苯酚，剩余的溴与碘化钾作用释放出游离碘。与此同时，溴代三溴苯酚也与碘化钾反应置换出游离碘。用硫代硫酸钠标准溶液滴定释放出的游离碘，并根据其消耗量，计算出以苯酚计的挥发酚含量，其反应式如下。

$$KBrO_3 + 5KBr + 6HCl \Longrightarrow 3Br_2 + 6KCl + 3H_2O$$

$$C_6H_5OH + 3Br_2 \Longrightarrow C_6H_2(Br)_3OH + 3HBr$$

$$C_6H_2Br_3OH + Br_2 \Longrightarrow C_6H_2Br_3OBr + HBr$$
$$Br_2 + 2KI \Longrightarrow 2KBr + I_2$$
$$C_6H_2Br_3OBr + 2KI + 2HC \Longrightarrow lC_6H_2Br_3OH + 2KCl + HBr + I_2$$
$$2Na_2S_2O_3 + I_2 \Longrightarrow 2NaI + Na_2S_4O_6$$

测定过程分为酚的溴化、碘的游离和滴定 3 个步骤。酚的溴化是加入 $KBrO_3$-KBr 溶液，使其在酸性条件下产生新生态的溴。因 $KBrO_3$-KBr 无挥发性，易于准确量取，故可以克服溴溶液易挥发、难以准确量取的缺点；同时，由于新生态的溴反应活性大，有利于溴化反应的进行。

测定时必须严格控制实验条件，如浓盐酸和 $KBrO_3$-KBr 溶液的加入量、反应时间和温度等，使空白滴定和样品滴定条件完全一致。

2. 结果计算

$$挥发酚(以苯酚计，mg/L) = \frac{(V_1 - V_2) \times c \times 15.68 \times 1000}{V} \tag{6-32}$$

式中，V_1 为空白试验滴定时硫代硫酸钠标液用量，mL；V_2 为水样滴定时硫代硫酸钠标液用量，mL；c 为硫代硫酸钠标准溶液物质的量浓度，mol/L；V 为水样体积，mL；15.68 为苯酚($1/6C_6H_5OH$)摩尔质量，g/mol。

6.8 水中有机污染物综合指标

6.8.1 总有机碳(TOC)的测定

总有机碳是以碳的含量表示水体中有机物质总量的综合指标。由于 TOC 的测定采用燃烧法，因此能将有机物全部氧化，它比 BOD 或 COD 更能反映有机物的总量。因此可用来评价水体中有机物污染的程度。

近年来已研制成各种类型的 TOC 测定仪，按工作原理可分为燃烧氧化-非分散红外吸收法、电导法、气相色谱法、湿法氧化-非分散红外吸收法等。目前广泛应用的测定 TOC 的方法是燃烧氧化-非分散红外吸收法。

该方法的测定原理是将一定量水样注入高温炉内的石英管，在 $900 \sim 950\,^{\circ}C$ 温度下，以铂和三氧化钴或三氧化二铬为催化剂，使有机物燃烧裂解转化为二氧化碳，然后用红外线气体分析仪测定 CO_2 含量，从而确定水样中碳的含量。因为在高温下，水样中的碳酸盐也分解产生二氧化碳，故上面测得的为水样中的总碳(TC)。为获得有机碳含量，可采用两种方法：一是将水样预先酸化，通入氮气曝气，驱除各种碳酸盐分解生成的二氧化碳后再注入仪器测定。另一种方法是使用高温炉和低温炉皆有的 TOC 测定仪。将同一等量水样分别注入高温炉($900\,^{\circ}C$)和低温炉($150\,^{\circ}C$)，则水样中的有机碳和无机碳均转化为 CO_2，而低温炉的石英管中装有磷酸浸渍的玻璃棉，能使无机碳酸盐在 $150\,^{\circ}C$ 分解为 CO_2，有机物却不能被分解氧化。将高、低温炉中生成的 CO_2 依次导入非分散红外气体分析仪，分别测得总碳(TC)和无机碳(IC)，二者之差即为总有机碳(TOC)。测定流程如图 6.2 所示。

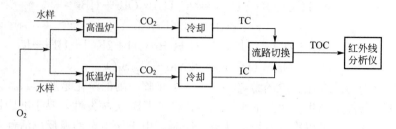

图 6.2　TOC 分析仪流程

6.8.2　总需氧量(TOD)的测定

总需氧量是指水中能被氧化的物质，主要是有机物质在燃烧中变成稳定的氧化物时所需要的氧量，结果以 O_2 的 mg/L 表示。

总需氧量用 TOD 测定仪测定。TOD 测定的原理是将一定量水样注入装有铂催化剂的石英燃烧管，通入含已知氧浓度的载气(氮气)作为原料气，则水样中的还原性物质在 900℃下被瞬间燃烧氧化。测定燃烧前后原料气中氧浓度的减少量，便可求得水样的总需氧量值。

TOD 值能反映几乎全部有机物质经燃烧后变成 CO_2、H_2O、NO、SO_2 等所需要的氧量。它比 BOD、COD 和高锰酸盐指数更接近于理论需氧量值。但它们之间也没有固定的相关关系。有的研究者指出，BOD_5/TOD$=0.1\sim0.6$；COD/TOD$=0.5\sim0.9$，具体比值取决于废水的性质。TOD 和 TOC 的比例关系可粗略判断有机物的种类。

本 章 小 结

本章介绍了氧化还原平衡及平衡常数、电极电位，条件电极电位，提高氧化还原反应速度的方法，氧化还原原理和滴定曲线，氧化还原指示剂，常用氧化还原滴定方法(高锰酸钾法、重铬酸钾法、碘量法)的方法原理及其在测定水中化学需氧量、溶解氧、生化需氧量的测定上的应用。

　知识链接

化学需氧量测定方法的发展

在水质监测分析中，化学需氧量(COD)是评价水体有机污染的一项综合性指标，能反映出水体受有机物污染程度，是我国实施排放总量控制的重要水质指标之一。它是工业污水和天然水有机物污染的重要评价指标之一，无论是造纸、印染、电镀、化纤等行业排放的工业废水，还是生活污水，都必须经过处理，使其 COD 值达到环境排污标准要求才允许排放。因此，在日益注重环保的今天，对 COD 指标的测定就显得尤为重要。COD 测定的国标方法是重铬酸钾法，该方法准确度高，重现性好，

测量范围宽，适应范围广，但是分析时间长，易产生二次污染，成本高，对操作过程要求严格。仅消解就需 2h，测定时需消耗大量浓硫酸、价格昂贵的硫酸银以及毒性较大的硫酸汞，同时 6 价铬是有毒重金属，对人体和环境都有较大的危害，产生二次污染。且对于某些难降解的有机物(如呋喃、吡啶、有机羧酸化合物等)的氧化能力极弱，对于含有该类物质的水体，其测定偏差大。

人们一直在对原有方法进行改进和寻找新的方法，如为缩短传统的回流消解时间采用密封消解法、快速开管消解法、微波消解法、声化学消解法，用无毒的硫酸铈做氧化剂，采用仪器分析的方法，如分光光度、单扫描极谱、流动注射、化学发光等方法。以上这些方法都是基于化学法的改进，基本原理没有改变，未能从根本上消除铬盐等二次污染问题。利用纳米 TiO_2 的光催化氧化性及 TiO_2 纳米管阵列光电催化氧化性，通过光催化和光电催化过程中产生的空穴和羟基自由基作为氧化剂的光催化和光电催化方法测定 COD，空穴和羟基自由基具有极强的氧化能力，可以氧化几乎所有的有机污染物，并能将有机物转化为 CO_2 和 H_2O。但是纳米 TiO_2 光催化和光电催化测定 COD 时，方法的稳定性、可靠性、可操作性等实际应用过程的关键问题，仍需进一步提高。利用臭氧的氧化性采用臭氧氧化法测 COD，臭氧是一种高效无二次污染的强氧化剂，但臭氧本身对有机物的氧化具有选择性，该法在难降解有机废水的监测中受到了限制。将臭氧与紫外光辐射相结合，在紫外光照下臭氧可加快分解产生羟基自由基，加快了废水中有机物的降解速率。采用 PbO_2 电极氧化法，Cu 电极氧化法和掺硼金刚石(BDD)电极氧化法，利用直接电解或电催化氧化降解有机物，通过考察氧化过程中电学参数的变化量与 COD 相关性进行快速在线测定。电化学法有处理效率高、操作简便、易于自控、对环境友好等优点，但存在电极稳定性差、寿命短、重金属二次污染、准确度差等问题。

综上所述，虽然重铬酸钾法存在一定的缺点，但各种可替代方法仍需进一步完善，还没有成熟的方法将其取而代之。研究适应性强，运行可靠，快速低耗，无二次污染的 COD 在线监测方法与监测仪器将成为未来该领域的主导方向。目前，我国的国标方法仍为重铬酸钾法。如采用其他氧化剂，必须与重铬酸钾法做对照试验，做出相关系数，以重铬酸钾法上报监测数据。

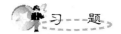 习 题

1. 选择题

(1) 已知在 $1mol/L H_2SO_4$ 溶液中，$\varphi_{MnO_4^-/Mn^{2+}} = 1.45V$，$\varphi_{Fe^{3+}/Fe^{2+}} = 0.68V$。在此条件下用 $KMnO_4$ 标准溶液滴定 Fe^{2+}，其计量点的电位值为(　　)。

    A. 0.38V   B. 0.73V   C. 0.89V   D. 1.32V

(2) 根据电极电位数据指出下列说法何者是正确的。已知：$\varphi_{F_2/F^-} = 2.87V$，$\varphi_{Cl_2/Cl^-} = 1.36V$，$\varphi_{Br_2/2Br^-} = 1.07V$，$\varphi_{I_2/2I^-} = 0.536V$，$\varphi_{Fe^{3+}/Fe^{2+}} = 0.77V$。(　　)

    A. 在卤离子中只有 I^- 能被 Fe^{3+} 氧化

    B. 在卤离子中只有 Br^- 和 I^- 能被 Fe^{3+} 氧化

    C. 在卤离子中除 F^- 外，都能被 Fe^{3+} 氧化

    D. 全部卤离子都能被 Fe^{3+} 氧化

(3) 将氯水慢慢加入到含溴离子和碘离子的溶液中，所产生的现象是(　　)。($\varphi_{Br_2/2Br^-} = 1.07V$，$\varphi_{Cl_2/2Cl^-} = 1.36V$，$\varphi_{Cl_2/2I^-} = 0.536V$)

    A. 无任何反应   B. 首先析出 I_2

    C. Br_2 先析出   D. Br_2、I_2 同时析出

(4) 在酸性介质中，用 $KMnO_4$ 溶液滴定草酸盐，滴定应(　　)。

A. 向酸碱滴定那样快速进行

B. 在开始时缓慢进行，以后逐渐加快

C. 始终缓慢地进行

D. 开始时快，然后缓慢

(5) 间接碘量法(即滴定碘法)中加入淀粉指示剂的适宜时间是(　　　)。

A. 滴定开始时

B. 滴定至溶液呈浅黄色时

C. 滴定至 I_3^- 离子的红棕色褪尽，溶液呈无色时

D. 在标准溶液滴定了近 50%

(6) 测定 COD 的方法属于(　　　)。

A. 直接滴定法　　　B. 间接滴定法　　　C. 返滴定法　　　D. 置换滴定法

2. 简答题

(1) 在 $1.0mol/L H_2SO_4$ 介质中用 Ce^{4+} 滴定 Fe^{2+} 时，使用二苯胺磺酸钠为指示剂，误差超过 0.1%，而加入 $0.5mol/L H_3PO_4$ 后，滴定的终点误差小于 0.1%，试说明原因。

(2) 解释高锰酸盐指数、COD、BOD_5 的物理意义，它们之间有何异同？

(3) 高锰酸钾标准溶液为什么不能直接配制，而需标定？

(4) 测定高锰酸盐指数时，$1mol/L$ 可氧化的有机碳相当于多少 $O_2(mg/L)$？

(5) 为什么碘量法测定溶解氧时必须在取样现场固定溶解氧？怎样固定？

(6) 重铬酸钾法中用试亚铁灵做指示剂时，为什么常用亚铁离子滴定重铬酸钾，而不是用重铬酸钾滴定亚铁离子？

3. 计算题

(1) 在 H_2SO_4 介质中，用 $0.1000mol/L Ce^{4+}$ 溶液滴定 $0.1000mol/L Fe^{2+}$ 时，若选用变色点电势为 0.94V 的指示剂，终点误差为多少？($\varphi^{\theta'}_{Fe^{3+}/Fe^{2+}}=0.68V$，$\varphi^{\theta'}_{Ce^{4+}/Ce^{2+}}=1.44V$)

(2) 称取 0.0632g 分析纯 $H_2C_2O_4 \cdot 2H_2O$ 配成 1L 溶液，取 10.00mL 草酸溶液，在 H_2SO_4 存在下用 $KMnO_4$ 滴定，消耗 $KMnO_4$ 溶液 10.51mL，求该 $KMnO_4$ 标准溶液浓度和草酸浓度。

(3) 计算在 $1mol/L HCl$ 溶液中，用 Fe^{3+} 滴定 Sn^{2+} 时，化学计量点的电势是多少？并计算滴定至 99.9% 和 100.1% 时的电势。说明为什么化学计量点前后，同样改变 0.1%，电势的变化不相同。若用电位滴定判断终点，与计算所得化学计量点电势一致吗？($\varphi^{\theta'}_{Fe^{3+}/Fe^{2+}}=0.68V$，$\varphi^{\theta'}_{Sn^{4+}/Sn^{2+}}=0.14V$)

(4) 用碘量法测定某水样的溶解氧，已知 $Na_2S_2O_3$ 的浓度为 $0.0120mol/L$，消耗量为 7.20mL，水样体积为 100mL，试计算该水样的溶解氧。

(5) 测定水样的 $KMnO_4$ 指数，取 100mL 水样，酸化后加 10mL $0.00202mol/L KMnO_4$ 溶液煮沸 10 分钟，再加入 $0.005238mol/L$ 草酸 10mL，最后用 3.40mL $KMnO_4$，恰滴至终点，求 $KMnO_4$ 指数。

(6) 某水样未经稀释直接测 BOD_5，水样培养前后溶解氧分别为 6.20、4.10mg/L，求该水样的 BOD_5 值。

（7）测定水样 BOD_5，测定数据如下：稀释水培养前后溶解氧 DO 分别为 9.30、9.10mg/L；另加水样 60 倍稀释后，样品培养前后 DO 分别为 9.12、5.59mg/L，求水样 BOD_5 值。

（8）用重铬酸钾法测定某水样化学需氧量，已知硫代硫酸钠的浓度为 0.09902mol/L，取水样体积为 20mL，空白值为 25.80mL，水样消耗硫酸亚铁铵的量为 12.10mL，试计算该水样的 COD 值。

（9）称取含有苯酚的试样 0.5000g。溶解后加入 0.1000mol/L $KBrO_3$ 溶液（其中含有过量 KBr）25.00mL，并加入 HCl 酸化，放置。待反应完全后，加入 KI。滴定析出的 I_2 消耗了 0.1003mol/L $Na_2S_2O_3$ 溶液 29.91mL。试计算试样中苯酚的百分含量。

【实际操作训练】

试设计测定以下混合物（或混合液）中各组分含量的分析方案。

$Sn^{2+} + Fe^{2+}$

$Sn^{4+} + Fe^{3+}$

$Cr^{3+} + Fe^{3+}$

$H_2O_2 + Fe^{3+}$

第7章
分光光度分析法

 本章教学要点

知识要点	掌握程度	相关知识	应用方向
光吸收的基本定律	熟悉	物质对光的选择性吸收，朗伯-比尔定律	了解光吸收定律进行定性定量分析
比色法和分光光度法	掌握	目视比色法，分光光度法	水质指标的分析
显色反应及其影响因素	了解	显色反应，显色剂，影响显色反应的因素	水质分析中反应条件的确定
光度测量误差和测量条件的选择	掌握	对朗伯-比尔定律的偏离，测量条件选择，标准曲线的制作	水质分析中反应条件的确定
在水质分析中的应用	重点掌握	测定水中金属离子、挥发酚、含氮的化合物、氰化物、硫化物等的测定方法	水质指标的分析

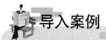导入案例

分光光度法是一种灵敏、快速、准确、简单的分析方法，水体中的多种无机和有机物均可测定。我国水和废水监测分析方法中有63个项目(占全部分析项目的35%)的测定采用分光光度法，如色度、浊度、氰化物、硫酸盐、氟化物、总氮、氨氮、硝酸盐氮、亚硝酸盐氮、磷、银、砷、铬、铜、汞、铁、镍、铅等金属，挥发酚、硝基苯、甲醛等有机污染物。随着分光光度法的发展及和其他方法的联用，其应用范围仍在进一步扩大。

分光光度法又称吸收光谱法，它利用吸收光谱来研究物质的性质和含量，是基于物质对光的选择性吸收而建立起来的分析方法。包括比色法、紫外及可见分光光度法、红外光谱法等。本章主要介绍紫外及可见分光光度法。

7.1 光吸收的基本定律

7.1.1 物质对光的选择性吸收

1. 光的基本性质

光是一种电磁波，具有波粒二象性。根据波长的不同，可以分为紫外光谱区(10~400nm)，可见光谱区(400~760nm)和红外光谱区($760\sim3\times10^5$nm)。不同波长的光具有不同的能量，波长越短、频率越高的光子，能量越大。由不同波长的光组成的光称为复合光。具有单一波长的光称为单色光。

通常所见的白光如日光，称为可见光。它是由红、橙、黄、绿、青、蓝、紫等色光按一定比例混合而成的，而且每一种颜色的光具有一定的波长范围。只要把特定颜色的两种光，按一定比例混合，可以得到白光，这两种特定颜色的光为互补光。

2. 物质对光具有选择性吸收的特性

各种物质会呈现不同的颜色，其原因是物质对不同波长的光选择性吸收的结果。如，当白光照射某一物质时，某些波长的光被物质吸收，物质的颜色就是透过或反射的光所呈现的颜色(即吸收光的补色光)。如果物质对各种波长的光全部吸收，则溶液呈黑色；如果全部不吸收或对各种波长的光的透过程度相同，则物质呈无色。例如，高锰酸钾溶液因吸收或最大程度吸收了白光中的绿色光而呈紫色。表7-1是物质颜色和吸收光颜色的关系。

所有原子或分子均能吸收电磁波，且对吸收的波长有选择性。吸收光谱的产生主要是因为分子的能量具有量子化的特征。光的吸收是物质与光相互作用的一种形式，物质分子对可见光的吸收必须符合普朗克条件：只有当入射光能量与物质分子能级间的能量差 ΔE 相等时，才会被吸收。

155

表 7-1　物质颜色和吸收光颜色的关系

物质颜色	吸收光	
	颜色	波长范围/nm
黄绿	紫	400~450
黄	蓝	450~480
橙	绿蓝	480~490
红	蓝绿	490~500
紫红	绿	500~560
紫	黄绿	560~580
蓝	黄	580~600
绿蓝	橙	600~650
蓝绿	红	650~750

$$\Delta E = h\nu = \frac{hc}{\lambda} \tag{7-1}$$

式中，ΔE 为吸光分子两个能级间的能量差；ν 为吸收光的频率；λ 为吸收光的波长；h 为普朗克常数。

分子对光的吸收比较复杂，这是由分子结构的复杂性所引起的。由电子能级跃迁而对光产生的吸收，位于紫外及可见光部分。在电子能级变化时，不可避免地也伴随着分子振动和转动能级的变化。物质对光的选择性吸收，是由于单一物质的分子只有有限数量的量子化能级的缘故。由于各种物质的分子能级千差万别，它们内部各能级间的能级差也不相同，因而选择吸收的性质反映了分子内部结构的差异。

3. 光吸收曲线

如果将各种波长的单色光，依次通过一定浓度的某一溶液，即可测得该溶液对各种单色光的吸收程度（即吸光度）。以波长为横坐标，吸光度 A 为纵坐标作图，可得到一条能描述物质对光吸收情况的曲线，称为光吸收曲线或吸收光谱曲线。根据这种曲线可以了解溶液对不同波长光的吸收情况。

图 7.1 是四个不同浓度的 $KMnO_4$ 溶液的光吸收曲线。从图 7.1 中可以看出：不同浓度的溶液的光吸收曲线的形状相似。在可见光范围内，$KMnO_4$ 溶液对波长 525nm 附近的绿色光吸收最大，而对紫色和红色光则吸收很少，几乎全部透过。因此，$KMnO_4$ 溶液呈紫红色。光吸收程度最大处的波长叫做最大吸收波长，常用 λ_{max} 表示。$KMnO_4$ 溶液的 $\lambda_{max} = 525nm$。浓度不同时，其最大吸收波长不变。各种物质都有其特征吸收曲线和最大吸收波长 λ_{max}。

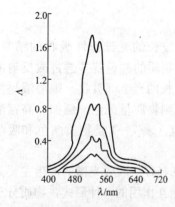

图 7.1　$KMnO_4$ 溶液的光吸收曲线

7.1.2 基本定律

1. 朗伯-比尔定律

1760 年朗伯(Lambert)研究发现物质对光的吸收与吸光物质的厚度的关系。1852 年比尔(Beer)研究了溶液的吸光度与溶液的浓度的定量关系，将二者结合即朗伯-比尔定律。朗伯-比尔定律是光吸收的基本定律。

当一束平行单色光通过任何均匀、非散射的固体、液体或气体介质时，一部分被吸收，一部分透过介质，一部分被器皿的表面反射。如图 7.2 所示，设入射光强度为 I_0'，吸收光强度为 I_a，透过光强度为 I_t，反射光强度为 I_r。

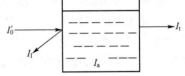

图 7.2 溶液对光吸收的示意图

$$I_0' = I_a + I_t + I_r$$

在分光光度分析法中，试液和空白溶液分别置于同样质料及厚度的吸收池中，然后让强度为 I_0 的单色光分别通过这两个吸收池，再测量其透过光的强度。此时反射光强度基本上是不变的，且其影响可以相互抵消。

$$I_0' = I_a + I_t$$

透过光强度 I_t 与入射光强度 I_0 之比称为透射比或透光度(Transmittance)，用 T 表示。溶液的透光度越大，表示它对光的吸收越小；透光度越小，表示它对光的吸收越大。

$$T = \frac{I_t}{I_0}$$

在入射光波长一定时，溶液对光的吸收程度只与溶液浓度和液层厚度有关，则

$$A = \lg \frac{I_0}{I_t} = Kbc$$

$$A = \lg \frac{I_0}{I_t} = \lg \frac{1}{T}$$

(7-2)

式中，K 为比例常数；A 为溶液的吸光度值，表示溶液对光的吸收程度。

式(7-2)是朗伯-比尔定律的数学表达式。朗伯-比尔定律表明：当一束单色光通过含有吸光物质的溶液后，溶液的吸光度与吸光物质的浓度及吸收层厚度成正比。这是进行定量分析的理论基础。比例常数 K 与吸光物质的性质、入射光波长及温度等因素有关。

当溶液中含有多种吸光物质，且各吸光物质对某一波长的单色光均有吸收。若各吸光物质之间相互不发生化学反应，则溶液的总吸光度应等于各吸光物质的吸光度之和。这一规律称吸光度的加和性。在测定过程中，吸光度具有"加和性"，这在测定多组分的混合物中有重要的意义。

$$A = A_1 + A_2 + \cdots + A_n = K_1 bC_1 + K_2 bC_2 + \cdots + K_n bC_n$$

2. 摩尔吸收系数和桑德尔灵敏度

式(7-2)中的比例常数 K 随 c、b 的单位不同而不同。当浓度 c 用 mol/L，液层厚度 b 用 cm 为单位表示，则 K 用 ε 来表示。ε 称为摩尔吸收系数，单位为 L/(mol·cm)，则朗

伯-比尔定律表示为

$$A = \varepsilon Lc \qquad (7-3)$$

式中，c 为溶液中溶质的浓度，mol/L；L 为样品溶液的光程，cm。

它表示溶液浓度为 1mol/L，液层厚度为 1cm 时溶液的吸光度，是吸光物质在一定条件下的特征常数，对特定物质在一定条件下为定值。因此 ε 值反映了物质对光的吸收能力，也可反映用吸光光度法测定该物质的灵敏度。ε 值愈大，表示该物质对入射光的吸收能力越强，方法的灵敏度越高(显色反应越好)。ε 值可以从实验中得到。

分光光度法的灵敏度还可以用桑德尔(Sandell)灵敏度(灵敏度指数) S 来表示。S 是指当分光光度计的检测极限 $A=0.001$ 时，单位截面积光程内所能检测出来的吸光物质的最低含量，其单位为 $\mu g/cm^2$，S 与 ε 及吸光物质摩尔质量 M 的关系为

$$S = \frac{M}{\varepsilon} \qquad (7-4)$$

7.2　比色法和分光光度法

许多物质是有颜色的，有色溶液颜色的深浅与这些物质的浓度有关，浓度越大、颜色越深。因此，可以用比较溶液颜色深浅来测定物质的浓度，这种测定方法称比色分析法。传统的比色法是目视比色法，随着近代测试仪器的发展，目前普遍采用分光光度计进行比色分析，应用分光光度计的分析方法称分光光度法。

7.2.1　目视比色法

用眼睛直接比较标准溶液和待测溶液颜色的深浅，来确定被测物质含量的方法叫目视比色法，常用的方法为标准色阶法。

1. 原理

将不同的浓度待测物质的标准溶液分别置于平底比色管(纳氏比色管)中，要求比色管的质料相同，高度、直径和壁厚也都要一致，向比色管中加入显色剂并稀释至同一刻度，经混合、显色后制成标准色列(或称标准色阶)。然后取一定体积试样，用与标准色阶一致的方法和条件显色，再用目视比色方法与标准色阶比较，确定试样中被测物质的浓度。该方法操作所用仪器简单，并且由于比色管较长，液层厚度较高，特别适用于浓度较低或颜色很浅的溶液的比色测定。

用标准溶液制成的标准色阶管携带不方便，且长时间放置还会退色，影响测定结果的准确性。因此实际上常使用人工标准色阶溶液或标准色板来代替，称为人工标准色阶。

人工标准色阶是按照溶液或试纸与被测物质反应所呈现的颜色，用不易退色的试剂或有色塑料制成的对应于不同被测物质浓度的色阶。

该类方法不需要特殊的设备，操作简单、灵活，灵敏度较高。缺点是准确度不高，但对生产现场、野外和广大农村、边远地区的应急分析具有一定的意义。

在水质分析中，可使用此方法测定 pH 值、金属离子和非金属离子、较清洁地面水或

地下水的色度等。

2. 水中色度的测定

水中色度的测定通常采用铂钴标准比色法和稀释倍数法。

铂钴标准比色法适用于较清洁的、带有黄色色调的天然水和饮用水的测定。铂钴标准比色法利用氯铂酸钾（K_2PtCl_6）和氯化钴（$CoCl_2 \cdot 6H_2O$）的混合溶液作为标准溶液。每升水中含有 1mg 铂（以六氯铂（IV）酸的形式）和 2mg $CoCl_2 \cdot 6H_2O$（相当于 0.5mg 钴）时所具有的颜色，称为 1 度。用铂钴标准溶液配制标准色阶系列，将水样与标准色列进行目视比较，以确定样品的色度。

稀释倍数法适用于受工业废水污染的地面水和工业废水颜色的测定。测定时，为说明废水的颜色种类，首先用文字描述，如绿、浅黄、红等。要定量说明废水的色度大小，可采用稀释倍数法。分取放置澄清的废水水样，用蒸馏水稀释成不同倍数，分取 50mL 分别置于 50mL 比色管中，在白色背景下观察稀释后水样的颜色，并与同体积蒸馏水做比较，一直稀释至不能察觉出颜色为止，记录此时的稀释倍数，以此表示该水样的色度，单位为倍。

7.2.2 分光光度法

1. 原理

借助分光光度计来测量一系列标准溶液的吸光度，绘制标准曲线，根据被测试液的吸光度，从标准曲线上求得被测物质的浓度或含量。

吸光光度法与目视比色法在原理上不同。吸光光度法是比较有色溶液对某一波长光的吸收情况，目视比色法则是比较透过光的强度。例如，测 $KMnO_4$ 的含量，吸光光度法测量的是 $KMnO_4$ 溶液对黄绿色光的吸收情况，目视比色法则是比较 $KMnO_4$ 溶液透过红紫色光的强度。

吸光光度法的特点：入射光是纯度较高的单色光，故偏离朗伯-比尔定律的情况大为减少，标准曲线直线部分的范围更大，分析结果的准确度较高。因此可任意选取某种波长的单色光，利用吸光度的加和性，同时测定溶液中两种或两种以上的组分。由于入射光的波长范围扩大了，许多无色物质，只要它们在紫外或红外光区域内有吸收峰，都可以测定。

2. 分光光度计的组成

分光光度计可分为单光束和双光束两类，由光源、单色器、吸收池、检测器和显示装置构成。分光光度计按工作波长范围可分为紫外可见分光光度计（主要用于无机物和有机物含量的测定）、红外分光光度计（主要用于结构分析）。

1) 光源

在可见光区测量时用 6～12V 钨丝灯为光源，发出波长为 320～2500nm 的连续光谱。采用电源稳压器，可使光源强度稳定，保证准确测量。在近紫外区测定时常采用氢灯或氘灯产生 180～375nm 的连续光谱作为光源。

2) 单色器

单色器是将光源发出的连续光谱分解为单色光的装置，由棱镜和光栅等色散元件及狭

缝和透镜等组成。此外，常用的滤光片也起单色器的作用。

3）吸收池

即比色皿，用于盛吸收试液，能透过所需光谱范围内的光线，是由玻璃或石英制成，规格厚度分为 0.5cm、1cm、2cm、3cm、5cm 等几种。每套比色皿不能随意调换。使用时应注意保持清洁、透明，避免磨损透光面。在紫外区应使用石英比色皿。

4）检测器

检测器分为光电管和光电倍增管，其作用是接受从比色皿发出的透射光并将其转换成电信号进行测量。光电倍增管是由光电管改进而成的，管中有若干个称为倍增极的附加电极。它的灵敏度比光电管高 200 多倍，适用波长范围为 160～700nm。

5）显示装置

显示装置的作用是把放大的信号以吸光度或透射比的方式显示或记录下来。分光光度计常用的显示装置是检流计、微安表、数字显示记录仪。

分光光度方法具有灵敏、准确、快速及选择性好等优点，它所测试液的浓度下限为 10^{-5}～10^{-6}mol/L，常用于微量组分的测定，是测定水中许多无机物和有机物含量的重要方法之一。

7.3 显色反应及其影响因素

7.3.1 显色反应和显色剂

1. 显色反应

在进行光度分析时，如果待测物质本身颜色较深，可以直接进行测定；如果待测物质是无色或颜色很浅，就先要把待测组分转变为有色化合物，然后进行光度测定。将待测组分转化成有色化合物的反应，称为显色反应，与被测物质形成有色化合物的试剂叫显色剂。在分析工作中，要选择合适的显色反应，并严格控制反应条件。

分光光度法应用的显色反应，主要有络合反应和氧化还原反应两大类，而络合反应是最主要的。显色反应的选择应遵循如下原则。

(1) 选择性好，干扰少或干扰容易消除；

(2) 灵敏度高，应选择生成的有色物质的摩尔吸光系数 ε 较大的显色反应，一般 ε 在 10^4～10^5L/(mol·cm) 之间。如许多金属离子与双硫腙的反应灵敏度都是较高的，但要同时综合考虑选择性；

(3) 有色化合物的组成要恒定，化学性质要稳定，不易受外界环境条件的影响，也不受溶液中其他化学因素的影响；

(4) 有色化合物和显色剂之间的颜色差别要大，即显色剂对光的吸收与络合物的吸收有明显区别，一般要求两者的最大吸收波长相差在 60nm 以上；

(5) 显色条件易于控制，以便提高重现性和方法的精密度。

2. 显色剂

可用于显色反应的显色剂有无机显色剂和有机显色剂两种。在光度分析中，无机显色剂由于与生成的有色化合物不够稳定，灵敏度和选择性也不高，应用较少，如用 KSCN 显色测铁、钼、钨和铌；用钼酸铵显色测硅、磷和钒；用 H_2O_2 显色测钛等。

有机显色剂及其生成的络合物的颜色与其分子结构有关。有机显色剂分子中含有生色团(Chromophoric Group)和助色团(Auxochrome Group)。生色团是某些含不饱和键的基团，如偶氮基、对醌基和羰基等。这些基团中的 π 电子被激发时需能量较小，可吸收波长 200nm 以上的可见光而显色。助色团是含孤对电子的基团，如氨基、羟基和卤代基等。这些基团与生色团上的不饱和键作用，使颜色加深。常用的有机显色剂有偶氮类显色剂和三苯甲烷显色剂，常用的有机显色剂及部分测定的物质见表 7－2。

表 7－2　常用的有机显色剂及其测定的物质

显色剂		测定元素	λ_{max}（nm）	ε L/(mol·cm)	pH
名称	类型				
磺基水杨酸	OO 型螯合剂	Fe^{3+}	520	$1.6×10^3$	1.8～2.5
丁二酮肟	偶氮类螯合显色剂	Ni^{2+}	470	$1.3×10^4$	11～12
邻二氮菲	偶氮类螯合显色剂	Fe^{2+}	508	$1.1×10^4$	3～9
双硫棕	含 S 显色剂	Cu^{2+}	550	$4.52×10^4$	酸性
		Pb^{2+}	520	$6.88×10^4$	8.5～9.5
		Zn^{2+}	535	$9.60×10^4$	4.0～5.5
		Cd^{2+}	518	$8.56×10^4$	强碱
铬天青 S	三苯甲烷类显色剂	Al^{3+}	530	$5.9×10^4$	5～5.8
二甲酚橙	三苯甲烷类显色剂	Bi^{3+}	520	$1.6×10^4$	
		Cu^{2+}	580	$2.41×10^4$	5.4～6.4
		pb^{2+}	580	$1.94×10^4$	4.5～5.5
		Zr^{4+}	535	$3.18×10^4$	
		Th^{4+}	535	$2.50×10^4$	

7.3.2　影响显色反应的因素

分光光度法是测定显色反应达到平衡后溶液的吸光度，因此要得到准确的结果，必须了解影响显色反应的因素，控制适当的条件，使显色反应完全和稳定。显色反应的主要影响因素有溶液的酸度、显色剂的用量、显色时间、显色温度、溶剂、干扰消除等。

1. 溶液的酸度

溶液酸度对显色反应的影响表现为以下几方面。

（1）影响显色剂的平衡浓度和颜色。显色反应所用的显色剂大部分为有机弱酸，溶液酸度的变化，直接影响显色剂的离解程度，并影响显色反应的完全程度。另外，许多显色剂具有酸碱指示剂的性质，不同 pH 值下具有不同的颜色。

（2）影响被测金属离子的存在状态。大多数金属离子都易水解，特别是 pH 值较低时，可生成一系列氢氧基或多和氢氧基络离子，酸度更低时 还会生成碱式盐或氢氧化物沉淀，从而影响显色反应。

（3）影响络合物的组成。对于某些生成逐级络合物的显色反应，酸度不同，络合物的络合比往往不同，其颜色也不相同，在实验时需要严格控制酸度。一般通过实验确定适宜的 pH 值范围，通过缓冲溶液控制显色反应的 pH 值。如用双硫棕测 Zn^{2+} 时，用乙酸盐缓冲溶液控制 pH 值为 4.0～5.5。

2. 显色剂的用量

显色反应可表示为

$$M（被测组分）+R（显色剂） \rightleftharpoons MR（有色络合物）$$

显色反应一般是可逆的，为使显色反应进行完全，需加入过量的显色剂。但显色剂不是越多越好。有些显色反应，显色剂加入太多，会引起副反应，反而对测定不利，所以实验中显色剂的加入量要适宜。在实际工作中通过实验来确定显色剂的用量。试验方法是固定被测组分的浓度和其他条件，只改变显色剂的用量(C_R)，测吸光度 A，并绘制 $A-C_R$ 的关系曲线，若 C_R 显值在某个范围内时测得的吸光度无明显增大，C_R 值即在此范围内选取。

3. 显色时间

有些显色反应瞬间完成，溶液颜色很快达到稳定状态，并在较长时间内保持不变；有些显色反应虽能迅速完成，但有色络合物的颜色很快开始褪色；有些显色反应进行缓慢，溶液颜色需经一段时间后才稳定。制作吸光度-时间曲线确定适宜时间。

4. 显色温度

显色反应大多在室温下进行。但是，有些显色反应则必需加热至一定温度完成。显色反应的适宜温度同样由实验确定。

5. 溶剂

有机溶剂通过降低有色化合物的离解度，提高显色反应的灵敏度。如偶氮氯膦Ⅲ测定 Ca^{2+} 时，加入乙醇后颜色加深，吸光度显著增加。溶剂还可提高显色反应的速率，影响有色络合物的溶解度和组成等。

6. 干扰及其消除方法

试样中存在的干扰物质会影响被测组分的测定。例如干扰物质本身有颜色或与显色剂反应；干扰物质与被测组分反应或显色剂反应，使显色反应不完全；干扰物质在测量条件下从溶液中析出，使溶液变混浊等。

消除干扰，可采取以下几种方法。

（1）控制溶液酸度；

（2）加入掩蔽剂，选取的条件是掩蔽剂不与待测离子作用，掩蔽剂以及它与干扰物质形成的络合物的颜色应不干扰待测离子的测定；

（3）利用氧化还原反应，改变干扰离子的价态；

（4）选择合适的测量条件，如做空白试验、选择适当的波长、选用适宜参比溶液、增加显色剂的用量等方法可消除显色剂和某些干扰物质的影响；

（5）分离，以上方法均不奏效时，可采用适当的分离方法去除干扰物质。

7.4 光度测量误差和测量条件的选择

7.4.1 测量条件的选择

1. 测量波长的选择

为了使测定结果有较高的灵敏度，入射光的波长应根据吸收曲线，选择被测物质的最大吸收波长。选用这种波长的光进行分析，不仅灵敏度高，且能减少或消除由非单色光引起的对朗伯-比尔定律的偏离，使结果更准确。

但是，如果在最大吸收波长处有其他吸光物质干扰测定时，则选择另一灵敏度稍低但能避开干扰的波长入射光。例丁二酮肟光度法测镍，络合物丁二酮肟镍的最大吸收波长为470nm，当试样中有 Fe^{3+} 干扰测定时，需用酒石酸钠掩蔽，但酒石酸钠和铁形成的络合物在470nm处也有一定吸收，干扰镍的测定。为避免铁的干扰，可以选择波长520nm进行测定，虽然测镍的灵敏度有所降低，但此时酒石酸铁不干扰镍的测定，如图7.3所示。

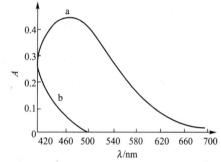

图7.3 吸收曲线
a—丁二酮镍；b—酒石酸铁

2. 吸光度范围的选择

在实际工作中，一般应控制标准溶液和被测试液的吸光度在0.2～0.8范围内。可通过控制溶液的浓度或选择不同厚度的吸收池来达到目的。

3. 参比溶液的选择

在分光光度法中，利用参比溶液来调节仪器的零点，消除由吸收池壁、溶剂、试剂对入射光的反射和吸收等带来的误差，扣除干扰的影响。

选择参比溶液的原则有以下几条。

（1）当试液及显色剂均无色时，以蒸馏水作参比溶液。

（2）当显色剂为无色，被测试液中存在其他有色离子时，用不加显色剂的被测试液作参比溶液。

（3）当显色剂有颜色时，可选择不加试样溶液的试剂空白作参比溶液。

（4）当显色剂和试液均有颜色时，可将一份试液加入适当掩蔽剂掩蔽被测组分，而显色剂及其他试剂均按试液测定方法加入，以此溶液作为参比溶液，这样就可以消除显色剂和一些共存组分的干扰。

（5）改变试剂加入顺序，使被测组分不发生显色反应，可以此溶液作为参比溶液。

4. 标准曲线的制作

分光光度法中最常用的定量方法是采用标准曲线进行定量，标准曲线的制作方法：在选定的实验条件下，分别测量一系列不同含量的标准溶液的吸光度，以标准溶液中待测组分的含量为横坐标，吸光度为纵坐标作图，得到一条通过原点的直线，称为标准曲线，此时测量待测溶液的吸光度，在标准曲线上就可以查到与之相对应的被测物质的含量。

有时会出现标准曲线不通过原点的情况。造成这一现象的原因很多，如参比溶液选择不当，吸收池厚度不均，吸收池位置不妥，吸收池透光面不清洁等。另外如果有色络合物的离解度较大，特别是当溶液中还有其他络合剂时，常使被测物质在低浓度时显色不完全。实际工作中应根据实际情况找出原因，加以避免。

7.4.2　对朗伯-比尔定律的偏离

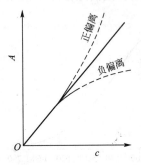

**图 7.4　标准曲线及对
朗伯-比尔定律的偏离**

在分光光度分析中，一般情况下，所测吸光度值与水样中被测物质的浓度应是直线关系；但实际工作中，经常出现标准曲线不呈直线的情况，特别是当吸光物质浓度较高时，明显地看到通过原点向浓度轴弯曲的现象（少数向吸光度轴弯曲），如图 7.4 所示。这种情况称为偏离朗伯-比尔定律。若在曲线弯曲部分进行定量，将会引起较大的误差。

由 7.1.2 节讨论可知，朗伯-比尔定律的理想适用条件为入射光为平行单色光，均相介质且无发射、散射或光化学反应发生。偏离朗伯-比尔定律的原因主要是仪器或溶液的实际条件与朗伯-比尔定律所要求的理想条件不一致。

1. 非单色光引起的偏离

朗伯-比尔定律只适用于单色光，但由于单色器色散能力的限制和出口狭缝需要保持一定的宽度，所以目前各种分光光度计得到的入射光实际上都是波长范围较短的复合光。由于物质对不同波长光的吸收程度的不同，因而导致对朗伯-比尔定律的偏离。

为克服非单色光引起的偏离的措施：使用性能优良的单色器，从而获得纯度较高的"单色光"，使标准曲线有较宽的线性范围；入射光波长选择在被测物质的最大吸收处，保证测定有较高的灵敏度，且 ε 值在最大吸收波长附近大体相等；应选择适当的浓度范围，使吸光度读数在标准曲线的线性范围内；做空白试验。

2. 由溶液本身的原因引起的偏离

朗伯-比尔定律要求吸光物质的溶液是均匀的。如果被测溶液不均匀，是胶体溶液、乳浊液或悬浮液时，入射光通过溶液后，除一部分被试液吸收外，还有一部分因散射现象而损失，使透射比减少，因而实测吸光度增加，使标准曲线偏离直线向吸光度轴弯曲。故在光度法中应避免溶液产生胶体或混浊。

溶液中的吸光物质常因离解、缔合、形成新化合物或互变异构等化学变化而改变其浓度，因而导致偏离朗伯-比尔定律。在分析测定中，要严格控制反应条件，使被测组分以一种形式存在，以克服化学因素所引起的对朗伯-比尔定律的偏离。

另外，如果溶液中存在各种干扰物质也可能导致试验结果偏离朗伯-比尔定律，因此根据实际情况采取措施消除干扰。

7.4.3 仪器的测量误差

仟何分光光度计都有 定的测量误差，这种误差来源于光源不稳、光电转换器不灵敏、比色皿透光率不一致、标尺读数不准等。对于结构条件已定的光度计，吸光度（或透光率）的读数误差是测量误差的主要影响因素，也是衡量仪器精度的主要指标之一，而透光率读数误差是一个常数，约为 $±0.01 \sim ±0.02$。

若在测量吸光度 A 时，产生了一个微小的误差 dA，则测量 A 的相对误差 TE 为

$$TE = \frac{dA}{A}$$

根据朗伯-比尔定律 $A = \varepsilon bc$

当液层厚度 b 为定值时，两边微分得 $dA = \varepsilon b dc$

将二式相除，并整理得 $\frac{dA}{A} = \frac{dc}{c}$

可见，c 与 A 测量的相对误差完全相等。

由透光度与吸光度的关系可知 $A = -\lg T = -0.434 \ln T$

两边微分得 $dA = -0.434 \frac{dT}{T}$

将二式相除，得 $\frac{dA}{A} = \frac{dT}{T \ln T}$

可见，A 与 T 的测量相对误差并不相等。

则由噪音引起的浓度 c 的测量误差为

$$TE = \frac{dc}{c} \times 100\% = \frac{dA}{A} \times 100\% = \frac{dT}{T \ln T} \times 100\% \qquad (7-5)$$

由式（7-5）可知，浓度测量的相对误差 $\Delta c/c$ 不仅与仪器的读数误差 ΔT 有关，而且也与被测溶液的透光率有关。大多数光度计透光率的读数误差 ΔT 变化在 $±0.01 \sim ±0.02$ 范围内，对一给定的光度计来说，其透光率读数误差 ΔT 是一常数。如果 T 的测量绝对误差 $dT = \Delta T = ±0.01$，则

$$TE = \frac{dT}{T \ln T} \times 100\% = ±\frac{1}{T \ln T}\%$$

计算不同 T 值时的相对误差的绝对值，以 T 为横坐标，TE 为纵坐标作图，如图 7.5 所示。从图中可以看出，在 $T = 15\% \sim 65\%$（$A = 0.8 \sim 0.2$）的范围内，测量的相对误差变化非常小，

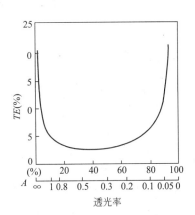

图 7.5　浓度相对误差与透光率的函数关系（$\Delta T = 0.01$）

且与最小误差很接近。

7.5 分光光度法在水质分析中的应用

分光光度法在水质分析中的应用非常广泛，在我国水质常规监测中约有63种，占35%的分析项目采用分光光度法测定，如水的物理性质浊度、色度、金属离子、挥发酚、含氮的化合物、氰化物、硫化物等，现简要介绍常见的污染物的测定。

7.5.1 浊度的测定

浊度是表现水中悬浮物对光线透过时所发生的阻碍程度。浊度是由水中含有泥土、粉沙、有机物、无机物、浮游生物和其他微生物等悬浮物和胶体物质所造成的，可使光散射或吸收。水的浊度是天然水和饮用水的一个重要水质指标，我国饮用水标准规定浊度不超过1度，特殊情况不超过3度。

测定浊度的方法有分光光度法、目视比浊法等。

1. 分光光度法

在适当温度下，用硫酸肼 $[(NH_2)_2SO_4 \cdot H_2SO_4]$ 与六次甲基四胺 $[(CH_2)_6N_4]$ 聚合，形成白色高分子聚合物，以此作为浊度标准液，吸取不同体积的浊度标准溶液配制浊度为0~100的标准系列，于680nm波长处，分别测其吸光度，并绘制吸光度-浊度标准曲线。在一定条件下与水样浊度相比较。

分光光度法适用于饮用水、天然水浊度的测定，最低检测浊度为3度。硫酸肼毒性较强，属致癌物质，取用时需注意。

2. 目视比浊法

将水样与由硅藻土(或白陶土)配制的浊度标准液进行比较，选出与水样视觉效果相近的标准悬浊液，记下其浊度值，即为测定水样的浊度度。规定相当于1mg一定粒度的硅藻土(或白陶土)在1000mL水中所产生的浊度为1度。

目视比浊法适用于饮用水和水源水等低浊度的水，最低检测浊度为1度。

7.5.2 废水中 Cd^{2+} 的测定

镉的毒性很大，进入人体后，主要累积于肝、肾和脾脏内，引起泌尿系统的功能变化，还可导致骨质疏松和软化。水中镉浓度为0.2~1.1mg/L时可使鱼类死亡，浓度为0.1mg/L时可抑制水体的自净作用，农灌水中含镉0.007mg/L时，即可造成污染，日本的痛痛病即镉污染所致。镉是我国实施排放总量控制的指标之一。废水中 Cd^{2+} 的测定可采用双硫腙分光光度法。

双硫腙分光光度法是利用镉离子在强碱性条件下与双硫腙生成红色螯合物，用三氯甲烷萃取分离后，于518nm波长处测其吸光度，与标准溶液比较定量。

反应式如下。

$$Cd^{2+} + 2S=C \begin{array}{c} H \quad C_6H_5 \\ | \quad | \\ N-N-H \\ | \\ N=N \\ | \\ C_6H_5 \end{array} \longrightarrow S=C \begin{array}{c} H \quad C_6H_5 \\ | \quad | \\ N-N \\ \quad \quad Cd \\ N=N \\ | \\ C_6H_5 \end{array} \begin{array}{c} C_6H_5 \\ | \\ N=N \\ \quad \quad C=S + 2H^+ \\ N-N \\ | \\ C_6H_5H \end{array}$$

最大吸收波长为518nm, 镉-双硫腙螯合物的摩尔吸光系数为 $8.56 \times 10^4 L/(mol \cdot cm)$。水样中含铅 20mg/L、锌 30mg/L、铜 40mg/L、锰和铁 4mg/L 时, 不干扰测定; 镁离子浓度达 20mg/L 时, 需加酒石酸钾钠掩蔽。当水样中含有大量有机污染物时, 需将水样消解后测定。

7.5.3 水中铬的测定

在水体中, 铬主要以3价和6价态出现。6价铬一般以 CrO_4^{2-}、$HCr_2O_7^-$、$Cr_2O_7^{2-}$ 三种阴离子形式存在, 受水体 pH 值、温度、氧化还原物质、有机物等因素的影响。

铬是生物体所必需的微量元素之一, 它的毒性与其存在的价态有关, 6价铬具有强毒性, 为致癌物质, 易被人体吸收而且在体内蓄积, 导致肝癌。我国把6价铬规定为实施总量控制的指标之一。天然水中铬的含量很低, 通常为 $\mu g/L$ 或小于 $\mu g/L$ 水平。陆地天然水中一般不含铬, 海水中铬的平均质量浓度为 $0.05\mu g/L$。当水中6价铬的浓度为 1mg/L 时, 水呈淡黄色并有涩味, 3价铬浓度为 1mg/L 时, 水的浊度明显增加, 3价铬化合物对鱼的毒性比6价铬大。

清洁的水样可直接用二苯碳酰二肼分光光度法测6价铬。如测总铬, 用高锰酸钾将3价铬氧化成6价铬, 再用二苯碳酰二肼分光光度法测定。

在酸性介质中, 6价铬与二苯碳酰二肼(DPC)反应, 生成紫红色络合物, 其色度在一定浓度范围内与含量成正比, 于最大吸收波长 540nm 处进行比色测定, 利用标准曲线法确定水样中铬的含量。化学反应式为

$$O=C \begin{array}{c} NH-NH-C_6H_5 \\ \\ NH-NH-C_6H_5 \end{array} + Cr^6 \longrightarrow O=C \begin{array}{c} NH-NH-C_6H_5 \\ \\ N=NH-C_6H_5 \end{array} + Cr^{3+} \longrightarrow 紫红色配合物$$

$$\quad\quad (DPC) \quad\quad\quad\quad\quad\quad\quad\quad\quad (苯肼羟基偶氮苯)$$

本法适用于地表水和工业废水中6价铬的测定。当取样体积为 50mL、使用光程为 30mm 的比色皿时, 此方法的最低检出质量浓度为 0.004mg/L。若使用光程为 10mm 比色皿, 测定上限为 1mg/L。

必须注意的是: 水样应在取样当天分析, 因为在保存期间6价铬会损失; 另外, 水样应在中性或弱碱性条件下存放。已有实验证实, 在 pH 值为2的条件下保存水样, 1天之内6价铬全部转化为3价铬。

7.5.4 水中氰化物的测定

氰化物包括简单氰化物、络合氰化物和有机氰化物(腈)。简单氰化物易溶于水、

毒性大；络合氰化物在水体中受 pH 值、水温和光照等影响离解为毒性强的简单氰化物。

地表水一般不含氰化物，其主要污染源是小金矿的开采、冶炼、电镀、焦化、造气、选矿、有机化工、有机玻璃制造、化肥等工业废水。氰化物可能以 HCN、CN^- 和络合氰离子的形式存在于水中。饮用水、地表水、生活污水和工业废水中氰化物的测定均可采用异烟酸-吡唑啉酮分光光度法和异烟酸-巴比妥酸分光光度法。

试样测定之前，要先进行预处理。通常是将水样在酸性介质中进行蒸馏，把能形成氰化氢的氰化物（全部简单氰化物和部分络合氰化物）蒸出，使之与干扰组分分离。常用的蒸馏方法有以下两种。

（1）向水样中加入酒石酸和硝酸锌，调节 pH 值为 4，加热蒸馏。简单氰化物及部分络合氰化物（如 $Zn(CN)_4^{2-}$）以氰化氢形式被蒸馏出来，用氢氧化钠溶液吸收。用此蒸馏液测得的氰化物为易释放的氰化物。

（2）向水样中加入磷酸和 EDTA，在 pH<2 的条件下加热蒸馏。此时可将全部简单氰化物和除钴氰络合物外的绝大部分络合氰化物以氰化氢的形式蒸馏出来，用氢氧化钠溶液吸收。取该蒸馏液测得的结果为总氰化物。

1. 异烟酸-吡唑啉酮分光光度法

取一定量预蒸馏溶液，调节 pH 值至中性，加入氯胺 T 溶液，则氰离子被氯胺 T 氧化生成氯化氰（CNCl）；再加入异烟酸-吡唑啉酮溶液，氯化氰与异烟酸作用，经水解生成戊烯二醛，最后与吡唑啉酮进行缩合反应，生成蓝色染料，其色度与氰化物的含量成正比。可在 638nm 波长下，进行吸光度测定，用标准曲线法定量，显色反应如下。

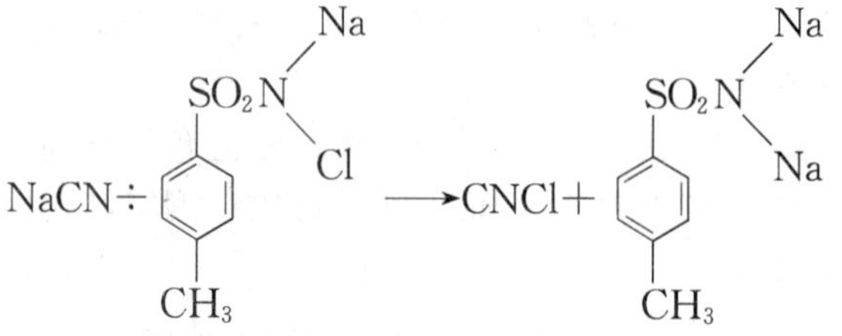

（氯胺 T）

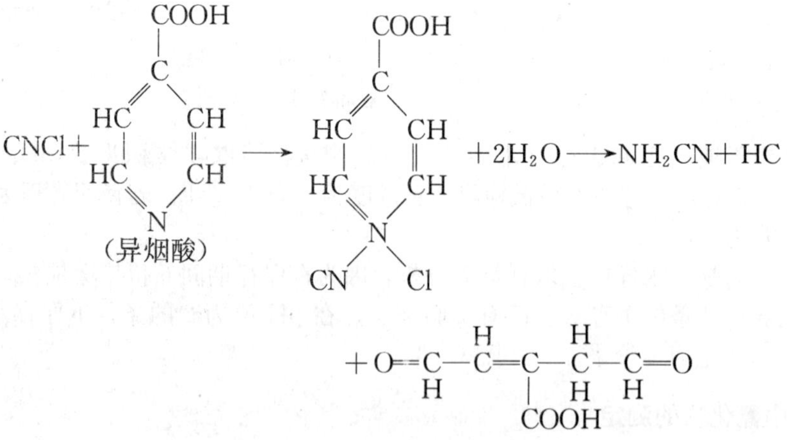

（异烟酸）

（戊烯二醛）

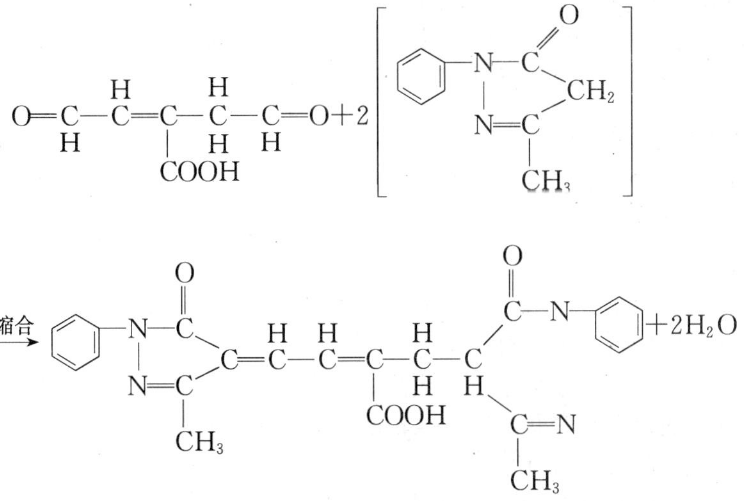

（蓝色染料）

当氰化物以 HCN 存在时，易挥发。因此，从加缓冲溶液后，每一步骤都要迅速操作，并随时盖严塞子。但吸收液用较高浓度的氢氧化钠溶液时，加缓冲溶液前应以酚酞为指示剂，滴加盐酸至红色褪去。水样与标准曲线均应为相同的氢氧化钠浓度。

2. 异烟酸-巴比妥酸分光光度法

方法原理：在弱酸性条件下，水样中氰化物与氯胺 T 作用生成氯化氰，然后与异烟酸反应，经水解生成戊烯二醛，戊烯二醛再与巴比妥酸发生缩合反应，生成紫蓝色化合物，在一定浓度范围内，其色度与氰化物含量成正比，在 600nm 波长处比色定量。

7.5.5 水中含氮化合物的测定

水中氮、磷含量过高，会造成水体的富营养化。人们对水和废水中关注的几种形态的氮是氨氮、亚硝酸盐氮、硝酸盐氮、有机氮和总氮。前四者之间可通过生物化学作用相互转化，总氮是前四者之和。测定各种形态的含氮化合物，有助于评价水体被污染和自净状况。

1. 氨氮的测定

氨氮(NH_3-N)以游离氨(NH_3)或铵盐(NH_4^+)的形式存在于水中，两者的组成比取决于水的 pH 值和水温。当 pH 值偏高时，游离氨的比例较高；反之，则铵盐的比例较高。水温的影响则相反。

水中氨氮主要来源于生活污水中含氮有机物受微生物作用的分解产物，焦化、合成氨等工业废水，以及农田排水等。另外，在厌氧条件下，水中存在的亚硝酸盐也可受微生物作用，还原为氨。氨氮含量较高时，对鱼类呈现毒害作用，对人体也有不同程度的危害。

氨氮的测定可采用纳氏试剂光度法。方法原理：碘化汞和碘化钾的碱性溶液(纳氏试剂)与氨反应生成从黄色到淡红棕色的胶态化合物，此颜色在较宽的波长范围内具有强烈吸收性，通常在波长为 $410\sim425nm$ 范围内，用分光光度法或比色法测定。反应式为

$$2K_2[HgI_4]+NH_3+3KOH \longrightarrow NH_2Hg_2IO(黄棕色)+7KI+2H_2O$$

纳氏试剂比色法检测的最低质量浓度：目视比色法为 0.02mg/L，分光光度法为

0.025mg/L，测定上限为 2mg/L。水样做适当的预处理后，该法可适用于地面水、地下水、工业废水和生活污水的氨氮测定。该法测试水样中的氨氮具有操作简便、灵敏度较高、反应稳定等特点，而且反应条件不苛刻。

2. 亚硝酸盐氮的测定

亚硝酸盐（$NO_2^- - N$）是氮循环的中间产物，不稳定。在氧和微生物的作用下可被氧化成硝酸盐，在缺氧条件下也可被还原为氨。亚硝酸盐可使人体正常的血红蛋白（低铁血红蛋白）氧化成高铁血红蛋白，发生高铁血红蛋白症，失去血红蛋白在体内输送氧的能力，出现组织缺氧症状。亚硝酸盐可与仲胺类反应生成致癌的亚硝胺类物质。亚硝酸盐很不稳定，一般在天然水中的含量不超过 0.1mg/L。

分光光度法测水中亚硝酸盐通常采用重氮-偶联反应，使之生成红紫色染料。该法灵敏、选择性强，所用重氮和偶联试剂种类较多，最常用的分别为对氨基苯磺酰胺和对氨基苯磺酸和 N-(1-萘基)-乙二胺和 α-萘胺。常用 N-(1-萘基)-乙二胺分光光度法。

方法原理：在 pH 值为 1.8 ± 0.3 磷酸介质中，亚硝酸盐与对氨基苯磺酰胺反应，生成重氮盐，再与 N-(1-萘基)-乙二胺偶联生成红色染料，在 540nm 波长处比色测定。显色反应式如下。

$$NH_2SO_2C_6H_4NH_2 \cdot HCl + HNO_2 \xrightarrow{重氮化} NH_2SO_2C_6H_4N \equiv NCl + 2H_2O$$

$$NH_2SO_2C_6H_4N \equiv NCl + C_{10}H_7NHCH_2CH_2NH_2 \cdot 2HCl$$

$$\xrightarrow{偶联} NH_2SO_2C_6H_4N = NNHCH_2CH_2(C_{10}H_7) \cdot 2HCl + HCl$$

（红色染料）

$$NH_2SO_2C_6H_4N \equiv NCl + C_{10}H_7NHCH_2CH_2NH_2 \cdot 2HCl$$

$$\xrightarrow{偶联} NH_2SO_2C_6H_4N = NC_{10}H_6NHCH_2CH_2NH_2 \cdot 2HCl + HCl$$

（红色染料）

氯胺、氯、硫代硫酸盐、聚磷酸钠和高铁离子对测定有干扰；水样有色或浑浊时，可加氢氧化铝悬浮液并过滤消除之。亚硝酸盐在水中可受微生物等作用而很不稳定，在采集后应尽快进行分析，必要时应冷藏来抑制微生物的影响。

3. 硝酸盐氮的测定

硝酸盐是在有氧环境中最稳定的含氮化合物，也是含氮有机化合物经无机化作用最终阶段的分解产物。水中硝酸盐氮的含量相差悬殊，清洁的地表水含量较低，受污染的水体以及一些深层地下水中的含量较高。制革废水、酸洗废水、某些生化处理设施的出水和农田排水场含有大量硝酸盐。摄入硝酸盐后，经肠道中微生物的作用，硝酸盐转变为亚硝酸盐而出现毒性作用。硝酸盐氮的测定可采用酚二磺酸分光光度法和紫外分光光度法。

1) 酚二磺酸分光光度法

方法原理：硝酸盐在无水存在的情况下与酚二磺酸反应，生成硝基二磺酸酚，于 KOH 溶液中又生成黄色的硝基酚二磺酸三钾盐，于 410nm 处比色定量。其反应式为

$$\text{(图示反应)} \quad HSO_3-\text{(苯环)OH, NO}_2 + 3KOH \longrightarrow KSO_3-\text{(苯环)}N-OK + 3H_2O$$

黄色

也可用 NaOH 或 NH$_4$OH 碱液，但显色灵敏度不同，不能随意互用。

水中共存氯化物、亚硝酸盐、铵盐、有机物和碳酸盐时，产生干扰。含此类物质时需进行预处理。方法有加入硫酸银溶液，使氯化物生成沉淀，过滤除去之；滴加高锰酸钾溶液，使亚硝酸盐氧化为硝酸盐，最后从硝酸盐氮测定结果中减去亚硝酸盐氮量等。水样浑浊、有色时，可加入少量氢氧化铝悬浮液，将其吸附、过滤除去。

水中硝酸盐氮的测定，应在取样后尽快进行，如不能及时测定，为了抑制微生物活动对氮平衡的影响，应在 0～4℃ 避光储存；如需保存 24h 以上，则需每 1000mL 水样中加入 0.8mL 浓硫酸，并于 0～4℃ 保存。

2）紫外分光光度法

方法原理：硝酸根离子对 220nm 波长的紫外光有特征吸收，可通过测定水样对 220nm 紫外光的吸收度来确定水样中硝酸盐氮的含量。溶解在水中的有机物对 220nm 紫外线也有吸收，但有机物除在 220nm 处有吸收外，还可吸收 275nm 紫外线，而硝酸根离子对 275nm 紫外线则无吸收。因此，对含有机物的水样，必须在 275nm 处做一次测定，以消除有机物的影响。一般引入一个经验校正值，该校正值为在 275nm 处(硝酸根离子在此没有吸收)测得吸光度的二倍。在 220nm 处的吸光度减去经验校正值即为净硝酸根离子的吸光度。这种经验校正值的大小与有机物的性质和浓度有关，不宜分析对有机物吸光度需作准确校正的样品。

紫外分光光度法具有方法简便、快速的优点，但对含有机物、表面活性剂、亚硝酸盐、6 价铬、溴化物、碳酸氢盐和碳酸盐的水样，需进行预处理。如，用氢氧化铝絮凝共沉淀和大孔中性吸附树脂可除去浊度、高价铁、6 价铬和大部分常见有机物。水样混浊或含有悬浮固体时，可用孔径为 0.45μm 的微孔滤膜过滤。

4. 总氮的测定

大量生活污水、农田排水或含氮工业废水排入水体，使水中有机氮和各种无机氮的含量增加，生物和微生物类的大量繁殖，水中溶解氧被消耗，使水体质量恶化。湖泊、水库中含有超标的氮、磷物质会造成水体富营养化，因此，总氮是衡量水质的重要指标之一。

总氮的测定方法可采用分别测定有机氮和无机氮化合物(包括氨氮、硝酸盐氮、亚硝酸盐氮)后进行加和的方法。也可采用过硫酸钾氧化-紫外分光光度法。

下面简单介绍过硫酸钾氧化-紫外分光光度法的原理。在 120～124℃ 的碱性介质条件下，用过硫酸钾作氧化剂，将水样中的氨氮、亚硝酸盐氮和大部分有机氮氧化为硝酸盐后，用紫外分光光度法测定硝酸盐氮的吸光度值，从而计算总氮的含量。

7.5.6 水中挥发酚的测定

酚是芳香族羟基化合物，可分为苯酚、萘酚。按照苯环上所取代的羟基数目的多少，可分为一元酚、二元酚和三元酚。根据酚类能否与水蒸气一起蒸出，分为挥发酚和不挥发酚。挥发性酚是指沸点在230℃以下的酚，通常为一元酚。我国规定的各种水质指标中，酚类指标指的是挥发性酚，测定结果均以苯酚（C_6H_5OH）表示。

酚类属高毒物质，人体摄入一定量时，可出现急性中毒症状，长期饮用被酚污染的水，可引起头晕、贫血及各种神经系统症状。酚类主要污染源是炼油、煤气洗涤、焦化、造纸、合成氨和化工等废水。普遍采用的测定方法为4-氨基安替比林光度法。当水样中挥发酚的浓度低于0.5mg/L时，采用4-氨基安替比林萃取光度法；当其浓度高于0.5mg/L时，采用4-氨基安替比林直接光度法。

4-氨基安替比林分光光度法的方法原理：酚类化合物在pH值为10.0±0.2的溶液中，在铁氰化钾氧化剂的存在下，4-氨基安替比林与酚类化合物生成红色的安替比林染料可被三氯甲烷所萃取，在460nm波长处比色定量。其反应式为

$$
\text{（反应式略）}
$$

显色反应受苯环上取代基的种类、位置、数目等影响，如对位被烷基、芳香基、酯、硝基、苯酰、亚硝基或醛基取代，而邻位未被取代的酚类，与4-氨基安替比林不产生显色反应，这是由上述基团阻止酚类氧化成醌型结构所致，但对位被卤素、羟基、磺酸或甲氧基所取代的酚类与4-氨基安替比林发生显色反应。此外，邻位和间位酚显色后的吸光度都低于苯酚。因此，本法选用苯酚作为标准，所测定的结果仅代表水中挥发酚的最小浓度。

显色时必须严格控制pH值。在酸性条件下，4-氨基安替比林发生分子间的缩合反应，生成安替比林红，影响比色测定；在pH＝8～9范围内，虽然酚类也能与4-氨基安替比林定量显色，但芳香胺，如苯胺、甲苯胺可以发生干扰反应；在pH＝9.8～10.2时，干扰作用最小，苯胺20mg所产生的颜色仅相当于0.1mg酚产生的颜色。

本 章 小 结

本章介绍了吸收光谱的产生原理，朗伯-比尔定律，比色法和分光光度法，显色反应及影响因素，光度测量误差和测量条件的选择，浊度、氰化物、含氮化合物、镉和铬离子、挥发酚及氨氮的测定方法。

习--题

1. 选择题

（1）人眼能感觉到的光称为可见光，其波长范围是（　　　）。

A. 400～780nm   B. 200～400nm   C. 200～600nm   D. 600～1000nm

（2）符合比尔定律的有色溶液稀释时，其最大吸收峰的波长位置（   ）。

    A. 向长波方向移动   B. 向短波方向移动

    C. 不移动，但高峰值降低   D. 不移动，但高峰值增大

（3）某符合比尔定律的有色溶液，当浓度为 0 时，其透光率为 T_0，若浓度增大 1 倍，则此溶液的透光率的对数为（   ）。

    A. $T_0/2$ B. $2T_0$ C. $(1/2)\lg T_0$ D. $2\lg T_0$

（4）有甲、乙两个不同浓度的同一有色物质的溶液，用同一波长的光测定，当甲溶液用 1cm 比色皿、乙溶液用 2cm 比色皿时获得的吸光度值相同，则它们的浓度关系为（   ）。

    A. 甲是乙的二分之一   B. 甲等于乙

    C. 甲是乙的两倍   D. 乙是甲的两倍

（5）用双硫腙光度法测定 Pb^{2+}（其摩尔质量为 207.2g/mol），若 50mL 溶液中含有 $0.1mgPb^{2+}$。用 1cm 比色皿在 520nm 下测得的透光度为 10%，则此有色物的摩尔吸光系数为（   ）。

    A. 1.0×10^2 B. 1.0×10^3 C. 1.0×10^4 D. 1.0×10^5

（6）某金属离子 X 与 R 试剂形成一有色络合物，若溶液中 X 的浓度为 $1.0\times10^{-4}mol/L$，用 1cm 比色皿在 525nm 处测得的吸光度为 0.400，则此络合物在 525nm 处的摩尔吸光系数为（   ）。

    A. 4×10^{-3} B. 4×10^3 C. 4×10^{-4} D. 4×10^4

（7）Fe 和 Cd 的摩尔质量分别为 55.85g/mol 和 112.4g/mol，各用一种显色反应用分光光度法测定。同样重量的两元素分别被发色成容积相同的溶液，前者用 2cm 比色皿，后者用 1cm 比色皿，所得吸光度相等。此两种显色反应产物的摩尔吸光系数为（   ）。

    A. 基本相同   B. Fe 的约为 Cd 的两倍

    C. Cd 的约为 Fe 的两倍   D. Cd 的约为 Fe 的 4 倍

（8）某物质的摩尔吸光系数 ε 很大，表明（   ）。

    A. 该物质溶液的浓度很大   B. 光通过该物质溶液的光程长

    C. 该物质的灵敏度高   D. 测定该物质的灵敏度低

（9）比色分析时，下述操作中正确的是（   ）。

    A. 比色皿外壁有水珠

    B. 手捏比色皿的毛面

    C. 用普通白报纸擦比色皿外壁的水

    D. 待测溶液注到比色皿的三分之二高度处

2. 简答题

（1）吸光系数和摩尔吸光系数的意义有何不同？

（2）比较目视比色法，光电比色法，可见分光光度法的入射光有何不同？

（3）测出某水样中的氮主要以硝酸盐的形式存在，说明了什么？

3. 计算题

（1）用异烟酸-吡唑啉酮分光光度法测某水样中的氰化物的含量，当采用 10mm 的比

色皿时，测得的透光度为 75%，其吸光度为多少？若改用 20mm、30mm 的比色皿，其透光度和吸光度各为多少？

（2）已知某水样中 Fe^{2+} 的含量为 0.39mg/L。现用邻菲啰啉分光光度法测定该水样中 Fe^{2+} 的含量，比色皿为 10mm，在最大吸收波长为 510nm 处测得的吸光度值为 0.23。假设显色反应进行得很完全，计算摩尔吸光系数。

（3）欲使某样品溶液的吸光度在 0.2~0.8 之间，若吸光物质的摩尔吸收系数为 5.0×10^5 L/(mol·cm)，则样品溶液的浓度范围为多少？（比色皿为 20mm）

（4）采用 4-氨基安替比林光度法测定某水样中的挥发酚。测得苯酚标准溶液在浓度为 0、0.1、0.2、0.6、1、1.4、2、2.5mg/L 时的吸光度值分别为 0.007、0.02、0.032、0.086、0.134、0.195、0.273、0.341。取 10mL 水样稀释至 50mL 后，在波长为 510nm 处的吸光度为 0.127。试由标准曲线法计算水样中苯酚的浓度。

第8章
电化学分析法

 本章教学要点

知识要点	掌握程度	相关知识	应用方向
电位分析法	掌握	电位分析法的原理、直接电位分析法及应用、电位滴定及应用	水中酸碱度及各种阴阳离子的测定
电导分析法	熟悉	电导分析法的原理及电导率的测定	推测水中离子成分的总浓度，水源矿物质污染的程度
极谱分析法	了解	极谱分析法的原理、定量分析方法及应用	水中金属离子的测定

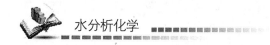
导入案例

分光光度法常用于测定色度、浊度、各种金属、无机非金属等污染物，我国水和废水监测分析方法中有 63 个项目(占全部分析项目的 35％)的测定采用分光光度法；滴定分析法常用于水中化学需氧量、生化需氧量、溶解氧、酸碱度、硫化物、氰化物、氨氮、一些金属离子等的测定，我国水和废水监测分析方法中有 35 个项目(占全部分析项目的 19.4％)的测定采用滴定分析的方法。上述两种均具有方法简便、快速、准确度高等特点，但是当待测水样，特别是工业废水，本身有颜色、浑浊时会影响终点的判断或对吸光度有影响，给测定结果带来误差。如氯离子是水体中常见的阴离子，锅炉冷却水、炼油废水、COD 的测定等对 Cl^- 含量都有限制，是必测项目之一。目前广泛采用的是硝酸银滴定法测定，但受人眼辨色能力、有色或浑浊样品影响较大，会造成一定的终点误差。电位滴定法克服了这些缺点，以测量待测溶液的电位突变来确定滴定终点，并且便于实现自动化。目前已有全自动电位滴定仪用于水和废水 Cl^- 的测定。

电化学分析法(Electrochemical Analysis)是基于物质在化学电池中的电化学性质及其变化规律进行分析的方法。这类分析方法通常以电位、电流、电导、电量等的电学参数的强度或变化，对被测组分进行定性、定量分析。电化学分析方法粗略地可分为 4 类：电位分析法(Potentiometric Titration)、电导分析法(Conductometric Analysis)、电解分析法(Electrolytic Analysis Method)和极谱分析法(Voltammetry)。

8.1 电位分析法

8.1.1 电位分析法的原理

电位分析法是利用溶液中某种离子的活度与电极电位有一定的函数关系，通过测量电极电位来确定待测物含量的分析方法。电位分析法分为直接电位法和电位滴定法两种。

直接电位法直接通过测量电池电动势来确定指示电极的电极电位，然后根据 Nernest 方程计算被测物质的含量。电位滴定法通过测量在滴定过程中指示电极电位的变化来指示滴定终点，根据所用的滴定剂体积和浓度来求得待测物质的含量。

在电位分析中，由一个参比电极和一个指示电极共同浸入被测溶液构成一个原电池，参比电极的电极电位已知，而且恒定，不受试液组成变化的影响，指示电极的电极电位随待测离子活度(或浓度)的变化而变化。通过测定原电池的电动势，根据 Nernest 方程即可求得被测离子的活度(或浓度)。

1. 参比电极

在电位分析法中，参比电极是测量电极电位的相对标准，因此参比电极必须具备 3 个基本性质：可逆性，当有微电流通过时，电极电位基本上保持不变；重现性，溶液的浓度、温度改变时，电极按 Nernest 方程响应，无滞后现象；稳定性好、使用寿命长，且其装置要简单。标准氢电极是最精确的参比电极，是参比电极的一级标准，但它制作麻烦，使用不方便,实际分析中很少使用。最常用的参比电极有甘汞电极和银-氯化银电极,属于二级标准。

1) 甘汞电极

甘汞电极(Calomal Glectrode,CE)由金属汞、甘汞(Hg_2Cl_2)及 KCl 溶液组成,甘汞电极可表示为

$$Hg,\ Hg_2Cl_2(固)\ |\ KCl(溶液)$$

电极反应为

$$Hg_2Cl_2 + 2e^- \rightleftharpoons 2Hg + 2Cl^-$$

电极电位(25℃)为

$$\varphi_{Hg_2Cl_2/Hg} = \varphi^\Theta_{Hg_2Cl_2/Hg} - 0.059\lg a_{Cl^-} \tag{8-1}$$

由式(8-1)可见,温度一定时,甘汞电极的电位取决于 KCl 溶液的 a_{Cl^-}。即一定温度下,不同浓度的 KCl 溶液使甘汞电极具有不同的恒定值。25℃时当 KCl 溶液浓度为 0.1mol/L、1 mol/L 和饱和溶液时,甘汞电极的电极电位分别为 0.337V、0.2828V 和 0.2415V。KCl 溶液为饱和状态时的甘汞电极称为饱和甘汞电极,用 SCE 表示。

不同摄氏温度下的饱和甘汞电极的电位为

$$\varphi_{Hg_2Cl_2/Hg} = 0.2415 - 7.6 \times 10^{-4}(t-25)V \tag{8-2}$$

25℃时

$$\varphi_{Hg_2Cl_2/Hg} = 0.2415V$$

甘汞电极的结构如图 8.1 所示。电极由两个玻璃套管组成,内管中封接一根铂丝,插入纯汞中,下置一层甘汞(Hg_2Cl_2)和汞的糊状物,并用浸有 KCl 溶液的脱脂棉塞紧。外管中装入 KCl 溶液,其下端与被测溶液接触部分是石棉、素烧陶瓷等多孔物质,构成溶液间互相连接的通路。

2) 银-氯化银电极

银-氯化银电极是将银丝上镀一层 AgCl,浸在用 AgCl 饱和的一定浓度的 KCl 溶液中构成的,结构如图 8.2 所示。银-氯化银电极可表示成

$$Ag,\ AgCl(固)\ |\ KCl(溶液)$$

电极反应

$$AgCl + e^- \rightleftharpoons Ag + Cl^-$$

电极电位(25℃)

$$\varphi_{AgCl/Ag} = \varphi^\Theta_{AgCl/Ag} - 0.059\lg a_{Cl^-} \tag{8-3}$$

银-氯化银电极是除氢电极以外稳定性和重现性最好的电极,常用作玻璃电极和其他离子选择电极的内参比电极。

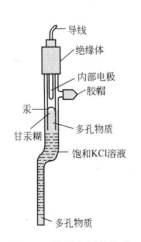

图 8.1　甘汞电极的结构

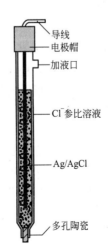

图 8.2　银-氯化银电极的结构

2. 指示电极

电位分析法中所用的指示电极分为金属基电极和膜电极两大类。

1) 金属基电极

(1) 金属-金属离子电极：金属浸入该金属离子的溶液中达到平衡后即组成金属-金属离子电极，可表示为 $M|M^{n+}$。其电极反应和电极电位为

$$M^{n+}+ne^-=M$$

$$\varphi_{M^{n+}/M}=\varphi^{\ominus}_{M^{n+}/M}+\frac{0.059}{n}\lg a_{M^{n+}} \tag{8-4}$$

由式(8-4)可见，这类电极的电极电位取决于金属离子的活度。

(2) 金属/金属难溶盐电极：金属和该金属的难溶盐浸入含有该难溶盐的阴离子的溶液中达到沉淀溶解平衡后即组成金属/金属难溶盐电极，可表示为 M，MX(固)$|X^{n-}$。如参比电极 Ag，AgCl(固)$|$Cl$^-$。由前面的讨论可知，这类电极的电极电位取决于溶液中与金属离子生成难溶盐的阴离子的活度，可用于测定与该阴离子的浓度。

(3) 惰性金属电极：由惰性金属(Pt 或 Au)浸入含有两种不同氧化态电对的溶液中即组成惰性金属电极，又叫均相氧化还原电极，可表示为 $Pt|M^{a+}$，$M^{(a-n)+}$。其电极反应和电极电位为

$$M^{a+}+ne^-\rightleftharpoons M^{(a-n)+}$$

$$\varphi=\varphi^{\ominus}_{M^{a+}/M^{(a-n)+}}-\frac{0.059}{n}\lg\frac{a_{M^{a+}}}{a_{M^{(a-n)+}}} \tag{8-5}$$

惰性金属电极中的惰性金属本身并不参与反应，仅作为物质的氧化态和还原态电子交换的场所，如铂丝浸入含有 Fe^{3+} 和 Fe^{2+} 的溶液中组成惰性铂电极 Pt/Fe^{3+}，Fe^{2+}。

2) 膜电极

这类电极是以固态膜或液态膜作为传感器的电极，它能指示溶液中某种离子的活度(或浓度)。膜电位和离子的活度符合 Nernest 方程。但是，膜电极的薄膜并不给出或得到电子，而是有选择地让某种离子渗透或交换并产生膜电位。各种离子选择性电极(ISE)属于这类电极。

3. 电池的电动势

电位分析法是通过测定原电池的电动势，直接或间接求取待测溶液中的离子活度或浓度。原电池是一种能自发地将体系内部的化学能转变为电能的化学电池。在电位分析法中，由指示电极和参比电极共同浸入被测溶液中构成原电池。测量电池可简单表示为

指示电极$|$被测溶液$|$参比电极

故电池的电动势可用下式表示，即

$$E=\varphi_{指}-\varphi_{参}+\varphi_{接}$$

其中 $\varphi_{指}$、$\varphi_{参}$、$\varphi_{接}$ 分别为指示电极的电极电位、参比电极的电极电位和液接电位。液接电位是由两个组成或活度不同的电解质溶液相接触时，由于正负离子的迁移速度不同，在液体接界处产生的电位差，$\varphi_{接}$ 值很小，可忽略。则上式简化为

$$E=\varphi_{指}-\varphi_{参}$$

指示电极的电极电位服从能斯特方程(Nernst)，25℃时

$$\varphi_{指}=\varphi^{\theta}+\frac{0.059}{n}\ln\frac{a_{Ox}}{a_{Red}}$$

$\varphi_{\text{参}}$在特定条件下为定值，则 25℃时

$$E=K'+\frac{0.059}{n}\ln\frac{a_{\text{Ox}}}{a_{\text{Red}}} \tag{8-6}$$

式(8-6)即为电位分析法计算电池电动势的基本公式，通过测定原电池的电动势，即可求出待测离子的活度。

8.1.2 直接电位分析法

直接电位分析法直接由测得的原电池电动势求出待测溶液中的离子活度或浓度。应用最多的是 pH 值的测定和离子活度或浓度的测定。

1. pH 值的测定

1) pH 玻璃电极

pH 玻璃电极是 H^+ 的指示电极，它通常不受溶液中氧化剂或还原剂的影响。玻璃电极的结构如图 8.3 所示。它是由在一玻璃管的下端接一软质玻璃的球形薄膜（由 SiO_2 基质中加 Na_2O 和少量 CaO 烧结而成，其厚度不到 0.1mm）构成。膜球内装有 pH 值一定的缓冲溶液，作为内参比溶液，并插入 Ag-AgCl 电极作为内参比电极。

玻璃电极在使用前必须用水浸泡，使玻璃膜外面的 Na^+ 与水中的 H^+ 交换，在玻璃膜的表面形成水化凝胶层。因此，水中浸泡后的玻璃膜由膜内、外表面的两个水化凝胶层和膜中间的干玻璃层 3 部分组成。当玻璃电极浸入被测溶液中时，玻璃膜处于 H^+ 活度一定的内参比溶液和试液之间。此时，膜内水化层与内参比溶液间产生相界电位 $\varphi_{\text{内}}$；膜外水化层与试液间产生相界电位 $\varphi_{\text{外}}$；这种跨越玻璃膜在两个溶液之间产生的电位差，称为膜电位 $\varphi_{\text{膜}}$，如图 8.4 所示。$\varphi_{\text{膜}}$ 值服从 Nernest 方程式，即

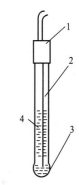

图 8.3　玻璃电极
1—绝缘套；2—Ag-AgCl 电极；
3—玻璃膜；4—内部缓冲液

$$\varphi_{\text{膜}}=\varphi_{\text{外}}-\varphi_{\text{内}}=0.059\lg\frac{a_{H^+\text{(试)}}}{a_{H^+\text{(内)}}}$$

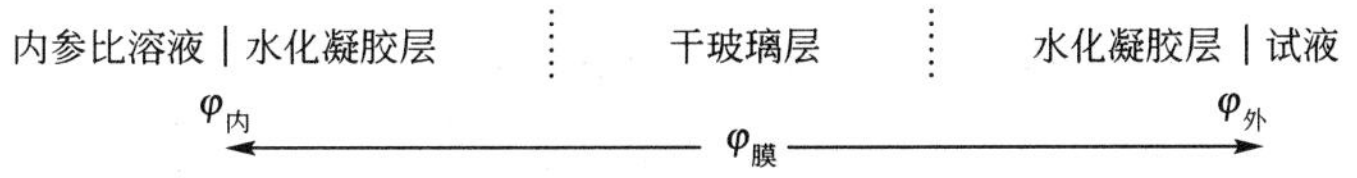

内参比溶液 | 水化凝胶层　　　　　　干玻璃层　　　　　　水化凝胶层 | 试液

$\varphi_{\text{内}}$ ←　　　　　　　　　　　$\varphi_{\text{膜}}$　　　　　　　　　　　→ $\varphi_{\text{外}}$

图 8.4　膜电位示意图

由于内参比溶液是缓冲溶液，$a_{H^+\text{(内)}}$ 是一定值，玻璃电极的膜电位 $\varphi_{\text{膜}}$ 值仅与膜外试液中的 H^+ 活度有关。

$$\varphi_{\text{膜}}=K+0.059\lg a_{H^+\text{(试)}} \tag{8-7}$$

式中 K 为常数，它是由玻璃电极本身决定的。由式(8-7)可知，在一定温度下，$\varphi_{\text{膜}}$ 与试液的 pH 值成直线关系。

由式(8-7)可知，当 $a_{H^+\text{(试)}}=a_{H^+\text{(内)}}$ 时，$\varphi_{\text{膜}}$ 应等于零。但实际上 $\varphi_{\text{膜}}$ 并不等于零，因为此时玻璃膜内外侧仍有一定的电位差。这种膜电位称为不对称电位（$\varphi_{\text{不对称}}$）。它是由于膜内外两个表面不对称（如组成不均匀、表面张力不同、水化程度不同等）而引起的。不对称电

位的数值约为 1~30mV。对于同一个玻璃电极来说，条件一定时，$\varphi_{\text{不对称}}$也是一个常数。

玻璃电极的优点是它对 H^+ 具有高度的选择性，不受溶液中氧化剂或还原剂的影响。且玻璃电极不易因杂质的作用而中毒，能在有色、混浊或胶体溶液中应用。也可用它作指示电极，进行酸碱电位滴定。缺点是本身具有很高的电阻，一般达几十到几百兆欧，必须辅以电子放大装置才能进行测定。

2) 测定 pH 值

pH 值是溶液中氢离子活度的负对数，即 $pH = -\lg a_{H^+}$。pH 值是最常用的水质指标之一。天然水的 pH 值多在 6~9 范围内，这也是我国污水排放标准的 pH 值控制范围。饮用水的 pH 值要求在 6.5~8.5 之间，某些工业用水的 pH 值必须保持在 7.0~8.5 之间，以防止金属设备和管道被腐蚀。此外，pH 值常作为混凝效果以及废水处理设备良好运行的条件，在评价有毒物质的毒性等方面也具有指导意义。

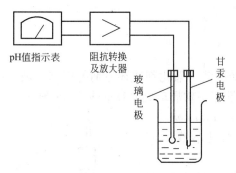

图 8.5　pH 值测量示意图

如图 8.5 所示，玻璃电极法（电位法）测定 pH 值是以 pH 玻璃电极为指示电极，饱和甘汞电极为参比电极，将二者与被测溶液组成原电池，根据电动势的变化测量出 pH 值。测量 pH 值的原电池可表示如下。

$$Ag \mid AgCl \mid 0.01mol/LHCl \mid 玻璃膜 \mid 待测溶液 \parallel KCl(饱和) \mid Hg_2Cl_2 \mid Hg$$

电池电动势为

$$E_{\text{电池}} = \varphi_{\text{SCE}} - \varphi_{\text{膜}}$$

将式(8-7)代入上式(25℃时)

$$E_{\text{电池}} = \varphi_{\text{甘汞}} - (K + 0.059\lg a_{H^+}) = K' + 0.059pH \qquad (8-8)$$

由式(8-8)可知，只要测得 $E_{\text{电池}}$，就能求出被测溶液的 pH 值。式中 K' 除包括内、外参比电极的电极电位等常数外，还包括难以测定与计算的液接电位、不对称电位等，在实际测定中，准确求得 K' 值比较困难，故不采用此计算方法，而是以已知 pH 值的溶液作标准进行校准，用 pH 计直接测出被测溶液的 pH 值。

设 pH 标准溶液和被测溶液的 pH 值分别为 pH_S 和 pH_X。其相应原电池的电动势分别为 E_S 和 E_x，则 25℃时

$$E_S = K'_S + 0.059pH_S$$
$$E_x = K'_X + 0.059pH_X$$

如果测量 E_x 和 E_S 的条件不变，则 $K'_X = K'_S$。将以上两式相减得

由两式可得：

$$pH_X = pH_S + \frac{E_x - E_S}{0.059} \qquad (8-9)$$

pH_X 以标准溶液的 pH_S 为基准，并通过比较 E_x 与 E_S 的差值来确定。25℃条件下，二者之差每变化 59mV，则相应变化 1pH。为了尽量减少误差，应该选用 pH_S 与被测溶液的 pH_X 相近的标准缓冲溶液，并在测定过程中尽可能使溶液的温度保持恒定。pH 计的种类虽多，操作方法也不尽相同，但都是依据上述原理测定溶液 pH 值的。

3) 测定 pH 值的仪器——pH 计

pH 计又称为酸度计，设置有定位、温度补偿调节及电极斜率调节。由于温度的影响、pH 计电子元件的老化、生产厂家不一或浸泡时间不一等原因，因此除了用温度补偿装置

进行补偿外，测定之前必须用标准缓冲溶液进行校正，使标度值与标准缓冲溶液的 pH 值相一致。然后，再测定样品溶液的 pH 值。表 8-1 列出了常用的 6 种基准缓冲溶液在不同温度下的 pH_s。

表 8-1 6 种基准缓冲溶液的 pH_s

温度 (℃)	0.05mol/L $KH_3(C_2O_4) \cdot 2H_2O$	25℃饱和 酒石酸氢钾	0.05mol/L 邻苯 二甲酸氢钾	0.025mol/L Na_2HPO_4 和 0.025mol/L KH_2PO_4	0.01mol/L 硼砂	25℃饱和 $Ca(OH)_2$
0	1.668		4.006	6.981	9.458	13.416
5	1.669		3.999	6.949	9.391	13.210
10	1.671		3.996	6.921	9.330	13.011
15	1.673		3.996	6.898	9.276	12.820
20	1.676		3.998	6.879	9.226	12.637
25	1.680	3.559	4.003	6.864	9.182	12.460
30	1.684	3.551	4.010	6.852	9.142	12.292
35	1.688	3.547	4.019	6.844	9.105	12.130
40	1.694	3.547	4.029	6.838	9.072	11.975
45	1.700	3.550	4.042	6.834	9.042	11.828
50	1.706	3.555	4.055	6.833	9.015	11.697
55	1.713	3.563	4.070	6.834	8.990	11.553
60	1.721	3.573	4.087	6.837	8.968	11.426
70	1.739	3.569	4.122	6.847	8.926	
80	1.759	3.622	4.161	6.862	8.890	
90	1.782	3.648	4.203	6.881	8.856	

用常规玻璃电极测定 pH 值，需要配参比溶液，以组成原电池，实际操作较烦琐。目前应用最多的是将参比电极和玻璃电极组装成复合玻璃电极，结构示意图如图 8.5 所示，该电极是在 pH 常规玻璃电极的外面加一层玻璃套管，套管内放入一定浓度的 KCl 溶液，和银-氯化银丝构成参比电极，下端为微孔隔离材料层。复合电极与数显电位差计一起组成 pH 测量装置，该装置具有体积小、重量轻、响应快、携带和使用方便等特点。

2. 离子活度(或浓度)的测定

1) 离子选择电极

离子选择电极是一种利用选择性薄膜对特定离子产生选择性响应，测量溶液中离子的活度(或浓度)的指示电极，属于膜电极。其电极电位与响应离子活度(或浓度)满足 Nernst 关系式。pH 玻璃电极实际就是氢离子选择电极，是实际应用最早的离子选择性电极。其他还有很多种类的离子选择电极用于分析测定。

(1) 离子选择电极的特点有以下几点。

① 选择性好，共存离子干扰小；

② 灵敏度高，对某些离子的测定灵敏度可达 $10^{-6} \sim 10^{-9}$ 数量级；

③ 所需样品量少且不破坏样品；

④ 仪器设备简单、操作方便、分析速度快；

⑤ 应用范围广，能用于不便采样和难分析的场合，如体内、血样、化学反应过程的控制等，也能做成遥控探头（传感器或探针）。

（2）基本构造：离子选择电极的基本构造如图 8.6 所示。一般包括电极膜、支持体（电极管）、内参比溶液和内参比电极 4 个基本部分。

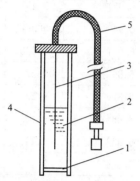

图 8.6　离子选择电极基本构造示意图
1—电极膜；2—内参比溶液；
3—内参比电极；4—电极管；5—导线

离子选择电极的电极电位仅取决于待测离子的活度，满足 Nernst 关系式，即

$$\varphi = K \pm \frac{2.303RT}{nF} \lg a_i \qquad (8-10)$$

式中，K 为电极常数；a_i 为待测离子的活度。

响应离子为阳离子时取 ＋ 号，为阴离子时取 － 号。

（3）离子选择电极的分类：离子选择电极分为晶体膜电极（Crystalline Electrode）、流动载体电极（Electrode With A Mobile Cairrier）、气敏电极（Gas Sensing Electrode）、酶电极（Enzyme Electrode）等。

① 晶体膜电极：电极膜由导电性难溶盐晶体组成，是目前常用的离子选择电极。晶体膜电极分为均相和非均相膜电极。均相膜电极由一种化合物的单晶或几种化合物混合均匀的多晶压片而成，相应又分为单晶膜电极与多晶压片膜电极。非均相膜电极由多晶分散在硅橡胶、塑料或石蜡等惰性支持体中热压制成。

氟离子选择性电极是单晶膜的代表。将 LaF_3 单晶膜粘接在一塑料管的下端，管内充以浓度各为 $0.1mol/L$ 的 NaF 和 $0.1mol/L$ 的 NaCl 溶液作内参比溶液，以 Ag－AgCl 电极作内参比电极，构成氟离子选择电极，可用于测定 $1 \sim 10^{-6} mol/L$ 的 F^-。其他还有测定 Cl^-、Ag^+、S^{2-} 等离子的单晶电极和卤素离子的多晶电极和 Cl^-、S^{2-}、SO_4^{2-} 等的非均相膜电极。

② 流动载体电极：也称液膜电极。电极膜由离子交换剂溶解在有机溶剂中，再将这种有机溶剂渗透到惰性多孔材料的孔隙内制成。其中以测定 K^+、Ca^{2+}、NO_3^-、BF_4^- 等的电极应用较多。

③ 气敏电极：气敏电极是一种气体传感器，用于测定溶液或其他介质中气体的含量。其测定原理为利用待测气体与电解质溶液发生反应生成一种对离子选择电极有响应的离子，通过这种离子的活度（或浓度）的变化来测定溶液中的待测气体。气敏电极可用于测定 CO_2、NH_3、SO_2、H_2S、HCN、HF 等气体。

④ 酶电极：酶电极将生物酶固定化在离子选择电极的敏感膜上，试液中的待测物质在酶的催化作用下产生能在该离子选择电极上具有响应的离子，从而间接测定待测物质的含量。由于生物酶的高选择性，酶电极也具有相当高的选择性，可用于测定葡萄糖、L－谷氨酸等有机物。

(4) 离子选择电极的性能参数有以下几个。

① Nernst 响应线性范围：理论上离子选择电极电位与响应离子活度(浓度)的对数有线性关系，这种线性关系仅存在于一定的浓度范围内，称为 Nernst 响应线性范围。大多数电极的线性范围在 $10^{-1} \sim 10^{-6}$ mol/L 间。使用时，待测离子的浓度应在电极的 Nernst 响应线性范围以内，否则将产生较大误差。

② 选择性：离子选择电极只有相对的选择性，即对不同离子的响应程度不同。例如，前面讲到的 pH 玻璃电极除响应 H^+ 外，对 Na^+ 也有某种程度的响应，这种响应就是造成玻璃电极钠差的原因。

对于一般离子选择性电极，若被测离子为 i，电荷为 n_i，干扰离子为 j，电荷为 n_j，则考虑了干扰离子影响后的膜电位公式为

$$\varphi_{膜} = K \pm \frac{2.303RT}{n_i F} \lg\left[a_i + K_{ij}(a_j)^{n_i/n_j}\right] \tag{8-11}$$

式中，K_{ij} 为选择性常数。

通常 $K_{ij} < 1$，其含义为 i 离子选择电极对干扰离子 j 的响应大小。K_{ij} 值越小，电极的选择性越高。例如，pH 玻璃电极对 Na^+ 的选择性常数 $K_{ij} = 10^{-11}$，意味着 Na^+ 的活度是 H^+ 活度的 10^{11} 倍时，两种离子产生的膜电位相等，即表明此电极对 H^+ 的响应比对 Na^+ 的响应灵敏 10^{11} 倍。在电位分析中，当 $K_{ij} = 10^{-2} \sim 10^{-4}$ 时，才能忽略干扰离子的影响。K_{ij} 值不是一个常数，它的大小与离子活度、实验条件、测定方法等有关。选择性常数 K_{ij} 是反映离子选择性电极性能的标志之一，商品电极一般会提供有关干扰离子选择性常数的数据，利用 K_{ij} 可以判断电极对各种离子的选择性能。

③ 检测限：离子选择电极有效的检测下限与膜物质的性能有关。例如，晶体膜电极的检测限不可能低于难溶盐晶体溶解平衡给出的离子浓度。如氯离子选择性电极，膜若采用 $AgCl/Ag_2S$ 制成，因 $AgCl$ 的溶度积为 1.6×10^{-10}(25℃)，则检测限约为 5×10^{-5} mol/LCl$^-$。另外电极膜表面光洁度对检测限也有影响，光洁度越高，检测限越低。

④ 响应时间：电极浸入测量溶液中达到稳定电极电位所需的时间称为响应时间。响应时间一般为数秒到几分钟。响应时间越短越好，可通过搅拌的方法加快扩散速度以缩短响应时间。

2) 测定原理

采用直接电位法测定水中某种离子活度的电化学体系是在控制离子强度的条件下，以离子选择电极为指示电极，饱和甘汞电极为参比电极，与待测溶液组成原电池，测定电池电动势，然后计算待测组分的活度(或浓度)。以氟离子选择性电极测定水样中的氟离子活度为例，原电池的电动势(25℃时)为

$$E_{电池} = \varphi_{甘汞} - \varphi_{氟}$$

将式(8-10)代入上式

$$E_{电池} = \varphi_{甘汞} - \left(K - \frac{2.303RT}{F} \lg a_F\right) = K' - \frac{2.303RT}{F} \lg a_F \tag{8-12}$$

$$E_{电池} = K' - 0.059 \lg a_F \quad (25℃)$$

式(8-12)中，K' 包括内、外参比电极的电极电位等常数，还包括难以测量与计算的液接电位、不对称电位等，通常并不直接由测得的电动势 E 值计算被测离子的活度或浓度。

3）测定方法

电位法测出的是离子的活度，而水处理和水质分析中常要求测定水中离子的浓度。浓度 c 与活度 a 之间的关系是

$$a = c\gamma$$

离子活度系数 γ 可以由德拜-尤克尔极限公式进行理论计算。在实际分析中，很少通过直接计算活度系数 γ 来求被测离子的浓度，一般是在溶液中加入总离子强度调节缓冲液 TISAB，使溶液的离子强度保持相对的稳定，从而使离子活度系数基本相同，在相同的实验条件下对标准溶液和被测溶液进行测定，绘制 E-$\lg c$ 的标准曲线，则 E-$\lg c$ 或 E-pc 呈直线关系。如测定水样中的氟离子浓度

$$E = K' - 0.059\lg\gamma_{F^-}\cdot c_{F^-} = K'' - 0.059\lg c_{F^-} \tag{8-13}$$

式中，K'' 为并入活度系数后的新常数。

总离子强度调节缓冲液 TISAB 通常是由惰性电解质、配位掩蔽剂和 pH 缓冲溶液组成的。TISAB 的作用：保持待测试液和标准溶液有相同的总离子强度及活度系数；控制溶液的 pH 值；含有络合剂，可以掩蔽干扰离子。

在离子选择性电极的测定方法中，一般采用标准曲线法和标准加入法。

（1）标准曲线法（工作曲线法）：首先配制一系列不同浓度被测离子的标准溶液，在标准溶液和待测试液中加入总离子强度调节缓冲液 TISAB。分别测定出各标准溶液的电动势，在半对数坐标纸上绘制出电池电动势 E 与对应的浓度对数值或负对数值（即 E-$\lg c$ 或 E-pc）的标准曲线，在同样条件下测定被测溶液电动势 E_X 值，从标准曲线上查出相应的 c_X 值。标准曲线法一般只能测定游离离子的活度（或浓度）。

与测定 pH 值的方法一样，水样中的离子活度也可以用已知离子活度的标准溶液为基准，通过比较水样和标准溶液两个工作电池的电动势计算被测离子的活度或浓度。

$$pc_X = pc_S + \frac{(E_X - E_S) \times n}{0.059} \tag{8-14}$$

应该指出，构成原电池的正极是两个电极中电位高的电极，负极是电位低的电极，因此要视指示电极和参比电极的电位大小确定原电池的正负极。

（2）标准加入法：标准加入法是将标准溶液加入到待测溶液中进行测定的方法，由于加入标准溶液前后试液的性质基本不变，所以准确度较高。主要用于测定被测离子的总浓度（包括游离的和络合的）。

设被测离子浓度为 c_X，体积为 V_X，活度系数为 γ_X，测得工作电池的电动热 E 为

$$E = K' + \frac{2.303RT}{nF}\lg\gamma_X c_X \tag{8-15}$$

接着在溶液中加入一准确体积 V_S、浓度 c_S 的被测离子的标准溶液，此时水样被测离子的浓度 c' 为

$$c' = \frac{c_X V_X + c_S V_S}{V_X + V_S}$$

则电池电动势 E' 为

$$E' = K' + \frac{2.303RT}{nF}\lg r' c'$$

通常控制 V_S 在 V_X 在 1% 以内，$V_S \ll V_X$，故 $V_S + V_X \approx V_X$，并假设 $r_X \approx r'$，则

$$c' \approx \frac{c_X V_X + c_S V_S}{V_X} = c_X + \frac{c_S V_S}{V_X} = c_X + \Delta c$$

代入上式，则

$$E' = K' + \frac{2.303RT}{nF} \lg r_X (c_X + \Delta c) \tag{8-16}$$

式(8-16)与式(8-15)相减，得

$$\Delta E = E' - E = \frac{2.303RT}{nF} \lg \left(1 + \frac{\Delta c}{c_X}\right)$$

令 $S = \frac{2.303RT}{nF}$（25℃时，$S = \frac{0.059}{n}$），则

$$\Delta E = S \lg \left(1 + \frac{\Delta c}{c_X}\right) \tag{8-17}$$

将上式取反对数，得

$$c_X = \Delta c (10^{\Delta E/S} - 1)^{-1} \tag{8-18}$$

由式(8-18)可知，只要测出 ΔE，便可计算出水样中被测离子的浓度。标准加入法的优点是不需作标准曲线，仅需一种标准溶液即可测得被测离子的浓度；操作简便快速，适用于待测溶液的成分比较复杂，离子强度比较大的试样的分析。

(3) 格氏作图法：格氏作图法是多次标准加入法的一种数据处理方法。在被测离子浓度为 c_X mol/L，体积为 V_X mL 的水样中连续多次加入浓度 c_S，体积 V_S 的标准溶液，假设活度系数不变。每加入一次标准溶液，测量一次电动势。该电池电动势为

$$E = K' + S \lg \frac{c_X V_X + c_S V_S}{V_X + V_S}$$

将上式重排，得

$$E/S + \lg(V_X + V_S) = K'/S + \lg(c_X V_X + c_S V_S)$$

取反对数，有

$$(V_X + V_S) 10^{E/S} = (c_X V_X + c_S V_S) 10^{K'/S} \tag{8-19}$$

以 $(V_X + V_S) 10^{E/S}$ 对 V_S 作图，可得一直线，将该直线外推至与横轴，则得到 $(V_X + V_S) 10^{E/S} = 0$ 时，$V_S = V_e$。则 $c_X V_X + c_S V_S = 0$。所以

$$c_X = -\frac{c_S V_e}{V_X} \tag{8-20}$$

为了避免烦琐的计算，可用格氏坐标纸作图，这是一种反对数坐标纸。以所测电位的反对数为纵坐标，以加入的标准溶液体积为横坐标，在反对数坐标纸上作图，求得 V_e 值，再由式(8-20)计算 c_X。格氏作图法避免了指数计算，实际应用中十分方便。

3. 离子选择电极的应用

1) 氟离子选择电极

氟离子选择电极是一种以氟化镧(LaF_3)单晶片为敏感膜的传感器。测量时与参比电极组成原电池。

$$Ag, AgCl \left| \begin{matrix} Cl^- (0.3mol/L) \\ F^- (0.001mol/L) \end{matrix} \right| LaF_3 \parallel 待测液 \parallel KCl(饱和) \mid Hg_2Cl_2, Hg$$

原电池的电动势的计算式为

$$E=K''-0.059\lg c_{F^-}$$

用晶体管毫伏计或电位计测量上述原电池的电动势，并与用氟离子标准溶液测得的电动势相比较，即可求得水样中氟化物的浓度。如果用专用离子计测量，经校准后，可以直接显示被测溶液中 F^- 的浓度。定量测定宜采用标准加入法。

氟离子选择电极可用于地表水、地下水和工业废水中的氟化物测定。水样有颜色、混浊不影响测定。

2）氨选择性气敏电极

氨气敏电极为一复合电极，以 pH 玻璃电极为指示电极，银-氯化银电极为参比电极。将此电极对置于盛有 0.1mol/L 的氯化铵内充液的塑料套管中，在管端指示电极敏感膜处紧贴一疏水半渗透膜，半渗透膜与 pH 玻璃电极间有一层很薄的液膜，使内电解液与外部被测液隔开。水样中加入强碱溶液将 pH 值提高到 11 以上，使铵盐转化成为氨。生成的氨将扩散通过半渗透膜（水和其他离子则不能通过），使氯化铵电解质液膜层内 $NH_4^+ \rightleftharpoons NH_3 + H^+$ 的反应向左移动，引起氢离子的浓度改变，由 pH 玻璃电极测得其变化。在恒定的离子强度下，测得的电动势与水样中氨氮浓度的对数呈线性关系。由此，从测得的电位值即可确定样品中氨氮的含量。

氨选择性气敏电极法可用于测定饮用水、地面水、生活污水及工业废水中氨氮的含量。该方法不受水样色度和浊度的影响，水样不必进行预蒸馏。电极受温度的干扰影响较大，因此测定时温度不能低于 15℃。

3）NO_3^- 离子选择电极

NO_3^- 选择电极是一个选择性传感器，传感器的多孔惰性薄膜中含有与水不相混合的液体离子交换剂，可用两边的溶液交换 NO_3^-，产生电位。用于测定河水、潮水中 NO_3^- 的含量。

8.1.3 电位滴定

电位滴定法又叫间接电位分析方法，是根据指示电极的电位在滴定过程中的变化确定终点的一种分析方法。电位滴定法和一般容量分析滴定法的原理基本相同，区别在于它是用电位的突跃而不是指示剂的变色来指示终点。

1. 电位滴定的基本原理

电位滴定法的基本装置如图 8.7 所示。进行电位滴定时，在待测溶液中浸入一指示电极和一参比电极组成的工作电池，向水样中滴加能与被测物质进行化学反应的滴定剂，由于待测离子的浓度不断变化，相应地指示电极的电位也发生变化。反应达到化学计量点时被测物质浓度的变化所引起电极电位的"突跃"指示滴定终点。因此测量工作电池

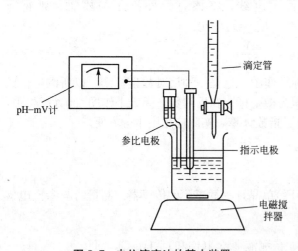

图 8.7 电位滴定法的基本装置

滴定管

pH-mV计

参比电极

指示电极

电磁搅拌器

的电动势的变化情况，就可确定滴定终点。根据滴定剂的浓度和用量，求出水样中被测物质的含量或浓度。

2. 电位滴定曲线

滴定曲线是以指示电极的电位对滴定剂的量作图所得的曲线。在电位滴定过程中，每加入一次滴定剂，测量一次电动势，直到超过化学计量点为止，由此得到一系列的滴定剂用量(V)和相应的电动势(E)数据。在化学计量点附近，每加 0.1mL 滴定剂就需测量一次电动势，以准确测量和记录化学计量点前后 1~2mL 内电动势的变化。

在电位滴定中，确定滴定终点有下列 3 种方法，如图 8.8 所示。

1) E-V 曲线法

以滴定剂体积 V 为横坐标，测得的电极电位 E 为纵坐标，绘制 E-V 曲线，如图 8.8(a)所示。滴定曲线突跃的转折点即为滴定终点。该方法应用方便，但要求电位在化学计量点处的突跃要明显。

2) $\dfrac{\Delta E}{\Delta V}$-$V$ 曲线法

又称一次微商法，适用于电位突跃不明显的情况。ΔE 为相邻两次测得的电位差，ΔV 为相邻两次滴定体积之差，V 为相邻两次滴定体积的平均值。以 V 为横坐标，以 $\dfrac{\Delta E}{\Delta V}$ 为纵坐标，绘制 $\dfrac{\Delta E}{\Delta V}$-$V$ 曲线，如图 8.8(b)所示。曲线为峰状曲线，曲线最高点即滴定终点。

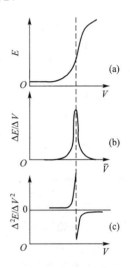

图 8.8　电位滴定曲线

用此法作图确定终点较为准确，但操作烦琐。实际分析中用二次微商法通过计算求得滴定终点的体积。

3) $\dfrac{\Delta^2 E}{\Delta V^2}$-$V$ 曲线法

又称二次微商法。以 V 为横坐标，$\dfrac{\Delta^2 E}{\Delta V^2}$ 为纵坐标，绘制 $\dfrac{\Delta^2 E}{\Delta V^2}$-$V$ 曲线，如图 8.8(c)所示。一次微商 $\dfrac{\Delta E}{\Delta V}$-$V$ 曲线的最高点是二次微商 $\dfrac{\Delta^2 E}{\Delta V^2}=0$ 处，此时所对应的体积就是终点体积。因此通过绘制 $\dfrac{\Delta^2 E}{\Delta V^2}$-$V$ 曲线或通过计算可求得终点。由于滴定终点附近的曲线线段可近似看作直线，所以二次微商法的滴定终点的体积可用内插法求得。

表 8-2 为 0.1mol/LAgNO$_3$ 溶液滴定 10.0mLCl$^-$ 溶液的数据。从表 8-2 中查得加入 11.30mL AgNO$_3$ 时，$\dfrac{\Delta^2 E}{\Delta V^2}=5600$，加入 11.35 mL AgNO$_3$ 时 $\dfrac{\Delta^2 E}{\Delta V^2}=-400$，设滴定终点时加入 AgNO$_3$ 的体积为 V_X，用内插法计算对应于 $\dfrac{\Delta^2 E}{\Delta V^2}=0$ 时的体积 V_X，可得

$$\frac{V_X-11.30}{11.35-11.30}=\frac{0-5600}{-400-5600}$$

$$V_X=11.347\approx11.35(\text{mL})$$

表 8 - 2   0.1mol/LAgNO₃ 溶液滴定 10.0mL Cl⁻ 溶液的数据

V_{AgNO_3} /mL	E/mV	ΔE/mV	ΔV/mL	$\Delta E/\Delta V$	$\Delta^2 E/\Delta V^2$
0.00	114				
0.10	114	0	0.10	0.00	
5.00	130	16	4.90	3.3	
8.00	145	15	3.00	5.0	
10.00	168	23	2.00	11.5	
11.00	202	34	1.00	34	
11.20	218	16	0.20	80	
11.25	225	7	0.05	140	2400
11.30	238	13	0.05	260	5600
11.35	265	27	0.05	540	−400
11.40	291	26	0.05	520	−440
11.45	306	15	0.05	300	
11.50	316	10	0.05	200	
12.00	352	36	0.05	72	
13.00	377	25	1.00	25	
14.00	389	12	1.00	12	

由此可看出：用二次微商法的内插法确定滴定终点，只有滴定终点前、后各两个点参与计算。内插法具有所需滴定数据少、数据处理方便等特点，是电位滴定法确定滴定终点最常用的方法。

利用上述 3 种方法确定滴定终点，主要根据化学计量点附近的测量数据。因此，除研究滴定全过程外，一般情况下只需要准确测量和记录化学计量点前、后 1～2mL 内的测量数据即可求得滴定终点。

3. 电位滴定法的应用

由于电位滴定法是用电位突跃来指示终点，所以它不受水样的混浊、有色或缺乏合适的指示剂等条件的限制，在酸碱滴定、氧化还原滴定、沉淀滴定、络合滴定及非水滴定中都有应用。

1）酸碱滴定

在酸碱滴定中常用玻璃电极作指示电极，饱和甘汞电极作参比电极。常用于有色或浑浊的试样的测定，尤其适用弱酸弱碱的测定。许多弱酸、弱碱或不易溶于水而溶于有机溶剂的酸和碱，可用非水滴定法，用电位滴定指示终点。如在 HAc 介质中用 HClO₄ 溶液滴定吡啶，在丙酮介质中滴定高氯酸、盐酸和水杨酸的混合物等。

在水样色度较大，用指示剂滴定法测定难以观察终点时可采用电位滴定法测定水样的酸(碱)度。电位滴定法测定水的酸(碱)度，是以 pH 玻璃电极为指示电极，甘汞电极为参比电极，用氢氧化钠(或盐酸)标准溶液滴定，根据消耗的氢氧化钠(或盐酸)的溶液量来计算酸(碱)度。

2）氧化还原滴定

在氧化还原滴定中常用铂电极作指示电极，甘汞电极作参比电极，在化学计量点附近，溶液中氧化型和还原型浓度比值发生变化，使电位发生突变，如用 KMnO₄（或

$K_2Cr_2O_7$)标准溶液滴定 Fe^{2+}、Sn^{2+} 等。

3）沉淀滴定

用电位滴定进行沉淀滴定时，根据不同的沉淀反应，选用不同的指示电极。如用银电极为指示电极、甘汞电极为参比电极，测定水中 Cl^-、Br^-、I^- 离子时，用 $AgNO_3$ 标准溶液作滴定剂。由于 Ag^+ 与上述几种被测离子生成的沉淀的溶度积差别较大，可不预先分离而进行连续滴定，滴定顺序为 I^-、Br^-、Cl^-；以硫离子选择电极作为指示电极，双盐桥饱和甘汞电极作为参比电极，用硝酸铅标准溶液滴定硫离子，根据滴定终点的电位突跃，求出硝酸铅标准溶液用量，即可计算出水样中硫离子的含量。

4）络合滴定

利用络合反应进行电位滴定时，应根据不同的络合反应选择不同的指示电极。如用铂电极作指示电极，以 EDTA 标准溶液滴定 Fe^{3+}；用银电极作指示电极，以 $AgNO_3$ 滴定 CN^-；用氟离子选择电极作指示电极，以氟化物滴定 Al^{3+} 等。

8.2 电导分析法

电导分析法是基于测量分析溶液的电导率（或电阻），以确定待测物含量的分析方法。在水质分析中，常用电导分析法测量水的电导率。电导率与溶液中离子的含量大致呈比例地变化，电导率的测定可以间接地推测离解物质总浓度，其数值与阴、阳离子的含量有关。因此，该指标常用于推测水中离子的总浓度或含盐量。通常用于检验蒸馏水、去离子水或高纯水的纯度、监测水质受污染情况以及用于锅炉水和纯水制备中的自动控制等。但不能用来区别离子的种类和测定某一种离子的含量，可见此法的选择性很差。由于它具有设备简单、操作方便、灵敏、快速等优点，所以直接电导法在水质分析中仍是一种常见的分析方法。

8.2.1 电导分析方法的原理

水中可溶盐类大多以水合离子的形式存在，离子在外加电场的作用下的导电能力用电导率表示。电导是电阻的倒数。当两个电极（通常为铂电极或铂黑电极）插入溶液中，可以测出两电极间的电阻 R。根据欧姆定律，温度一定时，该电阻值与电极的间距 L 成正比，与电极的截面积 A 成反比。即

$$R=\rho\frac{L}{A}$$

式中：ρ 为电阻率，$\Omega \cdot cm$。

对固定电导池，电极面积 A 与间距 L 都固定不变，故 $\frac{L}{A}$ 是一常数，称电导池常数，用 Q 表示，单位为 cm^{-1}。电导是电阻的倒数，用 G 表示，则

$$G=\frac{1}{R}=\frac{1}{\rho Q}$$

式中：G 为电导，反映导电能力的强弱，S（西门子）。

电导率是电阻率的倒数，用 K 表示，则

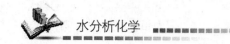

$$G=\frac{1}{\rho Q}=\frac{K}{Q}$$

$$K=GQ=\frac{Q}{R} \tag{8-21}$$

电导率 K 是距离 1cm、截面积为 1cm^2 的两电极间所测得的电阻,单位为 S/cm。电导池常数 Q 值,通常由电导率 K 值已知的 KCl 溶液用实验方法测出电导 S_{KCl} 后由式(8-21)求得。当已知电导池常数 Q,并测出水样的电阻后,便可由式(8-21)求出电导率。

8.2.2　水样测定

水的电导率可用专门的电导仪来测定。

1. 电导池常数的测定

在恒温水浴(25℃)中测定 0.01mol/L KCl 标准溶液的电阻 R_{KCl},由式(8-21)计算电导池常数 Q。在 25℃ 时,0.01mol/L KCl 标准溶液的电导率 = 141.3mS/m。则 $Q=141.3R_{KCl}$。

2. 水样的测定

将水样充满电导池,按前述步骤测定水样电阻 $R_{水样}$,则水样的电导率 $K_{水样}$ 可由下式计算。

$$K_{水样}=\frac{Q}{R_{水样}}=\frac{141.3R_{KCl}}{R_{水样}}$$

电导率随温度变化而变化,温度每升高 1℃,电导率增加约 2%,通常规定 25℃ 为测定电导率的标准温度。因此,如测定时水样温度不是 25℃,则应校正至 25℃时的电导率,计算公式如下。

$$K_s=\frac{K_t}{1+a(t-25)} \tag{8-22}$$

式中,K_s 为 25℃时电导率,mS/m;K_t 为测定温度下的电导率,mS/m;a 为各离子电导率平均温度系数,一般取 0.22;t 为测定时温度(℃)。

8.2.3　电导法在水质分析中的应用

通过电导率的测定,可以间接推测水中离子成分的总浓度,可以了解水源矿物质污染的程度。

1. 检验水质的纯度

水中杂质离子越少,水的电导率越低,水的纯度越高。所以可以通过测定电导率,检验蒸馏水、去离子水或超纯水的纯度。25℃时,纯水的理论电导率为 0.055μS/cm,超纯水的电导率为 0.01~0.1μS/m,新蒸馏水为 0.55~2.0μS/cm,存放几周后,因吸收了 CO_2,电导率上升至 2~4μS/cm,去离子水为 1μS/cm。

2. 判断水质状况

通过电导率的测定可初步判断天然水和工业废水被污染的状况。例如,饮用水的电导率为 50~1500μS/cm,清洁河水为 100μS/cm,天然水为 50~500μS/cm,矿化水为 500~

$1000\mu S/cm$ 或更高，海水为 $30000\mu S/cm$，某些工业废水为 $10000\mu S/cm$ 以上。

3. 估算水中溶解氧

利用某些化合物和水中溶解氧发生反应而产生能导电的离子成分，从而可以测定溶解氧。例如，利用金属铊与水中溶解氧反应生成 Tl^+ 和 OH^-，使电导率增加。一般每增加 $0.035\mu S/cm$ 的电导率相当于 $0.001mg/L$ 溶解氧，可用来估算锅炉管道水中的溶解氧。

4. 估计水中溶解性固体的含量

水中所含各种溶解性矿物盐类的总量称为水的总含盐量，也称总矿化度。水中所含溶解盐类越多，水的离子数目越多，水的电导率就越高。对于多数天然水而言，可滤残渣与电导率之间的关系由如下经验式估算。

$$FR=(0.55\sim 0.70)\times K \tag{8-23}$$

式中，FR 为水中的可滤残渣量，mg/L；K 为25℃时水的电导率，$\mu S/cm$；$0.55\sim 0.70$ 为系数，随水质不同而异，一般估算取 0.67。

8.3　极谱分析法

8.3.1　极谱分析法的原理

极谱分析是根据可氧化或还原物质在滴汞电极上的电解过程中得到的电流-电压关系曲线进行定性、定量分析的电化学分析方法，其基本装置如图8.9所示。E 为直流电源，AB 为滑线电阻，加于电解池（极化池）两电极上的电压可借移动触点 C 来调节。V 为伏特计，G 为检流计。电解池中的两个电极，一是滴汞电极，二是汞池电极或饱和甘汞电极（SCE）。滴汞电极（负极）是一支上部连接储汞瓶（H）的毛细管（内径 $0.05mm$），将汞滴有规则地滴入电解池（D）溶液中。因为汞滴表面积小，故在电解过程中电流密度较大，使滴汞周围液层的离子浓度与主体溶液中离子浓度相差较大，形成浓差极化，故称滴汞电极为极化电极。汞池电极或饱和甘汞电极表面积较大，电解过程中电流密度较小，不易发生浓差极化，电极电位不随外加电压的改变而变化，称为去极化电极。

分析时，将一定浓度的试液注入电解池中，加入 KCl 约达 $0.1mol/L$（称支持电解质，用于消除迁移电流），通入氮气除去溶液中的氧。调节汞滴以每3～4秒1滴的速度滴落。在电解液保持静态的条件下，移动触点 C，使加于两电极间的电压逐渐增大，记录不同电压与相应的电流。以电压为横坐标，电流为纵坐标绘制二者的关系曲线，便得到如图8.10所示的电流-电压曲线。由图8.10可见，在未达到镉离子的分解电压时，只有微小的电流通过检流计（AB 部分），该电流称为残余电流。当外加电压达到镉离子分解电压后，镉离子迅速在滴汞电极上还原并与汞结合成汞齐，电解电流急剧上升（BC 部分）。当外加电压增加到一定数值后，电流不再随外加电压增加而增大，达到一个极限值（D 部分），此时的电流称为极限电流。极限电流减去残余电流后的电流称为极限扩散电流，它与溶液中镉离子浓度成正比，这是极谱法定量分析的基础。极限扩散电流的一半处所对应的电位称为半波电位（$E_{1/2}$）。不同物质具有不同的半波电位，这是进行定性分析的依据。

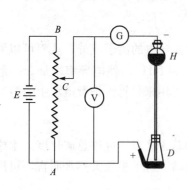

图 8.9　极谱分析的基本装置

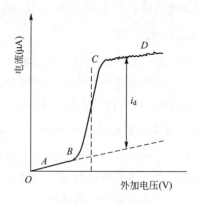

图 8.10　极谱波

8.3.2　极谱定量分析方法

在一定实验条件下，某一特定物质的极限扩散电流 i_d 与被测物质的浓度 c 成正比，即

$$i_d = Kc \qquad (8-24)$$

常用的定量方法有直接比较法、标准曲线法和标准加入法等。

（1）直接比较法：将浓度为 c_s 的标准溶液和浓度为 c_x 的未知液在同一条件下测波高 h_s、h_x，则

$$c_x = \frac{h_x}{h_s} c_s \qquad (8-25)$$

（2）标准曲线法：分析大量同一类样品时，配制一系列标准溶液，分别测定其波高，绘制浓度与波高曲线。在同一条件下测定水样的波高，从曲线上找出其浓度。

（3）标准加入法：此法常用于工业废水监测，但未知水样与加入标准溶液后的水样，其溶液的浓度与波高的关系必须在线性范围内。先测体积为 V 的水样波高 h_x，然后加入一定体积 (V_s) 的标准液 c_s，在同一条件下测其波高 H，水样的浓度 c_x 由扩散电流公式得

$$h_x = Kc_x$$

$$H = K\left(\frac{Vc_x + V_s c_s}{V + V_s}\right)$$

从以上两式求得

$$c_x = \frac{c_s V_s h_s}{H(V + V_s) - h_x V} \qquad (8-26)$$

在定量测定时，通常只需测量波高，不必测量扩散电流的绝对值。测量的方法有平行线法和三切线法。前者只需通过极谱波的残余电流和极限电流做两条相互平行线，两线间垂直距离即为波高；后者是做残余电流和极限电流的延伸线，与波的切线相交于两点，通过两点做二平行线，两线之间垂直距离为波高。

8.3.3　极谱分析在水质分析中的应用

1. 极谱法的应用

极谱法因具有灵敏度高、相对误差小、可重复测定等特点，用途相当广泛，原则上凡

是能在滴汞电极上起反应的物质都能用极谱分析法测定。其中最常用于极谱分析的元素有 Cr、Mn、Fe、Co、Ni、Cu、Zn、Cd、In、Tl、As、Sb、Sn、Pb、Bi 等，许多有机化合物如醛、酮、醌、不饱和酸类、硝基及亚硝基化合物以及偶氮和重氮化合物等均可用极谱法测定。除此以外，极谱法还是研究各类电极过程、氧化过程、表面吸附过程以及络合物组成的重要手段。

2. 示波极谱法测定镉、铜、铅、锌

上面介绍的极谱分析法，通常称为经典极谱法。该方法最适宜测定的浓度范围为 $10^{-2} \sim 10^{-5}$ mol/L，为提高测定灵敏度和分辨率，在经典极谱法的基础上又发展了新的极谱分析方法，如示波极谱法、溶出伏安法、极谱催化波等。示波极谱法是一种用电子示波器观察极谱电解过程中电流-电压曲线，进行定性、定量分析的方法。图 8.11 (a) 为示波极谱仪的工作原理。由于锯齿波脉冲电压发生器产生的快速扫描电压代替了经典极谱法中的可变直流电压源，故电流-电压曲线的记录必须用快速跟踪的阴极射线示波器。锯齿波快速扫描电压通过电阻(R)加在极谱电解池的两电极上，所产生的电解电流在(R)上形成电压降，经垂直放大后，送给垂直偏向板，而加于两极上的电压经水平放大后送给水平偏向板。示波器的垂直偏向板代表电流，水平偏向板代表极化电压，故从示波器的荧光屏上就能直接观察电流-电压曲线，如图 8.11(b)所示。极谱曲线呈现峰状的原因可按滴汞电极在扫描时近似看作固定面积的电极来解释。由于加入的扫描电压快，当达到待测离子分解电压时，滴汞电极表面液层中的待测离子瞬间几乎被全部还原，电流迅速上升，但主体溶液中的待测离子还尚未来得及补充，此时汞滴滴下，扫描电压又降到起始值，故电解电流下降。当汞滴面积固定，电压扫描速度恒定时，峰值电流(i_P)与试液中待测离子浓度成正比；当底液组成一定时，与峰值电流相应的滴汞电极电位(E_P)取决于待测离子的性质，据此，可进行定量及定性分析。

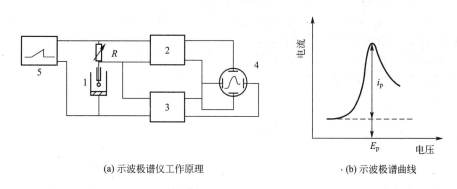

(a) 示波极谱仪工作原理 　　　　　　　　(b) 示波极谱曲线

图 8.11　示波极谱法示意图
1—极谱解电池；2—垂直放大器；3—水平放大器；4—荧光屏；5—锯齿波电压发生器

示波极谱法适用于测定工业废水和生活污水中的镉、铜、铅、锌、镍。对于饮用水、地下水和清洁地面水，需经富集后测定。

3. 阳极溶出伏安法测定镉、铜、铅、锌

溶出伏安法也称反向溶出极谱法，因测定的金属离子是用阳极溶出反应而得名，该法先使待测离子于适宜的条件下在微电极上进行富集，然后再利用改变电极电位的方法将被富集的金属氧化溶出，并记录其氧化波。根据溶出峰电位进行定性分析，根据峰电流大小

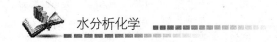

进行定量分析。其全过程可表示为

$$M^{n+} + ne + Hg \underset{溶出}{\overset{富集}{\rightleftharpoons}} M(Hg)$$

该方法适用于测定饮用水、地面水和地下水中的镉、铜、铅、锌，适宜的测定范围为 $1\sim1000\mu g/L$；富集 5 分钟时，检测下限可达 $0.5\mu g/L$。测定要点如下。

（1）水样预处理：将水样调节至近中性。比较清洁的水可直接取样测定；含有机质较多的地面水用硝酸-高氯高酸消解。

（2）标准曲线绘制：分别取一定体积的镉、铜、铅、锌标准溶液于 10mL 比色管中，加 1mL 0.1mol/L 高氯酸（支持电解质），用水稀释至标线，混匀，倾入电解池中。将扫描电压范围选则在 $-1.30\sim+0.05V$。通氮气除氧，在 $-1.30V$ 极化电压下于悬汞电极上富集 3 分钟，则试液中部分上述离子被还原富集并结合成汞齐。静置 30 秒，使富集在悬汞电极表面的金属均匀化。将极化电压均匀地由负方向向正方向扫描（速度视浓度水平选择），记录伏安曲线。以同法配制并测定其他系列浓度标准溶液的溶出伏安曲线，对峰高分别作空白校正后，绘出标准曲线。

（3）样品测定：取一定体积的水样，加 1mL 同种电解质，用水稀释到 10mL，按与标准溶液相同的操作程序测定伏安曲线。根据经空白校正后各被测离子的峰电流高度，从标准曲线上查知并计算其浓度。

（4）当样品成分比较复杂时，可采用标准加入法。准确吸取一定体积的水样于电解池中，加 1mL 支持电解质，用水稀释至 10mL，按测定标准溶液的方法测出各组分的峰电流高，然后再加入与样品含量相近的标准溶液，依同法再次进行峰高测定，用下式计算水样浓度（c_x）。

$$c_x = \frac{hc_sV_s}{(V+V_s)H-Vh} \tag{8-27}$$

式中，h 为水样峰高，mm；H 为水样加标准溶液后的峰高，mm；c_s 为加入标准溶液的浓度，$\mu g/L$；V 为测定所取水样的体积，mL；V_s 为加入标准溶液的体积，mL。

由于阳极溶出伏安法测定的浓度比较低，测定时应特别注意实验过程中的玷污等带来的误差。对汞的纯度要求为 99.99% 以上。

本 章 小 结

本章介绍了在水质分析中常用的电化学分析方法：电位分析法、电导分析法和极谱分析法的原理，还介绍了常用的参比电极、指示电极，及该法在水中 pH 值、F^-、Cl^- 等阴离子和镉、铜、铅、锌等常见金属离子的测定中的应用。

 习 题

1. 选择题

（1）玻璃电极测定溶液的 pH 值时，采用的定量方法是（　　）。

A. 增量法　　　　B. 标准加入法　　　C. 标准曲线法　　　D. 直接比较法

(2) 关于离子选择电极的响应时间，下面说法中正确的是(　　)。

A. 共存离子对响应时间无影响　　　B. 试液温度高，响应速度慢

C. 试样浓度越高，响应时间越短　　　D. 响应时间与温度无关

(3) 关于离子选择电极，下面说法中正确的是(　　)。

A. 离子选择电极一定有晶体敏感膜

B. 离子选择电极必须有参比电极和内参比溶液

C. 离子选择电极不一定有离子穿过膜相

D. 离子选择电极只能用于正负离子测定

(4) 玻璃电极在测定前要在纯蒸馏水中浸泡 24h 以上，这样是为了(　　)。

A. 充分洗净电极　　　　　　　　　B. 恢复玻璃电极对 pH 值的响应

C. 提高灵敏度　　　　　　　　　　D. 避免储存效应

2. 简答题

(1) 参比电极和指示电极的作用是什么？

(2) 怎样用离子选择性电极测定离子浓度？

(3) 水样的电导率的大小反映了什么？

(4) 为什么用 pH 计测量水样的 pH 值时，需先用标准缓冲溶液进行标定？

(5) 在水质分析中，下列各电位滴定，应选择何种指示电极和参比电极？

① HCl 滴定碱度；

② $AgNO_3$ 滴定 Cl^-；

③ EDTA 滴定 Ca^{2+}；

④ $AgNO_3$ 滴定 CN^-。

(6) 什么是离子强度调节剂？用离子选择性电极直接电位法的标准曲线法测定离子浓度时，为什么要加离子强度调节剂？

3. 计算题

(1) 用玻璃电极法测定水样的 pH 值，将标准电极和另一参比电极浸入 pH＝4 的标准缓冲溶液中组成原电池，298K 时，测得电池的电动势为 0.209V；当用待测溶液代替缓冲溶液时，测得的电动势为 0.150V，试计算待测溶液的 pH 值。

(2) 将氟离子选择性电极(作负极)和参比电极浸在 0.001mol/L 的氟离子溶液中，测得电池的电动势为－0.159V。用相同的电极浸入未知浓度的氟离子溶液中时，测得的电动势为－0.206V。两种溶液的离子强度相同，试计算未知溶液中的氟离子浓度。

(3) 用膜电极测定水样中 Ca^{2+} 的浓度，将钙离子膜电极和另一参比电极浸入 0.010mol/L 的 Ca^{2+} 溶液中，测得的电极电位为 0.250V；用水样代替钙离子标准溶液，测得的电极电位为 0.314V，如果保持溶液的离子强度相同，试计算未知溶液中的钙离子浓度。

第 9 章
色谱分析法

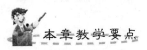 本章教学要点

知识要点	掌握程度	相关知识	应用方向
色谱法的基本原理	掌握	色谱流出曲线及色谱分离基本术语	掌握基本色谱分离术语
色谱的基本理论	掌握	塔板理论和速率理论，色谱定性定量分析方法	了解分离机理进行定性定量分析
气相色谱法	掌握	气相色谱仪的结构，利用速率理论选择分离条件，定性定量分析方法	对热稳定性能好的有机及无机化合物进行定性定量分析
高效液相色谱法	掌握	高效液相色谱仪的结构，定性定量分析方法	对生物大分子、离子型化合物、不稳定的天然产物以及其他各种高分子化合物等进行定性定量分析
色谱分析法在水质分析中的应用	了解	色谱分析法在水质分析中的应用	水分析项目的测定

导入案例

　　有机物对环境的污染是全球面临的主要环境问题之一，由于水中有机物的种类繁多，通常通过氧化还原滴定法测定 COD、BOD 等综合指标来表示水中有机物的浓度，但是这些指标只能给出水体中可被化学氧化剂氧化或可被微生物氧化的有机物的总浓度，不能给出水中有机物的种类及各种有机物的浓度。环境中存在的多环芳烃、多氯联苯等有毒有害有机物在测定条件下不能被氧化，而这些物质对环境和人体具有很大的危害。如多环芳烃是高度脂溶性的，易在人体内积累，具有致癌性和毒性；自来水中加氯消毒后的副产物三卤甲烷对人体有致癌性。近年来各国都加强了对饮用水中有机物的控制。如我国 2006 年修订生活饮用水卫生标准的毒理指标中有机化合物由 5 项增至 53 项。这些有机物在自来水中的含量很低，一般采用气相色谱和高效液相色谱测定。

9.1　色谱法的概述

9.1.1　色谱法的分类

　　色谱法(Chromatography)与蒸馏、重结晶、溶剂萃取、化学沉淀及电解沉积法一样，也是一种分离技术，但它是各种分离技术中效率最高和应用最广的一种方法。色谱法早在 1903 年由俄国植物学家茨维特(Tsweet)分离植物色素时采用。他在研究植物叶的色素成分时，将植物叶子的萃取物倒入填有碳酸钙的直立玻璃管内，然后加入石油醚使其自由流下，结果色素中各组分互相分离形成各种不同颜色的谱带。这种方法因此得名为色谱法。以后此法逐渐应用于无色物质的分离，"色谱"二字虽已失去原来的含义，但仍被人们沿用至今。

　　在色谱法中，将填入玻璃管或不锈钢管内静止不动的一相(固体或液体)称为固定相；自上而下运动的一相(一般是气体或液体)称为流动相；装有固定相的管子(玻璃管或不锈钢管)称为色谱柱。当流动相中样品混合物经过固定相时，就会与固定相发生作用，由于各组分在性质和结构上的差异，与固定相相互作用的类型、强弱也有差异，因此在同一推动力的作用下，不同组分在固定相滞留时间的长短不同，从而按先后不同的次序从固定相中流出。

　　色谱法的种类很多，从不同角度可将色谱法分类如下。

　　1. 按照流动相和固定相的物理状态分类

　　按流动相的物理状态可以将色谱法分为气相色谱法和液相色谱法。前者的流动相为气体，后者的流动相为液体。

　　气相色谱法按照固定相的物理状态不同，又可分为气固色谱法和气液色谱法。前者的固定相为固体物质，后者是将不挥发液体固定在适当的固体载体上作为固定相。

　　同理，液相色谱按照固定相的物理状态不同，又可分为液固色谱法和液液色谱法，前者的固定相为固体，后者是将固定液固定在适当的固相载体上作为固定相。

超临界流体为流动相的色谱为超临界流体色谱（SFC）。随着色谱工作的发展，通过化学反应将固定液键合到载体表面，这种化学键合固定相的色谱又称化学键合相色谱（CBPC）。

2. 按照产生分离过程的相系统的形式分类

按照产生分离过程的相系统的形式和特征，可以把色谱法分为柱色谱法、毛细管色谱法、平板色谱法。固定相装于柱内的色谱法，称为柱色谱。固定相呈平板状的色谱，称为平板色谱，它又可分为薄层色谱和纸色谱。

3. 按照分离过程原理分类

利用组分在吸附剂（固定相）上的吸附能力的强弱不同而得以分离的方法，称为吸附色谱法。利用组分在固定液（固定相）中溶解度的不同而达到分离的方法，称为分配色谱法。利用组分在离子交换剂（固定相）上的亲和力大小的不同而达到分离的方法，称为离子交换色谱法。利用大小不同的分子在多孔固定相中的选择渗透而达到分离的方法，称为凝胶色谱法或尺寸排阻色谱法。最近，又有一种新分离技术，利用不同组分与固定相（固定化分子）的高专属性亲和力进行分离的技术称为亲和色谱法，常用于蛋白质的分离。

4. 按照展开程序分类

按照展开程序的不同，可将色谱法分为洗脱法、顶替法和迎头法。

洗脱法也称冲洗法。工作时，首先将样品加到色谱柱头上，然后用吸附或溶解能力比试样组分弱得多的气体或液体作冲洗剂。由于各组分在固定相上的吸附或溶解能力不同，被冲洗剂带出的先后次序也就不同，从而使组分彼此分离，流出曲线如图 9.1(a)所示。这种方法能使样品各组分获得良好的分离，色谱峰清晰。此外，除去冲洗剂后，可获得纯度较高的物质。目前，这种方法是色谱法中最常见的一种方法。

顶替法是将样品加到色谱柱头后，在惰性流动相中加入对固定相的吸附或溶解等能力比所有试样组分都强的物质为顶替剂（或直接用顶替剂作流动相），通过色谱柱，将各组分按吸附或溶解能力的强弱顺序，依次顶替固定相。很明显，吸附或溶解能力最弱的组分最先流出，最强的最后流出。顶替法的流出曲线如图 9.1(b)所示。此法适于制备纯物质或浓缩分离某一组分；其缺点是经一次使用后，柱子就被样品或顶替剂饱和，必须更换柱子或去除被柱子吸附的物质后，才能再使用。

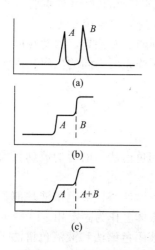

图 9.1　样品流出曲线

迎头法是将试样混合物连续通过色谱柱，吸附或溶解能力最弱的第一组分首先以纯物质的状态流出，其次则是第一组分和吸附或溶解能力较弱的第二组分的混合物，以此类推。流出曲线如图 9.1(c)所示。该法在分离多组分混合物时，除第一组分外，其余均非纯态，因此仅适用于从含有微量杂质的混合物中切割出一个高纯组分（图 9.1(c)中的 A），而不适用于对混合物进行分离。但是，此法可用于测定某些物化常数，如比表面积孔径等。

9.1.2 线性洗脱色谱及名词术语

在洗脱色谱法中，如果将样品注入色谱柱头，样品本身很快就会在固定相和流动相之间达到分配平衡。当流动相流过时，样品将在流动相和新的固定相上又达到分配平衡。同时，原来仍在固定相中的样品与新的流动相之间也会形成新的分配平衡。随着流动相不断地流过，它们就会携带发生分配平衡后而存在于流动相的样品沿着柱子向前移动。由于这个过程涉及两相之间的分配平衡，所以可以用分配系数 K 来进行定量讨论。

$$K = \frac{c_s}{c_m} \tag{9-1}$$

式中，c_s 为组分在固定相中的浓度；c_m 为组分在流动相中的浓度。

溶质浓度低时，c_s 基本上正比于 c_m，曲线近似于直线。在一般情况下，由于色谱柱中溶质的浓度较低，因此可以认为 K 为常数。K 为常数时所进行的色谱过程称为线性色谱。溶质流过色谱柱时，分配系数大的组分通过色谱柱所需要的时间长，分配系数小的组分需要的时间短。当样品中各组分在两相的分配系数不同时，就能实现差速迁移，达到分离的目的。显然，让足够量的流动相通过色谱法，就能在柱的末端收集到各组分。如果柱的末端有监测系统，并能一信号大小对时间作图，则得到呈正态分布的色谱流出曲线，现以某一组分的色谱流出曲线来说明有关的色谱术语。

1. 基线

基线是柱中仅有流动相通过，检测器响应信号的记录值，即图 9.2 中的 $O-t$ 线。稳定的基线应该是一条水平线。

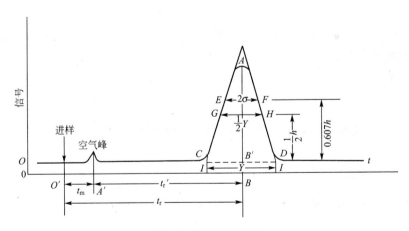

图 9.2 色谱流出曲线

2. 峰高

色谱峰顶点与基线之间的垂直距离，以 h 表示，如图 9.2 中的 $B'A$ 所示。

3. 保留值

1）死时间 t_m

不被固定相吸附或溶解的物质进入色谱柱时，从进样到出现峰极大值所需的时间称为死时间，如图 9.2 中的 $O'A'$ 所示。因为这种物质不被固定相吸附或溶解，故其流动速度

与流动相的流动速度相近。测定流动相平均线速$\bar{u}$时，可用柱长L与t_m的比值计算。

$$\bar{u} = \frac{L}{t_m} \qquad (9-2)$$

2）保留时间t_r

试样从进样开始到柱后出现峰极大点时所经历的时间，称为保留时间。如图9.2中的$O'B$所示。相应于样品到达柱末端的检测器所需的时间。

3）调整保留时间t_r'

某组分的保留时间扣除死时间后称为该组分的调整保留时间，即

$$t_r' = t_r - t_m \qquad (9-3)$$

由于组分在色谱柱中的保留时间t_r包含了组分随流动相通过柱子所需的时间和组分在固定相中滞留所需的时间，所以t_r实际上是组分在固定相中停留的总时间。保留时间可用时间单位（如s）或距离单位（如cm）表示。

保留时间是色谱法定性的基本依据，但同一组分的保留时间常受到流动相流速的影响，因此色谱工作者有时用保留体积等参数进行定性检定。

4. 死体积V_m

死体积是色谱柱在填充后，主管内固定相颗粒间所剩留的空间、色谱仪中管路和连接头间的空间以及检测器的空间的总和。当后两项很小而可忽略不计时，死体积可由死时间与流动相体积流速F_0（mL/min）计算。

$$V_m = t_m \cdot F_0 \qquad (9-4)$$

5. 保留体积V_r

保留体积是指从进样开始到被测组分在柱后出现浓度极大点时所通过的流动相体积。保留体积与保留时间t_r的关系如下。

$$V_r = t_r \cdot F_0 \qquad (9-5)$$

6. 调整保留体积V_r'

某组分的保留体积扣除死体积后，称该组分的调整保留体积，即

$$V_r' = V_r - V_m \qquad (9-6)$$

7. 相对保留体积$\gamma_{2/1}$

某组分2的调整保留值与组分1的调整保留值之比，称为相对保留值。

$$\gamma_{2/1} = \frac{t_{r2}'}{t_{r1}'} = \frac{V_{r2}'}{V_{r1}'} \qquad (9-7)$$

由于相对保留值只与柱温及固定相的性质有关，而与柱径、柱长、填充情况及流动相流速无关，因此，它是色谱法中，特别是气相色谱法中，广泛使用的定性数据。

必须注意：相对保留值绝对不是两个组分保留时间或保留体积之比。

在定性分析中，通常固定一个色谱峰作为标准（s），然后再求其他峰（i）对这个峰的相对保留值，此时，$\gamma_{i/s}$可能大于1，也可能小于1，在多元混合物分析中，通常选择一对最难分离的物质对，将它们的相对保留值作为重要参数，在这种特殊情况下，可用符号α表示。

$$\alpha = \frac{t'_{r2}}{t'_{r1}} \qquad\qquad (9-8)$$

式中，t'_{r2} 为后出峰的调整保留时间。

所以这时 α 总是大于 1 的。

8. 分配比 k

也称容量因子，它是衡量色谱柱对被分离组分保留能力的重要参数，并定义它为组分在固定相和流动相中的分配量之比，用公式表示为

$$k = \frac{\text{组分在固定相中的物质的量}}{\text{组分在流动相中的物质的量}} = \frac{n_s}{n_m} \qquad\qquad (9-9)$$

设柱中流动相的流速为 $\bar{u}$，试样谱带 X 的平均线速是 u_x，显然 u_x 的大小取决于试样分子 X 分配在流动相中的分数 R 和流动相的线速 $\bar{u}$，即

$$u_x = \bar{u}R \qquad\qquad (9-10)$$

根据式(9-9)，得到

$$k + 1 = \frac{n_s}{n_m} + \frac{n_m}{n_m} = \frac{n_s + n_m}{n_m}$$

则

$$R = \frac{n_m}{n_s + n_m} = \frac{1}{k+1}$$

将 R 值代入式(9-10)中，得到

$$u_x = \frac{\bar{u}}{1+k} \qquad\qquad (9-11)$$

试样和流动相通过柱子所需的时间分别为 $t_r = \dfrac{L}{u_x}$ 和 $t_m = \dfrac{L}{\bar{u}}$，消去此二式中的 L，得到

$$t_r = \frac{\bar{u}t_m}{u_x} \qquad\qquad (9-12)$$

将式(9-11)代入式(9-12)中，得到

$$t_r = t_m(1+k)$$
$$k = \frac{t_r - t_m}{t_m} = \frac{t'_r}{t_m} \qquad\qquad (9-13)$$

式(9-13)提供了色谱图上直接求算 k 的方法，它指出：k 是组分的调整保留时间与死时间之比，根据 k 的定义，可以得出 k 与分配系数 K 之间的关系。

$$k = \frac{(c_x)_s V_s}{(c_x)_m V_m} = K \frac{V_s}{V_m} \qquad\qquad (9-14)$$

式中，$(c_x)_s$ 为组分 x 在固定相中的浓度；$(c_x)_m$ 为组分 x 在流动相中的浓度；V_s 为柱中固定相的总体积(对分配色谱而言)；V_m 为柱中流动相的总体积(对分配色谱而言)。

将式(9-13)以 t'_r 代入式(9-7)中，则有

$$\gamma_{2/1} = \frac{k_2}{k_1} = \frac{K_2}{K_1} \qquad\qquad (9-15)$$

从式(9-15)中可以看出，k 不仅与物质的热力学性质有关，同时也与色谱柱的柱型及其结构有关，k 是色谱理论中一个重要的基本参数。

9. 区域宽度

色谱峰的区域宽度是组分在色谱柱中谱带扩张的函数，它反映了色谱操作条件的动力

学因素。度量色谱峰区域宽度通常有 3 种方法。

（1）标准偏差 σ：即 0.607 倍峰高处色谱宽的一半，如图 9.2 中 EF 距离的一半。

（2）半峰宽 $Y_{1/2}$：即峰高一半处对应的峰宽，如图 9.2 中 GH 间的距离，它与标准偏差的关系为

$$Y_{1/2} = 2.354\sigma \qquad (9-16)$$

（3）基线宽度 Y：即色谱峰两侧拐点上的切线在基线上的截距，如图 9.2 中 IJ 的距离，它与标准偏差 σ 的关系是

$$Y = 4\sigma \qquad (9-17)$$

从色谱流出曲线上，可以得到许多重要信息：根据色谱峰的个数，可以判断样品中所含组分的最少个数；根据色谱峰的保留值（或位置），可以进行定性分析；根据色谱峰下的面积或峰高，可以进行定量分析；色谱峰的保留值及其区域宽度是评价色谱柱分离效能的依据；色谱峰间的距离是评价固定相（和流动相）选择是否适合的依据。

9.2　色　谱　法

图 9.3 是 A、B 两组分沿色谱柱移动时，不同位置处的浓度轮廓，图中 $K_A > K_B$，因此 A 组分在移动过程中滞后，随着两组分在色谱柱中移动距离的增加，两峰间的距离逐渐变大，同时每一组分的浓度轮廓（即区域宽度）也慢慢变宽。显然，区域扩宽对分离是不利的，但又是不可避免的，若要使 A、B 两组分完全分离，必须满足以下3 点。

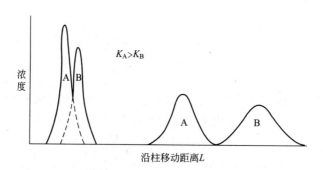

图 9.3　溶质 A 和 B 在沿柱移动时不同位置处的浓度轮廓

（1）两组分的分配系数必须有差异；

（2）区域扩宽的速率应小于区域分离的速度；

（3）在保证快速分离的前提下，提供足够长的色谱柱。

（1）、（2）点是完成分离的必要条件，作为一个色谱理论，它不仅应说明组分在色谱柱中移动的速率，而且应说明组分在移动过程中引起区域扩宽的各种因素。塔板理论和速率理论均以色谱过程中分配系数恒定为前提，故称为线性色谱理论。速率理论对色谱分离条件的选择具有实际指导意义，因此本节将重点介绍。

9.2.1 色谱法的基本理论

1. 塔板理论

塔板模型将一根色谱柱视为一个精馏塔，即色谱柱由一系列连续的、相等的水平塔板组成，每一块塔板的高度用 H 表示，称为塔板高度，简称板高。塔板理论假设：在每一块塔板上，溶质在两相间很快达到分配平衡，然后随着流动相按一个一个塔板的方式向前转移，对一根长为 L 的色谱柱，溶质平衡的次数应为

$$n = \frac{L}{H} \tag{9-18}$$

n 称为理论塔板数，与精馏塔一样，色谱柱的柱效随理论塔板数 n 的增加而增加，随板高 H 的增大而减小。

塔板理论指出：

(1) 当溶质在柱中的平衡次数，即理论塔板数 n 大于 50 时，可得到基本对称的峰形曲线，在色谱柱中，n 值一般是很大的，如气相色谱柱的 n 约为 $10^3 \sim 10^6$，因而这时的流出曲线可趋近于正态分布曲线。

(2) 当样品进入色谱柱后，只要各组分在两相间的分配系数有微小差异，经过反复多次的分配平衡后，仍可获得良好的分离。

(3) n 与半峰宽度及峰底宽度的关系式为

$$n = 5.54 \left(\frac{t_r}{Y_{1/2}}\right)^2 = 16 \left(\frac{t_r}{Y}\right)^2 \tag{9-19}$$

式中 t_r 与 $Y_{1/2}$（或 Y）应采用同一单位（时间或距离）。从式(9-18)及式(9-19)中可以看出，在 t_r 一定时，如果色谱峰越窄，则说明 n 越大，H 越小，柱效能越高。在实际工作中，按式(9-18)和式(9-19)计算出来的 n 和 H 值有时并不能充分地反映色谱柱的分离效能，因为采用 t_r 计算时，没有扣除死时间 t_m，所以常用有效塔板数 $n_{有效}$ 表示柱效。

$$n_{有效} = 5.54 \left(\frac{t_r'}{Y_{1/2}}\right)^2 = 16 \left(\frac{t_r'}{Y}\right)^2 \tag{9-20}$$

有效板高为

$$H_{有效} = \frac{L}{n_{有效}} \tag{9-21}$$

因为在相同的色谱条件下，对不同的物质计算所得的塔板数不一样，因此，在说明柱效时，除注明色谱条件外，还应指出是用什么物质来进行测量的。

[例 9.1] 已知某组分峰的峰底宽度为 40s，保留时间为 400s，计算此色谱柱的理论塔板数。

解：
$$n = 16 \left(\frac{t_r}{Y}\right)^2 = 16 \times \left(\frac{400}{40}\right)^2 = 1600 \text{ 块}$$

[例 9.2] 已知一根 1m 长的色谱柱的有效塔板数为 1600 块，组分 A 在该柱上的调整保留时间为 100s，试求 A 峰的半峰宽及有效塔板高度。

解：
$$\because \qquad n_{有效} = 5.54 \left(\frac{t_r'}{Y_{1/2}}\right)^2$$

$$Y_{1/2} = \sqrt{\frac{5.54}{n_{有效}}} t'_r$$

$$\therefore \qquad = \sqrt{\frac{5.54}{1600}} \times 100$$

$$= 5.9(s)$$

$$H_{有效} = \frac{L}{n_{有效}} = \frac{1000}{1600} = 0.63(mm)$$

塔板理论是一种半经验性的理论,它用热力学的观点定量说明了溶质在色谱柱中移动的速率,解释了流出曲线的形状,并提出了计算和评价柱效高低的参数,但是,色谱过程不仅受热力学的因素影响,而且还与分子的扩散、传质等动力学因素有关,因此塔板理论只能定性地给出板高的概念,却不能解释板高受哪些因素影响;也不能说明为什么在不同的流速下,可以测得不同的理论塔板数,因而限制了它的应用。

2. 速率理论

1956 年,荷兰学者范第姆特(Van Deemter)等人在研究气液色谱时,提出了色谱过程的动力学理论——速率理论,他们吸收了塔板理论中板高的概念,并同时考虑影响板高的动力学因素,指出:填充柱的柱效受分子扩散、传质阻力、载气流速等因素的控制,从而较好地解释了影响板高的各种因素。

速率理论指出,谱峰扩宽受 3 个动力学因素控制,即涡流扩散项、分子扩散项、传质阻力项,用板高方程表示为

$$H = A + \frac{B}{\bar{u}} + C\bar{u} \qquad (9-22a)$$

式中,$\bar{u}$ 为流动相的平均线速;A、B、C 为常数,分别代表涡流扩散项系数、分子扩散项系数、传质阻力项系数。由式(9-22)可知,$\bar{u}$ 一定时,只有当 A、B、C 较小时,H 才能小,柱效才会高,反之则柱效低,色谱峰扩张。

1) 涡流扩散项

在填充色谱柱中,流动相通过填充物的不规则空隙时,其流动方向不断地改变,因而形成紊乱的类似"涡流"的流动,如图 9.4B 所示。由于填充物的大小、形状各异以及填充的不均匀性,使组分各分子的色谱柱中经过的通道直径和长度不同,从而使它们在柱中的停留时间不等,其结果使色谱峰变宽。色谱峰变宽的程度由下式决定。

$$A = 2\lambda d_p \qquad (9-22b)$$

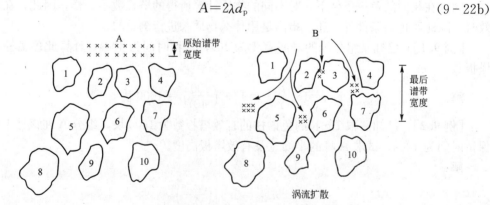

图 9.4 色谱柱中的涡流扩散

该式表明，A 与填充物的平均直径 d_p 的大小和填充不规则因子 λ 有关，与流动相的性质、线速度和组分性质无关。使用粒度细和颗粒均匀的填料均匀填充，是减少涡流扩散和提高柱效的有效途径。

2）分子扩散项

当样品以"塞子"形式进入色谱柱后，便在色谱柱的轴向上造成浓度梯度，使组分分子产生浓差扩散，其方向是沿着纵向扩散的，故该项也称为纵向扩散项。

气体分子扩散项的系数为

$$B=2\gamma D_g \tag{9-22c}$$

γ 是填充柱内气体扩散路径弯曲的因素，也称弯曲因子，D_g 为组分在气相中的扩散系数（cm^2/s）。从式（9-22c）可知，B 正比 D_g。由于 D_g 除与组分性质有关外，还与组分在气相中的停留时间、载气的性质、柱温等因素有关，因此，为了减小 B 项，可采用较高的载气流速，使用相对分子质量较大的载气（如 N_2），控制较低的柱温。

3）传质阻力项

物质系统由于浓度不均匀而发生的物质迁移过程，称为传质。影响这个过程进行速度的阻力，叫传质阻力，传质阻力系数 C 包括气相传质阻力系数 C_g 和液相传质阻力系数 C_l，即

$$C=C_g+C_l$$

气相传质过程是指试样在气相和气液界面上的传质。由于传质阻力的存在，使得试样在两相界面上不能瞬间达到分配平衡，所以，有的分子还来不及进入两相界面，就被气相带走，出现超前现象。当然，有的分子在进入两相界面后还来不及返回到气相，这就引起滞后现象。上面这些现象均将造成谱峰扩宽。对于填充柱，气相传质阻力系数 C_g 为

$$C_g=\frac{0.01k^2}{(1+k)^2}\cdot\frac{d_p^2}{D_g} \tag{9-22d}$$

式中，k 为容量因子。

从式（9-22d）可以看出，气相传质阻力与填充物粒度的平方成正比，与组分在载气流中的扩散系数成反比。因此，采用粒度小的填充物和相对分子质量小的气体（如氢气）作载气，可减小 C_g，提高柱效。

与气相传质阻力一样，在气液色谱中，液相传质阻力也会引起谱峰的扩张，不过它是发生在气液界面的固定相之间，液相传质阻力系数 C_l 为

$$C_l=\frac{2}{3}\cdot\frac{k}{(1+k)^2}\cdot\frac{d_f^2}{D_l} \tag{9-22e}$$

由式（9-22e）可见，减小固定液的液膜厚度 d_f，增大组分在液相中的扩散系数 D_l，可减小 C_l。显然，降低固定液的含量，可以降低液膜厚度，但 k 值随之变小，又会使 C_l 增大。当固定液含量一定时，液膜厚度随载体的比表面积增加而降低，因此，一般采用比表面积较大的载体来降低液膜厚度。应该指出，提高柱温虽然可以增大 D_l，但会使 k 值减小，为了保持适当的 C_l 值，应该控制适宜的柱温。

当固定液含量较高、液膜较厚、载气又在中等的线速度时，板高主要受液相传质系数 C_l 的控制，此时，气相传质系数值很小，可以忽略。然而，随着快速色谱的发展，当采用低固定液含量柱的高载气线速进行分析时，气相传质阻力就会成为影响塔板高度的重要

因素。

将 A、B 和 C 代入式(9-22a)中，即可得到下述色谱板高方程式(范第姆特方程式)。

$$H=2\lambda d_{\mathrm{p}}+\frac{2\gamma D_{\mathrm{g}}}{\bar{u}}+\left[\frac{0.01k^2}{(1+k)^2}\cdot\frac{d_{\mathrm{p}}^2}{D_{\mathrm{g}}}+\frac{2kd_{\mathrm{f}}^2}{3(1+k)^2 D_1}\right]\bar{u} \qquad (9-23)$$

这一方程对选择色谱分离条件具有实际指导意义。它指出了色谱柱填充的均匀程度、填料粒度的大小、流动相的种类及流速、固定相的液膜厚度等对柱效的影响。但是应该指出，除上述造成谱峰扩宽的因素外，还应考虑柱径、柱长等因素的影响。

3. 液相色谱中的速率理论

速率理论虽然是在研究气液色谱时提出的，但作适当修改后，也适用于其他色谱方法。在液相色谱中，板高方程可写成如下形式。

$$H=\left(\frac{1}{C_{\mathrm{e}}d_{\mathrm{p}}}+\frac{D_{\mathrm{m}}}{C_{\mathrm{m}}d_{\mathrm{p}}^2\ \bar{u}}\right)^{-1}+\frac{C_{\mathrm{d}}D_{\mathrm{m}}}{\bar{u}}+\left(\frac{C_{\mathrm{s}}\cdot d_{\mathrm{f}}^2}{D_{\mathrm{s}}}+\frac{C_{\mathrm{sm}}\cdot d_{\mathrm{p}}^2}{D_{\mathrm{m}}}\right)\bar{u} \qquad (9-24)$$

$$\quad\ \ \mathrm{I}\qquad\quad \mathrm{II}\qquad\quad \mathrm{III}\qquad\quad \mathrm{IV}\qquad\quad \mathrm{V}$$

式中，C_{e}、C_{m}、C_{d}、C_{s}、C_{sm} 为有关项的板高系数，当填料一定是均为定值；D_{m} 和 D_{s} 分别是组分在流动相和固定相中的扩散系数；d_{f} 为固定相层的厚度；其余符号同式(9-23)。

式(9-24)中各项意义如下。

I和III项分别表示涡流扩散项和分子扩散项。由于 D_{m} 比 D_{g} 小 4~5 个数量级，因此在液相色谱中，分子扩散项通常可以忽略不计。

II项是在流动区域内，流动相的传质阻力。它指出流动相通过同一流路时，在接近固定相表面的流速比在流路中间的要慢一些，如图9.5所示。

IV项为固定相传质阻力，该项与气液色谱中液相传质阻力项相应。

V项是在流动相停滞区域内的传质阻力。固定相空穴中的流动相一般是不移动的。流动相中的溶质分子与固定相进行交换时，必须首先扩散进入滞留区。若固定相的微孔小且深，就会大大减慢传质速率，如图9.6所示。

以上各种传质阻力都将导致谱峰变宽。

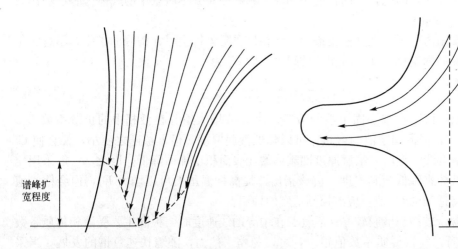

图9.5　流动区域中的流动相传质阻力　　　图9.6　流动相滞留区的传质阻力

从式(9-24)可以看出，在液相色谱法中，可采用如下方法降低板高来提高柱效：减小填料空穴深度；减小填料粒度 d_p；用低黏度溶剂作流动相；采用低流速流动相；适当提高柱温。

9.2.2 分离度

1. 柱效和选择性

从前面讨论可知，衡量柱效的指标是理论塔板数 n（或 $n_{有效}$），柱效则反映了色谱分离过程的动力学性质。

在色谱法中，常用色谱图上两峰间的距离衡量色谱柱的选择性，其距离越大说明柱子的选择性越好。一般用相对保留值 α 表示两组分在给定柱子上的选择性，柱子的选择性主要取决于组分在固定相上的热力学性质。

2. 分离度

图9.7是两相邻组分在不同色谱条件下的分离情况。(a)中两组分没有完全分离；(b)和(c)中两组分完全分离，前者的柱效虽不高，但选择性好；后者的选择性较差，但柱效高。由此可见，单独用柱效或柱选择性并不能真实地反映组分在色谱柱中的分离情况。所以，在色谱分析中，需要引入分离度(R_s)这一概念。

分离度也称分辨率或分辨度。它是指相邻两色谱峰保留值之差与两组分色谱峰峰宽度平均值之比，即

$$R_s = \frac{(t_{r2}-t_{r1})}{\frac{1}{2}(Y_1+Y_2)} = \frac{2(t_{r2}-t_{r1})}{Y_1+Y_2} \qquad (9-25)$$

一般来说，当 $R_s<1$ 时，两峰总有部分重叠；当 $R_s=1$ 时，两峰能明显分离；当 $R_s=1.5$ 时，两峰才能完全分离。当然，更大的 R_s 值，分离效果会更好，但会延长分析时间。

利用式(9-25)，可以直接从色谱图上计算分离度。但该式没有体现影响分离度的诸因素。而下式清楚地指出了分离度受柱效(n)，选择性(α)和容量因子(k)3个参数的控制。

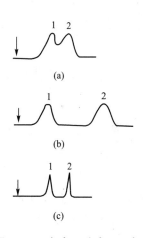

图9.7 两相邻组分在不同色谱条件下的分离情况

$$R_s = \frac{\sqrt{n}}{4} \cdot \frac{\alpha-1}{\alpha} \cdot \frac{k_2}{1+k_2} \qquad (9-26)$$

从式(9-26)可以看出：

(1)增加塔板数，可以增加分离度。若通过增加柱长来增加塔板数，就会延长分析时间。所以，设法降低板高 H，才是增大分离度的最好方法。

(2)加大容量因子可以增加分离度，但是会延长分析时间，甚至造成谱带检测困难，一般来说，当 $k>10$ 时，分离度的提高并不明显；而当 $k<2$ 时，洗脱时间会出现极小值。因此，在色谱分离中，通常将 k 控制在2~7之间。

(3)选择性参数 α 的微小增大，都会使分离度得到较大的改善，当 α 大于2时，即使在很短的时间内，组分也会完全分离。当 α 接近1时，要完成分离，必须增加柱长，延长

分析时间。例如，为了达到同样的分离度，当 $\alpha=1.01$ 时，所需的时间是 $\alpha=1.1$ 时的 84 倍。显然，当 $\alpha=1$ 时，无论怎样提高效柱，加大容量因子，R_s 均为零。在这种情况下，两组分的分离是不可能的。

在选择操作条件时，首先应确定欲达到的分离度，然后用以下公式进行有关计算，求得所需的塔板数和分析时间。

$$n_{需要}=16R_s^2\left(\frac{\alpha}{\alpha-1}\right)^2\left(\frac{1+k_2}{k_2}\right)^2 \tag{9-27}$$

$$t_r=\frac{16R_s^2\cdot H}{\bar{u}}\cdot\left(\frac{\alpha}{\alpha-1}\right)^2\cdot\frac{(1+k)^3}{k_2} \tag{9-28}$$

9.2.3　定性和定量分析

1. 定性分析

定性分析的任务是确定色谱图上每一个峰所代表的物质。在色谱条件一定时，任何一种物质都有确定的保留时间。因此，在相同色谱条件下，通过比较已知物和未知物的保留参数或在固定相上的位置，即可确定未知物是何种物质。但是，一般来说，色谱法是分离复杂混合物的有效工具，如果将色谱与质谱或其他光谱联用，则是目前解决复杂混合物中未知物定性的最有效的方法。

2. 定量分析

在一定色谱条件下，组分 i 的质量（m_i）或其在流动相中的浓度，与检测器响应信号（峰面积 A_i 或峰高 h_i）成正比。

$$m_i=f_i^A A_i \tag{9-29}$$

或
$$m_i=f_i^h h_i \tag{9-30}$$

式中，f_i^A 和 f_i^h 为绝对校正因子。这是色谱定量分析的依据。

1）响应信号的测量

色谱峰的峰高是其峰顶与基线之间的距离，测量方法比较简单。测量峰面积的方法：现代色谱仪中一般都装有准确测量色谱峰面积的电学积分仪峰，面积的大小不易受操作条件，如柱温、流动相的流速、进样速度等的影响，从这一点来看峰面积更适合作为定量分析的参数。

2）定量校正因子

（1）绝对校正因子：从式（9-29）和式（9-30）可知，组分 i 的峰面积和峰高的绝对校正因子分别为

$$f_i^A=\frac{m_i}{A} \tag{9-31}$$

$$f_i^h=\frac{m_i}{h} \tag{9-32}$$

由此可见，绝对校正因子是指某组分 i 通过检测器的量与检测器对该组分的影响信号之比。m_i 的单位用 g、mol/L 或体积表示时，相应的校正因子分别称为质量校正因子（f_m），摩尔校正因子（f_m）和体积校正因子（f_v）。很明显，绝对校正因子受仪器及操作条件的影响很大，故其应用受到限制。在实际定量分析中，一般常采用相对校正因子。

(2) 相对校正因子：相对校正因子是指组分 i 与基准组分 s 的绝对校正因子之比，即

$$f_{is}^A = f_i^A / f_s^A = \frac{A_s m_i}{A_i m_s} \tag{9-33}$$

$$f_{is}^h = f_i^h / f_s^h = \frac{h_s m_i}{h_i m_s} \tag{9-34}$$

式中，f_{is}^A 为组分 i 的峰面积的相对校正因子，f_{is}^h 为组分 i 的峰高的相对校正因子，f_s^A 为基准组分 s 的峰面积绝对校正因子；f_s^h 为基准组分 s 的峰高绝对校正因子。

必须注意，相对校正因子是一个无因次量，但它的数值与采用的计量单位有关。由于绝对校正因子很少使用，因此，一般文献上提到的校正因子就是相对校正因子。

(3) 相对响应值：相对响应值(S_{is})也叫相对应答值，即相对灵敏度，当计量单位相同时，它们与相对校正因子互为倒数。

$$S_{is} = \frac{1}{f_{is}} \tag{9-35}$$

3) 定量方法

(1) 外标法：外标法是色谱定量分析中较简易的方法。该方法是将欲测组分的纯物质配制成不同浓度的标准溶液，使浓度与待测组分相近，然后取固定量的上述溶液进行色谱分析，得到标准样品的对应色谱图，以峰高或峰面积对浓度作图。这些数据应是一个通过原点的直线。分析样品时，在前述完全相同的色谱条件下，取制作标准曲线时同样量的试样分析，测得该试样的响应信号后，由标准曲线即可查出其百分含量。

此法的优点是操作简单，因而适于工厂控制分析和自动分析，但结果的准确度取决于进样量的重现性和操作条件的稳定性。

(2) 内标法：当只需测定试样中的某几个组分，或试样中所有组分不可能全部出峰时，可采用内标法。具体做法：准确称取样品，加入一定量某种纯物质作为内标物，然后进行色谱分析。根据被测物和内标物色谱图上相应的峰面积(或峰高)和相对校正因子，求出某组分的含量。因为

$$\frac{m_i}{m_s} = \frac{A_i f_{is}^A}{A_s f_{ss}^A} \qquad m_i = \frac{A_i f_{is}^A m_s}{A_s f_{ss}^A}$$

故

$$m_i\% = \frac{m_i}{m} \times 100\% = \frac{A_i f_{is}^A m_s}{A_s f_{ss}^A m} \times 100\% \tag{9-36}$$

式中，m_s 为内标物质量；m 为试样质量(注意：m 中不包括 m_s)；A_i 为被测组分的峰面积；A_s 为内标物的峰面积；f_{is}^A 为被测组分的相对质量校正因子；f_{ss}^A 为内标物的相对质量校正因子。

在实际工作中，一般以内标物作为基准，即 $f_{ss}^A = 1$，此时式(9-36)可简化为

$$m_i\% = \frac{A_i}{A_s} \cdot \frac{m_s}{m} \cdot f_{is}^A \times 100\% \tag{9-37}$$

由式(9-37)可见，内标法是通过测量内标物及欲测组分的峰面积的相对值来进行计算的，因而可以在一定程度上消除操作条件等的变化所引起的误差。

内标法的要求：内标物必须是待测试样中不存在的；内标峰应与试样中各组分的峰分开，并尽量接近欲分析的组分。内标法的缺点是在试样中增加了一个内标物，这常常给分离造成一定的困难。

(3) 归一化法：归一化法是把试样中所有组分的含量之和按 100% 计算，以它们相应

的色谱峰面积或峰高为定量参数，通过下列公式计算各组分含量。

$$m_i\% = \frac{Af_{is}^A}{\sum\limits_{i=1}^{n} Af_{is}^A} \times 100\%$$ (9-38)

或

$$m_i\% = \frac{h_i f_{is}^A}{\sum\limits_{i=1}^{n} h f_{is}^A} \times 100\%$$ (9-39)

当各组分的 f_{is}^A 相近时，计算公式可简化为

$$m_i\% = \frac{A_i}{\sum\limits_{i=1}^{n} A_i} \times 100\%$$ (9-40)

由上述计算公式可见，使用这种方法的条件：经过色谱分离后，样品中所有的组分都要能产生可测量的色谱峰。

该法的主要优点：简便、准确；操作条件(如进样量，流速等)变化时，对分析结果影响较小。这种方法常用于常量分析，尤其适合于进样量很少而其体积不易准确测量的液体样品。

9.3 气相色谱法

如前所述，用气体作为流动相的色谱法称为气相色谱法(Gas Chromatography，GC)。随所用固定相的状态不同，又可将其分为气固色谱和气液色谱。前者是用多孔性固体为固定相，分离的主要对象是一些永久性的气体和低沸点的化合物。但由于气固色谱可供选择的固定相种类甚少，分离的对象不多，且色谱峰容易产生拖尾，因此实际应用不广泛。气液色谱多用高沸点的有机化合物涂渍在惰性载体上作为固定相，一般只要在 450℃ 以下有 1.5～10kPa 的蒸气压，热稳定性能好的有机及无机化合物都可用气相色谱法来分离。由于在气液色谱中可供选择的固定液种类很多，容易得到好的选择性，所以气液色谱很有实用价值。

9.3.1 气相色谱仪

1. 气相色谱仪的工作过程

气相色谱法用于分离分析试样的基本过程如图 9.8 所示。载气由高压气瓶供给，经压力调节器降压，经净化器脱水及净化，由稳压阀调至适宜的流量而进入色谱柱，经检测器流出色谱仪。待流量、温度及基线稳定后，即可进样。液态样品用微量注射器吸取，由进样器注入，气态样品可用六通阀或注射器进样，样品被载气带入色谱柱。样品中各组分在固定相与载气间分配，由于各组分在两相中的分配系数不等，它们将按分配系数大小的顺序依次被载气带出色谱柱。分配系数小的组分先流出；分配系数大的组分后流出。流出色谱柱的组分被载气带入检测器。检测器将各组分的浓度(或质量)的变化，转变为电压(或电流)的变化，电压(或电流)随时间的变化由记录器记录。色谱柱及检测器是气相色谱仪的两个主要组成部分。现代气相色谱仪都应用计算机和相应的色谱软件，具有处理数据及

控制实验条件等功能。

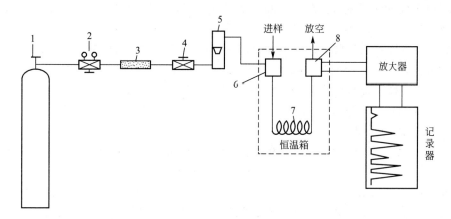

图9.8 气相色谱过程示意图

1—载气钢瓶；2—减压阀；3—净化器；4—气流调节阀；5—转子流速计；
6—气化室；7—色谱柱；8—检测器

2. 气相色谱仪

目前国内外气相色谱仪的型号和种类很多，但它们均由以下5大系统组成：气路系统、进样系统、分离系统、温控系统以及信号检测记录系统。

1) 气路系统

气相色谱仪具有一个让载气连续运行、管路密闭的气路系统。它的气密性、载体流速的稳定性以及测量流量的准确性，对色谱结果均有很大的影响，因此必须注意控制。

(1) 载气：气相色谱中常用的载气有氢气、氮气、氦气和氩气。它们一般都是由相应的高压钢瓶储装的压缩气源供给。通常都要经过净化、稳压和控制测量流量。选用气体的纯度要求达到或略高于仪器自身对气体纯度的要求即可，这样既可以达到工作要求，又能延长仪器的寿命，还不至于增加仪器的运行成本。一般说来，痕量分析或毛细管色谱的载气纯化程度要高于常规分析。特别是电子捕获、热导池检测器，载气纯度直接影响灵敏度和稳定性，一定要严格净化。根据分析对象，色谱柱的类型、操作仪器的档次和具体检测器选用不同纯度、不同种类的载气。

载气气路有单柱单气路和双柱双气路等多种，至于选用哪种气路形式，可根据分析对象和要求决定。

(2) 净化器：净化器是用来提供载气纯度的装置。净化剂主要有活性炭、硅胶和分子筛、105催化剂，它们分别用来除去烃类杂质、水分、氧气。

(3) 稳压恒流装置：由于载气流速是影响色谱分离和定性分析的重要操作参数之一，因此要求载气流速稳定。在恒温色谱中，在一定操作条件下，整个系统阻力不变，因此用一个稳压阀，就可使柱子的进口压力稳定，从而保持流速恒定。但在程序升温色谱中，柱内阻力不断增加，载气的流速逐渐变小，因此必须在稳压阀后串接一个稳流阀。

2) 进样系统

进样系统包括进样装置和气化室。其作用是将液体或固体试样，在进入色谱柱前的瞬间气化，然后快速定量地转入到色谱柱中。进样量的大小、进样时间的长短、试样的气化

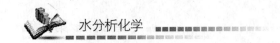

速度等都会影响色谱的分离效率和分析结果的准确性及重现性。

气相色谱仪的进样系统的作用是将样品直接或经过特殊处理后引入气相色谱仪的气化室或色谱柱进行分析,根据不同功能可划分为如下几种。

(1)顶空进样系统:顶空进样器主要用于固体、半固体、液体样品基质中挥发性有机化合物的分析,如水中 VOCs、茶叶中香气成分、合成高分子材料中残留单体的分析等。

(2)手动进样系统微量注射器:使用微量注射器抽取一定量的气体或液体样品注入。常用的微量注射器的规格有 $1\mu l$、$5\mu l$、$10\mu l$、$50\mu l$ 等。

气相色谱仪的手动进样广泛适用于热稳定的气体和沸点一般在 $500℃$ 以下的液体样品的分析。用于气相色谱仪的微量注射器种类繁多,可根据样品性质选用不同的注射器。

固相微萃取(SPME)进样器:固相微萃取是 20 世纪 90 年代发明的一种样品预处理技术,可用于萃取液体或气体基质中的有机物,萃取的样品可手动注入气相色谱仪的气化室进行热解析气化,然后进色谱柱分析。这一技术特别适用于水中有机物的分析。

(3)阀进样系统分为以下两类。

气体进样阀:气体样品采用阀进样不仅定量重复性好,而且可以与环境空气隔离,避免空气对样品的污染。而采用注射器的手动进样很难做到上面这两点。常用色谱仪本身配置的是推拉式六通阀或旋转式六通阀定量进样,旋转式六通阀如图 9.9 所示。采用阀进样的系统可以进行多柱多阀的组合进行一些特殊分析。气体进样阀的样品定量管体积一般在 $0.25mL$ 以上。

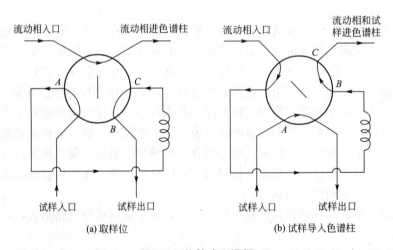

图 9.9　旋转式六通阀

液体进样阀:液体进样阀一般用于装置中液体样品的在线取样分析,其样品定量环一般是阀芯处体积约 $0.1\sim1.0\mu l$ 的刻槽。

(4)液体自动进样器:液体自动进样器用于液体样品的进样,可以实现自动化操作,降低人为的进样误差,减少人工操作成本。适用于批量样品的分析。

(5)热解吸系统:用于气体样品中挥发性有机化合物的捕集,然后热解吸进气相色谱仪进行分析。

(6)吹扫捕集系统:用于固体、半固体、液体样品基质中挥发性有机化合物的富集和直接进气相色谱仪进行分析。

（7）热裂解器进样系统：配备热裂解器的气相色谱称为热解气相色谱（Pyrolysis Gas Chromatography PGC），理论上可适用于由于挥发性差依靠气相色谱还不能分离分析的任何有机物（在无氧条件下热分解，其热解产物或碎片一般与母体化合物的结构有关，通常比母体化合物的分子小，适于气相色谱分析），但目前主要应用于聚合物的分析。

气化室：为了让样品在气化室中瞬间气化而又不分解，因此要求气化室热容量大，无催化效应。为了尽量减小柱前谱峰变宽，气化室的死体积应尽可能小。

3）分离系统

色谱法中一个首要问题是设法将混合物中的不同组分加以分离，然后通过检测器对已分离的各组分进行鉴定或测定。完成分离过程所需的色谱柱便是色谱仪的关键部件之一。色谱柱的分离效果除与柱长、柱径和柱形有关外，还与所选用的固定相和柱填料的制备技术以及操作条件等许多因素有关。

在色谱柱内不移动、起分离作用的物质称为固定相。气固色谱的固定相是具有活性的多孔性固体物质（吸附剂）、高分子多孔聚合物等固体固定相。气液色谱的固定相有时仅指起分离作用的液态物质（固定液），但一般是指承载有固定液的惰性固体，即液态固相。

（1）气固填充色谱柱：气固色谱固定相是一类吸附剂，所能分析的样品主要是永久性气体和低分子量的烃类等气态混合物。它具有如下特点。

① 有较大的比表面，一般都大于 $200\text{m}^2/\text{g}$，高的达 $1000\text{m}^2/\text{g}$。

② 有相对较好的选择性，不同气态组分在固体吸附剂上的吸附热往往相差较大，在气液色谱中溶解度小而难以分离的气态混合物样品，在气固色谱上可能会得到很好的分离。

③ 有良好的热稳定性，能适合于高灵敏的检测器。

④ 使用较为方便，价格也不高，一般都可再生使用。

所要注意的是炭类吸附剂的机械强度较低，装填时需防止碎裂；在较高柱温时吸附剂表面易呈现一定的催化活性，有时需借助改性处理；因其吸附容量大，在储存或分析过程中会事先产生永久性吸附而影响柱效，故在使用前通常需进行活化处理，使用过程中也需定期作再生处理。

（2）气液填充色谱柱：气液色谱固定相是在惰性固体表面涂上一层很薄的高沸点有机液体，这种高沸点的有机液体叫做"固定液"，起着承载固定液作用的惰性固体叫做"载体"。

对已有的上千种固定液，需按一定规律将其分类以便于查阅、利用。常见的分类方法有按官能团分和按极性分两种，方法各有利弊。按官能团分类便于了解固定液的类别，可由结构相似出发来选择固定相，同样也便于寻找同类替代品。而按极性分类的方法可根据被测物极性的大小来查阅，方便地寻找极性相似的固定液作替代品。在实际应用中，若样品较为简单，按官能团类别来选择固定液较为方便。此外，还有按最高使用温度把固定液分为低温固定液（$T_{\max}<100℃$）、中等温度固定液（$T_{\max}$ 为 $100\sim250℃$）和高温固定液（$T_{\max}>250℃$）。

根据中华人民共和国国家标准 GB 2991—82 规定，气相色谱固定液按结构分为以下 10 类。

① 烃类：脂肪烃；芳香烃。

② 聚硅氧烷类：如甲基、乙基、乙烯基、苯基甲基、氯苯基甲基、氟烷基甲基、氰

烷基甲基等聚硅氧烷。按表观状态分别称为硅油、硅弹性体、硅脂等。

③ 聚二醇及聚烷基氧化物。

④ 酯类：二元酸酯；聚酯和树脂；磷酸酯；其他酯类。

⑤ 其他含氧化合物：如醇、醛、酮、醚、酚、有机酸及其盐和碳水化合物。

⑥ 含氮化合物：腈和氰基化合物；硝基化合物；胺和酰胺；氮杂环化合物。

⑦ 含硫及硫杂环化合物。

⑧ 含卤素化合物及其聚合物。

⑨ 无机盐。

⑩ 其他固定液。

在实际工作中，一般是根据被分离样品组分的性质，按"相似相溶原则"来选用固定相，性质相似时，溶质与固定液间的作用力大，在柱内保留时间长，反之就先出柱。被分离样品为非极性物质，一般选用非极性固定液。因主要是色散力在起作用，故而按沸点规律出峰：沸点低的先出峰。被分离的样品为极性物质，则一般先用极性固定液。这时，被测组分与固定液分子间的作用力，主要是定向力，极性越大，定向力越强，因而各组分按极性从小到大顺序出峰。用极性固定液聚乙二醇（PEG）-600，分析乙醛、丙烯醛气体混合物的情形就是这样，乙醛的极性比丙烯醛小，故先出峰，完全符合极性大小规律，如果是强极性的被测物质，选用非极性固定液，则分离效果很差。

此外，从检测器的角度考虑，应选用对检测器不灵敏的固定液以减小检测本底，并应考虑与被分离组分不同类的固定液以免干扰。

应该注意：在首先考虑极性的"相似性原则"外，还须考虑固定液在载体表面的分布情况、载体的吸附作用，以及界面传质阻力等影响柱效的因素。

（3）毛细管柱色谱柱：毛细管气相色谱法是 1957 年由美国学者 Golay 在填充柱气相色谱法基础上提出的，是使用具有高分辨能力的毛细管色谱柱来分离复杂组分的色谱法。

毛细管色谱柱的内径只有 0.1～0.53mm，长度可达 100m，甚至更长，空心。虽然每米理论板数与填充柱相近，但可以使用 50～100m 的柱子，而柱压降只相当于 4m 长的填充柱，总理论板数可达 10～30 万。毛细管色谱的出现使色谱分离能力大大提高，对于分析复杂的有机混合物样品，如石油化工、环境污染、天然产品、生样样品、食品等方面开辟了广阔的前景，已成为色谱学科中一个独具特色的分支。目前商品化的毛细管色谱柱有许多牌号，表 9-1 列出常见毛细管柱的情况。

表 9-1　常见毛细管柱及相关特性

固定相	组成	极性	类似品牌	应用
SE-30 OV-1 OV-101	二甲基硅氧烷	非极性	DB-1、HP-1、CP-Sil5CB、SPB-1、007-1、Rtx-1、BP-1等	烃类、胺类、酚类、农药、PCBs、挥发油、硫化物等
SE-54 SE-52	5%苯基，1%乙烯基甲基硅氧烷	非极性	DB-5、HP-5、CPSil 8CB、SPB-5、Rtx-5、Bp-5等	药物、芳烃类、酚、酯、生物碱、卤代烃
OV-1701	7%氰甲基，7%苯基甲基硅氧烷	中等极性	DB-170、BP-10、HP-1701、CPSil 19CB、Rtx-1701、SPB-1701等	药物、农药、除草剂、TMS糖

（续）

固定相	组成	极性	类似品牌	应用
OV－17	50%苯基甲基硅氧烷	中等极	DB－17、HP－50、SP2250、CP－Sil 19、Rtx－50、SPB－50 等	药物、农药、甾类等
PEG－20M	聚乙二醇 20M	极性	DB－WAX、HP－Wax、Carbowax SUPELCOWAX10、CPWAX52CB 等	醇类、酯、醛类、溶剂、单芳、精油等
FFAP	聚乙二醇 20M 对苯二甲酸的反应产物	极性	DB－FFAP.HP－FFAP、Nukol、SP－1000 等	醇、酸、酯、醛、腈
XE－60	25%氰乙基甲基硅氧烷	中极性		酯、硝基化合物
OV－225	25%氰乙基，25%苯基甲基硅氧烷	中极性	DB－225、HP－225、SP－2330、SPB－225、CP－SIL43CB 等	脂肪酸酯、PUFA、Alditol
OV－210	50%三氟丙基硅氧烷	极性	DB210、Rtx200 等	极性化合物、有机氯化合物
OV－275	10%三氟丙基硅氧烷	强极性	DB210、SP2401、Rtx200 等	极性化合物

4）温控系统

温控系统用来设定、控制、测量色谱柱炉、气化室、检测室 3 处的温度。气相色谱的流动相为气体，样品仅在气态时才能被载气携带通过色谱柱。因此，从进样到检测完毕为止，都必须控温。同时，温度也是气相色谱分析的重要操作变数之一，它直接影响色谱柱的选择性，分离效率和检测器的灵敏度及稳定性。

在国产气相色谱仪中，多采用可控温度控制器连续控制柱炉的温度。对于沸点范围很宽的混合物，可采用程序升温法进行分析。所谓程序升温，是指在一个分析周期内，炉温连续地随时间由低温向高温线性或非线性地变化，以使沸点不同的组分各在其最佳柱温下流出，从而改善分离效果，缩短分析时间。

气化室的温度应使试样瞬时气化而又不分解。在一般情况下，气化室的温度比柱温高 10～50℃。

除氢焰离子化检测器外，所有检测器对温度的变化都很敏感，尤其是热导池检测器，温度的微小变化将直接影响检测器的灵敏度和稳定性，因此，检测室的控温精度要求优于 ±0.1℃。

5）检测器

色谱检测系统由检测器、微电流放大器、记录器等部件构成。组分从柱后流出后进入检测器中检测并产生信号，这些信号（通常要经过放大）送入记录仪或数据处理系统中进行谱图记录及数据处理。

检测器是一种将载气里被分离组分的量转变为易于测量的信号（一般为电信号）的装置。由于微分型检测器给出的响应是峰形色谱图，它反映了流过检测器的载气中所含试样

量随时间变化的情况，并且峰的面积或峰高与组分的浓度或质量流速成正比。因此，在气相色谱仪中，常采用微分型检测器。

微分型检测器又有浓度型和质量型之分。浓度型检测器（如热导池、电子捕获检测器）测量的是载气中组分浓度的瞬时变化，即响应信号正比于载气中组分的浓度。而质量型检测器（如氢火焰离子化检测器）的响应值正比于单位时间内组分进入检测器的质量。

检测器的性能指标包括灵敏度、检测限和线性范围。

灵敏度：色谱检测器灵敏度的物理意义与一般测量仪器是一样的，即输入单位被测组分时所引起的输出信号。

$$S = \frac{\Delta R}{\Delta m} \qquad (9-41)$$

式中，S 为灵敏度；ΔR 为被测组分改变；Δm 为单位时所相应的信号。

对于浓度型检测器，可按下式计算仪器的灵敏度。

$$S = \frac{A \cdot C_1 \cdot F_0}{C_2 \cdot m} \qquad (9-42)$$

式中，A 为峰面积（cm^2）；C_1 为记录器的灵敏度（mV/cm）；C_2 为记录器的走纸速度（cm/min）；F_0 为柱出口流动相流速（mL/min）；M 为进入检测器样的质量。

对于气体试样，若用体积 V（mL）代替式中的 m，则其灵敏度 S_g 的单位为 mV·mL/mL；对于液体试样，质量单位取 mg，则其灵敏度 S_1 的单位为 mV·mL/mg。

对于质量型检测器，仪器灵敏度的计算式为

$$S_t = \frac{60 \cdot C_1 \cdot A}{C_2 \cdot m} \qquad (9-43)$$

式中各符号的意义同前，应该注意，由于 S 的单位可为 mV·s/g，因此该式中 m 的单位应用 g；当 C_2 的单位是 cm/min 时，为了换算为 s，需乘以 60。

检测限：检测限是指检测器能确保反应物质存在的最低试样含量，其定义为恰能产生相当于二倍噪声（$2R_N$）的信号时，单位时间进入检测器的质量（对质量型检测器而言），或单位体积载气中需含的试样量（质量或体积）（对浓度型检测器而言）。

$$D = \frac{2R_N}{S} \qquad (9-44)$$

式中，D 为检测限；S 为灵敏度。

从式（9-44）可以看出，要降低仪器的检测限，必须在提高仪器灵敏度 S 的同时，最大限度地抑制噪声。

线性范围：检测器的线性范围是指其信号与被测物质浓度呈线性关系的范围，以样品浓度上下限的比值来表示。例如，若在线性范围内样品浓度的上下限分别为 10^7 和 10，则检测器的线性范围为 10^6。

此外，对一个理想的色谱检测器还应具备如下特点：噪声小、死体积小、响应快，并对各类物质均有响应。

任何一个检测器从根本上讲可以看作一个传感器（Transducer 或 Senser）。各种检测器的共性是根据物质的物理的或化学的性质，将组分的浓度（或质量）的变化情况转化为易于测量的电压、电流信号，而这些信号在一定范围内必须与该物质的量成一定的比例关系。

常用的气相色谱检测器介绍如下。

(1) 热导池检测器(Thermal Conductivity Detector，TCD)：热导池检测器由于结构简单、灵敏度适宜、稳定性较好、线性范围较宽，适用于无机气体和有机物，它既可作常量分析，也可作微量分析，最小检测量为 mg/mL 数量级，操作也比较简单，因而它是目前应用相当广泛的一种检测器。

① 热导池检测器原理：目前普遍采用四臂钨丝热导池，在 4 个圆形孔道内，安装上 4 根钨丝(或铼钨丝)，利用此 4 根钨丝组成惠斯登电桥(图 9.10)，通过一定量的恒定直流电流，此时钨丝发热，具有一定的温度，当载气流经钨丝并保持恒定的流速时，热丝表面被带走的热量是恒定的，即热丝阻值的变化也恒定，根据电桥平衡原理有

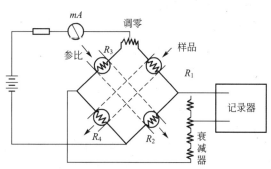

图 9.10　四臂热导池电桥电路

$$(R_1 + \Delta R_1) \times (R_4 + \Delta R_4) = (R_2 + \Delta R_2) \times (R_3 + \Delta R_3)$$

所以

$$\Delta V = 0 \quad \Delta I = 0$$

如有被测组分通入热导池，则钨丝周围的气体成分及浓度发生改变，由于不同的气体分子导热系数不同，分子量小的或分子直径小的气体具有高的热导率，相反，分子量大的或分子体积大的则有低的热导率，如果气体分子越多则浓度越大，传导的热量也越多，这样就使得气体热传导量发生改变，从而使钨丝的温度也发生改变，使钨丝的阻值变化，由于参考池仍是纯载气通过，而测量池为含有样品组分的载气通过，因此两组热导池引起阻值变化不一样，即

$$(R_1 + \Delta R_1) \times (R_4 + \Delta R_4) \neq (R_2 + \Delta R_2^n) \times (R_3 + \Delta R_3^n)$$
$$\text{(参考池)} \qquad\qquad \text{(测量池)}$$

输出端的电位差 $\Delta V \neq 0$，因此有相应的电压信号输出，在一定条件下此信号大小与组分的浓度成正比。因此，利用测量此非平衡电压信号，即可确定待测组分的含量。这就是热导池检测器的基本原理。

② 影响热导池灵敏度的因素：桥路电流、载气、热敏元件的电阻值及电阻温度系数、池体温度等。

一般来说，热导池的灵敏度 S 和桥电流 I 的 3 次方成正比，即 $S \propto I^3$。因此，提高桥电流可迅速地提高灵敏度，但电流不可太大，否则会造成噪声加大、基线不稳、数据精度降低，甚至使金属丝氧化烧坏。

通常载气与样品气的导热系数相差越大，灵敏度越高。由于被测组分的热导系数一般都比较小，故应选用导热系数高的载气。常用载气的热导系数大小顺序：$H_2 > He > N_2$。因此在使用热导池检测器时，为了提高灵敏度，一般选用 H_2 为载气。

热导池检测器的灵敏度正比于热敏元件的电阻值及其电阻温度系数。因此应选择阻值大和电阻温度系数高的热敏元件，如钨丝、铼钨丝等。当桥电流和钨丝温度一定时，如果降低池体温度，将使得池体与钨丝的温差变大，从而可以提高热导池检测器的灵敏度。但是，检测器的温度应略高于柱温，以防组分在检测器内冷凝。

（2）氢火焰离子化检测器（Flame Ionization Detector，FID）：自 20 世纪 50 年代以来，由于大力发展火箭技术，对燃烧和爆炸进行了深入的研究，发现有机物在燃烧过程中能产生离子，利用这一发现研究出氢火焰离子化检测器，此检测器自 1958 年创制以来得了广泛的应用，是目前国内外气相色谱仪必备检测器。它具有结构简单、基流小、最小检测量为 ng/mL 级、灵敏度高、死体积小、响应快、线性范围宽、稳定性好等优点，对操作条件的要求不甚严格（如载气流速、检测器温度等），是目前常用的检测器之一。但是它仅对含碳有机化合物有响应，对某些物质，如永久性气体、水、一氧化碳、二氧化碳、氮的氧化物、硫化氢等不产生信号或者信号很弱。

氢火焰检测器是由离子室、离子头及气体供应 3 部分组成。图 9.11 是氢火焰离子化检测器的一般示意图。它的主要部件是离子室。离子室大都用不锈钢制成。在离子室的下部，有气体入口和氢火焰喷嘴的上下部，放有一对电极（收集阳极和阴极），两极上施加一定的电压。工作时，首先在空气存时，用点火线圈通电，点燃氢焰。当被测组分由载气带出色谱柱后，与氢气在进入喷嘴前混合，然后进入离子室火焰区，生成负离子。在电场作用下，它们分别向两极定向移动，从而形成离子流。此离子流即基流，经放大后送至记录仪记录。

在氢火焰中，有机物的电离不是热电离而是化学电离。例如，苯与 O_2 在火焰中按下列反式进行化学电离。

$$C_6H_6 \xrightarrow{\text{裂解}} 6 \cdot CH$$
$$6 \cdot CH + 3O_2 \longrightarrow 6CHO + 6e$$
$$6CHO^+ + 6H_2O \longrightarrow 6CO + 6H_3O^+$$

（3）电子捕获检测器（Electron Capture Detector，ECD）：电子捕获检测器是目前气相色谱中常用的一种高灵敏度、高选择性的检测器。它只对电负性（亲电子）物质有信号，样品电负性越强，所给出的信号越大，而对非电负性物质则没有响应或响应很小。

图 9.12 是同轴电极电子捕获检测器的结构示意图。在检测器池体内，装有一圆筒状

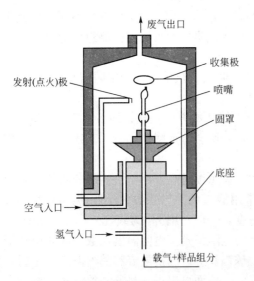

图 9.11　氢火焰离子化检测器示意图

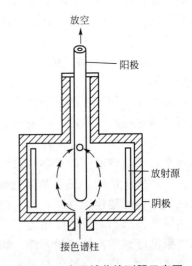

图 9.12　电子捕获检测器示意图

β 放射源 H^3 或 Ni^{63}，为负极，以不锈钢棒为正极。两极间施加直流或脉冲电压。当载气（如 N_2）进入检测池后，放射源的 β 射线将其电离为游离基和低能电子。

$$N_2 \longrightarrow N_2^+ + e^-$$

这些电子在电场作用下，向正极运动，形成恒定的电流即基流。当电负性物质进入检测器后，就能捕获这些低能电子，这一过程的反应如下。

$$AB + e^- \longrightarrow AB^- + E$$

从而使基流下降，产生负信号——倒峰。不难理解，被测组分的浓度越大，倒峰越大；组分中电负性元素的电负性越强，捕获电子的能力越大，倒峰也越大。

电子捕获检测器是一个具有高灵敏度和高选择性的检测器，对卤化物、含磷、硫、氧的化合物，硝基化合物、金属有机物、金属螯合物，甾类化合物，多环芳烃和共轭羰基化合物等电负性物质都有很高的灵敏度，其检出限量可达 $10^{-9} \sim 10^{-10}$ g 的范围。所以电子捕获检测器在环境保护监测、农药残留、食品卫生、医学、生物和有机合成等方面，都已成为一种重要的检测工具。电子捕获检测器是浓度型检测器，其线性范围较窄（$10^2 \sim 10^4$），因此，在定量分析时应特别注意。

（4）火焰光度检测器（Flame Photometric Detector，FPD）：火焰光度检测器是最近30年才发展起来的一种高选择性和高灵敏度的新型检测器。它对含硫、含磷化合物的检测灵敏度很高。目前主要用于环境污染和生物化学等领域中，它可检测含磷、含硫有机化合物（农药），以及气体硫化物，如甲基对硫磷、马拉硫磷、CH_3SH、CH_3SCH_3、SO_2、H_2S等，稍加改变还可以测有机汞、有机卤化物、氯化物、硼烷以及一些金属螯合物等。

检测器主要由火焰喷嘴、滤光片、光电倍增管构成，其结构如图9.13所示。

当样品在富氢焰（$H_2:O_2 > 3:1$）中燃烧时，含硫有机化合物发生如下反应。

$$RS + 2O_2 \longrightarrow SO_2 + CO_2$$
$$2SO_2 + 8H \longrightarrow 2S + 4H_2O$$

在适当的温度下，生成具有化学发光性质的激发态 S^* 分子。

$$S + S \xrightarrow{390℃} S_2^*$$

当激发态的 S^* 分子回到基态时，发射出波长为394nm的特征光。

$$S_2^* \longrightarrow S_2 + h\nu$$

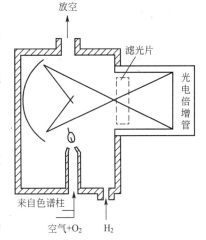

图9.13 火焰光度检测器示意图

含磷有机化合物在富氢焰中进行与上述反应相类似的反应，形成化学发光的 SPO 碎片，发射出波长为526nm的特征光。采用双光路火焰光度检测器，可以同时检测硫磷化合物。

此外，若在火焰上部装上收集电极环，收集含碳有机化合物产生的离子流，则可同时检测含碳有机化合物。

在火焰光度检测器上，有机硫、磷的检测限比碳氢化合物低一万倍，因此可以排除大量的溶剂峰和碳氢化合物的干扰，非常有利于痕量磷、硫化合物的分析。它广泛用于空气

和水污染物、农药及煤的氢化产品等的分析。

(5) 热离子检测器（The Thermionio Detector，TID）：热离子检测器（TID）是专门测定有机氮和有机磷的选择性检测器，故又称氮磷检测器（NPD），它是在 1964 年由 Karmen 和 Guiffrida 在氢火焰离子化检测器的基础上发展起来的一种对氮、磷化合物有高选择性响应的检测器，利用 TID 还可以测定有机砷、硒、铝、锡等化合物。由于第一代 TID 选用水溶性(如 K_2SO_4、CsBr)易挥发的碱盐，而碱盐的寿命在半年左右，故实用意义不大。经过 10 年徘徊，到 1974 年，Kolb 和 Bischoff 设计成功不溶性碱盐 Rb_2SiO_3，因而大大提高了碱盐的寿命，使 TID 成为有实用价值的选择性检测器。20 世纪 80 年代，TID 又从铷珠发展到陶瓷碱盐源，其碱盐源的成分可根据需要调整变化，使用添加剂提高了离子化的能力，碱盐加热不仅可采用火焰加热而且可在碱盐源中心绕上 Ni/Cr 丝以电加热离子源，使热源温度可准确控制，因而，检测器的灵敏度、选择性、寿命和重现性均获得明显的改善。目前主要用于含氮、含磷农药的残留检测。

9.3.2 气相色谱固定相及其选择

如前所述，气相色谱法能否将某一样品完全分离，主要取决于色谱柱的选择性和效能。但在很大程度上取决于固定相的选择是否适当。气相色谱固定相大致分为两类：液体固定相和固体固定相。其中液体固定相由固定液和载体构成。

1. 固定液

1) 对固定液的要求

气相色谱固定液主要是一些高沸点的有机化合物。作为固定液用的有机化合物应具有如下条件。

(1) 热稳定性好，在操作温度下，不发生聚合、分解或交链等现象，且有较低的蒸气压，以免固定液流失。通常，固定液有一个最高使用温度。

(2) 化学稳定性，固定液与样品或载气不能发生不可逆的化学反应。

(3) 固定液的黏度和凝固点要低，以便在载体表面能均匀分布。

(4) 各组分必须在固定液中有一定的溶解度，否则样品会迅速通过柱子，难以使组分分离。

2) 组分与固定液分子间的相互作用

固定液与被分离组分之间的相互作用力直接影响色谱柱的分离情况。很明显，与固定液作用力大的组分，将较迟流出；相反，作用力小的组分则先流出。因此，在进行色谱分析前，必须充分了解样品中各组分的性质及各类固定液的性能，以便选用最适合的固定液。

分子间的作用力主要包括静电力、诱导力、色散力和氢键作用力。此外，固定液与被分离组分之间还可能存在形成化合物或络合物的键合力等。

3) 固定液的分类

作为气液色谱用的固定液有数百种，它们具有不同的组分、性质和用途。在实际工作中，一般按固定液的极性和化学类型来分类，以便总结一些规律，供选用固定液时参考。

(1) 按固定液的极性分类：此法规定强极性的固定液 β,β'-氧二丙腈的极性为 100，非极性的固定液角鲨烷的极性为 0。然后选择一对物质，如正丁烷—丁二烯或环己烷—苯

来进行试验，分别测定它们在氧二丙腈、角鲨烷及欲测极性固定液的色谱柱上的相对保留值。将其取对数后，得到

$$q = \lg \frac{t_r'(\text{丁二烯})}{t_r'(\text{正丁烷})} \quad (9-45)$$

被测固定液的相对极性 P_x 可按下式计算。

$$p_x = 100 - \frac{100(q_1 - q_x)}{q_1 - q_2} \quad (9-46)$$

式中，下标 1、2 和 x 分别为氧二丙腈、角鲨烷及被测固定液。

这样测得的各种固定液的相对极性数据列于表 9-2 中。

表 9-2 常用固定液的极性数据

固定液	相对极性	级别	固定液	相对极性	级别
角鲨烷	0	−1	XE-60	52	+3
阿皮松	7~8	+1	新戊二醇丁二酸聚酯	58	+3
SE-30,OV-1	13	+1	PEG-20M	68	+3
DC-550	20	+2	PEG-600	74	+4
己二酸二辛脂	21	+2	己二酸聚乙二醇酯	72	+4
邻苯二甲酸二辛酯	28	+2	己二酸二乙二醇酯	80	+4
邻苯二甲酸二壬酯	25	+2	双甘油	89	+5
聚苯醚 OS-124	45	+3	TCEP	98	+5
磷酸三甲酚酯	46	+3	β,β′-氧二丙腈	100	+5

（2）按固定液的化学结构分类：这种分类方法是将有相同官能团的固定液排列在一起，然后按官能团的类型不同分类，这样就便于按组分与固定液"结构相似"的原则选择固定液。表 9-3 列出了按化学结构分类的各种固定液。

表 9-3 按化学结构分类的固定液表

固定液的结构类型	极性	固定液举例	分离对象
烃类	最弱极性	角鲨烷、石蜡油	分离非极性化合物
硅氧烷类	极性范围广从弱极性到强极性	甲基硅氧烷、苯基硅氧烷、氟基硅氧烷、腈基硅氧烷	不同极性化合物
醇类和醚类	强极性	聚乙二醇	强极性化合物
酯类和聚脂	中强极性	苯甲酸二壬脂	应用较广
腈和腈醚	强极性	氧二丙腈、苯乙腈	极性化合物
有机皂土	—	—	分离芳香异构体

色谱工作者还按某些特征常数将固定液进行分类。其中最有价值的是按麦氏常数进行分类。在总结大量固定液的麦氏常数后，发现许多固定液是相似的。在实际工作中，通常

选出 12 种最常用的固定液，见表 9 - 4。一般来说，麦氏常数和越大，该固定液的极性越强。

表 9 - 4　12 种常用固定液

固定相名称	型号	麦氏常数和	最高使用温度/℃
角鲨烷	SQ	0	150
甲基硅油或甲基硅橡胶	* SE - 30,OV - 101 SP - 2100,SF - 96	205 - 229	350
苯基(10%)甲基聚硅氧烷	OV - 3	423	350
苯基(20%)甲基聚硅氧烷	OV - 7	592	350
苯基(50%)甲基聚硅氧烷	DC - 710 * OV - 17, SP - 2250	827 - 884	375
苯基(60%)甲基聚硅氧烷	OV - 22	1075	350
三氟丙基(50%)甲基聚硅氧烷	OV - 210 * QF - 1 SP - 2401	1500 - 1520	275
β氰乙基(25%)甲基聚硅氧烷	XE - 60	1785	250
聚乙二醇—20000	* Carbowax - 20M	2308	225
聚己二酸二乙二醇酯	DEGA	2764	200
聚丁二酸二乙二醇酯	* DEGS	3504	200
1，2，3—三(2—氰乙氧基)丙烷	TCEP	4145	175

注：* 使用几率大。

4）固定液的选择

在选择固定液时，一般可按照"相似相溶"的规律来选择，因为这时分子间的作用力强、选择性高、分离效果好，具体说来，可从以下几个方面进行考虑。

（1）非极性试样一般选用非极性的固定液。非极性固定液对样品的保留作用主要靠色散力。分离时，试样中各组分基本上按沸点从低到高的顺序流出色谱柱。若样品中含有同沸点的烃类和非烃类化合物，则极性化合物先流出。

（2）中等极性的试样应首先选用中等极性的固定液。在这种情况下，组分与固定液分子之间的作用力主要为诱导力和色散力。分离时，组分基本上按沸点从低到高先后流出色谱柱。但对于同沸点的极性和非极性物，由于此时诱导力起主要作用，使极性化合物与固定液的作用力加强，所以非极性组分先流出。

（3）强极性试样应选用强极性的固定液。此时，组分与固定液分子之间的作用主要靠静电力，组分一般按极性从小到大的顺序流出。对含极性和非极性组分的样品，非极性组分先流出。

（4）具有酸性或碱性的极性试样，可选用带有酸性或碱性基团的高分子多孔微球，组分一般按相对分子质量大小顺序分离。此外，还可选用强极性固定液，并加入少量的酸性和碱性添加剂，以减小谱峰的拖尾。

（5）能形成氢键的试样，应选用氢键固定液，如腈醚和多元醇固定液等。很明显，此时各组分将按形成氢键能力大小顺序分离。

(6) 对于复杂组分，可选用两种或两种以上的混合固定液，配合使用，增加分离效果。

(7) 对大多数组分性质不明的未知样品，一般首先在最常用的 5 种固定液上进行试验，观察未知物色谱图的分离情况，然后在 12 种常用固定液中，选择合适极性的固定液。

5）载体

载体是固定液的支持骨架，使固定液能在其表面上形成一层薄而匀的液膜。载体应有如下特点。

(1) 具有多孔性，即比表面积大。

(2) 化学惰性，即不与试样组分发生反应。表面没有活性，但有较好的浸润性。

(3) 热稳定性好。

(4) 有一定的机械强度，使固定相在制备和填充过程中不易粉碎。

载体大致可分为两大类，即硅藻土类和非硅藻土类。硅藻土类载体是天然硅藻土经煅烧等处理后而获得的具有一定粒度的多孔性颗粒，非硅藻土类载体品种不一，多在特殊情况下使用，如氟载体、玻璃珠等。

硅藻土类载体是目前气相色谱中广泛使用的一种载体。按其制造方法的不同，又可分为红色载体和白色载体两种。

红色载体因含少量氧化铁颗粒呈红色而得名，如 6201，C - 22 火砖和 Chromosorb P 型载体等。红色载体的机械强度大、孔径小(约 $2\mu m$)、比表面积大(约 $4m^2/g$)、表面吸附性较强，有一定催化活性，适用于涂渍高含量固定液，分离非极性化合物。

白色载体是天然硅藻土在煅烧时加入少量碳酸钠之类的助熔剂，使氧化铁转变为白色的铁硅酸钠而得名的，如 101，Chromosorb W 等型号的载体。白色载体的比表面积小($1m^2/g$)、孔径较大($8\sim9\mu m$)、催化活性小，所以适于涂渍低含量固定液，分离极性化合物。

2. 固体吸附剂

用气相色谱分析永久性气体时，常用固体吸附剂作固定相，因为气体在一般固定液里的溶解度甚小，目前还没有一种满意的固定液能用于分离它们。然而在固体吸附剂上，它们的吸附热差别较大，故可以得到满意的分离。

固体吸附剂的种类较少，且不同批号的吸附剂其性能常有差别，故分析数据不易重复。固体吸附剂的柱效较低，活性中心易中毒，从而使保留值改变，柱寿命缩短。为了克服这些缺点，近年来提出了对固体吸附剂的表面进行物理化学改性的方法，并研制出一些表面结构均匀的新型吸附剂。它们不但能使极性化合物的色谱峰不致拖尾，而且还可以成功地分离一些顺、反式空间异构体。

9.3.3 气相色谱分离条件的选择

在气相色谱分析中，除了要选择合适的固定液之外，还要选择分离时的最佳操作条件，以提高柱效能，增大分离度，满足分离需要。

1. 载气及其线速的选择

根据式(9 - 22)有

$$H = A + \frac{B}{\bar{u}} + C \cdot \bar{u}$$

可得到如图 9.14 所示的 $H - \bar{u}$ 关系曲线。图中曲线的最低点,塔板高度最小($H_{最小}$),柱效最高,所以该点对应的流速即为最佳流速 $\bar{u}_{最佳}$。$\bar{u}_{最佳}$ 可通过对式(9-22)进行微分后求得。

$$\frac{\mathrm{d}H}{\mathrm{d}u} = -\frac{B}{\bar{u}^2} + C = 0$$

$$\bar{u}_{最佳} = \sqrt{\frac{B}{C}} \tag{9-47}$$

将此式代入式(9-22)后,得到

$$H_{最小} = A + 2\sqrt{BC} \tag{9-48}$$

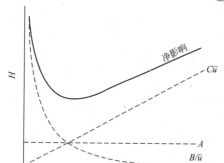

图 9.14   各项因素对板高 H 的影响

图 9.14 中的虚线是速率理论中各项因素对板高的影响。比较各条虚线可知,当 $\bar{u}$ 值较小时,分子扩散项 $B/\bar{u}$ 将成为影响色谱峰扩张的主要因素。此时,宜采用相对分子质量较大的载气(N_2、Ar),以使组分在载气中有较小的扩散系数。另一方面,当 $\bar{u}$ 较大时,传质项 $C\bar{u}$ 将是主要控制因素。此时宜采用相对分子质量较小,具有较大扩散系数的载气(H_2、He),以改善气相传质。当然,选择载气时,还须考虑与所用的检测器相适应。

2. 柱温的选择

柱温是一个重要的色谱操作参数。它直接影响分离效率和分析速度。很明显,柱温不能高于固定液的最高使用温度,否则会造成固定液大量挥发流失。某些固定液有最低操作温度,如 Carbowax 20M 和 FFAP,一般说来,操作温度至少必须高于固定液的熔点,以使其有效地发挥作用。

降低柱温可使色谱柱的选择性增大,但升高柱温可以缩短分析时间,并且可以改善气相和液相的传质速率,有利于提高柱效能。所以这方面的情况均要考虑到。

对于宽沸程混合物,一般采用程序升温法进行分析,图 9.15 为宽沸程试样在等温和程序升温时分离结果的比较。

3. 柱长和内径的选择

由于分离度正比于柱长的平方根,所以增加柱长对分离是有利的。但增加柱长会使各组分的保留时间增加,延长分析时间。因此,在满足一定分离度的条件下,应尽可能地使用短柱子。一般填充柱的柱长以 2~6m 为宜。

增加色谱柱内径,可以增加分离的样品量,但由于纵向扩散路径的增加,会使柱效降低。在一般分析工作中,色谱柱内径常为 3~6mm。

4. 载体的选择

由范氏速率理论方程式可知,载体的粒度直接影响涡流扩散和气相传质阻力,间接地

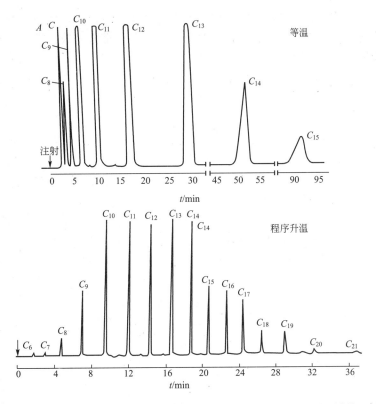

条件：正链烷样品，6.10m×0.16mm柱，3％Apiezon L涂在100/120目用二甲基二氯硅烷处理的 Chromosorb W(Var Aport 30)上，150℃，He10mL/min 程序升温50～250℃，8℃/分

图9.15 等温和程序升温色谱比较

影响液相传质阻力。随着载体粒度的减小，柱效将明显提高。但是粒度过细时，阻力将明显增加，使柱压降增大，给操作带来不便。因此，一般根据柱径来选择载体的粒度，保持载体的直径约为柱内径的$\frac{1}{20}\sim\frac{1}{25}$为宜。对于应用广泛的4mm内径柱，选用60～80目载体为好。

速率理论方程式中 A 项中的λ是反映载体填充不均匀性的参数。降低λ，即载体粒度均匀，形状规则，有利于提高柱效。

5. 进样时间和进样量

进样速度必须很快，因为当进样时间太长时，试样原始宽度将变大，色谱峰半峰宽随之变宽，有时甚至使峰变形，一般说来，进样时间应在 1s 以内。

色谱柱的有效分离试样量随柱内径、柱长及固定液用量的不同而异，柱内径大，固定液用量高，可适当增加进样量。但进样量过大，会造成色谱柱超负荷，柱效急剧下降，峰形变宽，保留时间改变。一般来说，理论上允许的最大进样量是使下降的塔板数不超过10％。总之，最大允许的进样量应控制在使峰面积或峰高与进样量线性关系的范围内。

9.3.4 气相色谱分析方法

1. 定性分析

用气相色谱法进行定性分析，就是确定每个色谱峰代表何种物质。具体说来，就是根据保留值或与其相关的值来进行判断，包括保留时间、保留体积，保留指数及相对保留值等。但是应该指出，在许多情况下，还需要与其他一些化学方法或仪器方法相配合，才能准确地判断某些组分是否存在。

1) 用已知物对照进行定性分析

当有待测组分的纯样品时，用对照法进行定性分析极为简单。实验时，可采用单柱比较法、峰高加入法或双柱比较法。

单柱比较法是在相同的色谱条件下，分别对已知纯样及待测试样进行色谱分析，得到两张色谱图，然后比较其保留时间或保留体积，或比较转算为以某一物质为基准的相对保留值。当两者的参数相同时，即可认为待测试样中有纯样品那种组分存在。

双柱比较法是在两个极性完全不同的色谱柱上，测定纯样品和待测组分在其上的保留参数，如果都相同，则可较准确地判断试样中有与此纯样相同的物质存在，不难理解，双柱法比单柱法更为可靠，因为有些不同的化合物会在某一固定液上表现出相同的色谱性质。

峰高加入法是将已知纯样加入待测组分后再进行一次分析，然后与原来的待测组分的色谱图进行比较，若前者的色谱峰增高，则可认为加入的已知纯物与样品中的某一组分为同一化合物。应该指出，当进样量很低时，如果峰不重合，峰中出现转折，或者半峰宽变宽，则一般可以肯定试样中不含与所加已知物相同的化合物。

2) 用经验规律和文献值进行定性分析

当没有待测组分的纯样时，一般可以用文献值进行定性分析，或者用气相色谱中的经验规律进行定性分析。

碳数规律：大量实验证明，在一定温度下，同系物的调整保留时间的对数与分子中碳原子数呈线性关系。

$$\lg t_r' = A_1 n + C_1 \tag{9-49}$$

式中，A_1 和 C_1 是常数；$n(n \geqslant 3)$ 为分子中的碳原子数。该式说明，如果知道某一同系物中两个或更多组分的调整保留值，则可根据式(9-49)推知同系物中其他组分的调整保留值。

沸点规律指同族具有相同碳数碳链的异构体化合物，其调整保留时间的对数和它们的沸点呈线性关系。

$$\lg t_r' = A_2 T_b + C_2 \tag{9-50}$$

式中，A_2 和 C_2 均为常数；T_b 为组分的沸点，K。由此可见，根据同族同数碳链异构体中几个已知组分的调整保留时间的对数值，就能求得同族中具有相同碳数的其他异构体的调整保留时间。

目前文献上报导的定性分析数据主要是相对保留值和保留指数。

保留指数又称科瓦茨(Kovats)指数。它规定：正构烷烃的保留指数为其碳数乘100。如正己烷和正辛烷的保留指数分别为600和800。至于其他物质的保留指数，则可采用正构烷烃为参比物质进行测定。测定时，将碳数为 n 和 $n+1$ 的正构烷烃加于样品 X 中进行分析。若测得它们的调整保留时间分别为 $t_{r(n)}'$、$t_{r(n+1)}'$ 和 $t_{r(x)}'$，且 $t_{r(n)}' < t_{r(x)}' < t_{r(n+1)}'$ 时，则组分 X 的保留指数可按下式计算。

$$I_X = 100 \times \left[n + \frac{\lg t_{r(X)}' - \lg t_{r(n)}'}{\lg t_{r(n+1)}' - \lg t_{r(n)}'} \right] \tag{9-51}$$

同系物组分的保留指数之差一般应为 100 的整数倍。一般说来，除正构烷烃外，其他物质保留指数的 1/100 并不等于该化合物的含碳数。

2. 定量分析

气相色谱的检测信号峰高或峰面积均可用于定量和半定量分析。在严格控制操作条件下，气相色谱定量分析的精确度可达 1‰～3‰。关于定量分析的具体方法，色谱法一节中已作了详细的讨论。毫无疑问，那些方法都适用于气相色谱法。

9.4 高效液相色谱法

流动相是液体的色谱法称为液相色谱法(Liquid Chromatography，LC)。液相色谱可分为平板色谱和柱色谱，前者如纸色谱和薄层色谱，后者如离子交换柱色谱等。近年来，在液相柱色谱中，采用颗粒十分细的高效固定相，并采用高压泵输送流动相，全部工作通过仪器来完成。这种新的色谱法称为高效液相色谱法(High Performevnce Iiquid Chromatography，HPLC)。

与气相色谱法比较，液相色谱法不受样品挥发度和热稳定性的限制，非常适合于分离生物大分子、离子型化合物、不稳定的天然产物以及其他各种高分子化合物等。此外，液相色谱中的流动相不仅起到使样品沿色谱柱移动的作用，而且与固定相一样，与样品分子发生选择性的相互作用，这就为控制和改善分离条件提供了一个额外的可变因素。尽管如此，在实际应用中，凡是能用气相色谱法分析的样品一般不用液相色谱法，这是因为气相色谱更快、更灵敏、更方便，并且耗费较低。

高效液相色谱仪一般分为 4 个部分：高压输液系统、进样系统、分离系统和检测系统。此外，还可以根据一些特殊的要求，配备一些附属装置，如梯度洗脱、自动进样及数据处理装置等。

图 9.16 是高效液相色谱仪的结构示意图，其工作过程如下：高压泵将储液罐的溶剂经进样器送入色谱柱中，然后从检测器的出口流出。当欲分离样品从进样器进入时，流经进样器的流动相将其带入色谱柱中进行分离，然后依先后顺序进入检测器。记录仪将进入检测器的信号记录下来，得到液相色谱图。

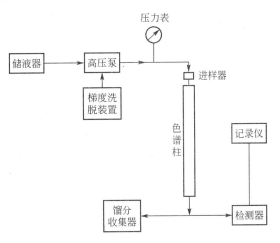

图 9.16 高效液相色谱仪的结构示意图

1. 高压输液系统

高压输液系统由储液罐、高压输液泵、过滤器、压力脉动阻力器等组成，核心部件是高压输液泵。

液相色谱仪中的高压泵应具有如下性能。

(1) 有足够的输出压力，使流动相能顺利地通过颗粒很细的色谱柱，通常其压力范围为 $250\sim400\text{kg/cm}^2$。

（2）输出流量恒定，其流量精度应在 1%～2%之间。

（3）输出流动相的流量范围可调。对分析仪器而言，一般为 3mL/min；制备仪器为 10～20mL/min。

（4）压力平稳，脉动小。

高压泵按其操作原理可分为恒流泵和恒压泵。恒流泵的特点是在一定的操作条件下，输出的流量保持恒定，而与色谱柱等引起的阻力变化无关。常用的有往复泵和注射泵。恒压泵与恒流泵不同。它能保持输出压力恒定，而流量则随色谱系统阻力的变化而变化。气动放大泵就是一种恒压泵。由于这类高压泵输液流速随色谱系统的阻力而变化，导致保留时间的重现性差，所以目前在分析上已较少使用。

2. 进样系统

在液相色谱中，与气相色谱不同，柱外的谱带扩宽现象会造成柱效显著下降，尤其是使用微粒填料时，更为严重。柱外的谱带变宽通常发生在进样系统、连接管道及检测器中，故一个设计较好的液相色谱仪应尽量减少这 3 个区域的体积。

常用的进样方式有 3 种：直接注射进样、停流进样和高压六通阀进样。直接注射进样的优点是操作简便，并可获得较高的柱效，但这种方法不能承受高压。停流进样是在高压泵停止供液、体系压力下降的情况下，将样品直接加到柱头。这种进样方式操作不便，重现性差，仅在不得已时才采用。高压六通阀进样的优点是进样量的可变范围大、耐高压、易于自动化，缺点是容易造成谱峰柱前扩宽。

3. 色谱柱

在高效液相色谱中，色谱柱一般采用优质不锈钢管制作。在早期，填充剂粒度大（20～75μm），柱管径一般为 2mm，柱长为 50～100cm。近年来，由于高效微型填料(3～10μm)的普遍应用，考虑管壁效应对柱效的影响，故一般采用管径粗(4～5mm)、长度短(10～50cm)的色谱柱。

液相色谱柱的填充一般采用匀浆法。具体操作是先将填料配成悬浮液，在高压泵的作用下快速将其压入装有洗脱液的色谱柱内，经冲洗后，即可备用。目前采用这种装柱法，可达到每米柱效 8 万塔板数。

4. 检测系统

用于液相色谱中的检测器，除应该具有灵敏度高、噪声低、线性范围宽、影响快、死体积小等特点外，还应对温度和流速的变化不敏感。

在液相色谱法中，有两类基本类型的检测器。一类是溶质性检测器，它仅对被分离组分的物理或物理化学特性有影响，属于这类检测器的有紫外、荧光、电化学检测器等。另一类是总体检测器，它对试样和洗脱液总的物理或物理化学性质有响应，属于这类检测器的有示差折光、介电常数检测器等。

5. 附属系统

液相色谱仪的附属装置依使用者的要求而异。通常附属装置包括脱气、梯度洗脱、再循环、恒温、自动进样、馏分收集以及数据处理等装置。这些装置一般均属选用部件，但若使用得当，会大大增加仪器的功能和提高工作效率。

一般说来，梯度洗脱装置是一种极重要的附属装置。这种洗脱方式是将两种或两种以上不同性质但可以互溶的溶剂，随着时间改变而按一定比例混合，以连续改变色谱柱中冲洗液的极性、离子强度或 pH 等，从而改变被测组分的相对保留值，提高分离效率，加快分离速度。很明显，液相色谱中的梯度洗脱和气相色谱中的程序升温相似。这种洗脱方式主要应用于分离分配比 k 相差很大的复杂混合物。

9.5　色谱分析法在水质分析中的应用

9.5.1　气相色谱法在水质分析中的应用

气相色谱法在水质分析中的应用比较普遍的，如气相色谱-质谱联用法、硅胶分离-气相色谱法、顶空气相色谱法、固体萃取-气相色谱法、毛细管气相色谱法等。

1. 气相色谱法测定水中的苦味酸

随着城市化和工业的发展，含有苦味酸的废水排放量持续增加，对水源造成严重的污染，对人体健康造成一定危害。其主要对眼睛、皮肤、呼吸道和消化道产生危害。因此对水体中苦味酸的残留检测就显得尤为重要。

测定水体中苦味酸的方法主要有直接光度法、萃取光度法、浮选光度法、荧光光度法、离子选择电极法、高效液相色谱法、气相色谱法等。我国国家标准中测定水中苦味酸的方法只有《生活饮用水标准检验方法》，该方法用苯萃取氯化衍生形成的氯化苦，且仅适用于水源水和自来水出厂水中苦味酸的检测，在样品前处理过程中没有净化措施，使用玻璃填充柱的分离效果较差，对于成分复杂的水样，氯化衍生形成的氯化苦和干扰物较难分离。

实验将水样中的苦味酸经次氯酸钠氯化衍生后，经正己烷提取后进行气相色谱分析，考察了萃取溶剂和次氯酸钠加入量对萃取的影响。在优化萃取条件下，苦味酸在 $25\sim500\mu g/L$ 范围内有良好的线性关系。在低、中、高 3 个添加水平，采用快速振荡萃取仅需 5min，苦味酸的回收率为 $83.0\%\sim91.74\%$，相对标准偏差为 $1.79\%\sim3.82\%$，因此用毛细管柱气相色谱-微池电子捕获检测器测定水中苦味酸的方法，采用石英毛细管柱代替玻璃填充柱，提高分离效果；同时用正己烷代替毒性较强的苯作为萃取溶剂，降低实验人员所面临的健康威胁。

2. 顶空气相色谱法检测饮用水中的挥发性卤代烃

饮用水安全是目前国际社会普遍关注的重要问题之一。水体中挥发性卤代烃除来自工业废水排放外，加氯消毒也可产生一些新的有机卤代烃，如三氯甲烷、四氯化碳、二氯甲烷、一溴二氯甲烷、二溴一氯甲烷以及溴仿等。

饮用水中的挥发性卤代烃对人体产生很大的危害，而且大多难以降解，因此加强对生活饮用水中的挥发性卤代烃的监测是十分必要的。我国许多城市的水源水、饮用水中都检测到了挥发性卤代烃的存在。

测定水中挥发性卤代烃常用的富集手段有顶空气相色谱联用法、顶空单液滴微萃取-气相色谱法、固相微萃取-气质联用法和吹扫捕集-气质联用法等技术。

液-液萃取法较烦琐，分析时间长，萃取、浓缩过程易造成挥发性有机物损失，灵敏度低，且采用有机溶剂，对环境造成二次污染；吹扫捕集所需仪器较昂贵，基层单位较难开展，难以普及；顶空气相色谱法是一种间接分析液体样品中挥发性组分的方法，相对其他方法所需设备简单、操作便捷，基体干扰少，常被用于水中挥发性卤代烃的测定。

自动顶空-毛细管气相色谱法检测水中 9 种挥发性卤代烃，将平衡温度、平衡时间、气液相比等顶空条件及 GC 条件进行了优化，建立了顶空-气相色谱法同时分析水中 9 种挥发性卤代烃的方法，具有分离度好、灵敏度高的特点，适用于水中挥发性卤代烃的分析。

9 种挥发性卤代烃平均加标回收率在 $89.5\%\sim117.2\%$ 之间，相对标准偏差为 $1.7\%\sim6.3\%$，最低检出浓度为 $1.01\sim2.18\mu g/L$。采用自动顶空气相色谱-电子捕获检测器同时检测饮用水中 9 种卤代烃具有良好的分离效果，操作简便、出峰快、干扰小、灵敏度高、检出限低、结果准确，样品处理操作简单、快速，方法的准确度、精密度和检出限均能满足方法学的要求。对实际水样进行了测定，其加标回收率令人满意，适合于环境水样中挥发性卤代烃的分析。

9.5.2 高效液相色谱法在水质分析中的应用

1. 高效液相色谱法测定饮用水源水中吡啶

吡啶是一种含氮杂环化合物，是重要的化工原料，可用作生产农药，它还是一种优良的溶剂，在纺织、制革等行业均有广泛的应用。吡啶易溶于水，为有毒化学品，长期摄入出现头晕、头痛、失眠、步态不稳等病症，并可发生肝肾损害。我国地表水环境质量标准中把吡啶纳入饮用水源地特定的监测项目，标准限值为 0.2mg/L。

直接进水样高效液相色谱法是测定饮用水源水中吡啶的分析方法。在优化的条件下，曲线浓度范围为 $0.01\sim2.0mg/L$，吡啶的响应值与浓度有良好的线性关系，灵敏度高，最低检出质量浓度为 0.004mg/L。该方法还具有预处理简便、不使用剧毒试剂、分析速度快等优点。相对标准偏差不大于 $6.4\%(n=7)$，回收率为 $88\%\sim106\%$。实验证明，该方法符合国标 GB 3838—2002 的要求，与推荐方法相比具有操作简便快速、环保安全等优点。

2. 高效液相色谱-柱前衍生法测定水中有机磷除草剂

草甘膦是一种优良的灭生性高效除草剂，也是现在国际上使用最广泛的有机磷除草剂。除草剂积累对水体的污染，尤其是对饮用水以及饮用水源的污染将会对人体健康产生重大威胁。目前采用的分析方法是 OPA 柱后衍生-液相色谱法，仪器需要配置专门柱后衍生系统。在环境监测系统，液相色谱还没有普及，柱后衍生系统占有率更低。

如果用氯甲酸-9-芴基甲酯(FMOC)衍生水中的草甘膦、草铵膦和氨甲基磷酸，利用高效液相色谱-荧光检测器对衍生后的草甘膦、草铵膦和氨甲基磷酸进行检测，便可以建立起一种快速、灵敏、准确的测定水中痕量新型有机磷除草剂的分析方法。

草甘膦、草铵膦和氨甲基磷酸的平均加标回收率分别为 94.2%、90.8%、98.6%，相对标准偏差在 5.0% 之内。水中草甘膦、草铵膦和氨甲基磷酸的定性上限和定量下限分别为 0.05、0.04、$0.009\mu g/L$ 和 0.16、0.12、$0.03\mu g/L$。

水样中的草甘膦、草铵膦和氨甲基磷酸的保质期为 2 天。而草甘膦、草铵膦和氨甲基磷酸的衍生物的保质期为5天。

　　水样中痕量草甘膦、草铵膦和氨甲基磷酸的柱前衍生-高效液相色谱-荧光检测分析方法，能较好地完成目标污染物的分离和检测。使用时，水样中有机磷农药和有机氯农药的存在不会对目标污染物的测定产生影响，可供没有配置专门衍生系统的实验室参考使用。

本 章 小 结

　　本章介绍了色谱法的基本原理，塔板理论和速率理论，色谱定性定量分析方法，气相色谱仪的结构、分离条件的选择、气相色谱定性定量分析方法，高效液相色谱仪的结构、定性定量分析方法，气相色谱法和高效液相色谱法在水质分析中的应用。

 习　题

1. 选择题

（1）对某一组分来说，在一定的柱长下，色谱峰的宽或窄主要决定于组分在色谱柱中的（　　）。

　　A. 保留值　　　　　B. 扩散速度　　　　C. 分配比　　　　D. 理论塔板数

（2）载体填充的均匀程度的主要影响因素是（　　）。

　　A. 涡流扩散相　　　B. 分子扩散　　　　C. 气相传质阻力　　D. 液相传质阻力

（3）气相色谱检测器中的通用型检测器是（　　）。

　　A. 氢火焰离子化检测器　　　　　　　　B. 热导池检测器

　　C. 示差折光检测器　　　　　　　　　　D. 火焰光度检测器

（4）在气液色谱中，色谱柱的使用上限温度取决于（　　）。

　　A. 样品中沸点最高组分的沸点　　　　　B. 样品中各组分沸点的平均值

　　C. 固定液的沸点　　　　　　　　　　　D. 固定液的最高使用温度

2. 简答题

（1）色谱内标法是一种准确度较高的定量方法，它有何优点？

（2）分离度R是柱分离性能的综合指标，R怎样计算？在一般定量、定性或制备色谱纯物质时，对R如何要求？

（3）什么是最佳载气流速？实际分析中是否一定要选择最佳流速？为什么？

（4）在色谱分析中，对进样量和进样操作有何要求？

（5）色谱归一化定量法有何优点？在哪些情况下不能采用归一化法？

（6）色谱分析中，气化室密封垫片常要更换。如果采用热导检测器，在操作过程中更换垫片时要注意什么？试说明理由。

（7）柱温是最重要的色谱操作条件之一，柱温对色谱分析有何影响？实际分析中应如何选择柱温？

(8) 某一色谱柱从理论上计算得到的塔板数 n 很大，塔板高度 H 很小，但实际上分离效果却很差，试分析原因。

(9) 色谱固定液在使用中为什么要有温度限制？柱温高于固定液最高允许温度或低于最低允许温度会造成什么后果？

(10) 在气相色谱分析中为了测定下面的组分，宜选用哪种检测器？为什么？

① 蔬菜中含氯农药残的留量；

② 测定有机溶剂中的微量水；

③ 痕量苯和二甲苯的异构体；

④ 啤酒中的微量硫化物。

3. 计算题

(1) 若在 1m 长的色谱柱上测得分离度为 0.68，要使它完全分离，则柱长至少应为多少米？

(2) 在 2m 长的色谱柱上，测得某组分保留时间(t_r)6.6min，峰底宽(Y)0.5min，死时间(t_m)1.2min，柱出口用皂膜流量计测得载气体积流速(F_c)40mL/min，固定相(V_s)2.1mL，求：(提示：流动相体积即为死体积)

① 分配容量 k；

② 死体积 V_m；

③ 调整保留时间；

④ 分配系数；

⑤ 有效塔板数 n_{eff}；

⑥ 有效塔板高度 H_{eff}。

(3) 已知组分 A 和 B 的分配系数分别为 8.8 和 10，当它们通过相比 $\beta=90$ 的填充时，能否达到基本分离？(提示：基本分离 $R_s=1$。)

(4) X、Y、Z 3 组分混合物 $t_{r(X)}=5$min，经色谱柱分离后，其保留时间分别为：$t_{r(X)}=5$min，$t_{r(Y)}=7$min，$t_{r(Z)}=12$min，不滞留组分的洗脱时间 $t_m=1.5$min，试求：

① Y 对 X 的相对保留值是多少？

② Z 对 Y 的相对保留值是多少？

③ Y 组分的色谱柱中的容量因子是多少？

④ X 对 Y 的容量因子之比是多少？

(5) 一试样经气相色谱分析，在 6.5min 时显示一个色谱峰，峰的宽度为 5mm，记录纸移动的速度为 10mm/min，在柱长 2m 的色谱柱中其理论塔板是多少？相应的理论塔板高度是多少？

(6) 有一气液色谱柱，长 2m，在不同线速时，相应的理论塔板数如下。

u/cm·s^{-1}	4.0	6.0	8.0
n	323	308	253

计算：①最佳线速；②在最佳线速时，色谱柱的理论塔板数。

(7) 某色谱柱的理论塔板数为 3136，吡啶和 2-甲基吡啶在该柱上的保留时间分别是 8.5min 和 9.3min，空气的保留时间为 0.2min。计算吡啶和 2-甲基吡啶在该柱上的分离度。

(8) 采用 3m 色谱柱对 A、B 二组分进行分离，此时测得非滞留组分的 t_m 值为 0.9min，A 组分的保留时间($t_{r(A)}$)为 15.1min，B 组分的($t_{r(B)}$)为 18.0min，要使二组分达到基线分离($R=1.5$)，问最短柱长应该选择多少米？（B 组分的峰宽为 1.1min）

(9) 在 1m 长的填充色谱柱上，某镇静药物 A 及其异构体 B 的保留时间分别为 5.80min 和 6.60min；峰底宽度分别为 0.78min 及 0.82min，空气通过色谱柱需 1.10min。计算：

① 载气的平均线速度；

② 组分 B 的分配比；

③ A 及 B 的分离度；

④ 该色谱柱的平均有效理论塔板数和塔板高度；

⑤ 分离度为 1.5 时，所需的柱长；

⑥ 在长柱上 B 的保留时间。

(10) 用气相色谱法氢火焰检测器测定某石油化工厂用生化处理废水酚的浓度，记录仪灵敏度为 0.2mV/cm，记录仪纸速为 10mm/min，苯酚标样浓度为 1mg/mL，进样量为 3μl，测量苯酚峰高为 115mm，峰半高宽为 4mm，2 倍噪音信号为 0.05mV，计算：

① 在上述条件下苯酚的灵敏度 S_t、检测限(D)和最小检测限(Q_{min})；

② 若污水处理前后，污水中苯酚浓度从 100μg/mL 降为 0.05μg/mL，设最大进样量为 10μl，能否直接测定水中的酚？若不能直接测出，试样浓缩多少倍方可推测？

第**10**章
原子吸收分光光度法

本章教学要点

知识要点	掌握程度	相关知识	应用方向
原子吸收光谱法原理	重点	原子吸收光谱谱线的轮廓及变宽原因	对60多种元素和某些非金属元素进行定量分析
原子吸收光谱仪器	了解	原子化器的类型及工作原理	学会正确选择原子化器
实验技术	熟悉	原子吸收光谱仪实验条件的设置	具体设定实验条件
定量分析方法	掌握	标准曲线法和标准加入法等定量分析方法	进行定量分析
干扰及消除方法	重点	原子吸收光谱分析法干扰产生及其消除方法	消除干扰进行准确定量

我国曾发生多起铊中毒事件：1995年清华女生朱令铊中毒事件，曾引起人们的广泛关注，她是中国首位利用互联网向全球寻求拯救的病人，2007年中国矿业大学3名学生的铊中毒事件；2008年武汉新洲铊中毒事件等。铊是一种高度分散的稀有重金属元素，在自然环境中含量很低，是一种伴生元素，铊及其化合物都是剧毒品。铊被广泛用于电子、军工、航天、化工、冶金、通讯等各个方面。铊为人体非必需元素，可以通过饮水、食物、呼吸而进入人体并富集起来，铊的化合物具有诱变性、致癌性和致畸性，导致食道癌、肝癌、大肠癌等多种疾病的发生，使人类健康受到极大的威胁。国外对饮用水中的铊含量规定了严格的限值。我国在2006年修订的《生活饮用水卫生标准》中也增加了毒理指标铊，限值为0.0001mg/L。由于铊在环境样品中的含量，一般在pg级左右，通常需要经过一定的分离和富集手段再结合灵敏的元素检测技术进行测定，测定方法有原子吸收法、阳极溶出伏安法、电感耦合等离子发射光谱-质谱法等。其他重金属如铅、汞、镉、铬、砷等的测定也多采用原子吸收的方法。原子吸收灵敏度高、仪器价格相对便宜、便于普及，还是无机元素特别是金属测定的首选方法，是中国、美国、日本等多种金属测定的国标方法。

10.1 原子吸收分光光度法的基本原理

原子吸收光谱法或原子吸收分光光度法（Atomic Absorption Spectrometry，AAS）是以测量气态基态原子外层电子对共振线的吸收为基础的分析方法。原子吸收光谱法是一种成分分析方法，可对60多种金属元素及些非金属元素进行定量测定，其检测限可达ng/mL，相对标准偏差约为1%～2%，这种方法目前广泛用于低含量元素的定量测定。

10.1.1 原子吸收线的宽度

实验证明，原子吸收线往往不是一条线，而是具有一定宽度的谱线（或频率间距），其形状如图10.1所示。图中v_0为吸收线的中心频率，I_0为入射光强。谱线的宽度常用半宽度来表示。谱线的半宽度是指最大吸收值的一半处的频率宽度，用Δv来表示，简称谱线宽度。

谱线宽度产生的原因如下。

(1) 谱线的自然宽度：根据量子力学的计算，谱线自然宽度Δv约为$10^{-1}\sim10^{-4}$Å。由于自然宽度比其他原因所引起的谱线宽度小得多，所以在大多数情况下可以忽略。

(2) 多普勒(Doppler)宽度：由于辐射原子处于无规则的热运动状态。因此，辐射原子可以看做运动着的波源，这一不规则的热运动与观测器两者间形成相对位移运动，从而发生多普勒效应，使谱线变宽。这种谱线的所谓多普勒变宽，是由于热

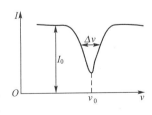

图10.1 吸收线

运动产生的，所以又称热变宽，一般可达 10^{-2} Å 左右，是谱线变宽的主要因素。

（3）压力变宽：由于辐射原子与其他粒子（分子、原子、离子、电子等）间的相互作用而产生的谱线变宽，统称为压力变宽。压力变宽通常是随压力的增加而增大。在压力变宽中，凡是同种粒子碰撞引起的变宽都叫赫尔兹马克（Holtzmark）变宽，凡是由异种粒子引起的则叫罗伦兹（Lorentz）变宽。

此外，在外界电场或磁场的作用下，能引起能级的分裂，从而导致谱线变宽。这种变宽称为"场致变宽"。但这种变宽的效应一般也不大。

综上所述，在一般情况下，谱线的宽度可以认为主要是由多普勒效应与压力变宽两个因素引起的。

10.1.2　实际测量方法

在实际工作中，原子吸收值的测量是将一定光强的单色光 I_0 通过原子蒸汽，然后测出被吸收后的光强 I。此吸收过程符合朗伯-比尔定律，即

$$I = I_0 e^{-KNL} \tag{10-1}$$

式中，K 为吸收系数；N 为自由原子总数（近似于基态原子数）；L 为吸收层厚度。

吸光度 A 可用下式表示。

$$A = \lg \frac{I_0}{I} = 2.303 KNL \tag{10-2}$$

此式表明，A 与 N 成正比。

在实际分析过程中，当实验条件一定时，N 正比于待测元素的浓度 c，因此，以标准系列作出工作曲线后，即可从吸光度的大小，求得待测元素的含量。

10.2　原子吸收分光光度计的结构及原理

原子吸收分光光度计由光源、原子化器、单色器、检测器 4 个主要部分组成，如图 10.2 所示。

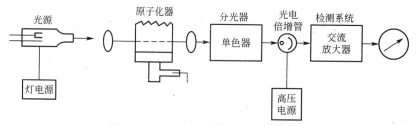

图 10.2　单光束原子吸收光度计示意图

由光源发射的待测元素的锐线光束（共振线），通过原子化器，被原子化器中的基态原子吸收，再射入单色器中进行分光后，被检测器接收，即可测得其吸收信号。

10.2.1　光源

原子吸收线的半宽度很窄，因此，只有光源发射出比吸收线半宽度更窄的、强度大而

稳定的锐线光谱，才能得到准确的结果。空心阴极灯、蒸汽放电灯和高频无极放电灯等光源，均具备上述条件，但目前广泛使用的是空心阴极灯。

空心阴极灯是一种阴极呈空心圆柱形的气体放电管，图 10.3 是封闭型空心阴极灯，根据工作时的波长范围，可选用石英玻璃或普通玻璃作窗口。阴极内壁可用待测元素或含待测元素的合金制作。一般高纯金属可直接作为阴极，但低熔点金属、难加工金属及活性强的金属等，则采用合金。

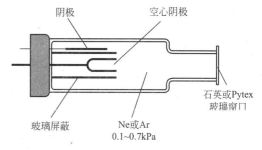

图 10.3　空心阴极灯的结构和外形

阳极为钨棒，上面装有钽片或钛丝作为吸气剂。阴极和阳极固定在硬质玻璃管中，管内充入几百帕压力的惰性气体(氖或氩)。在阴极和阳极间加上 $100\sim400V$ 的直流电压，即可产生放电。阴极发出的电子在电场的作用下，高速射向阳极，电子与惰性气体碰撞，使气体原子电离。在电场的作用下，惰性气体的离子(正离子)向阴极运动。由于阴极附近的电位梯度很大，正离子被大大加速而具有很大的能量，当正离子轰击阴极表面时，阴极表面的金属原子从晶格中溅射出来，大量聚积在空心阴极中，再与电子、惰性气体的原子、离子等碰撞而被激发，从而产生阴极物质的线光谱。由于大部分发射光处于圆筒内部，所以光束强度大。空心阴极灯要求使用稳流电源，灯电流稳定度在 $0.1\%\sim0.5\%$ 左右，输出电流为 $0.50mA$，输出电压约 $450\sim500V$。

10.2.2　原子化器

原子化器的主要作用是使试样中的待测元素转变成处于基态的气态原子，入射光束在这里被基态原子吸收，因此，它被视为"吸收池"，原子化器主要有两大类：火焰原子化器和非火焰原子化器。

1. 火焰原子化器

用火焰试样原子化是目前广泛应用的一种方式，液体试样经喷雾器形成雾粒，这些雾粒在雾化室中与气体(燃气和助燃气)均匀混合，除去大液滴后，再进入燃烧器形成火焰。此时，试液在火焰中产生原子蒸气。由此可见，火焰原子化器实际上是由喷雾器、雾化室和燃烧器 3 部分组成的。

1) 喷雾器

喷雾器是火焰原子化器中的重要部件，它的作用是将试液变成细雾，雾粒越细、越多，在火焰中生成的基态自由原子就越多。目前，应用最广的是气动同心型喷雾器，其构造如图 10.4 所示。喷雾器喷出的雾滴碰到玻璃球上，可产生进一步细化的作用，生成的雾滴粒度和试液的吸入率，对测定的精密度和化学干扰的大小有一定影响。目前，喷雾器多采用不锈钢、聚四氟乙烯或玻璃等制成。

2) 雾化室

雾化室的作用主要是除去大雾滴，并使燃气和助燃气充分混合，以便在燃烧时得到稳定的火焰。雾化室的结构如图 10.5 所示，其中的扰流器可使雾粒变细，同时阻挡大的雾滴进入火焰，一般的喷雾装置的雾化效率为 $5\%\sim15\%$。

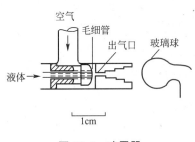

图 10.4　喷雾器

图 10.5　雾化室

3）燃烧器

试液的细雾滴进入燃烧器，在火焰中经过干燥、熔化、蒸发和离解等过程后，产生大量的基态自由原子及少量的激发态原子、离子和分子。通常，要求燃烧器的原子化程度高、火焰稳定、吸收光程长、噪声小等。常用的预混合型燃烧器，一般可达到上述要求。燃烧器中火焰的作用是使待测物质分解形成基态自由原子。按照燃料气体与助燃气体的不同比例，可将火焰分为中性火焰、富燃火焰、贫燃火焰3类。

（1）中性火焰：这种火焰的燃气与助燃气的比例与它们之间化学反应的计量关系相近。它具有温度高、干扰小、背景低及稳定等特点，适用于多元素的测定。

（2）富燃火焰：即燃气与助燃气的比例大于化学计量。这种火焰燃烧不完全、温度低、火焰呈黄色。富燃火焰的特点是还原性强、背景高、干扰多、不如中性火焰稳定，但适用于易形成难离解氧化物元素的测定。

（3）贫燃火焰：燃气与助燃气的比例小于化学计量。这种火焰的氧化性较强，温度较低，有利于测定易离解的元素，如碱金属等。

表 10-1 中列出了某些燃气与助燃气的火焰温度。火焰原子吸收中所选用的火焰温度，应使待测元素恰能离解成基态自由原子；温度过高时，会使基态原子减少，激发态原子增加，电离度增大。

表 10-1　火焰的温度

火焰	发火温度/℃	燃烧速度/$(cm \cdot s^{-1})$	火焰温度/℃
煤气-氧	450		2730
煤气-空气	560	55	1840
丙烷-空气	510	82	1935
丙烷-氧	490		2850
氢-空气	530	320	2050
氢-氧	450	900	2700
乙炔-空气	350	160	2300
乙炔-氧	335	1130	3060
乙炔-氧化亚氮	400	180	2955
乙炔-氧化氮	—	90	3095

（续）

火焰	发火温度/℃	燃烧速度/$(cm \cdot s^{-1})$	火焰温度/℃
氰-空气	—	20	2330
氰-氧	—	140	4640
氧(50%)—氮（50%）—乙炔	—	640	2815

2. 非火焰原子化器

非火焰原子化器或无火焰原子化器利用电热、阴极溅射、等离子体方法使试样中待测元素形成基态自由原子。目前，广泛应用的非火焰原子化器是石墨炉。此法的优点是取样量少、固体只需几毫克，液体仅用几微升；其绝对灵敏度比火焰法高几个数量级，可达 10^{-12}g(相对灵敏度高 2～3 个数量级)。但其精密度仅达 2%～5%，比火焰法差。

1) 结构

石墨炉原子化器由电源、炉体、石墨管 3 部分组成。

电源：能提供低电压（10V）、大电流（500A）的供电设备，它能使石墨管迅速加热达到 2000℃ 以上的高温，并能以电阻加热的方式形成各种温度梯度，便于对不同的元素选择最佳的原子化条件。

炉体：炉体具有水冷外套，内部可通入惰性气体，两端装有石英窗，中间有进样孔，其结构如图 10.6 所示。

石墨管：广泛使用的标准型长约 28mm，内径 8mm，管中央有一小孔，用以加入试样。

具有热解石墨涂层的石墨管，有使用寿命长和使难熔元素的分析灵敏度提高等优点。这种石墨管通常使用含 10%甲烷与 90%氩气的混合气体。

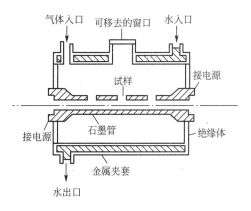

图 10.6 石墨炉原子化器

石墨炉中的水冷装置用于保护炉体。当电源切断后，炉子能很快地冷却至室温。惰性气体(氩气或氮气)的作用在于防止石墨管在高温中被氧化，防止或减少被测元素形成氧化物，并排除在分析过程中形成的烟气。

2) 操作程序

石墨炉工作时，要经过干燥、灰化、原子化和除去残渣 4 个步骤。

干燥的目的是蒸发样品中的溶剂或水分。通常，干燥温度应稍高于溶剂沸点。如果分析含有多种溶剂的复杂样品，采用斜坡升温更为有利。干燥时间与样品体积有关，一般为 20～60s 不等。

灰化的作用是为了在原子化之前，去掉比分析元素化合物容易挥发的样品中的基体物质。很明显，灰化步骤可减少分子吸收的干扰。应该指出，当分析元素与基体在同一温度下挥发时，进行灰化步骤无疑会损失待测元素。此时，可采用下述办法。

(1) 利用校正背景方法扣除基体产生的分子吸收光谱，而不采用灰化步骤。

(2) 用适合的试剂处理样品，使样品中的基体比分析元素更易挥发，或更难挥发。

在选择灰化参数时，必须具体考虑基体和分析元素的性质。

原子化参数的选择取决于待测元素的性质。通常可通过绘制吸收-原子化温度，吸收-原子化时间的关系曲线来确定。

试样测定完毕后，通常需要使用大电流，在短时间内除去残渣。

3）电热原子化的特点

（1）试样用量少，灵敏度高。典型情况所用试样的体积为 $0.5\sim10\mu l$，绝对检出下限为 $10^{-12}\sim10^{-13}g$，比火焰法高 1000 倍。

（2）试样可直接在原子化器中进行处理。在高温石墨炉原子化器中，可在原子化前选择蒸气除掉基体，改变基体成分，因而可减少或消除基体效应。

（3）可直接进行固体粉末分析。显然，对于火焰法来说，直接进行固体粉末分析是较难实现的。

电热法很适宜做痕量分析，但是高温石墨炉加上自动程序升温器和快速响应记录是相当昂贵的。另外，电热原子化的精密度一般在 $2\%\sim5\%$，而火焰法和激光原子化法可达 1% 或更好。所以通常在火焰或激光原子化不能提供所需的检测限时，才选用电热原子化法。

3. 特殊原子化技术

这些特殊技术能大幅度提高测定灵敏度并扩大原子吸收法的应用范围，不过它们只在某些特殊情况下才显示其价值和特点，因而在应用上有一定的局限性。

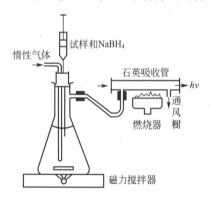

图 10.7　氢化物发生器和原子化系统

1）氢化物原子化法

原子吸收光谱法中，所采用的氢化物发生器和原子化系统如图 10.7 所示。原子化是在加热的石英管中进行的，适用容易形成气态氢化物元素的测定。

2）冷蒸气原子化

冷蒸气原子化技术是一种非火焰分析，它是一种低温原子化技术，仅仅用于汞的测定。这种技术以常温下汞有高的蒸气压为基础。在常温下用还原剂（$SnCl_2$）将无机 Hg^{2+} 还原为金属汞，然后由氩或氮等载气把汞蒸气送入吸收光路，测量汞蒸气对吸收线 $Hg253.72nm$ 的吸收。

由于各类有机汞化合物有毒并广泛分布在环境中，故此法显得尤为重要。天然水中的汞一般以稳定的有机汞存在，其污染的危害性比无机汞严重。测定时通常采用硫酸-高锰酸盐蒸煮法，首先将有机汞转变成无机汞，反应过量的氧化剂用盐酸羟胺除去。本法的检测限可达 ng/mL 级。

10.2.3　分光系统

在原子吸收分光光度计中，单色器的作用主要是将灯发射的被测元素的共振线与其他发射线分开。在原子吸收光谱法中，由于采用空心阴极灯作光源，发射的谱线大多为共振线，故比光源发射的光谱简单。

光谱通带可用下式表示。

$$W=D\cdot S \tag{10-3}$$

式中，W 为光谱通带，Å；D 为倒线色散率，Å/mm；S 为狭缝宽度，mm。

在两相邻干扰线间距离小时，光谱通带要小，反之，光谱通带可增大。由于不同元素谱线复杂程度不同，选用的光谱通带亦各不相同，如碱金属、碱土金属谱线简单、背景干扰小，可选较大的光谱通带；而过渡族、稀土族元素谱线复杂，则应采用较小的光谱通带。一般在原子吸收光谱法中，光谱通带为 2Å 已可满足要求，故采用中等色散率的单色器。当单色器的色散率一定时，则应选择合适的狭缝宽度来达到谱线既不干扰，吸收又处于最大值的最佳工作条件。

10.2.4 检测系统

在火焰原子吸收光谱法中，通常采用光电倍增管为检测器，为了提高测量灵敏度，消除待测元素火焰发射的干扰，需使用交流放大器，电讯号经放大后，即可用读出装置显示出来。

10.2.5 仪器类型

按光学系统分类，目前原子吸收分光光度计可分为单光束型、双光束型和双光束双通道型 3 种，实际应用的主要是前两种类型。

1. 单光束型

一般简易的原子吸收分光光度计基本上都是单光束型的。图 10.8(a) 是单光束型仪器的光路系统。它由空心阴极灯、反射镜、原子化器、光栅和光电倍增管组成。用光电倍增管前的快门将暗电流调零。用空白溶液喷入火焰调 T 为 100% 后，用试样溶液代替空白溶液测得透射比。单光束型仪器结构简单，体积小，价格低，可满足一般分析的要求。但它不能消除因光源波动造成的影响，基线漂移，空心阴极灯预热时间长。

2. 双光束型

图 10.8(b) 是双光束型仪器的示意图。用一旋转镜(发射式斩波器)把来自空心阴极灯的光束分为两束，其中一束通过火焰作为测量(P)光束，另一束从火焰旁边通过(P_r)作为参照光束，然后用半镀银镜(切光器)把两个光束合并，交替进入单色器后，到达光电倍增管。空心阴极灯的脉冲频率和切光器同步，即当旋转半银镜在某一位置时，只有测量光束 P 通过，产生 P 脉冲；当旋转半银镜 180° 后，只有参照光束 P_r 通过，产生 P_r 脉冲。在两个脉冲之间，空心阴极灯是关闭的。两光束的信号被检测系统检出，放大和比较，最后在读数装置中显示。

在双光束仪器中，由于两个光束来自同一光源，在一定程度上可以消除光源波动造成的影响。此外，空心阴极灯不需预热即可工作。然而，因

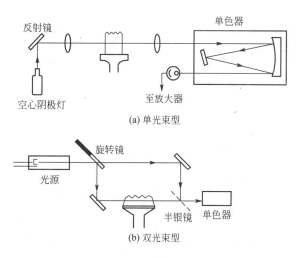

图 10.8 典型的火焰原子分光光度计

参考光束没有通过火焰，故不能抵消因火焰波动带来的影响。

10.2.6　干扰及消除方法

原子吸收光谱分析中的干扰可分为 5 大类：包括谱线干扰，背景干扰、物理干扰、化学干扰和电离干扰等。现分述如下。

1. 谱线干扰

谱线干扰有两种：吸收线与相邻谱线不能完全分开，待测元素的分析线与共存元素的吸收线相重叠，此时可采用减小狭缝宽度，降低灯电流或采用其他分析线的办法来消除干扰。

2. 背景干扰

背景吸收包括分子吸收和光散射。它使吸收值增加，产生正误差。

1）分子吸收

分子吸收是指原子化过程中生成的气体分子、氧化物、氢氧化物和盐类分子对辐射的吸收，它是一种宽带吸收。

碱金属卤化物：这些物质在紫外区有很强的分子吸收。例如，KBr、KI 和高浓度 NaCl 等在 $2000\sim4000\text{Å}$ 均有吸收，干扰 Cd、Zn、Ni、Fe、Hg、Mn、Pb 等元素的测定。

无机酸：在小于 2500Å 波长时，H_2SO_4、H_3PO_4 有很强的分子吸收，但 HNO_3、HCl 吸收很小，故在原子吸收中多用 HNO_3、HCl 溶液。

分子吸收除与有关物质的浓度有关外，还与火焰温度有关。高温火焰可使分子离解，因而可能消除分子吸收的干扰。

火焰气体：空气-乙炔火焰在波长小于 2500Å 时，有明显吸收。常采用零点扣除（调零）的方法来消除。也可采用空气-氢或氩-氢火焰来测定 Se、Te、As、Sb、Zn、Cd 等吸收线在短波的元素。

2）光散射

光散射使待测元素的吸光度增加。一般可用调零的方法来消除。

非火焰法的背景吸收比火焰法高得多，但通常可采用扣除方法来消除。通常有两种方法。

（1）连续光源氘灯校正法：背景吸收的本质是宽带吸收，原子吸收是窄线吸收。当空心阴极灯的辐射通过吸收区（如火焰）时，测得的是原子吸收 $A_{a(H)}$ 与背景吸收 $A_{b(H)}$ 的总和，即 $A_{(H)}=A_{a(H)}+A_{b(H)}$。当氘灯光源的辐射通过吸收区时，主要是宽带的背景吸收氘灯的辐射，产生背景吸收 $A_{b(D)}$。同时，原子吸收氘灯的辐射相对于氘灯的总辐射来说是极小的，换句话说，氘灯产生的原子吸收信号 $A_{a(D)}$ 可以忽略不计，因此可以将氘灯产生的吸收信号 $A_{(D)}$ 近似看成背景吸收信号 $A_{b(D)}$。于是两次测定之差就是扣除背景吸收后的净原子吸收 A_a，即

$$A_a=A_{(H)}-A_{(D)}=(A_{a(H)}-A_{a(D)})+(A_{b(H)}-A_{b(D)})$$

显然，背景扣除的误差由 $A_{b(H)}$ 和 $A_{b(D)}$ 值决定，理论研究表明，由于单色器的通带远大于吸收线的宽度，故检测灵敏度没有明显降低。

氘灯扣除背景的装置如图 10.9 所示。背景校正时，切光器使辐射强度相等的锐线辐射和连续辐射交替通过吸收区，经过单色器后，检测器分别测出两束光束的吸收信号，由电子学系统输出校正背景后的原子吸收信号。

在连续光源校正中，由于使用了两个不同类型的光源，而二者的光斑大小和能力分布不同，并且两个光斑像有很强的背景吸收。此外，氘灯在可见光区的辐射非常低，故这种校正方法

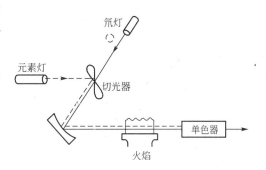

图 10.9　氘灯较背景的装置

一般只用于 350nm 以下的波长范围。

（2）以塞曼效应为基础的背景扣除法：当将原子蒸气暴露在强磁场中（约为 1T）时，原子电子能级的裂分导致形成几条吸收线。这种现在称为塞曼效应（Zeeman Effect）。吸收线彼此相差约 0.01nm。单重态跃迁的裂分最为简单。它裂分为 3 条谱线，中心的 π 线和对称分布在中心波长两侧的两条谱线 σ^+ 和 σ^-。其中，π 成分是在原子吸收线的波长 λ 上，σ^+ 和 σ^- 成分的波长分别为 $\lambda \pm \Delta\lambda$，$\Delta\lambda$ 的大小与磁场强度成正比。

塞曼效应扣除背景的原理是根据原子谱线的磁效应和偏振特性使原子吸收和背景吸收分离来进行背景校正。应用塞曼效应扣除背景时，可加磁场于光源，也可加磁场于吸收池。在与光束垂直的方向给原子化器加上永久磁场。根据代码效应，原子蒸气的吸收线裂分为 π 和 σ^+ 成分，它们的偏振方向分别平行和垂直于磁场。由空心阴极灯发出的光经过旋转式偏振器，被分为两条传播方向一致、波长一样、强度相等、但偏振方向相互垂直的偏振光，其中一束光与磁场平行，而另一束则与磁场垂直，显然，当两束光交替通过吸收区时，只有平行于磁场的光束能被原子蒸气吸收。由于背景吸收与偏振方向无关，两束光都产生相同的背景吸收。因此，用平行于磁场的光束作测量光束，用垂直于磁场的光束为参比光束，即可扣除背景。

由于塞曼效应扣除背景时，只用空心阴极灯，但起到两个光束的作用，可缩小仪器的体积，操作简便。两个光束通过原子化器的部位完全一样，所以校正背景的效果比前面介绍的方法好。塞曼效应扣除背景特别适用于电热原子化器，能够直接测定如尿、血等试样中的元素。值得注意是，塞曼效应校正背景不是对所有谱线都同样有效，使用时应考虑谱线的分裂特征。

3. 化学干扰

待测元素与共存元素发生化学反应，引起原子化效率的改变所造成的影响，统称为化学干扰。影响化学干扰的因素很多，除与待测元素及共存元素的性质有关外，还与喷雾器、燃烧器、火焰类型、温度以及火焰部位有关。

使用高效喷雾器时，雾滴细、蒸发速度快，干扰较小，在低温火焰中看到的化学干扰大多在高温火焰中消失。例如，磷酸在空气-乙炔火焰中会降低钙的吸光度，但在一氧化二氮-乙炔火焰中却呈现增感效果。

火焰部位不同，化学干扰也不相同，例如，在空气-乙炔火焰中，火焰上部磷酸对钙的干扰较小，而火焰下部干扰较大。共存物的种类对干扰也有很大影响。例如，在空气-乙炔火焰中，铝和硅干扰镁的测定，但在含有大量镍时，却可抑制这种干扰。为了抑制化学干扰，可加入各种抑制剂。常用的抑制剂有下列几种。

（1）释放剂：当欲测元素的干扰元素在火焰中形成稳定的化合物时，加入另一种物

质，使之与干扰元素化合，生成更稳定或更难挥发的化合物，从而使待测元素从干扰元素的化合物中释放出来。这种加入的物质称为释放剂。例如，测定植物中的钙时，加入硫酸，可使钙从磷酸盐的化合物中释放出来。

（2）保护剂：保护剂大多是络合剂，与待测元素或干扰元素形成稳定的络合物，消除干扰。例如，加入 EDTA 与钙生成络合物后，可以抑制磷酸对钙的干扰；加入氟离子，可防止铝对铍的干扰等。

（3）缓冲剂：例如，用一氧化二氮-乙炔焰测定 Ti 时，Al 抑制 Ti 的吸收，但是，当 Al 的浓度大于 2×10^{-4} 后，吸收趋于稳定。因此，在试样和标样中均加入 2×10^{-4} 的干扰元素，则可以消除 Al 对 Ti 的干扰。这种加入的大量干扰物质，称为吸收缓冲剂。

应该指出，在某种情况下，采用标准加入法可消除试样中微量元素的化学干扰。当上述方法均无效时，则只好采用萃取等化学分离方法来消除干扰。

4. 电离干扰

很多元素在高温火焰中都会产生电离，使基态原子减少，灵敏度降低。这种现象称为电离干扰。

电离干扰与火焰温度，待测元素的电离电位和浓度等有关。实验表明，加入 0.2% KCl(K 的电离电位 4.3eV)就可抑制钡的电离(Ba 的电离电位 5.21eV)，这说明钾的电离所产生的大量电子，可使钡的电离平衡向中性原子的方向移动，即

$$K \rightarrow K^+ + e^-$$
$$Ba^+ + e^- \rightarrow Ba$$

由此可见，加入某些易电离物质，可消除电离干扰。当然，采用低温火焰，本身即可防止发生电离，但这种办法有时对金属的原子化不利。

5. 物理干扰

溶液的物理性质如表面张力、黏度、比重及温度等发生变化时，也将引起喷雾效率或进入火焰试样量的改变，产生干扰，称为物理干扰。

试样中盐的浓度增加时，其溶液的黏度和比重就会增大，引起吸光度下降。如果保持标样与试样的基体组成相同，则可消除物理干扰。采用标准加入法，也可以方便地消除这种干扰。另外，当试液浓度太高时，适宜的方法是稀释法。

10.3 定量分析方法

10.3.1 标准曲线法

标准曲线法是原子吸收分析中最常用的一种方法。配制一系列标准溶液，在同样测量条件下，测定标准溶液和试样溶液的吸光度，制作吸光度与浓度关系的标准曲线，从标准曲线上查出待测元素的含量。

标准曲线法的精密度对火焰法而言约为 0.5%～2%(变异系数)；最佳分析范围的吸光度应在 0.1～0.5 之间；浓度范围可根据待测元素的灵敏度来估计。

10.3.2　标准加入法

为了减小试液与标准溶液之间的差异(如基体、黏度等)引起的误差,可采用标准加入法进行定量分析。这种方法又称"直线外推法"或"增量法"。以 c_x、c_0 分别表示试液中待测元素的浓度及试液中加入的标准溶液浓度,则 $c_x + c_0$ 为加入后的浓度;以 A_x、A_0 分别表示试液及加入标准溶液后的吸光度,根据比尔定律有

$$A = Kc_x$$
$$A_0 = K(c_0 + c_x)$$

则
$$c_x = \frac{A_x}{A_0 - A_x} c_0 \qquad (10-4)$$

标准加入法只能在一定程度上消除化学干扰、物理干扰和电离干扰,但不能消除背景干扰。应该注意,标准加入法建立在吸光度与浓度成正比的基础上,因此,要求相应的标准曲线是一根通过原点的直线,被测元素的浓度也应在此线性范围内。

10.4　原子吸收分光光度法在水质分析中的应用

原子吸收光谱法具有灵敏度高、干扰小、操作方便等特点,在水质分析中原子吸收光谱法的应用非常广泛,水中多种金属及 NO_2^-、NO_3^-、S^{2-} 等均可测定。

铊是一种高毒性的重金属元素,易被生物体吸收而严重影响生理活性和神经传导。为此,国内外均对饮用水中的铊含量规定了严格的限值。由于铊在环境样品中的含量,一般在 pg 级左右,通常需要经过一定的分离和富集手段再结合灵敏的元素检测技术进行测定。以吡咯烷基二硫代氨基甲酸铵(APDC)为螯合剂,聚乙二醇辛基苯基醚(Triton X2114)为表面活性剂,建立了浊点萃取预富集电热原子吸收光谱法测定痕量铊的分析方法,该方法成功应用于自来水和河水中痕量铊的测定。

浊点萃取-火焰原子吸收光谱法测定水样中的微量钴具有低毒,高效,安全,简便等特点,并用于自来水、湖水、江水、雨水中微量钴的测定,其富集率最高可达 100 %,回收率在 90 %~100 %之间,此方法可行。

银是一种重要的环境元素,银或银盐进入人体后会在皮肤、眼睛及黏膜处沉着,产生病变。我国生活饮用水和地表水质量标准中银的最高允许浓度为 0.05mg/L 。实际上银在环境水样中的含量极低,用纳米 SiO_2 分离富集-火焰原子吸收法测定水中痕量银是一个很好的方法。此方法可用于环境水样中痕量银的测定。

四乙基铅是一种剧烈的神经毒物,可以通过吸入、食入、经皮肤吸收等途径进入人体。一般中毒有头昏、噩梦、急躁、多动等症状,重度铅中毒能导致昏迷、衰竭而死亡。四乙基铅已经成为国家集中式生活饮用水、地表水源地特定的监测项目。目前国内没有测定水中四乙基铅的标准方法,只有《生活饮用水标准检验方法》中采用了双硫腙比色法进行测定。该方法的整个过程步骤烦琐,溴化反应难以控制精度。石墨炉原子吸收法是在双硫腙比色法的基础上做了大胆改进,将水中萃取出来的四乙基铅有机相氮吹浓缩后直接上石墨炉原子吸收仪进行测试的方法,步骤简便,测试精密度和准确度均获得满意效果。

本 章 小 结

本章介绍了原子吸收光谱法的原理，原子分光光度计的结构、各部分的作用、实验条件的设置，原子吸收光谱法定量分析的方法和原子吸收光谱法在水质分析中的应用。

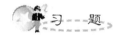 习 —— 题

1. 问答题

(1) 解释下列术语：

光谱干扰；物理干扰；释放剂；保护剂。

(2) 原子吸收分光光度计的单色器倒线色散率为 16Å/mm，预测定 Si2561.1Å 的吸收值，为了消除多重线 Si2514.3Å 和 Si2519.2Å 的干扰，应采取什么措施？

(3) 如何用氘灯法校正背景？此法尚存在什么问题？

(4) 为什么电热原子化比火焰原子化更灵敏？

(5) 简述以塞曼效应为基础扣除背景的原理。

(6) 什么是原子吸收光谱法中的化学干扰？如何消除？

(7) 为什么在原子吸收光谱中需要调制光源？

(8) 为什么有机溶剂可以增强原子吸收的信号？

2. 计算题

用如下操测定某试样水溶液中的钴：取 5 份 10.0mL 的未知液分别放入 5 个 50.0mL 容量的瓶中，再加入不同量的 12.2μg/mL 钴标准溶液于各容量瓶中，最后稀释至同一刻度。请由下列数据，计算试样中钴的质量浓度($\mu g/mL$)。

试样	未知试液，V/mL	标准溶液，V/mL	吸光度
A	0.0	0.0	0.201
B	10.0	10.0	0.292
C	10.0	20.0	0.378
D	10.0	30.0	0.467
E	10.0	40.0	0.554

第11章
其他仪器分析技术在水质分析中的应用

 本章教学要点

知识要点	掌握程度	相关知识	应用方向
流动注射分析	了解	流动注射分析的定义、特点、仪器组成及其在水质分析中的应用	水质分析项目的在线测定
多种仪器联用技术	了解	MS、ICP-MS、GC-MS、LC-MS的基本原理及在水质分析中的应用	水中微量及痕量重金属离子、有机物的测定

持久性有机污染物（Persistent Organic Pollutants，POPs）一般指通过各种介质（大气、水、生物体等）能够长距离迁移并长期存在于环境中，具有长期残留性、生物累积性、半挥发性和高生物毒性，对人类健康及环境具有严重危害的天然或人工合成的有机污染物质。持久性、生物蓄积性、半挥发性、高毒性是 POPs 的显著环境特点。近年来 POPs 对人体和环境带来的危害已成为世界各国关注的焦点。2001 年 5 月 23 日，包括中国在内的 127 个国家在瑞典签署了控制持久性有机污染物的国际公约《关于持久性有机污染物的斯德哥尔摩公约》，该公约至今已有 151 个国家签署，83 个国家批准。公约公布了首批控制的 12 种永久性有机污染物，含工业化学品 PCBs、六氯苯 HCB、有机氯农药 DDT、艾氏剂、氯丹、狄氏剂、异狄氏剂、七氯、毒杀酚、杀蚁灵、二噁英等。2004 年 5 月 17 日，POPs 公约正式生效，全球削减和淘汰 POPs 进入全面实质性的开展阶段。POPs 在环境介质中的含量一般都很低，如地表水中每种 PCB 的异构体的含量约为 0.005ng/L，二噁英的每个成分估计为 0.0001ng/L，要分析如此低浓度的物质，常规的测量方法灵敏度远达不到要求，这些持久性有机污染物的测定多采用 GC-MS 或 HPLC-MS 的方法来测定，甚至使用 HRGC-HRMS 等高灵敏度的方法。

11.1　流动注射分析

11.1.1　流动注射分析的概述

经典的分析化学中，进行化学分析时是将试剂与待测物质充分混合，待反应完全或达到平衡状态后再进行测定。一方面反应达到平衡需要一定的时间，特别是一些氧化还原反应反应速度很慢，需采取措施加速其反应进程。另一方面经典的分析化学操作过程非常烦琐，从仪器的清洗、样品的处理、试剂的配制、目标物的测定、标准曲线的制备到数据的处理等，费时费力，分析速度慢，且多为手工操作，结果受分析人员主观因素的影响。如用重铬酸钾法测化学需氧量（COD）时，分析一个样品大约需要 4h。当大批量分析水样，除反应需要时间之外，在反应器中装入原料，取出产物，清洗容器都要花费时间，限制了单位时间能够处理的试样数。但大批量测定样品需要反复进行同样的分析操作，因此总有可能实现某种自动化。为此一系列的自动分析技术相继开发出来。

流动注射分析（Flow Injection Analysis，FIA）是由丹麦科学家于 1975 年首先提出来的。它是在间歇式分析（Discrete Analysis，也称自动分析）和连续流动分析（Continuous Flow Analysis，CFA）的基础上，吸收了高效液相色谱的某些特点发展而来的。

所谓间歇式分析，是通过机械式自动分析装置模拟手工分析步骤的技术。间歇式分析器可将大部分操作步骤（取样、分离、试剂加入、搅拌等）按照预先编制的程序由机械装置自动完成。多数情况下，该类分析器只用于一两种特定组分的分析，因此又是一种专用型分析仪器。尽管间歇式分析方法在一定程度上克服了手工分析的不足，但由于采用的仪器通用性差，分析功能不易变换，结构复杂，部件加工精度要求高，活动部件多、易磨损，因而其发展及推广受到一定的限制，具体示意图如图11.1所示。

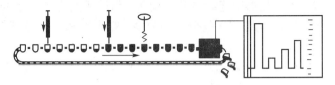

图11.1　间歇式分析示意图

连续流动分析中气泡间隔连续流动自动分析系统发展最快、应用最广泛。在采用空气隔断流动分析法时，用蠕动泵将空气A、试样S和试剂R分别吸引到已确定的流路。首先，将试样溶液用自动进样器相继吸入管内，在试样的连续流中通过另一泵管将空气有规则地推入试样流，形成气泡间隔。从而，将各自的试样不混合并分割成小段后送到管道中。在这一液流中添加试剂溶液，在通过混合圈的过程中完成反应进入检测器检测，具体示意图如图11.2所示。在进入检测器前必须除去气泡，因为气泡流入检测器就会产生很大的噪声，使检测器丧失正常功能。通常在检测器前装上脱气装置，脱气后，连续流再进入检测器。

这种分析法为了防止各个试样相互混合而引入气泡，而气泡的存在尚有许多问题需要解决。即由于空气有压缩性，液体在管内不能顺利地流动，所以在管内准确地控制从反应开始起至到达检测器为止的时间是很困难的。为了反应完全也需要花费时间。此外，由于流路系统和结构复杂，含有气泡的流体在流路系统中达到稳定状态必须花费相当的时间，故使装置随时起动或随时停止是很困难的。还有，由于气泡具有电绝缘体的作用，静电累积就成为检测器产生电化学噪音的主要原因。因此，需要连续流动分析装置去除气泡，废除空气隔断，这样就可一举解决上述各种问题，所以在连续流动分析法的历史上，FIA可说是划时代的分析法。

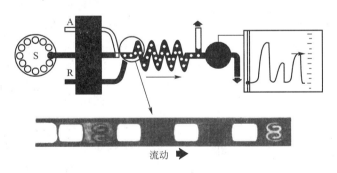

流动　▶

图11.2　气泡间隔连续流动分析示意图

另外，无论是间歇式自动分析还是连续流动分析，都有一个共同特点，即为保证分析结果有足够好的准确度和精密度，都要求试样和试剂处于一定的物理平衡和化学平衡状态。然而，达到这两种平衡需要经历一定时间，这也是这两种方法的分析速度难以进一步提高的根本原因。

流动注射分析是在热力学非平衡条件下，在液流中重现地处理试样或试剂区带的定量流动分析技术。将一定体积液体试样注射到一个连续流动的载流中，就可以形成试样液塞，载流由适当试剂溶液或水组成，要求没有空气间隔。试样液塞被载流推动前进，依靠对流和扩散作用形成一个具有浓度梯度的试样液带，并且在载流中与试剂发生化学反应，生成可被检测的物质进入检测器中连续检测。流动注射分析废弃了气泡间隔，在非平衡的动态条件下进行化学分析，因此 FIA 的分析准确度、精密度和分析速度都大大提高。FIA的特点如下。

（1）高效率：分析速度快一般每小时可测 100～300 个样品，有时甚至可达 700 个样品；

（2）低消耗：试剂和试样消耗量小，完成一次测定仅需要试样 10～100μl，试剂 100～300μl，可节约 90％～99％的试剂；

（3）高精度：相对标准偏差（RSD）一般在 0.5％～1％之间；

（4）环境友好：FIA 分析系统是封闭的，减小了外界因素（如玷污、空气中 CO_2 和 O_2）对测定的干扰。同时，系统封闭也有利于环境保护，减少对操作者的健康影响；

（5）应用范围广：FIA 可与多种检测技术连用，如分光光度、原子吸收、荧光光度、发射光谱等，达到多种分析目的；

（6）设备简单，价格便宜，面积相当于英文打字机，国产价格近数千元。

11.1.2 流动注射分析的原理和装置

1. 流动注射分析仪器

流动注射分析仪器主要由液体传输设备 P、进样阀、微型反应器 RC 和流通型检测器 D 组成。用恒流量泵使载液和试剂流过聚四氟乙烯管。在中途的注入部件（旋转阀）中注入少量试样使其在微型反应器中反应。反应缓慢时，也往往加热微型反应器来促进反应。检测器采用装有流通池的分光光度计、荧光光度计、原子吸收光度计和离子计等。此外，根据需要，可在末端连接反压圈以提高反压力，FIA 基本流路如图 11.3 所示。

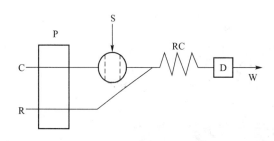

图 11.3 FIA 基本流路示意图

C—载液；R—试剂；P—蠕动泵；S—进样阀；
RC—微型反应器；D—流通型检测器

液体传输设备：驱动载液以恒定流率流过细微的管路。可用作 FIA 液体传输的设备有蠕动泵、往复式柱塞泵、注射泵等。蠕动泵是最常用的流体驱动设备，它依靠转动的滚轮带动滚柱挤压富有弹性的改性硅橡胶管来驱动液体流动。泵管的用途是输送载流和试剂，因此应具有一定弹性、耐磨性，且壁厚均匀。常用的泵管材料一般为加有适量增塑剂的聚氯乙烯管，适用于水溶液、稀酸和稀碱溶液。

进样阀：使一定体积的样品溶液高度重现地注入连续流动的载液中。进样方式有注射注入和阀切换。阀切换类似于高效液相色谱的阀进样，是常用的进样方式。当阀的转子转至"采样"位置时，样品被泵吸入至定量取样孔内；当转子转至"注入"位置时，因定量取样孔直径大，对载流阻力小，因此载流自然进入取样孔，将"样品塞"带至反应器中。由于阀的旁路管内径小、管道长、阻力大，因此在"注入"位置时，旁路管中基本无载流通过。

微型反应器：使注入的样品带在其中适当地分散，并与载液（或试剂）中某些组分进行反应，生成能使检测器产生适量响应值的产物。

检测器和信号记录装置：测量和记录下响应值数据。根据测定物质及方法原理选择合适的检测器。

2. 理论基础

流动注射分析从根本上区别于其他溶液自动分析之处在于充分利用了在细管道中被注入连续流动液流中的塞状试样的分散过程的高度重现性，而不是去追求均匀的混合状态的平衡态。

在 FIA 中，试样溶液通过注入系统进到恒速流动的载流中，形成了一个个试样带，并随着载流向前流动。由于流体处于层流状态，在运动着的液体间摩擦力的作用下，液体质点各处的轴向流速不同。靠近管壁附近的流速较慢，而靠近管中心的流速快，此时轴向流速沿管径的分布呈抛物线形，"试样塞"在此条件下产生对流扩散过程。同时试样和载流间存在分子扩散，试样与载流之间逐渐相互渗透，出现了试样带的径向扩散，在对流扩散和分子扩散的共同作用下，待测物沿着管道的浓度轮廓逐渐发展为峰形。试样带中心的浓度最大，由中心向两侧的浓度逐渐降低，形成的任意流体微元与相邻微元有着不同的浓度，每个微元都可以用来检测读出信号。试样带的分散示意图如图 11.4 所示。

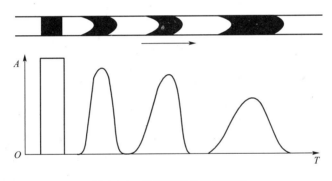

图 11.4　试样带的分散示意图

通常用分散系数（D）来描述试样带与载流或试剂之间的分散混合程度，分散系数是得出分析读数的流体微元组分在扩散过程发生前和发生后的浓度比值，表示测定的流体元中试样中待测组分被载流稀释的倍数。

$$D = C_s / C_d \tag{11-1}$$

式中，C_s 为所注入试样的浓度；C_d 为检测浓度。

在 FIA 分析中，分散度主要受进样体积、反应管长度和内径、载流平均流速或流量等因素的影响。通过控制和选择这些参数可获得合适的分散系数。

流动注射分析最突出的一点是抛弃了传统的稳态概念，提出了可以在物理和化学不平衡的状态下进行测定。当待测组分在载流的推动下通过检测器时，出现瞬时信号，在此瞬间既达不到物理平衡，又达不到化学平衡。然而，对于一个固定的实验装置来说，通过精确地控制各种条件，例如调节流速、准确注入样品体积、严格控制载液和试剂在管道中的停留时间、恒定分散系数和温度等，就能保证其高度的重现性。标准和试样的流动注入条件保持一致就能计算出试样的浓度。

11.1.3　流动注射分析在水质分析中的应用

流动注射分析在水质分析中的应用非常广泛，水中常见的多种有机和无机污染物均可采用流动注射分析和其他分析方法联用进行测定。已有报道的流动注射分析可测定的污染物有镉、铬、汞、镍、铜、锌、砷、铅、钙、镁等多种金属污染物；氯离子、氟离子、总氰化物、氨氮、亚硝酸氮、硝酸氮、总氮、磷酸盐等无机非金属污染物；酚、化学需氧量（COD）、总需氧量（TOC）、阴离子表面活性剂等有机污染物。

1. 流动注射分析的基本技术

1) 基本流路系统

基本的 FIA 体系可分为单道体系和多道体系。单通道体系是仅由一条管道组成的简单流路体系，体系的组成示意图如图 11.3 所示，该体系流路结构简单，但仅适用于单一试剂显色，或使用多种试剂但相互混合后无不良影响的情况。当两种以上的试剂混合后会发生化学变化时，可采用多道体系，流程如图 11.5 所示。各种试剂可以在不同时间、不同合并点加入管路中，最后进入流通流进行检测。试剂汇合到分散的试样带中，使整个试样带与载流的任意流体微元均等量均匀的混入试剂，灵敏度提高。

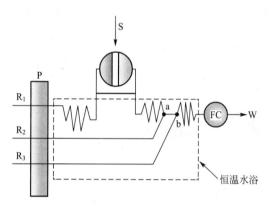

图 11.5　多道 FIA 体系

2) 合并区带技术

合并区带法是以节省试剂为主要目的的一种 FIA 技术，试剂不是作为载流或是作为单独的汇合流与载有试样的载流汇合，而是和试样一样由采样阀注入载流中，再使这两个区带同时向前流动至下游的某一点汇合，合并为一混合区带进入反应或混合管道中，图 11.6 为合并区带流路示意图。在合并区带法中，试剂在分析过程中不必自始至终在管道中流动，从而节省了在两相邻试样区带之间载流中所含的试剂，进一步减少了试剂的消耗，在使用贵重试剂（如各种酶）时具有重要意义。

3) 梯度技术

FIA 技术的核心是试样区带在时间空间上可重现的受控分散，每次进样都可以提供高度重现的试样浓度梯度变化信息，甚至还可以提供试样/试剂、试样/标准溶液比例连续变化的信息，包括梯度稀释、梯度渗透、梯度校正、梯度扫描和梯度滴定等技术。

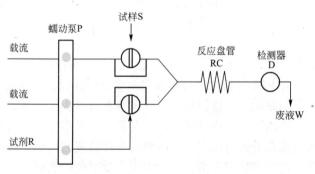

图 11.6　合并区带流路示意图

4）试样的在线预处理技术

用FIA技术在线预处理样品具有快速高效、在线自动、试剂使用量少、高度重现、在密闭的环境中进行测定时可避免试剂的损失和玷污等优点。由于FIA的处理管线与检测器相连，试样被污染的机会大为减少，对痕量分析极为有利。FIA在线预处理体系包括离子交换富集、溶剂萃取、气体扩散、吸附、沉淀与共沉淀、渗析等技术。图11.7和图11.8分别为在线离了交换富集和溶剂萃取的流程图。

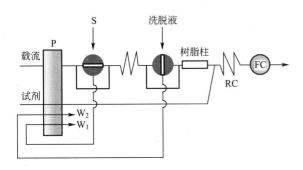

图11.7 带预浓集的流动注射分析流程

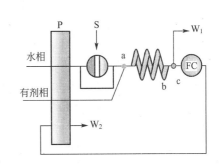

图11.8 流动注射萃取法的分析流程
a—相分隔器；b—萃取管道；c—相分离器

5）停流技术

停流技术是试样区带在注入载流并与试剂反应后流经检测器时或到达检测器之前使之停止流动一段时间的操作模式，其流路与基本流路系统相同。主要目的是延长试样在反应管道中的留存时间，即化学反应时间，使反应比较慢的化学体系也能产生足够的反应产物而得到检测。通过停流技术，增加了试样的留存时间，而且在这段增加的时间内并不增加分散，相应提高了测定的灵敏度。通过停流法可以进行化学动力学研究，包括将试样带停在流通池中可以观察反应完成的程度以及反应继续进行的情况，通过梯度技术研究和测定一级或拟一级反应的反应速率。

2. 应用实例

1）不稳定反应及试剂的应用

在传统的间歇式分析测试操作中，为了保证定量分析的精密度，总是要求在试样与试剂充分混合至均匀状态并达到反应平衡时进行测定。由于FIA技术测定结果的精度建立在反应时间与混合状态高度重现的基础上，即使选作分析的反应或试剂不稳定，仍能得到不亚于稳定反应或稳定试剂所获得的测定结果，这一特点对于拓宽定量分析反应的范围具有重要意义。FIA的发展使许多曾被人们认为不适合于定量分析的反应有必要进行重新估价和尝试。

FIA中利用不稳定反应获得定量分析成功的例子较多，异烟酸-吡唑啉酮光度法的改进测定水中氰化物就是其中一例。测定氰化物的标准方法是异烟酸-吡唑啉酮分光光度法，在中性条件下，加入氯胺T溶液，将氰离子氧化生成氯化氰(CNCl)；再加入异烟酸-吡唑啉酮溶液，氯化氰与异烟酸作用，经水解生成戊烯二醛，最后与吡唑啉酮进行缩合反应，生成蓝色染料，其色度与氰化物的含量成正比。该反应较慢，即使在加热的条件下显色时间也近50min。在形成最终蓝色产物之前的反应初期有红色中间产物生成，但其不稳定随即转化逐渐消失，在手工操作条件下无法定量分析。通过FIA技术，成功地应用这一不稳

定的中间产物来实现氰化物的快速定量分析。

2）利用动力学分辨提高测定的选择性

在普通光度法中，由于检测的是平衡状态下的稳定信号，使得待测组分和干扰组分与试剂的反应速率差无法体现出来，而在 FIA 中由于检测的是非平衡状态下的动态信号，且可以优选各种流路参数及化学反应条件，使得待测信号足够大，干扰组分的信号尽可能小，从而降低了干扰程度，提高了测定的选择性。

FIA 研究了以 DBC-CPA 为显色剂测定稀土总量时钙的干扰。实验表明，当采用低浓度（0.005%）显色剂时，钙的允许量较手工分析法约提高一个数量级，这是由于稀土与 DBC-CPA 的显色速度快于钙与 DBC-CPA 的显色速度，此时由于采用短的延迟时间及低浓度的显色剂，故降低了钙的干扰程度。

3）双流路 FIA-光度法自动测定 COD

采用重铬酸钾法测定 COD 时，药剂的消耗量大，FIA 的发展使 COD 的自动监测成为可能，各国以自动监测为目的开发了 COD 自动测定装置。在欧美，大多数国家使用 $K_2Cr_2O_7$ 法测定 COD，所使用的双流路 FIA 装置如图 11.9 所示。其反应原理同重铬酸钾法。氧化剂流路进入 $K_2Cr_2O_7$ 的 H_2SO_4（1+1）溶液，从载液流路进入 $100\mu l$ 水样，与 $K_2Cr_2O_7$ 流路混合后，在聚四氟乙烯反应管中发生氧化还原反应。反应管浸在恒温油浴槽中，在 120℃ 加热约 20min 时还原反应进行完全，用分光光度法检测剩余的氧化剂的量来进行定量分析。这种双流路 FIA 法精度较好为 0.4%，COD 检测限为 5mg/L，每小时可测定 15 个试样。这种设备也可用于 $KMnO_4$ 指数和以 $Ce(SO_4)_2$ 为氧化剂测定 COD。由于 Mn、Cr 都是有毒的重金属，而 $Ce(SO_4)_2$ 是低毒的，所以是今后的发展方向。用图 11.9 的装置以 $Ce(SO_4)_2$ 为氧化剂得到的结果与 $KMnO_4$ 法有良好的相关性。

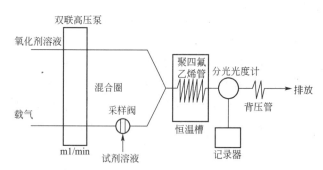

图 11.9 双流路 FIA-COD 自动测定装置

4）FIA 法自动测定总磷

在 FIA 法自动测定 COD 研究的基础上，开发了如图 11.10 所示的三流路总磷测定装置。将含焦硫酸钾的氧化剂溶液注入到水样中，在高温高压下使正磷酸以外的其他含磷化合物完全氧化、分解成 PO_4^{3-}，再与含钼酸铵的显色溶液相混合，用钼蓝法自动测定总磷。FIA 自动分析和手动分析法的测定结果十分一致，相关系数是 0.999。将钼酸铵溶液分成双路注入，可增加连续监测的稳定性。

5）FIA 和其他技术的联用

FIA（流动注射）与 ISE（离子选择电极）、AAS、AES、ICP、分光光度法、发光分析、生物化学分析、GC-FTIR（傅里叶红外）、GC-MS、HPLC-MS、TLS-MS、GC-UV（紫外分光光度）、GC-AA 等联用在水质分析中均有应用。

张娜等采用流动注射化学发光分析和 Luminol-Cu-CN 化学发光体系对水中氰化物进行了分析。在其最佳实验条件下，测定 CN^- 的线性范围为 $0.002\sim5\mu g/mL$，检出限为 $0.0004\mu g/mL$，$0.050\mu g/mL$ CN^- 连续测定 7 次，其相对标准偏差为 1.9%。康秀英等采

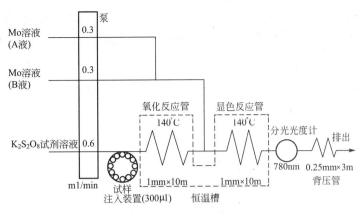

图 11.10 三流路总磷测定装置

用流动注射分析与离子选择性电极(ISE)联用技术测定溶液总碱度,使用 CN111 型工业 pH 计与 FIA 联用技术测定了工业锅炉水中的总碱度,对某工厂的工业锅炉水进行了 5 次平行测定。5 次测定结果的平均值为 13.97mmol/L,标准偏差为 0.22mmol/L,相对标准偏差为 1.6%。测得其总碱度的平均值置信区间为(13.97±0.15)mmol/L。彭园珍等采用流动注射-固相萃取-分光光度(FI-SPE-Vis)测定了水中痕量硅酸盐。硅酸盐在酸性介质中与钼酸铵反应生成硅钼黄,硅钼黄还原为硅钼蓝经 HLB 小柱萃取后,用水清洗去除杂质,NaOH 溶液洗脱,分光光度法检测。测试含硅 9.33μg/L 的硅酸盐水样 7 次,RSD 值为 1.8;选取不同的试样富集时间,可将定量分析的线性范围扩展为 0.47~117μg/L,检出限为 0.18μg/L,回收率为 96.8%~105%。乐琳等采用流动注射-火焰原子吸收法(FI-FAAS)测定水样化学需氧量。以 KMnO₄ 作氧化剂、葡萄糖作基准物质,在 95℃反应,生成的 Mn(Ⅱ)在线分离吸附于阳离子交换树脂微型柱上,用 3 mol/L HCl 洗脱后,送至火焰原子吸收检测器检测。在反应盘管长 500cm、反应时间为 30s 的条件下,测定化学需氧量的线性范围为 8.00~200.00 mg/L,检出限为 2.30 mg/L,对 50.00 mg/L 的化学需氧量标样重复测定 7 次,相对标准偏差为 3.37%。用该法测定河水、池塘水和轻度污染工业废水的化学需氧量,获得了与重铬酸盐法(标准方法)基本一致的测定结果。

11.2 多种仪器联用技术

多种仪器联用易于实现自动化,可以进行有效分离、浓缩,分析结果的灵敏度和准确度高,可以获得更有用的信息,已引起世界各国分析工作者的高度重视,除 11.1.3 节中提到的 FIA 和多种仪器分析方法联用外,多种分析方法均可联用,如 ICP-MS、GC-MS、HPLC-MS、GC-AA、GC-FTIR 等,可对多种有机和无机污染物进行定性和定量的分析。目前质谱与其他技术联用应用非常广泛,本节简要介绍最常见的 3 种联用技术,即 ICP-MS、GC-MS、LC-MS 的基本原理及其在水质分析中的应用。

11.2.1 质谱法的原理

质谱法(Mass Spectrometry,MS)是将样品分子置于高真空中($< 10^{-3}$Pa),并受到高速电

子流或者强电流等作用，失去外层电子而生成分子离子，或化学键断裂生成各种碎片离子，然后在磁场中得到分离后加以收集和记录，从所得到的质谱图推断出化学结构的方法。

1. 质谱仪的工作原理

质谱仪是利用电磁学原理，使带电的样品离子按质荷比进行分离的装置。离子电离后经加速进入磁场中，其动能与加速电压及电荷 Z 有关，即

$$zeU = \frac{1}{2}mv^2 \tag{11-2}$$

式中，z 为电荷数；E 为元电荷（$e = 1.60 \times 10^{-19} C$）；$U$ 为加速电压；M 为离子的质量；v 为离子被加速后的运动速度。

具有速度 v 的带电粒子进入质谱分析器的电磁场中，根据所选择的分离方式，最终实现各种离子按 m/z 进行分离。通过样品的质谱和相关信息，可以得到样品的定性定量结果。

2. 质谱仪的基本结构

质谱仪是通过对样品电离后产生的具有不同 m/z 的离子来进行分离分析的。质谱仪由进样系统、电离系统、质量分析器和检测系统构成。为了获得离子的良好分析，必须避免离子损失，因此凡有样品分子及离子存在和通过的地方，必须处于真空状态。

质谱仪的离子产生及经过系统必须处于高真空状态，其中电离系统真空度应达 $1.3 \times 10^{-4} \sim 1.3 \times 10^{-5} Pa$，质量分析器中应达 $1.3 \times 10^{-6} Pa$。一般质谱仪都采用机械泵预抽真空后，再用高效率扩散泵连续地运行以保持真空。现代质谱仪采用分子泵可获得更高的真空度。

进样系统：可高效重复地将样品引入到离子源中并且不能造成真空度的降低。目前常用的进样装置有 3 种类型：间歇式进样系统、直接探针进样系统及色谱进样系统。

电离系统：即离子源，是将引入的样品转化成为碎片离子的装置。离子源是质谱仪的心脏，可以将离子源看作是比较高级的反应器，样品在其中发生一系列的特征降解反应，分解作用在很短时间（$\sim 1\mu s$）内发生，所以可以快速获得质谱。根据样品离子化方式和电离源能量高低，通常可将电离源分为气相源和解吸源、硬源和软源。一般根据分子电离所需能量的不同来选择不同的电离源。

质量分析器：质谱仪的质量分析器位于离子源和检测器之间，依据不同方式将样品离子按质荷比 m/z 分开。质量分析器的主要类型有磁分析器、飞行时间分析器、四极滤质器、离子捕获分析器和离子回旋共振分析器等。

11.2.2 ICP - MS 及其在水质分析中的应用

电感耦合等离子体质谱法（ICP - MS）是以 ICP 作为离子化源的质谱分析方法，是近年来发展最快的无机痕量元素分析方法之一，它可以实现对水质样品中的痕量和超痕量元素进行高灵敏多元素的快速测定。

ICP - MS 的优点有以下几点。

（1）ICP - MS 分析法的灵敏度特别高，比一般的 ICP - AES 分析法高 2~3 个数量级，特别是测定质量数在 100 以上的元素时，灵敏度更高，检出限更低。

（2）在质谱扫描测定中，当测定范围为 0~800 时，可在 10~100s 高速度下进行扫描。因此，可很方便地到达多元素成分的同时测定。

（3）可同时测定各个元素的各种同位素，因此可用作同位素稀释法进行测定。

（4）ICP-MS可以进行元素的化学形态鉴定。

（5）利用ICP-MS的高灵敏度和高选择性，可进行多机联用。例如，ICP-MS作为LC检测器的LC-DIN（直接导入型雾化器）-ICP-MS法可测定As、Se、Sn、Hg和Pb的各种化学形态。

ICP-MS的缺点有以下几点。

（1）ICP-MS对质量数小于41（钾以下）的离子测定较困难，在$m/z=52\sim58$之间有较复杂的背景峰，因此在测定56Fe、52Cr、55Mn、58Ni等元素时要注意。

（2）当大量Fe与Ni共存时，Fe对Ni的测定干扰严重，不能进行Ni的测定。

（3）当NaCl等盐类与待测元素共存时，干扰测定，干扰程度比ICP-AES法明显。

（4）接口部位要保持高温，容易损坏或出现故障。

（5）由于ICP-MS灵敏度很高，所使用的水、试剂、容器和室内环境等必须严格保持洁净。

1. 仪器基本组成和原理

电感耦合等离子体质谱仪由以下几部分组成：样品进入系统、离子源、接口部分、离子聚焦系统、质量分析器和检测系统。

进样系统：ICP要求所有样品以气体、蒸气和细雾滴的气溶胶或固体小颗粒的形式被引入中心通道气流中。最常见的是溶液气动雾化进样系统。利用载气流将液体试样雾化成细微气溶胶状态并输入等离子矩管中。

离子源：ICP作为质谱仪的离子源，对样品进行子离子化。ICP由高频发生器和等离子体炬管组成。由高频发生器产生具有一定频率和功率的高频信号，用来产生和维持等离子体放电。等离子体炬管是3层同心石英玻璃炬管，置于高频感应线圈中，等离子体工作气体氩气从管内通过。试样在雾化器中雾化后，由中心管进入火焰；外层氩气从切线方向进入，保护石英管不被烧熔，中层氩气用来点燃等离子体。当高频发生器接通电源后，高频电流通过感应线圈产生交变磁场。开始时，管内为氩气，不导电，用高压电火花触发使氩气电离，在高频交流电场的作用下，带电粒子高速运动，碰撞，形成"雪崩"式放电，产生等离子体气流。在垂直于磁场方向将产生感应电流，其电阻很小，电流很大（可达数百安），产生高温。又将气体加热、电离，在管口形成稳定的等离子体焰炬。当试样气溶胶喷入等离子体焰炬，在高温作用下，试样被离子化。ICP的结构示意图如图11-11所示。

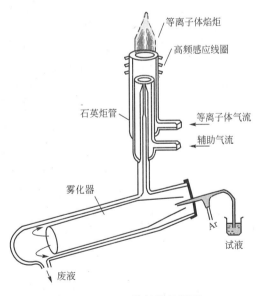

等离子体焰炬

高频感应线圈

石英炬管

等离子体气流

辅助气流

雾化器

试液

废液

图11.11 ICP的结构示意图

接口部分：电感耦合等离子体的工作环境是高温、常压，而质谱仪的工作环境为高真空、常温。在质谱仪和等离子体之间存在着温度、压力和浓度的巨大差异，所以电感耦合等离子体质谱仪的接口技术所要解决的难题就是将等离子体中的离子有效地传输到质谱仪中。ICP-MS的接口是由一个冷却的采样锥(大约1mm)和截取锥(大约0.4~0.8mm)组成的，如图11-12所示。采样锥的作用是把来自等离子体中心通道的载气流，即离子流大部分吸入锥孔，进入第一级真空室。截取锥的作用是选择来自采样锥孔的膨胀射流的中心部分，并让其通过截取锥进入下一级真空。

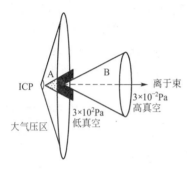

图11.12 ICP-MS的接口装置

离子聚集系统：位于截取锥和质谱分析装置之间，有两个作用：一是聚集并引导待分析离子从接口到达质谱系统；二是阻止中性粒子通过。离子聚焦系统决定了离子进入质量分析器的数量和仪器的背景噪音水平。离子聚集系统由一组静电控制的离子透镜组成，其原理是利用离子的带电性质，用电场聚集或偏转牵引离子。光子是以直线穿破，所以离子以离轴方式偏转或采用光子挡板，就可以将其与非带电粒子分离。

检测器：检测器将离子转换成电子脉冲，然后由积分线路计数。电子脉冲的大小与样品中分析离子的浓度有关。通过与已知浓度标准比较，实现未知样品中痕量元素的定量分析。

2. ICP-MS在水质分析中的应用

ICP-MS在饮用水和各种天然水体中的矿物元素的分析测试中有着广泛的应用。例如，马生凤等采用ICP-MS同时测定了地下水中Li、Mn、Ba、Cd、Cr、Mo、Bi、Cu、Zn、B、Al、Pb、Ti、V、Hg、As、Ag、Ge、Co、W、Ni、Cs、Rb、Sr、Sb、Tl、Be、Y、La、Ce、Pr、Nd、Sm、Eu、Gd、Tb、Dy、Ho、Er、Tm、Yb、Lu、Th、U共44个可溶性元素，该方法检出限为$0.002 \sim 0.981 \mu g/L$，除Ge、Er、Yb、Nb在检出限附近，精密度(RSD)略偏大外，其他元素的精密度(RSD)均小于10%，加标回收率在90.0%~110.0%之间。张立雄等采用ICP-MS测定了矿泉水中Pb、As、Cu、Cd、Mn、Li、Sr7种微量元素，元素的精密度(RSD)均小于6%，加标回收率在90.0%~110.0%之间。姚琳等采用ICP-MS测定了水中的Mo、Co、Be、Sb、Ni、Ba、V、Ti、Tl 9种元素，样品加标回收率93.8%~110.0%之间。

由于南极的水域相对地球其他地方污染小得多，重金属含量极低，即使用高灵敏度ICP-MS也很难测定，一般通过富集分离等预处理后采用ICP-MS测定可以得到较好的效果。例如，陈树榆等采用脱线螯合阳离子树脂将待分析元素预富集并与基体元素分离，采用ICP-MS测定了南极拉斯曼丘陵地区环境水样中的难于或不能直接检测的超痕量元素Mn、Co、Ni、Cu、Cd、Ba和Pb，对于100mL水样检测限为1425~2484ng/L。

ICP-MS还可以和其他技术联用，如氢化物发生-电感耦合等离子体质谱联用技术，气相色谱-电感耦合等离子体质谱联用技术，高效液相色谱-电感耦合等离子体质谱联用技术等。以高效液相色谱-电感耦合等离子体质谱联用技术为例，由于高效液相色谱法(HPLC)能有效分离性质相近的成分，而电感耦合等离子体质谱法(ICP-MS)具有高灵敏度，所以HPLC-ICP-MS联用技术成为进行形态分析最好的测试技术之一，它的检出限低，应用前景十分广阔。

虽然ICP-MS在水质监测方面有着非常好的分析能力，但由于ICP-MS仪器相对其他的一些分析仪器而言昂贵，成本很高，是一种高端分析仪器。因此目前只是面对一些特殊样品才采用该法。此外，在日常检测中很少使用 ICP-MS 对常规水样进行单独检测，通常是针对一些特殊复杂的样品而使用诸多联用技术。

11.2.3 GC-MS 及其在水质分析中的应用

气相色谱法(GC)是一种极有效的分离方法，它可分析和分离复杂的多组分混合物。目前由于使用了高效能的色谱柱、高灵敏度的检测器及微处理机，使得气相色谱法成为一种分析速度快、灵敏度高、应用范围广的分析方法。质谱检测器可以提供丰富的结构信息而具有化合物的定性能力，且其灵敏度高、选择性好，能够适应目前待测有机化合物种类繁多与应用领域多样化的需求。并且二者分析都是在气态下进行的，GC 分析的化合物的沸点范围适于质谱分析，而且检测灵敏度相当，所以连接时不必作结构上的改进，接口连接即可。在环境有机污染物分析测试中，GC-MS 联用法已被广泛用作基本分析方法。

1. 色谱与质谱联用的特点

GC-MS 联用可以充分发挥气相色谱法高分离效率和质谱法定性、结构鉴定能力，兼有两者之长。

(1) 气相色谱作为进样系统，将待测样品进行分离后直接导入质谱进行检测，既满足了质谱分析对样品单一性的要求，还省去了样品制备、转移的烦琐过程，不仅避免了样品受污染，对于质谱进样量还能有效控制，也减少了质谱仪器的污染，极大地提高了对混合物的分离、定性、定量分析效率。

(2) 质谱作为检测器，检测的是离子质量，获得化合物的质谱图，解决了气相色谱检测器的局限性，既是一种通用型检测器，又是有选择性的检测器。

GC-MS 适用于多组分混合物中未知组分的定性鉴定；可以判断化合物的分子结构；可以准确地测定未知组分的分子量；可以修正色谱分析的错误判断；可以鉴定出部分分离甚至未分离开的色谱峰等。

2. GC-MS 在水质分析中的应用

GC-MS 广泛应用于有机物的分析，如挥发性有机化合物、农药类化合物、多氯联苯、苯类化合物、酯类化合物、氟氯烷烃、二恶英等。

张芳等采用预浓缩-GC-MS 方法研究了珠江三角洲大气中的 CFC-11、CFC-12、CFC-113 和 CFC-114 四种痕量氟氯烷烃气体。将采集好样品的采样罐连接到低温预浓缩系统的进样通道上，样品在 Entech7100 预浓缩仪中经过 3 级冷阱处理，除去水和 CO_2 后经冷聚焦进入 GC-MS 进行分离分析。4 种 CFCs 的检测限分别为 2.6×10^{-12} (CFC-12)、2.3×10^{-12} (CFC-11)、0.7×10^{-12} (CFC-113) 和 1.3×10^{-12} (CFC-114)。杨梅等用 GC-MS 联用技术检测了环境水中三嗪类除草剂，被测物质包括阿特拉津、西玛津、氰草津及阿特拉津的两种代谢产物去乙基阿特拉津和去异丙基阿特拉津。外标法定量液-液萃取分析 500mL 水样，加标回收率在 51.75%～125.05%之间。赵立军等为确定抗生素废水中有机污染物的构成和显色物质，以二氯甲烷为萃取剂，萃取废水中的有机物，经过浓缩纯化后，利用 GC-MS 联用技术对制药废水中的有机成分进行了分析鉴定，结合计算机质谱图库，定性确定了废水中邻二甲苯、苯、十七烷、油酸甲酯等 60 种有机污染物。其中，脂类为主要污染物成分，经过对脱色后的废水进一步 GC-MS 分析。陈晓秋等采用吹

扫捕集-GC/MS/SIM 法测定了水体中 1，1-二氯乙烷、三氯乙烯、苯、甲苯等挥发性有机污染物，在作质谱法分析时，选用特征离子跳变扫描方式，显著提高了仪器的检测灵敏度，大大降低了方法的检出限，达到了 10^{-12} 水平。

11.2.4 LC-MS 及其在水质分析中的应用

1. HPLC-MS 的接口

LC-MS 法是将通过 LC 分离出的成分用 MS 检测，除灵敏度高、选择性好外，还能得到有关结构的信息，是目前对环境污染物质定性测定和定量测定的有效方法之一。而液相色谱-质谱(LC-MS)开发得较晚，这主要是因为 LC 和 MS 之间相连接比 GC-MS 要复杂得多。HPLC 是液相分离技术，高压液相操作，液体进入离子源转变为大量的气体，质量范围没有限制，常使用无机盐缓冲剂；而 MS 要求高真空条件，只允许少量气体分子进入离子源，不同类型的质量分析器测定的质量范围不同，常使用挥发性缓冲盐。因此 LC-MS 必须由接口去掉流动相。

接口需要满足的条件：从 LC 洗脱的成分应能够稳定、连续、再现性良好地导入 MS 中；在接口内部不引起试样分子的分解及吸附；不能因为存在死空间而导致质谱峰的变宽。至今，还没有开发出完全满足上述条件的接口，目前已经在实际监测分析中应用的 LC-MS 系统，均失去一些条件而满足了另一部分条件，目前常用的接口有间接导入法和直接导入法。

间接导入法是开发最早的接口，LC 的洗脱成分连续地附着在旋转的环形带(通常用聚酰亚胺树脂膜制作)上，使之干燥后通过真空制动锁导入 MS 的电子轰击离子化离子(EI)或化学电离(CI)等离子化源附近，采用加热将试样成分从带上解吸下来。能用这种方式处理的化合物种类有限，目前仅适用于比较稳定的化合物测定。

直接导入法将 LC 的洗脱液直接地导入到高真空的 MS 系统中并进行离子化，即将接口-电离一体化。直接导入法主要有烧结体法、真空喷雾法、大气压化学离子化法、电喷雾离子化法和流动 FAB 离子化法等。其中大气压化学离子化法(APCI)和电喷雾离子化法(ESI)是在常压下离子化，从仪器设备到应用技术都比较成熟，已成为 LC-MS 的发展方向，应用最广泛的是电喷雾离子化法。

2. HPLC-MS 在水质分析中的应用

LC-MS 法广泛应用于有机物的分析测定，可分析极性、难挥发、热不稳定及大分子有机物，如农药、联苯胺、三氯卡班、三聚氰胺等污染物。

杨秋红等采用固相萃取及高效液相色谱串联质谱技术，测定了地表水中痕量联苯胺，水样经 HLB 固相萃取柱富集，二氯甲烷与丙酮洗脱，氮吹后转为甲醇溶剂，以液相色谱串联质谱选择离子监测(SRM)模式进行定性、定量分析。在本实验条件下，加标回收率在 $72.0\%\sim94.0\%$ 之间，相对标准偏差为 $8.1\%\sim9.8\%(n=7)$。俞志刚等采用 SPE/RRLC-MS 法定量测定了水中除草剂苯噻草胺残留量。采用固相萃取富集除草剂苯噻草胺，采用快速高分离液相色谱系统进行色谱分离，质谱在正离子扫描模式下，外标法定量。低、中和高 3 个浓度点的平均加标回收率为 $72.1\%\sim97.7\%$，相对标准偏差(RSD)为 $3.2\%\sim15\%$。赵怀鑫等采用新型荧光标记试剂 10-乙基吖啶酮-2-磺酰氯(EASC)作为柱前衍生试剂，在反相色谱柱上，采用梯度洗脱在 20min 内实现了 12 种 EASC-脂肪胺衍生物的快速基线分离。通过荧光检测及离子阱大气压化学电离源的正离子模式获得了胺类组分的准确定量和相应的柱后质谱鉴定，建立的方法对环境水样中脂肪胺类化合物的测定具有快速、准确和重现性良好等优点，回归系数大于 0.9995。孙静等采用液液萃取 HPLC‑ESI‑MS 同步测定了环境水样中三氯卡班(TCC)和三氯生(TCS)。用二氯甲烷液–液萃取水样，在室温下用柔和的 N_2 吹干，用甲醇复溶，进行 HPLC‑ESI‑MS 测定。该方法的检出限分别为 TCC 5ng/L、TCS 15ng/L，在 10~1000ng/L 和 50~1000ng/L 范围内有良好的线性关系，相对标准偏差(RSD)分别为 TCC 3.4%、TCS 4.7%。王骏等采用液相色谱分离、电喷雾质谱测定了饮用水中 6 价铬。水样经微孔滤膜过滤后直接进样，采用反相离子对色谱技术，以四丁基氢氧化铵为离子对试剂，用乙腈作为有机极性调节剂、XterraTMMS C18 色谱柱分离 6 价铬，使用单四极杆质谱，选择离子模式检测。Cr(Ⅵ)的线性范围为 1.0~00.0μg/L，方法定量下限为 1μg/L，加标回收率在91%~97% 之间。

本 章 小 结

本章介绍了流动注射分析的基本原理、仪器、基本分析体系及其在水质分析中的应用实例和最常见的 3 种联用技术，即 ICP‑MS、GC‑MS、LC‑MS 的基本原理及其在水质分析中的应用实例。

 习——题

1. 简答题

（1）简述流动注射分析的定义、仪器组成。

（2）简述流动注射分析在水质分析中的应用范围

（3）简述 MS、ICP‑MS、GC‑MS、LC‑MS 的基本原理

（4）简述 ICP‑MS、GC‑MS、LC‑MS 在水质分析中的应用范围。

（5）你还知道哪些可以在水质分析中应用的现代分析技术？

第12章
水质分析实验

实验 1　标准溶液配制与标定

一、实验目的

通过 HCl 和 NaOH 溶液的标定，掌握容量分析方法的用量和滴定操作技术，学会滴定终点的判断。

二、仪器和试剂

仪器：滴定管 50mL，三角烧瓶 250mL，磁坩埚，称量瓶，移液管，容量瓶。

试剂：浓盐酸；无水碳酸钠 Na_2CO_3，氢氧化钠，溴甲酚绿-甲基红混合指示剂，酚酞指示剂。

三、标准储备溶液的配制与标定

1. HCl 标准储备溶液的配制与标定

1）反应原理

标定盐酸时可用 Na_2CO_3 作基准物质，反应方程式为

$$Na_2CO_3 + 2HCl \longrightarrow 2NaCl + CO_2 + H_2O$$

为缩小指示剂的变色范围，用溴甲酚绿-甲基红混合指示剂，使颜色变化更加明显，该混合指示剂的碱色为暗绿，它的变色点 pH 值为 5.1，其酸色为暗红色很好判断。

2）实验步骤

(1) 基准物处理：取预先在玛瑙乳钵中研细之无水碳酸钠适量，置入洁净的磁坩埚中，在沙浴上加热，注意使运动坩埚中的无水碳酸钠面低于沙浴面，坩埚用磁盖半掩之，沙浴中插一支 360℃ 温度计，温度计的水银球与坩埚底平，开始加热，保持 270～300℃ 1 小时，加热期间缓缓加以搅拌，防止无水碳酸钠结块，加热完毕后，稍冷，将碳酸钠移

入干燥好的称量瓶中，于干燥器中冷却后称量。

（2）配制标准储备溶液：计算配制 250mL 一定浓度 HCl 溶液所需要的浓 HCl 量 V_{HCl} 浓（mL），然后用吸量管吸取 V_{HCl} 浓（mL）放入 250mL 容量瓶中，用蒸馏水稀释至刻度，摇匀，贴上标签，待标定。

（3）标定：称取上述处理后的无水碳酸钠 3 份，（标定 0.02mol/L 称取 0.02～0.03 克；0.1mol/L 称取 0.1～0.12 克；0.2mol/L 称取 0.2～0.4 克；0.5mol/L 称取 0.5～0.6 克；1mol/L 称取 1.0～1.2 克，精确到 0.0001 克）置于 250mL 锥形瓶中，加入新煮沸冷却后的蒸馏水（0.02mol/L 加 20mL；0.1mol/L 加 20mL；0.2mol/L 加 50mL；0.5mol/L 加 50mL；1mol/L 加 100mL 水）定容，加 10 滴溴甲酚绿-甲基红混合指示剂，分别用待标定溶液滴定至溶液成暗红色，煮沸 2 分钟，冷却后继续滴定至溶液呈暗红色。根据 Na_2CO_3 基准物质的质量，计算 HCl 标准储备溶液的量浓度（mol/L），取 3 次测量结果的平均值即为 HCl 标准储备溶液的浓度。

$$c_{HCl} = \frac{W}{53 \times V_{HCl}} \times 1000$$

式中，c_{HCl} 为 HCl 标准储备溶液的浓度，mol/L；V_{HCl} 为滴定时消耗 HCl 标准储备溶液的量，mL；W 为基准物质 Na_2CO_3 的质量，g，共 3 份 W_1、W_2、W_3；53 为基准物质 Na_2CO_3 的摩尔质量，1/2 Na_2CO_3，g/mol。

2. NaOH 标准溶液配制与标定

1）配制约 0.1mol/L NaOH 溶液

在台式小天平上称取配制 250mL 0.1mol/L NaOH 溶液所需固体 NaOH 的质量（g），放入干净的小烧杯中，加少量蒸馏水，用玻璃棒搅拌，溶解后稀释至 250mL，摇匀，倒入试剂瓶中，贴上标签待标定。

2）标定

将 0.1mol/L NaOH 溶液加入滴定管中，调节零点。用移液管吸取 25.00mL HCl 使用溶液共 3 份，分别放入锥形瓶中，加入 1～2 滴酚酞指示剂，用 NaOH 溶液滴定至溶液由无色变为淡粉红色指示滴定终点。记录 NaOH 溶液用量 V_{NaOH}（mL），根据下式计算 NaOH 溶液的量浓度，取平均值。

$$c_{NaOH} = \frac{25 \times c_{HCl}}{V_{NaOH}}$$

式中，c_{NaOH} 为 NaOH 溶液的量浓度，mol/L；V_{NaOH} 为滴定用 NaOH 溶液的体积，mL；c_{HCl} 为盐酸使用液的准确量浓度，mol/L。

3. 注意事项

（1）在良好保存条件下溶液有效期二个月。

（2）如发现溶液产生沉淀或者有霉菌应进行复查。

4. 标准溶液的配制与标定的一般规定

（1）配制及分析中所用的水及稀释液，在没有注明其他要求时，系指其纯度能满足分析要求的蒸馏水或离子交换水。

（2）工作中使用的分析天平砝码、滴管、容量瓶及移液管均需较正。

（3）标准溶液规定为20℃时，标定的浓度为准（否则应进行换算）。

（4）在标准溶液的配制中规定用"标定"和"比较"两种方法测定时，不要略去其中任何一种，而且两种方法测得的浓度值之相对误差不得大于0.2%，以标定所得数字为准。

（5）标定时所用基准试剂应符合要求，含量为99.95%～100.05%，换批号时，应做对照后再使用。

（6）配制标准溶液所用药品应符合化学试剂分析纯级。

（7）配制0.02(mol/L)或更稀的标准溶液时，应于临用前将浓度较高的标准溶液，用煮沸并冷却水稀释，必要时重新标定。

（8）碘量法的反应温度在15～20℃之间。

思考题

（1）标定HCl溶液时，称量碳酸钠是否要十分准确？用蒸馏水溶解时，加蒸馏水的量是否也要十分准确？

（2）配NaOH溶液时，为什么不用分析天平准确称量？

实验2　水的碱度的测定

一、实验目的

掌握水中碱度的测定方法。

二、实验原理

采用连续滴定法测定水中碱度。首先水样以酚酞为指示剂滴定，当滴定至酚酞指示剂由红色变为无色（pH8.3）时，此时 OH^- 已被中和，CO_3^{2-} 被中和为 HCO_3^-，反应式为

$$OH^- + H^+ = H_2O$$
$$CO_3^{2-} + H^+ = HCO_3^-$$

再向上述锥形瓶中加入3滴甲基橙指示剂，继续用盐酸标液滴定。当继续滴定至甲基橙指示剂由桔黄色变为桔红色时（pH约4.4），此时水中的 HCO_3^-（包括原有的和由碳酸盐转化成的两部分）被中和完，即全部致碱物质都已被强酸中和完，反应式为

$$HCO_3^- + H^+ = H_2O + CO_2$$

根据酚酞和甲基橙的变色范围不同，到达终点时所消耗的盐酸标准溶液的体积的相对大小，可分析碱度的组成，计算出水中碳酸盐、重碳酸盐、氢氧根及总碱度。

三、仪器和试剂

仪器：25mL酸式滴定管、250mL锥形瓶、100mL移液管。

试剂：

（1）无二氧化碳水：配制试剂所用的蒸馏水或去离子水使用前煮沸15min，冷却至室温。pH值大于6.0，电导率小于 $2\mu S/cm$。

（2）酚酞指示剂：称取 1g 酚酞溶于 100mL95％乙醇中。

（3）甲基橙指示剂：称取 0.1g 甲基橙溶于 100mL 蒸馏水中。

（4）碳酸钠标准溶液（$1/2Na_2CO_3=0.0500mol/L$）：称取 2.648g（于 250℃烘干 4h）无水碳酸钠，溶于无 CO_2 的去离子水中，移入 1000mL 容量瓶中，用水稀释至标线，摇匀。贮于聚乙烯瓶中，保存时间不要超过一周。

（5）盐酸标准溶液（0.0500mol/L）：用刻度吸管吸取 4.2mL 浓 HCl（$\rho=1.19g/mL$），并用蒸馏水稀释至 1000mL，此溶液浓度约为 0.050mol/L。用 Na_2CO_3 标准溶液标定其准确浓度。

四、实验步骤

（1）用 100mL 移液管吸取水样于 250mL 锥形瓶中，加入 4 滴酚酞指示剂，摇匀。若溶液无色，不需用 HCl 标准溶液滴定，按步骤（2）进行。若加酚酞指示剂后溶液变为红色，用 HCl 标准溶液滴定至红色刚刚褪为无色，记录 HCl 标准溶液的用量 V_1。

（2）在上述锥形瓶中，滴入 3 滴甲基橙指示剂，摇匀。用 HCl 标准溶液滴定至溶液由桔黄色刚刚变为桔红色为止。记录 HCl 标准溶液用量 V_2。平行滴定 3 次。

（3）计算。

$$总碱度（以 CaO 计，mg/L）=\frac{c\times(V_1+V_2)\times28.04\times1000}{V}$$

$$总碱度（以 CaCO_3 计，mg/L）=\frac{c\times(V_1+V_2)\times50.05\times1000}{V}$$

式中，c 为盐酸标准溶液浓度，mol/L；V 为水样体积，mL；28.04 为氧化钙（$1/2CaO$）摩尔质量，g/mol；50.05 为碳酸钙（$1/2CaCO_3$）摩尔质量，g/mol。

思考题

（1）根据测定的结果，判断水中有何种碱度。

（2）为什么甲基橙碱度就是总碱度，而酚酞碱度却不能作为总碱度？

（3）同一水样中酸度与碱度能否同存在？为什么？

实验 3　自来水总硬度的测定

一、实验目的

（1）掌握水中硬度的测定方法；

（2）掌握 EDTA 标准溶液的配制和标定方法。

二、实验原理

水中硬度的测定常采用络合滴定法。用氨性缓冲溶液控制 pH=10，以铬黑 T（EBT）为指示剂，用 EDTA 可直接测定出 Ca^{2+}、Mg^{2+} 的总量。

在 pH=10.0NH_3-NH_4Cl 缓冲溶液中，铬黑 T 与溶液中的部分 Ca^{2+}、Mg^{2+} 形成的

酒红色络合物 CaEBT、MgEBT，用 EDTA 标准溶液滴定水中的 Ca^{2+}（$\lg K_{CaY}=10.7$）、Mg^{2+}（$\lg K_{MgY}=8.7$），则 EDTA 优先与 Ca^{2+} 络合，再与 Mg^{2+} 络合，继续滴加 EDTA 标准溶液至 Ca^{2+}、Mg^{2+} 完全被络合时，即达计量点。由于 $\lg K_{MgY} > \lg K_{MgEBT}$，则滴入的 EDTA 从络合物 CaEBT、MgEBT 中夺取 Ca^{2+}、Mg^{2+}，从而使指示剂游离出来，溶液由酒红色变为蓝色，指示滴定终点。根据 EDTA 的用量即可计算总硬度。

三、仪器和试剂

仪器：50mL 滴定管，250mL 锥形瓶。

试剂：

（1）10mmol/L 钙标准溶液：将 $CaCO_3$ 在 150℃ 干燥 2h，冷却至室温，称取 0.500g 于 500mL 锥形瓶中，用少量水润湿。逐滴加入 4mol/LHCl 溶液至 $CaCO_3$ 全部溶解，避免滴入过量酸。加 100mL 水，煮沸数分钟赶除 CO_2，冷至室温，加入数滴甲基红指示剂（0.1g 溶于 100mL60％乙醇中）逐滴加入 3mol/L 氨水至变为橙色，转移至 500mL 容量瓶中，定容至 500mL。此溶液 1.00mL 含 0.4008mg（0.01mmol/L）钙。

（2）10mmol/L EDTA 标准溶液：将 EDTA 二钠盐二水合物（$C_{10}H_{14}N_2O_8Na_2 \cdot 2H_2O$）在 80℃ 干燥 2h 后置于干燥器中冷至室温，称取 3.725g EDTA 二钠盐，溶于去离子水中，转移至 1000mL 容量瓶中，定容至 1000mL。

（3）缓冲溶液（pH=10）：①称取 16.9g 氯化铵（NH_4Cl），溶于 143mL 浓氢氧化铵中。②称取 0.780g 硫酸镁（$MgSO_4 \cdot 7H_2O$）及 1.178gEDTA 二钠盐二水合物，溶于 50mL 去离子水中，加入 2mL NH_4Cl-NH_4OH 溶液和 5 滴铬黑 T 指示剂（此时溶液应成紫红色，若为蓝色，应加极少量 $MgSO_4$ 使成紫红色）。10mmol/L EDTA 二钠标准溶液滴定至溶液由紫红色变为蓝色，合并①、②两种溶液，并用去离子水稀释至 250mL。

（4）0.5％铬黑 T 指示剂：称取 0.5g 铬黑 T 溶于 25mL 乙醇和 75mL 三乙醇胺溶液中，低温保存。

（5）硫化钠溶液 2％。

（6）盐酸羟胺溶液 1.0％，现用现配。

（7）三乙醇胺 20％。

（8）HCl 4mol/L。

（9）NaOH 2mol/L。

四、实验步骤

1. EDTA 的标定

用移液管分别吸取 3 份 25.00mL 10mmol/L 钙标准溶液于 250mL 锥形瓶中，加入 20mL 缓冲溶液及 3 滴铬黑 T 指示剂，此溶液应呈紫红色，用 EDTA 标准溶液滴定至溶液由紫红色变为蓝色，即为终点，记录 EDTA 标准溶液的用量。计算其准确浓度。

$$c_{EDTA} = \frac{c_1 V_1}{V}$$

式中，c_{EDTA} 为盐酸标准溶液的浓度，mol/L；V 为消耗 EDTA 的体积，mL；c_1 为钙标准溶液的浓度，mol/L；V_1 为钙标准溶液的体积，mL。

2. 水样硬度的测定

用移液管吸取 100.00mL 自来水于 250mL 锥形瓶中，加入 1~2 滴盐酸使水样酸化，煮沸数分钟以除去 CO_2，冷却至室温。并再用 NaOH 或 HCl 调至中性，加入 5 滴 1.0% 盐酸羟胺溶液，3mL 20% 三乙醇胺溶液，5mL 缓冲溶液，1mL 2% 硫化钠溶液以掩蔽重金属离子，再加入 3 滴铬黑 T 指示剂，立刻用 EDTA 标准溶液滴定，至溶液由紫红色变为蓝色，即为终点，记录 EDTA 标准溶液的用量 V_{EDTA}。由下式计算总硬度。

$$总硬度(mmol/L) = \frac{c_{EDTA}V_{EDTA}}{V_{水样}}$$

$$总硬度(以\ CaCO_3\ 计，mg/L) = \frac{c_{EDTA}V_{EDTA}M_{CaCO_3}}{V_{水样}}$$

思考题

(1) 滴定为什么在缓冲溶液中进行？

(2) 缓冲溶液中加 Mg-EDTA 盐的作用是什么？对测定有无影响？

实验 4 水的色度的测定

一、实验目的

掌握水中色度的测定原理和方法。

二、实验原理

水中色度的测定通常采用铂钴标准比色法和稀释倍数法，铂钴标准比色法适用于较清洁的、带有黄色色调的天然水和饮用水的测定，稀释倍数法适用于受工业废水污染的地面水和工业废水颜色的测定。

铂钴标准比色法利用氯铂酸钾(K_2PtCl_6)和氯化钴($CoCl_2 \cdot 6H_2O$)的混合溶液作为标准溶液，称为铂钴标准。每升水中含有 1mg 铂(以六氯铂(Ⅳ)酸的形式)和 2mg $CoCl_2 \cdot 6H_2O$(相当于 0.5mg 钴)时所具有的颜色，称为 1 度。用铂钴标准溶液配制标准色阶系列，将水样与标准色列进行目视比较，以确定样品的色度。

稀释倍数法测定时，为说明废水的颜色种类，首先用文字描述，如绿、浅黄、红等。要定量说明废水的色度大小，可采用稀释倍数法。分取放置澄清的废水水样，用蒸馏水稀释成不同倍数，分取 50mL 分别置于 50mL 比色管中，在白色背景下观察稀释后水样的颜色，并与同体积蒸馏水做比较，一直稀释至不能察觉出颜色为止，记录此时的稀释倍数，以此表示该水样的色度，单位为倍。

三、仪器和试剂

仪器：1.50mL 具塞比色管。

试剂：铂-钴标准溶液：称取 1.246g 氯铂酸钾 K_2PtCl_6，1.000g 干燥的氯化钴

$CoCl_2 \cdot 6H_2O$，共溶于 100mL 去离子水中，加入 100mL 浓盐酸，定容至 1000mL，此溶液的色度为 500 度。

四、实验步骤

1. 铂、钴标准比色法

（1）标准色列的配制：取 50mL 比色管 13 支，分别加入铂-钴标准溶液 0、0.50、1.00、1.50、2.00、2.50、3.00、3.50、4.00、4.50、5.00、6.00 和 7.00mL，用水稀释至标线，摇匀。即配制成色度为 0、5、10、15、20、25、30、35、40、45、50、60 和 70 度的标准色列，密封保存。

（2）水样的测定：取 50mL 澄清透明的水样于比色管中，如水样色度过高，可取适量水样，用水稀释至 50mL。将水样与标准色列进行比较。观察时，可将比色管置于白磁板上，使光线从管底部向上透过柱液。目光自管口垂直向下观察，记下与水样色度相同的标准色列的色度。

（3）结果计算。

$$c = A \times 50/V$$

式中，c 为水样的色度；A 为标准色列的色度；V 为水样体积，mL。

2. 稀释倍数法

（1）说明废水的颜色种类：取 100～150mL 澄清的水样，以白瓷板为背景，观察并用文字描述其颜色，如绿、浅黄、红等。

（2）分取澄清的水样，用水稀释成不同倍数，分取 50mL 置于 50mL 比色管中，管底部衬一白瓷板，由上向下观察稀释后水样的颜色，并与同体积蒸馏水相比较，直至刚好看不出颜色，记录此时的稀释倍数，以此表示该水样的色度，单位为倍。

思考题

用铂-钴标准法测定水的色度有何适用范围？

实验 5　水中溶解氧的测定（碘量法）

一、实验目的

（1）学会水中溶解氧的采集和固定方法；
（2）掌握碘量法测定水中溶解氧的原理和方法。

二、实验原理

在水样中加入硫酸锰和碱性碘化钾，水中的溶解氧将低价锰（2 价锰）氧化成高价锰（4 价锰），并生成 4 价锰的氢氧化物棕色沉淀。加酸后，沉淀溶解，4 价锰又可氧化碘离子而释放出与溶解氧量相当的游离碘。以淀粉为指示剂，用硫代硫酸钠标准溶液滴定释放出的碘，可计算出溶解氧含量。

三、仪器和试剂

仪器：250~300mL 溶解氧瓶，250mL 锥形瓶，50mL 滴定管。

试剂：

(1) (1+5)硫酸溶液。

(2) 硫酸锰溶液：称取 480g 硫酸锰($MnSO_4 \cdot 4H_2O$ 或 $400gMnSO_4 \cdot 2H_2O$)溶于水中，稀释至 1000mL。

(3) 碱性碘化钾溶液：称取 500gNaOH 溶于 300~400mL 去离子水中，另称取 150g 碘化钾(或 135g 碘化钠)溶于 200mL 水中，待 NaOH 溶液冷却后，将两溶液合并混匀，用水稀释至 1000mL。如有沉淀，放置过夜后，倒出上层澄清液，储于棕色瓶中。用橡皮塞塞紧，避光保存。

(4) 1‰淀粉溶液：称取 1g 可溶性淀粉，用少量水调成糊状，用刚煮沸的水冲稀至 100mL。冷却后，加入 0.1g 水杨酸或 0.4g 氯化锌防腐。

(5) 0.0250mol/L 重铬酸钾标准溶液($1/6\ K_2Cr_2O_7$)：称取于 105~110℃烘干 2h 并冷却的 $K_2Cr_2O_7$ 1.2258g，用少量水溶解，移至 1000mL 容量瓶中，用水稀释至刻线，摇匀。

(6) 硫代硫酸钠溶液：称取 3.2g 硫代硫酸钠($Na_2S_2O_3 \cdot 5H_2O$)，溶于煮沸放冷的水中，加入 $0.2gNa_2CO_3$，稀释至 1000mL，储于棕色瓶中。使用前用 0.0250mol/L 重铬酸钾标准溶液标定，浓度约为 0.0125mol/L。

标定方法：于 250mL 碘量瓶中，加入 100mL 水和 1gKI，用移液管吸取 10.00mL 0.0250mol/L$K_2Cr_2O_7$ 标准溶液、5mL(1+5)H_2SO_4 溶液，密塞，摇匀。置于暗处 5min，取出后用待标定的硫代硫酸钠溶液滴定至由棕色变为淡黄色时，加入 1mL 淀粉溶液，继续滴定至蓝色刚好褪去为止，记录用量。计算硫代硫酸钠的浓度。

$$c = 10.00 \times 0.0250/V$$

式中，c 为硫代硫酸钠的浓度，mol/L；V 为滴定时消耗硫代硫酸钠的体积，mL。

四、实验步骤

1. 溶解氧的固定

(1) 水样的采集：用水样冲洗溶解氧瓶，用虹吸法将水样引入溶解氧瓶中(虹吸管插入溶解氧瓶底部)至水样溢流出溶解氧瓶容积的 1/3~1/2 左右。注意转移过程中不要产生气泡。

(2) DO 的固定：用吸管插入溶解氧瓶的液面下，加入 1mL 硫酸锰溶液、2mL 碱性碘化钾溶液，盖好瓶塞，颠倒混合数次，静置。待棕色沉淀物降至瓶内一半时，再颠倒混合一次，待沉淀物下降到瓶底。

2. 析出碘

轻轻打开瓶塞，立即用吸管插入液面下加入 2.0mL(1+5)硫酸。小心盖好瓶塞，颠倒混合摇匀至沉淀物全部溶解为止，放置暗处 5min。

3. 滴定

移取 2 份各 100.00mL 上述溶液于 250mL 锥形瓶中，用硫代硫酸钠溶液滴定至溶液呈淡黄色，加入 1mL 淀粉溶液，继续滴定至蓝色刚好褪去为止，记录硫代硫酸钠溶液用量。

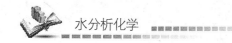
4. 计算

$$溶解氧(O_2，mg/L) = \frac{c \times V \times 8 \times 1000}{100}$$

式中，c 为硫代硫酸钠标准溶液浓度，mol/L；V 为滴定时消耗硫代硫酸钠标准溶液体积，mL；8 为氧换算值，g。

思考题

（1）水样中加入 $MnSO_4$ 和碱性 KI 溶液后，如发现白色沉淀，测定还须继续进行吗？试说明理由。

（2）如果水样中含有 5mg/L 的 Fe^{2+}，应如何测定水样中的溶解氧？

实验 6　高锰酸盐指数的测定

一、实验目的

掌握高锰酸钾法的测定原理和方法。

二、实验原理

水样在酸性或碱性条件下，加入一定量高锰酸钾溶液，在沸水浴中加热反应 30min，使水中有机物被氧化，剩余的高锰酸钾用过量的草酸钠标准溶液还原，然后再用高锰酸钾溶液回滴过量的草酸钠，根据实际消耗的高锰酸钾量计算高锰酸盐指数。（以 O_2，mg/L 计）

三、仪器和试剂

仪器：水浴装置，50mL 酸式滴定管，250mL 锥形瓶，G-3 玻璃砂芯漏斗。

试剂：

（1）草酸钠标准储备液（1/2 $Na_2C_2O_4$＝0.1000mol/L）：称取 0.6705g $Na_2C_2O_4$（经 105～110℃烘干 2h，冷却后放于干燥器）溶于水中，移入至 100mL 容量瓶中，用水稀释至标线，摇匀。

（2）草酸钠标准溶液（1/2 $Na_2C_2O_4$≈0.0100mol/L）：吸取 10.00mL 上述草酸钠储备液于 100mL 容量瓶中，加水稀释至标线，混匀。

（3）（1＋3）H_2SO_4 溶液。

（4）高锰酸钾标准储备液（1/5$KMnO_4$≈0.1mol/L）：称取 3.2g$KMnO_4$ 溶于 1.2L 蒸馏水中，加热煮沸，使体积减少到约 1L，在暗处放置过夜，用 G-3 玻璃砂芯漏斗过滤除去析出的沉淀，滤液储存于棕色瓶中，并于暗处存放，使用前用 0.1000mol/L 草酸钠标准溶液标定。

（5）高锰酸钾标准溶液（1/5$KMnO_4$＝0.01mol/L）：吸取上述定量 $KMnO_4$ 储备液于 1000mL 容量瓶中，用水稀释至刻线，混匀，储存于棕色瓶中。使用当天标定其浓度。

四、实验步骤

（1）取 100mL 混匀水样（原样或经稀释）于 250mL 锥形瓶中，加入 5mL（1＋3）硫酸，混匀。

（2）加入 10.00mL 0.01mol/L 高锰酸钾溶液（1/5KMnO₄），摇匀，立即放入沸水浴中加热 30min（从水浴重新沸腾起计时）。

（3）取下锥形瓶，趁热加入 0.0100mol/L 草酸钠标准溶液（1/2 Na₂C₂O₄）10.00mL，摇匀。立即用 0.01mol/L 高锰酸钾溶液滴定至显微红色，记录高锰酸钾溶液消耗量 V_1。

（4）高锰酸钾溶液浓度的标定：将上述已滴定完毕的溶液加热至约 70℃，准确加入 10.00mL 草酸钠标准溶液（0.0100mol/L），再用 0.01mol/L 高锰酸钾溶液滴定全显微红色。记录高锰酸钾溶液的消耗量 V，按下式求得高锰酸钾溶液的校正系数（K）。

$$K = \frac{10.00}{V}$$

式中，V 为高锰酸钾溶液消耗量，mL。

若水样经稀释时，应同时另取 100mL 蒸馏水，按水样操作步骤进行空白试验，回滴的 KMnO₄ 溶液的体积记为 V_0。

（5）计算结果。

水样不经稀释

$$高锰酸盐指数（O_2，mg/L） = \frac{[(10+V_1)K-10] \times M \times 8 \times 1000}{100}$$

式中，V_1 为滴定水样时，高锰酸钾溶液的消耗量，mL；K 为校正系数（每毫升高锰酸钾溶液相当于草酸钠标液的毫升数）；M 为草酸钠标准溶液（1/2 Na₂C₂O₄）浓度，mol/L；100 为取水样体积，mL；8 为氧（1/2O）摩尔质量。

水样经稀释

$$高锰酸盐指数（O_2，mg/L） =$$
$$\frac{\{[(10+V_1)K-10]-[(10+V_0)K-10] \times f\} \times M \times 8 \times 1000}{V_2}$$

式中，V_0 为空白试验中高锰酸钾溶液消耗量 mL；V_2 为分取水样量，mL；f 为稀释水样中含稀释水的比值（如 20.0mL 水样稀释至 100mL，则 $f=0.8$）。

注意事项

（1）沸水浴的水面要高于锥形瓶内反应溶液的液面。

（2）在水浴加热完毕时，溶液应保持淡红色，如变浅或颜色全部褪去则 KMnO₄ 量不够，需重新取样，增大稀释后再测定。

（3）滴定温度应控制在 60～80℃，若温度低于 60℃，反应速度缓慢，应加热后再滴定。

思考题

如果 Cl⁻ 浓度大于 300mg/L 时，应如何测定水样的高锰酸钾指数？

实验 7　化学需氧量的测定

一、实验目的

掌握重铬酸钾法测定化学需氧量的原理和操作。

二、实验原理

重铬酸钾法是指在水样中加入一定量的重铬酸钾溶液，并在强酸介质条件下以银盐作催化剂，经沸腾回流后，以试亚铁灵为指示剂，用硫酸亚铁铵标准溶液滴定水样中未被还原的重铬酸钾，根据消耗的硫酸亚铁铵的用量计算出水样中还原性物质消耗氧的量。反应式如下。

$$Cr_2O_7^{2-} + 14H^+ + 6e^- \rightleftharpoons 2Cr^{3+} + 7H_2O$$
$$Cr_2O_7^{2-} + 14H^+ + 6Fe^{2+} \rightleftharpoons 6Fe^{3+} + 2Cr^{3+} + 7H_2O$$

三、仪器和试剂

仪器：全玻回流装置（500mL 磨口锥形瓶，冷凝管），50mL 酸式滴定管，变阻电炉。

试剂：

（1）0.2500mol/L 重铬酸钾标准溶液（1/6 $K_2Cr_2O_7$）：称取于 105～110℃烘干 2h 并冷却的 $K_2Cr_2O_7$ 12.258g，用少量水溶解，移至 1000mL 容量瓶中，用水稀释至刻线，摇匀。

（2）硫酸-硫酸银溶液：500mL 浓硫酸中加入 5g 硫酸银（$AgSO_4$），放置 1～2 天，不时摇动，使 $AgSO_4$ 溶解。

（3）硫酸亚铁铵溶液（约 0.1mol/L）：39.5g $Fe(NH_4)_2(SO_4)_2 \cdot 6H_2O$，加入 20mL 浓硫酸，最后加去离子水至 1L。

（4）试亚铁灵指示剂：称 1.485g 邻菲罗啉，0.695g $FeSO_4 \cdot 7H_2O$ 溶于水，边搅拌边缓慢加入 20mL 浓硫酸，冷却后移至 1000mL 容量瓶中，用水稀释至刻线，摇匀。临用前，用重铬酸钾标准溶液标定。

标定方法：吸取 10.00mL 重铬酸钾标准溶液于 200mL 锥形瓶中，加水稀释约 110mL，缓慢加入 30mL 浓硫酸，混匀。冷却后，加 3 滴试亚铁灵指示剂，用硫酸亚铁铵溶液滴定，溶液颜色由黄色经蓝绿色至红褐色即为终点。

$$c = \frac{0.2500 \times 10.00}{V}$$

式中，c 为硫代硫酸钠标准溶液浓度，mol/L；V 为滴定时消耗硫代硫酸钠标准溶液体积，mL。

硫酸亚铁铵溶液在每次使用时，必须标定。

（5）硫酸汞。

四、实验步骤

（1）取 20.00mL 混匀的水样（或适量水样稀释至 20.00mL）于 250mL 磨口回流锥形瓶中，准确加入 10.00mL 重铬酸钾标准溶液及数粒的玻璃珠，连接回流冷凝管，从冷凝管上口慢慢地加入 30mL 硫酸-硫酸银溶液，轻轻摇动锥形瓶使溶液混匀，加热回流 2h（自开始沸腾时计时）。

（2）冷却后，用 90mL 水从上部慢慢冲洗冷凝管壁，取下锥形瓶。溶液总体积不得少于 140mL，否则因酸度太大，滴定终点不明显。

（3）溶液再度冷却后，加 3 滴试亚铁灵指示液，用硫酸亚铁铵标准溶液滴定，溶液的颜色由黄色经蓝绿色至红褐色即为终点。硫酸亚铁铵标准溶液的用量 V_1。

（4）测定水样的同时，以 20.00mL 重蒸馏水，按同样操作步骤作空白试验，记录滴定空白时硫酸亚铁铵标准溶液的用量 V_0。

（5）计算结果。

$$COD(O_2，mg/L) = \frac{(V_0 - V_1) \times c \times 8 \times 1000}{V}$$

式中，c 为硫酸亚铁铵标准溶液的浓度，mol/L；V_0 为滴定空白时硫酸亚铁铵标准溶液用量，mL；V_1 为滴定水样时硫酸亚铁铵标准溶液的用量，mL；V 为水样的体积，mL；8 为氧(1/2O)摩尔质量(g/mol)。

注意事项

（1）对于化学需氧量高的废水样，可先取上述操作所需体积 1/10 的废水样和试剂于 15mm×150mm 硬质玻璃试管中，摇匀，加热后观察是否变成绿色。如溶液显绿色，再适当减少废水取样量，直到溶液不变绿色为止，从而确定废水样分析时应取用的体积。稀释时，所取废水样量不得少于 5mL，如果化学需氧量很高，则废水样应多次逐级稀释。

（2）废水中氯离子含量超过 30mg/L 时，应先把 0.4g 硫酸汞加入回流锥形瓶中，再加 20.00mL 废水（或适量废水稀释至 20.00mL）摇匀。使用 0.4g 硫酸汞络合氯离子的最高量可达 40mg。若氯离子浓度较低，亦可少加硫酸汞，保持硫酸汞：氯离子＝10∶1。出现少量氯化汞沉淀，并不影响测定。

（3）对于化学需氧量小于 50mg/L 的水样，应改用 0.0250mol/L 重铬酸钾标准溶液。回滴时用 0.01mol/L 硫酸亚铁铵标准溶液。

（4）水样加热回流后，溶液中重铬酸钾剩余量是加入量的 1/5～4/5 为宜。

（5）COD_{Cr} 的测定结果应保留 3 位有效数字。

思考题

（1）简述 COD 测定过程中颜色的变化并解释原因。

（2）COD 测定中为什么要做空白试验？

实验 8　5 日生化需氧量测定

一、实验目的

（1）熟悉 BOD_5 测定中稀释水的配制和水样的稀释方法；

（2）掌握 5 日生化需氧量测定原理和操作。

二、实验原理

生化需氧量的经典测定方法是稀释接种法。目前国内外普遍规定水样在 20±1℃条件下培养 5d，分别测定样品培养前后的溶解氧，二者之差即为 BOD_5 值，以氧的 mg/L 表示。

直接测定法：如果水样中 DO 含量较高，有机物含量较少，5 日生化需氧量未超过 7mg/L，则可不经稀释，直接测定。

稀释测定法：如果水样中 DO 含量较低，有机物含量较高，需要稀释后再培养测定，以

降低其浓度和保证有充足的溶解氧。稀释的程度应使培养中所消耗的溶解氧大于 2mg/L，而剩余溶解氧在 1mg/L 以上。

三、仪器和试剂

仪器：恒温培养箱，曝气装置，虹吸管，1000mL 量筒，玻璃搅拌棒（带多孔橡胶板），250~300mL 溶解氧瓶。

试剂：

(1) 磷酸盐缓冲溶液：称取 $8.5gKH_2PO_4$，$21.75gK_2HPO_4$，$33.4gNa_2HPO_4 \cdot 7H_2O$ 及 $1.7gNH_4Cl$ 溶于水中，稀释至 1000mL，此溶液的 pH 值应为 7.2。

(2) 硫酸镁溶液：称取 $22.5gMgSO_4 \cdot 7H_2O$ 溶于水中，稀释至 1000mL。

(3) 氯化钙溶液：称取 27.5g 无水 $CaCl_2$ 溶于水中，稀释至 1000mL。

(4) 氯化铁溶液：称取 $0.25gFeCl_3 \cdot 6H_2O$ 溶于水中，稀释至 1000mL。

(5) 葡萄糖-谷氨酸标准溶液：将葡萄糖和谷氨酸在 103℃烘 1h 后，各称取 150mg 溶于水中，移入 1000mL 容量瓶中并稀释至标线。临用前配制。

(6) 测定溶解氧的试剂。

(7) 稀释水：在玻璃瓶内装入一定量的水，控制水温在 20℃左右。然后用无油空气压缩机或薄膜泵，将吸入的空气先后经活性炭吸附管及水洗涤管后，导入稀释水内曝气 2~8h，使稀释水中的溶解氧接近于饱和。瓶口盖两层干净的纱布，置于 20℃培养箱中放置数小时，使水中溶解氧含量达 8mg/L 左右。临用前每升水中加入氯化钙溶液、氯化铁溶液、硫酸镁溶液、磷酸盐缓冲溶液各 1mL，并混合均匀。稀释水的 pH 值应为 7.2，其 BOD_5 应小于 0.2mg/L。

(8) 接种液：可选择以下任一种。

① 城市污水，一般采用生活污水，在室温下放置一昼夜，取上清液供用。

② 表层土壤浸出液，取 100g 花园或植物生长土壤，加入 1 升水，混合并静置 10min，取上清液供用。

③ 用含城市污水的河水或湖水。

④ 污水处理厂的出水。

⑤ 当分析含有难于降解物质的废水时，在其排污口下游适当距离处取水样作为废水的驯化接种液。如无此种水源，可取中和或经适当稀释后的废水进行连续曝气，每天加入少量该种废水，同时加入适量表层土壤或生活污水，使能适应该种废水的微生物大量繁殖。当水中出现大量絮状物，或检查其化学需氧量的降低值出现突变时，表明适用的微生物已进行繁殖，可用作接种液。一般驯化过程需要 3~8 天。

(9) 接种稀释水：分取适量接种液，加于稀释水中，混匀。每升稀释水中接种液加入为生活污水 1~10mL；或表层土壤浸出液 20~30mL；或河水、湖水 10~100mL。

接种稀释水的 pH 值应为 7.2，BOD_5 值以在 0.3~1.0mg/L 之间为宜。接种稀释水配制后应立即使用。

四、实验步骤

1. 水样的预处理

(1) 水样的 pH 值若超出 6.5~7.5 范围时，可用盐酸或氢氧化钠稀溶液调节 pH 值近于 7，但用量不要超过水样体积的 0.5%。若水样的酸度或碱度很高，可改用高浓度的碱或酸液进行中和。

（2）水样中含有铜、铅、锌、镉、铬、砷，氰等有毒物质时，可使用经驯化的微生物接种液的稀释水进行稀释，或提高稀释倍数以减少毒物的浓度。

（3）含有少量游离氯的水样，一般放置 1～2h，游离氯即可消失。对于游离氯在短时间不能消散的水样，可加入亚硫酸钠溶液除去。

（4）从水温较低的水域或富营养化的湖泊中采集的水样，可遇到含有过饱和溶解氧，此时应将水样迅速升温至 20℃ 左右，在不使满瓶的情况下，充分振摇，并时时开塞放气，以放出过饱和的溶解氧。

（5）从水温较高的水域或废水排放口取得的水样，则应迅速使其冷却至 20℃ 左右，并充分振摇，使与空气中氧分压接近平衡。

2. 直接测定法（不经稀释水样的测定）

水中 DO 含量较高、有机物含量较少的清洁地面水，一般 $BOD_5 < 7mg/L$，可不经稀释直接测定。直接以虹吸法将水样转移入两个溶解氧瓶内，转移过程中应注意不使产生气泡，水样充满后并溢出少许，加塞，瓶内不应留有气泡。其中一瓶立即测定水中溶解氧 c_1，另一瓶的瓶口加水封后，放入培养箱中，在 $20 \pm 1℃$ 条件下培养 5d，培养过程中注意添加封口水。经过 5 昼夜后，弃去封口水，测定剩余的溶解氧 c_2。

3. 稀释测定法（需经稀释水样的测定）

（1）确定稀释倍数，方法见实验 6.6.4 节。

（2）水样的测定。

① 一般稀释法：根据确定的稀释比例，用虹吸法沿筒壁先引入部分稀释水（或接种稀释水）于 1000mL 量筒中，加入需要量的均匀水样，再加入稀释水（或接种稀释水）至 800mL，用带胶板的玻璃棒小心上下搅匀。搅拌时勿使搅棒的胶板露出水面，防止产生气泡。然后按与直接测定法相同操作步骤进行装瓶、测定当天溶解氧和培养 5d 后的溶解氧。另取两个溶解氧瓶，用虹吸法装满稀释水（或接种稀释水）作为空白试验，测定培养 5 天前后的溶解氧。

② 直接稀释法：在已知两个容积相同的溶解氧瓶内，用虹吸法加入部分稀释水（或接种稀释水），再加入根据瓶容积和稀释比计算出的水样量，然后用稀释水（或接种稀释水）使刚好充满，加塞，勿留气泡于瓶内。其余操作与上述一般稀释法相同。

测定 BOD_5 时，一般采用叠氮化钠改良法测定溶解氧。如遇干扰物质，应根据具体情况采用其他修正的测定法。

4. 结果计算

1）直接测定法

$$BOD_5(O_2，mg/L) = c_1 - c_2$$

式中，c_1 为水样在培养前的溶解氧浓度，mg/L；c_2 为水样经 5d 培养后，剩余溶解氧浓度，mg/L。

2）稀释测定法（经稀释后培养的水样）

$$BOD_5(mg/L) = \frac{(c_1 - c_2) - (b_1 - b_2)f_1}{f_2}$$

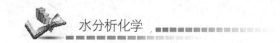

式中，b_1为稀释水(或接种稀释水)在培养前的溶解氧，mg/L；b_2为稀释水(或接种稀释水)在培养后的溶解氧，mg/L；f_1为稀释水(或接种稀释水)在培养液中所占比例；f_2为水样在培养液中所占比例。

注意事项

(1) 如果2个或3个稀释倍数培养水样均消耗溶解氧2mg/L以上，且剩余的溶解氧大于1mg/L，则取其测定计算结果的平均值为BOD_5数值。如果3个稀释倍数培养的水样均在上述范围以外，则应调整稀释倍数以后重做。

(2) 水样稀释倍数超过100倍时，应先在容量瓶中初步稀释后，再取适量水样进行按步骤2进行稀释培养。

(3) 20mL葡萄糖-谷氨酸标准溶液用接种稀释水稀释至1000mL，按经稀释水样的测定步骤进行测定，测得BOD_5值应在180~230mg/L之间，否则，应检查稀释水、接种液的质量或操作技术是否存在问题。

思考题

BOD_5测定过程中哪些操作容易造成误差？如何避免？

实验9　自来水余氯的测定

饮用水氯消毒中以液氯为消毒剂时，液氯与水中细菌等微生物作用之后，剩余在水中的氯量称为余氯，是水中微生物指标之一。我国饮用水的出厂水要求游离性余氯＞0.3mg/L，管网水中游离性余氯＞0.05mg/L。

一、实验目的

掌握碘量法测定水中余氯的原理和操作。

二、实验原理

水余氯在酸性溶液中与KI作用，释放出等量的碘(I_2)，以淀粉为指示剂，用$Na_2S_2O_3$标准溶液滴定析出的碘，至蓝色消失为终点。由$Na_2S_2O_3$标准溶液的用量和浓度求出水中的余氯量。主要反应方程式为

$$I^- + CH_3COOH \rightleftharpoons CH_3COO^- + HI$$
$$2HI + HOCl \rightleftharpoons I_2 + H^+ + Cl^- + H_2O$$
$$2Na_2S_2O_3 + I_2 \rightleftharpoons Na_2S_4O_6 + 2NaI$$

三、仪器和试剂

仪器：250~300mL碘量瓶，50mL滴定管。

试剂：

(1) 碘化钾(要求不含游离碘和碘酸钾)。

(2) 硫代硫酸钠溶液(0.10mol/L)：称取25g硫代硫酸钠($Na_2S_2O_3 \cdot 5H_2O$)，溶于煮沸放冷的水中，加入$0.2gNa_2CO_3$，稀释至1000mL，储于棕色瓶中。使用前用重铬酸钾

标准溶液标定。

(3)（1+5）硫酸溶液。

(4) 1%淀粉溶液（见实验5）。

(5) 乙酸盐缓冲溶液（pH=4）：称取 146g 无水 NaAc（或 243gNaAc·3H₂O）溶于水中，加入 457mL HAc，用水稀释至 1000mL。

(6) 0.0250mol/L 重铬酸钾标准溶液（1/6 K₂Cr₂O₇）（见实验5）。

四、实验内容

(1) 吸取 100mL 水样 3 份（如含量小于 1mg/L 时，可适当多取水样），分别放入碘量瓶中，加入 0.5gKI 和 5mL 乙酸盐缓冲溶液。

(2) 用 0.0100mol/L 硫代硫酸钠溶液滴定至溶液呈淡黄色，加入 1mL 淀粉溶液，继续滴定至蓝色刚好褪去为止，记录硫代硫酸钠溶液用量。

(3) 计算。

$$余氯(Cl_2, mg/L) = \frac{c \times V \times 35.435 \times 1000}{V_{水样}}$$

式中，c 为硫代硫酸钠标准溶液浓度，mol/L；V 为滴定时消耗硫代硫酸钠标准溶液体积，mL；$V_{水样}$ 为滴定时消耗硫代硫酸钠标准溶液体积，mL；35.453 为 1/2Cl₂ 的摩尔质量，g/mol。

注意事项

加入乙酸盐缓冲溶液后溶液的 pH 值应为 3.5～4.2，若大于此值，应将溶液的 pH 值调至 pH=4 后再滴定。

思考题

(1) 饮用水在出厂和管网中为什么必须保留一定量的余氯？

(2) 滴定反应为什么必须在 pH=4 的弱酸溶液中进行？

实验 10　水中氨氮的测定

一、实验目的

(1) 熟悉水中氨氮的预处理方法；

(2) 掌握纳氏试剂光度法测定氨氮的原理和操作。

二、实验原理

采用纳氏试剂光度法测定氨氮。方法原理为碘化汞和碘化钾的碱性溶液（纳氏试剂）与氨反应生成从黄色到淡红棕色的胶态化合物，此颜色在较宽的波长范围内具有强烈吸收，通常在波长为 410～425nm 范围内，用分光光度法或比色法测定。反应式为

$$2K_2[HgI_4] + NH_3 + 3KOH \longrightarrow NH_2Hg_2IO（黄棕色）+ 7KI + 2H_2O$$

干扰及消除：脂肪胺、芳香胺、醛类、丙酮、醇类和有机氯胺类等有机化合物，以及铁、锰、镁和硫等无机离子，因产生异色或浑浊而引起干扰，水中颜色和浑浊亦影响比

色。为此，在分析时需作适当的预处理。对较清洁的水，可采用絮凝沉淀法；对污染严重的水或工业废水，则用蒸馏法消除干扰。

絮凝沉淀法：加适量的硫酸锌于水样中，并加氢氧化钠使呈碱性，生成氢氧化锌沉淀，再经过滤除去颜色和浑浊等。

蒸馏法：调节水样的 pH 使值在 6.0～7.4 的范围，加入适量氧化镁使呈微碱性，蒸馏释放出的氨被吸收于硼酸溶液中。

三、仪器和试剂

仪器：带氮球的定氮蒸馏装置、500mL 凯氏烧瓶、氮球、直形冷凝管和导管，分光光度计，比色管，pH 计。

试剂：水样稀释及试剂配制均用无氨水。

（1）无氨水制备：每升蒸馏水中加 0.1mL 硫酸，在全玻璃蒸馏器中重蒸馏，弃去 50mL 初馏液，接取其余馏出液于具塞磨口的玻璃瓶中，密塞保存。

（2）轻质氧化镁（MgO）：将氧化镁在 500℃ 下加热，以除去碳酸盐。

（3）硼酸溶液：称取 20g 硼酸溶于水，稀释至 1L。

（4）1mol/L 盐酸溶液。

（5）1mol/L 氢氧化钠溶液。

（6）0.05％溴百里酚蓝指示液（pH＝6.0～7.6）。

（7）纳氏试剂：可选择下列任一种方法制备。

① 称取 20g 碘化钾溶于约 100mL 水中，边搅拌边分次少量加入二氯化汞（$HgCl_2$）结晶粉末（约 10g），至出现朱红色沉淀不易溶解时，改为滴加饱和二氯化汞溶液，并充分搅拌，当出现微量朱红色沉淀不易溶解时，停止滴加氯化汞溶液。

另称取 60g 氢氧化钾溶于水，并稀释至 250mL，充分冷却至室温后，将上述溶液在搅拌下，徐徐注入氢氧化钾溶液中，用水稀释至 400mL，混匀。静置过夜。将上清液移入聚乙烯瓶中，密塞保存。

② 称取 16g 氢氧化钠溶于 500mL 水中，冷却至室温。

另称取 7g 碘化钾和 10g 碘化汞（HgI_2）溶于水，然后将此溶液在搅拌下徐徐注入氢氧化钠溶液中，用水稀释至 100mL，贮于聚乙烯瓶中，密塞保存。

（8）酒石酸钾钠溶液：称取 50g 酒石酸钾钠（$KNaC_4H_4O_6 \cdot 4H_2O$）溶于 100mL 水中，加热煮沸除去水中的氨，放冷后定容至 100mL。

（9）铵标准储备溶液：称取 3.819g 优级纯氯化铵（NH_4Cl，100℃ 干燥）溶于水中，移入 1000mL 容量瓶中，用水稀释至标线，此溶液每毫升含 1.00mg 氨氮。

（10）铵标准使用溶液：移取 10.00mL 铵标准储备液于 1000mL 容量瓶中，用水稀释至标线，此溶液每毫升含 0.010mg 氨氮。

四、实验步骤

1. 水样的预处理（蒸馏法）

（1）馏装置的预处理：加 250mL 水样于凯氏烧瓶中，加 0.25g 轻质氧化镁和数粒玻璃珠，加热蒸馏至馏出液不含氨为止，弃去瓶内残液。

（2）分取 250mL 水样（或稀释至 250mL，使氨氮含量不超过 2.5mg），移入凯氏烧瓶中，加数滴溴百里酚蓝指示液，用氢氧化钠溶液或盐酸溶液调节至 pH＝7 左右。加入 0.25g 轻质氧化镁和数粒玻璃珠，立即连接氮球和冷凝管，导管下端插入吸收液（50mL 硼酸溶液）液面 2cm 以下。加热蒸馏，至馏出液达 200mL 时，停止蒸馏，定容至 250mL。

2. 水样的测定

（1）校准曲线的绘制：吸取 0、0.50、1.00、3.00、5.00、7.00 和 10.00mL 铵标准使用液于 50mL 比色管中，用无氨水至标线，加 1.0mL 酒石酸钾钠溶液，混匀。加 1.5mL 纳氏试剂，混匀。放置 10min，在波长 420nm 处，用光程 2cm 比色皿，以水为参比，测量吸光度。经空白校正后，绘制准曲线。

（2）水样的测定：分取适量经蒸馏预处理后的馏出液，加入 50mL 比色管中，加一定量 1mol/L 氢氧化钠溶液中和硼酸，稀释至标线。同校准曲线步骤测量吸光度。

（3）空白试验：以无氨水代替水样，做全程序空白测定。

3. 计算结果

由水样测得的吸光度减去空白试验的吸光度后，从校准曲线上查得氨氮量（mg）。

$$氨氮含量（NH_3-N，mg/L）＝\frac{m}{V}×1000$$

式中，m 为由校准曲线查得的氨氮量，mg；V 为水样体积，mL。

注意事项

（1）蒸馏时应避免发生暴沸，否则可造成馏出液温度升高，氨吸收不完全；防止在蒸馏时产生泡沫，必要时可加少许石蜡碎片于凯氏烧瓶中；水样如含余氯，则应加入适量 0.35％硫代硫酸钠溶液，每 0.5mL 可除去 0.25mg 余氯。

（2）纳氏试剂中碘化钾和碘化汞的比例对显色反应影响较大，静止后生成的沉淀应除去。纳氏试剂有毒，操作过程中应避免吸入。

实验 11 水中挥发酚的测定

一、实验目的

（1）掌握水中挥发酚的预处理方法。
（2）掌握 4-氨基安替比林分光光度法测定水中挥发酚的原理和操作。

二、实验原理

4-氨基安替比林分光光度法方法原理：酚类化合物在 pH 值为 10.0±0.2 的溶液中，在铁氰化钾氧化剂的存在下，4-氨基安替比林与酚类化合物生成红色的安替比林染料且可被三氯甲烷所萃取，在 460nm 波长处比色作定量分析。

三、仪器和试剂

仪器：分光光度计，比色管，pH 计。

试剂：

(1) 无酚水：1L 中加入 0.2g 经 200℃ 活化 0.5h 的活性炭，充分振摇后，放置过夜。双层滤纸过滤，或加氢氧化钠使水呈碱性，并滴加高锰酸钾溶液至紫红色，加热蒸馏，馏出液于玻璃瓶中。

(2) 0.0125mol/L 硫代硫酸钠标准溶液(见实验 5)。

(3) 苯酚标准储备液：称取 1.00g 无色苯酚(C_6H_5OH)溶于水，移入 1000mL 容量瓶中，稀释至标线。置 4℃ 冰箱内保存，至少稳定一个月，使用前标定。

吸取 10.00mL 苯酚贮备液于 250mL 碘量瓶中，加水稀释至 100mL，加 10.0mL 0.1mol/L 溴酸钾-溴化钾溶液，立即加入 5mL 盐酸，盖好瓶塞，轻轻摇匀，于暗处放置 10min。加入 1g 碘化钾，密塞，摇匀，放置暗处 5min。用 0.0125mol/L 硫代硫酸钠标准溶液滴定至淡黄色，加入 1mL 淀粉溶液，继续滴定至蓝色刚好褪去，记录用量。同时以水代替苯酚储备液做空白试验，记录硫代硫酸钠标准溶液用量。由下式计算苯酚储备液浓度。

$$苯酚(mg/L) = \frac{c \times (V - V_0) \times 15.68 \times 1000}{V_{苯酚}}$$

式中，V_0 为空白试验中消耗的硫代硫酸钠标准溶液体积，mL；V 为滴定苯酚储备液时消耗的硫代硫酸钠标准溶液体积，mL；$V_{苯酚}$ 为苯酚储备液体积，mL；c 为硫代硫酸钠标准溶液浓度，mol/L；15.68 为 1/6 C_6H_5OH 摩尔质量，g/mol。

(4) 苯酚标准中间液：取 10mL 苯酚储备液，用水稀释至 1000mL，则每升水中含 0.010g 苯酚，使用时当天配制。

(5) NH_3-NH_4Cl 缓冲溶液(pH=10)：称取 20g 氯化铵(NH_4Cl)溶于 100mL 氨水中，加塞，置冰箱中保存。

(6) 2% 4-氨基安替比林溶液：称取 2g 4-氨基安替比林($C_{11}H_{13}N_3O$)溶于水，稀释至 100mL，置冰箱中保存。可使用一周。

(7) 8% 铁氰化钾溶液：称取 8g 铁氰化钾($K_3[Fe(CN)_6]$)溶于水，稀释至 100mL，置冰箱内保存。可使用一周。

(8) 1% 淀粉溶液：称取 1g 可溶性淀粉，用少量水调成糊状，用刚煮沸的水冲稀至 100mL。冷却后，加入 0.1g 水杨酸或 0.4g 氯化锌防腐。

(9) 硫酸铜溶液：称取 100g 硫酸铜($CuSO_4 \cdot 5H_2O$)溶于水，稀释至 1000mL。

(10) 磷酸溶液：量取 10mL 磷酸($\rho=1.69g/mL$)，稀释至 100mL。

(11) 甲基橙指示剂：称取 0.05g 甲基橙溶于 100mL 水中。

四、实验步骤

(1) 水样的预处理：当水样中存在氧化剂、还原剂、油类及某些金属离子时，应设法消除并进行预蒸馏。取 250mL 水样于 500mL 全玻璃蒸馏器中，用磷酸调至 pH<4，以甲基橙作指示剂，使水样由桔黄色变为橙红色，加入 5% $CuSO_4$ 溶液 5mL(采样时已加，可略去此操作)，加热蒸馏，用内装 10mL 蒸馏水的 250mL 容量瓶收集(冷凝管插入液面之下)，待蒸馏出 200mL 左右时，停止加热，稍冷后再向蒸馏瓶中加入蒸馏水 50mL，继续蒸馏，直至收集至 250mL 为止。

(2) 校准曲线的绘制：于一组 8 支 50mL 比色管中，分别加入 0、0.50、1.00、3.00、

5.00、7.00、10.00、12.50mL 酚标准中间液，加水至 50mL 标线。加 0.5mL 缓冲溶液，混匀，此时 pH 值为 10.0±0.2，加 4-氨基安替比林溶液 1.0mL 混匀。再加 1.0mL 铁氰化钾溶液，充分混匀，放置 10min 后立即于 510nm 波长，用光程为 20mm 比色皿，以水为参比，测量吸光度。经空白校正后，绘制吸光度对苯酚含量(mg)的校准曲线。

（3）水样的测定：分取适量的馏出液放入 50mL 比色管中，稀释至 50mL 标线。按绘制校准曲线步骤测定吸光度，最后减去空白试验所得吸光度。同时以水代替水样，经蒸馏后，按水样测定相同步骤进行测定，以其结果作为空白校正值。

（4）计算。

$$挥发酚(以苯酚计，mg/L) = \frac{m}{V} \times 1000$$

式中，m 为由水样的校正吸光度，从校准曲线上查得的苯酚含量，Ing；V 为移取馏出液体积，mL。

如水样含挥发酚较高，移取适量水样并加水至 250mL 进行蒸馏，则在计算时应乘以稀释倍数。

实验 12　工业废水中铬的价态分析

一、实验目的

掌握分光光度法测定不同价态铬的基本原理。

二、实验原理

在酸性介质中，6 价铬与二苯碳酰二肼(DPC)反应，生成紫红色络合物，于最大吸收波长 540nm 处进行比色测定，确定水样中 6 价铬的含量。由于 3 价铬不与二苯碳酰二肼反应，用高锰酸钾将水样中的 3 价铬氧化成 6 价铬后，再用比色法测得水中的总铬，二者的差值即为 3 价铬的量。

三、仪器和试剂

仪器：分光光度计，比色皿，比色管。

试剂：

（1）铬标准储备液：称取于 120℃烘干 2h 并冷却的 $K_2Cr_2O_7$ 0.2829g，用少量水溶解，移至 1000mL 容量瓶中，用水稀释至刻线，摇匀。每毫升溶液含 0.100mg 六价铬。

（2）铬标准溶液：吸取 10.00mL 铬标准储备液，置于 1000mL 容量瓶中，用水稀释至标线，摇匀。每毫升溶液含 1.00μg 6 价铬，使用时当天配制。

（3）(1+1)硫酸：将浓硫酸缓缓加入到同体积水中，混匀。

（4）(1+1)磷酸：将磷酸与等体积水混合。

（5）4%高锰酸钾溶液：称取高锰酸钾 4g，在加热和搅拌下溶于水，稀释至 100mL。

（6）显色剂(Ⅰ)：称取二苯碳酰二肼($C_{13}H_{14}N_4O$)0.2g，溶于 50mL 丙酮中，加水稀释至 100mL，摇匀。储于棕色瓶置冰箱中保存。颜色变深后不能使用。

（7）显色剂（Ⅱ）：称取二苯碳酰二肼 1g，溶于 50mL 丙酮中，加水稀释至 100mL，摇匀。储于棕色瓶置冰箱中保存。颜色变深后不能使用。

（8）20％尿素溶液。

（9）0.2％氢氧化钠溶液：称取氢氧化钠 1g，溶于 500mL 新煮沸放冷的水中。

（10）氢氧化锌共沉淀剂。

① 硫酸锌溶液：称取硫酸锌（$ZnSO_4 \cdot 7H_2O$）8g，溶于水并稀释至 100mL。

② 2％氢氧化钠溶液：称取氢氧化钠 2.4g，溶于新煮沸放冷的水至 120mL，同时将①、②两溶液混合。

（11）2％亚硝酸钠溶液。

四、实验步骤

样品不含悬浮物，低色度的清洁水样可直接测定。

1. 样品预处理

（1）如水样有色但不太深，则以 2mL 丙酮代替显色剂，其他操作相同的水样代替水作为参比来测定待测水样的吸光度。

（2）对混浊、色度较深的水样可用锌盐沉淀分离法处理。取适量水样（含 6 价铬少于 100μg）置于 150mL 烧杯中，加水至 50mL，滴加 0.2％氢氧化钠溶液，调节溶液 pH 值为 7～8。在不断搅拌下，滴加氢氧化锌共沉淀剂至溶液 pH 值为 8～9。将溶液转移至 100mL 容量瓶中，用水稀释至标线。用慢速滤纸干过滤，弃去 10～20mL 初滤液，取其中 50.0mL 滤液供测定。

（3）对含有 2 价铁、亚硫酸盐、硫代硫酸盐等还原性物质的水样：取适量水样（含 6 价铬少于 50μg）置于 50mL 比色管中，用水稀释至标线，加入 4mL 显色剂（Ⅱ），混匀。放置 5min 后，加入（1＋1）硫酸溶液 1mL，摇匀。5～10min 后，于 540nm 波长处，用 10mm 的比色皿，以水作参比，测定吸光度。扣除空白试验吸光度后，从校准曲线查得 6 价铬含量。用同法作校准曲线。

（4）对含有次氯酸盐等氧化性物质的水样：取适量水样（含 6 价铬少于 50μg）置于 50mL 比色管中，用水稀释至标线，加入（1＋1）硫酸溶液 0.5mL，（1＋1）磷酸溶液 0.5mL，尿素 1.0mL，摇匀。逐滴加入 1mL 亚硝酸钠溶液，边加边摇，以除去过量的亚硝酸钠与尿素反应生成的气泡，待气泡除尽后，以下步骤同样品测定（免去加硫酸溶液和磷酸溶液）。

2. 绘制标准曲线

向一系列 50mL 比色管中分别加入 0、0.20、0.50、1.00、2.00、4.00、6.00、8.00 和 10.00mL 铬标准溶液（如用锌盐沉淀分离需预加入标准溶液时，则应加倍加入标准溶液），用水稀释至标线。加入（1＋1）硫酸溶液 0.5mL 和（1＋1）磷酸溶液 0.5mL，摇匀。加入 2mL 显色剂（Ⅰ），摇匀。5～10min 后，于 540nm 波长处，用 10mm 的比色皿，以水作参比，测定吸光度并作空白校正，绘制标准曲线。

3. 样品测定

（1）6 价铬的测定：取适量清洁水样或经过预处理的水样，与标准系列同样操作，将测得吸光度值经空白校正，从标准曲线上查找，并计算水样中 6 价铬含量。

（2）3 价铬的测定：另取水样 50mL，加入（1＋1）硫酸溶液 0.5mL 和（1＋1）磷酸溶液 0.5mL，摇匀。加入 4％高锰酸钾溶液 2 滴，如紫红色消失，则继续添加高锰酸钾使溶液保持紫红色，加热煮沸至溶液体积约剩 20mL，冷却，加 1mL 尿素摇匀，滴加 2％亚硝酸钠溶液，每加一滴充分振摇，至紫红色刚刚褪去，静止片刻待溶液内气泡逸出，移至 50mL 比色管中，用水稀释至刻线，加入 2mL 显色剂（I），摇匀。5～10min 后，于 540nm 波长处，用 10mm 的比色皿，以水作参比，测定吸光度并作空白校正。从标准曲线上查找，并计算水样中总铬含量。二者差值即为 3 价铬的量。

4. 计算

$$6 \text{ 价铬}（Cr，mg/L）＝m/V$$

式中，m 为由校准曲线查得的 6 价铬量，μg；V 为水样的体积，mL。

注意事项

（1）所有玻璃仪器（包括采样的），不能用重铬酸钾洗液洗涤，可用硝酸、硫酸混合液或洗涤剂洗涤，洗涤后要冲洗干净。玻璃器皿内壁要求光洁，防止铬被吸附。

（2）测定高含量水样应采用铬标准溶液：吸取 50.00mL 铬标准储备液；置于 1000mL 容量瓶中，用水稀释至标线，摇匀。每毫升溶液含 5.00μg 6 价铬，使用时当天配制。

（3）6 价铬与二苯碳酰二肼反应时，显色酸度一般控制在 0.05～0.3mol/L（1/2H_2SO_4），以 0.2mol/L 时显色最好。显色前，水样应调至中性。在温度 15℃，显色 5～15min，颜色即可稳定。

（4）水样经锌盐沉淀分离预处理后，仍含有机物干扰测定时，可用酸性高锰酸钾氧化法破坏有机物后再测定。

（5）水样应在取样当天分析，因为在保存期间 6 价铬会损失；另外，水样应在中性或弱碱性条件下存放，防止 6 价铬全部转化为 3 价铬。

实验 13　工业废水中锌、铅、钙、镁的连续测定

一、实验目的

（1）掌握络合滴定中多组分同时测定的基本原理。

（2）了解混合掩蔽剂在滴定分析中的应用。

二、实验原理

先取一份试液，调节 pH 值为 5～6，用二甲酚橙做指示剂，用 EDTA 滴到黄色（Zn^{2+}，Pb^{2+} 总量），加 2mL 1％溴化十五烷基三甲铵（CTMAB），黄色褪去近为无色，再调 pH≈10，溶液又变为红色，用 EDTA 滴定近无色（Ca^{2+}，Mg^{2+} 总量）。

另取一份试液，加入邻菲啰啉乙醇溶液，调节 pH 值为 5.5～6.0，用二甲酚橙做指示剂，用 EDTA 滴到刚变黄色（Pb^{2+} 量），加 1％CTMAB 2mL，黄色褪去近为无色，再调 pH≈10，溶液又变为红色，用乙酰丙酮等混合掩蔽 Mg^{2+}，用 EDTA 滴至近无色（Ca^{2+} 量）。

由此两份溶液的滴定体积，即可分别求出 Zn^{2+}，Pb^{2+}，Ca^{2+}，Mg^{2+} 各自的含量。

三、仪器和试剂

仪器：50mL 滴定管，250mL 锥形瓶。

试剂：

(1) 10mmol/L EDTA 标准溶液，用钙标准溶液标定，确定准确浓度。(见实验3)

(2) 邻菲啰啉：2%，4%乙醇溶液。

(3) NH_3 - NH_4Cl 缓冲溶液(pH=10)。

(4) 二甲酚橙：0.2%水溶液或 0.5g 二甲酚橙和 50gKCl 研细磨均的固体指示剂。

(5) CTMAB：称取 1.0g CTMAB 溶于乙醇中，稀至 100mL。

(6) 六亚甲基四胺：20%水溶液。

(7) 乙酰丙酮：1∶1。

(8) 酒石酸钾钠：5%水溶液。

(9) 三乙醇胺：1∶2。

四、实验步骤

(1) 移取试液 25.00mL 于 250mL 锥形瓶中，加水 70~80mL，摇匀，再加入 0.2%二甲酚橙 2 滴，用六亚甲基四胺调到紫红色，并过量 5mL，用 EDTA 滴定到黄色为第一终点，EDTA 标准溶液的用量记为 V_1。再加 pH=10 的 NH_3 - NH_4Cl 缓冲溶液 10mL 溶液又变为紫红色，用 10mmol/L EDTA 标准溶液滴定近为无色为第二终点，EDTA 标准溶液的用量记为 V_2。再重复滴定两份，由此分别计算 Zn^{2+} 和 Pb^{2+}，Ca^{2+} 和 Mg^{2+} 两组的总量。

(2) 另取一份试液 25.00mL 于 250mL 锥形瓶中，加 60mL 水，加 2%邻菲啰啉乙醇溶液 5mL，摇匀，加 0.2%二甲酚橙 2 滴，用六亚甲基四胺调到紫红色，并过量 5mL，用 EDTA 滴定到黄色为第一终点，EDTA 标准溶液的用量记为 V_3。再加 1%CTMAB 2mL，黄色褪去，近为无色，加 5%酒石酸钾钠 2mL、4mL 1∶2 的三乙醇胺、2mL 1∶1 的乙酰丙酮，补加 1 滴 0.2%二甲酚橙，加 pH=10 的 NH_3 - NH_4Cl 缓冲溶液 10mL，溶液又变为紫红色，用 EDTA 滴定至无色为第二终点，EDTA 标准溶液的用量记为 V_4。

(3) 计算：滴定 Pb^{2+} 消耗的 EDTA 标准溶液的量为 V_3；滴定 Zn^{2+} 消耗的 EDTA 标准溶液的量为 $V_1 - V_3$；滴定 Ca^{2+} 消耗的 EDTA 标准溶液的量为 V_4；滴定 Mg^{2+} 消耗的 EDTA 标准溶液的量为 $V_2 - V_4$。由下式即可分别计算出 Zn^{2+}，Pb^{2+}，Ca^{2+}，Mg^{2+} 各自的含量。

$$M^{n+}(mmol/L) = \frac{c_{EDTA}V_{EDTA}}{V_{水样}}$$

注意事项

(1) 终点颜色从紫红色到无色，容易出现判断失误，最好有对照溶液。

(2) 若测定的试样中含有铁，注意需事先掩蔽或分离，否则影响终点观察。

思考题

(1) 能否直接用 EDTA 二钠盐配制 EDTA 标准溶液？

(2) 能否在一份试液中，实现 Ca^{2+}，Mg^{2+} 的分别滴定？

附　　录

弱酸名称		K_a	pK_a
砷酸	H_3AsO_4	$6.3×10^{-3}(K_{a_1})$	2.20
		$1.0×10^{-7}(K_{a_2})$	7.00
		$3.2×10^{-12}(K_{a_3})$	11.50
偏亚砷酸	$HAsO_2$	$6.0×10^{-10}$	9.22
硼酸	H_3BO_3	$5.8×10^{-10}$	9.24
四硼酸	$H_2B_4O_7$	$1×10^{-4}(K_{a_1})$	4.00
		$1×10^{-9}(K_{a_2})$	9.00
碳酸	$H_2CO_3(CO_2+H_2O)$	$4.2×10^{-7}(K_{a_1})$	6.38
		$5.6×10^{-11}(K_{a_2})$	10.25
次氯酸	$HClO$	$3.2×10^{-8}$	7.49
氢氰酸	HCN	$4.9×10^{-10}$	9.31
氰酸	$HCNO$	$3.3×10^{-4}$	3.48
铬酸	H_2CrO_4	$1.8×10^{-1}(K_{a_1})$	0.74
		$3.2×10^{-7}(K_{a_2})$	6.50
氢氟酸	HF	$6.6×10^{-4}$	3.18
亚硝酸	HNO_2	$5.1×10^{-4}$	3.29
过氧化氢	H_2O_2	$1.8×10^{-12}$	11.75
磷酸	H_3PO_4	$7.5×10^{-3}(K_{a_1})$	2.12
		$6.3×10^{-8}(K_{a_2})$	7.20
		$4.4×10^{-13}(K_{a_3})$	12.36
焦磷酸	$H_4P_2O_7$	$3.0×10^{-2}(K_{a_1})$	1.52
		$4.4×10^{-3}(K_{a_2})$	2.36
		$2.5×10^{-7}(K_{a_3})$	6.60
		$5.6×10^{-10}(K_{a_4})$	9.25
正亚磷酸	H_3PO_3	$3.0×10^{-2}(K_{a_1})$	1.52
		$1.6×10^{-7}(K_{a_2})$	6.79
氢硫酸	H_2S	$1.3×10^{-7}(K_{a_1})$	6.89
		$7.1×10^{-15}(K_{a_2})$	14.15
硫酸	HSO_4^-	$1.2×10^{-2}(K_{a_2})$	1.92
亚硫酸	H_2SO_3	$1.3×10^{-2}(K_{a_1})$	1.89
		$6.3×10^{-8}(K_{a_2})$	7.20
硫代硫酸	$H_2S_2O_3$	$2.3(K_{a_1})$	0.60
		$3×10^{-2}(K_{a_2})$	1.60
偏硅酸	H_2SiO_3	$1.7×10^{-10}(K_{a_1})$	9.77
		$1.6×10^{-12}(K_{a_2})$	11.80
甲酸	$HCOOH$	$1.8×10^{-4}$	3.74

(续)

弱酸名称		K_a	pK_a
乙酸(醋酸)	CH_3COOH	1.8×10^{-5}	4.74
丙酸	CH_3CH_2COOH	1.3×10^{-5}	4.87
丁酸	$CH_3(CH_2)_2COOH$	1.5×10^{-5}	4.82
戊酸	$CH_3(CH_2)_3COOH$	1.4×10^{-5}	4.84
羟基乙酸	$CH_2(OH)COOH$	1.5×10^{-4}	3.83
一氯乙酸	$CH_2ClCOOH$	1.4×10^{-3}	2.86
二氯乙酸	$CHCl_2COOH$	5.0×10^{-2}	1.30
三氯乙酸	CCl_3COOH	0.23	0.64
氨基乙酸·H^+	$^+NH_3CH_2COOH$	$4.5\times10^{-3}(K_{a_1})$	2.35
		$1.7\times10^{-10}(K_{a_2})$	9.77
抗坏血酸	$C_6H_8O_6$	$5.0\times10^{-5}(K_{a_1})$	4.30
		$1.5\times10^{-10}(K_{a_2})$	9.82
乳酸	$CH_3CHOHCOOH$	1.4×10^{-4}	3.86
苯甲酸	C_6H_5COOH	6.2×10^{-5}	4.21
草酸	$H_2C_2O_4$	$5.9\times10^{-2}(K_{a_1})$	1.23
		$6.4\times10^{-5}(K_{a_2})$	4.19
d-酒石酸	$HOOC(CHOH)_2COOH$	$9.1\times10^{-4}(K_{a_1})$	3.04
		$4.3\times10^{-5}(K_{a_2})$	4.37
邻苯二甲酸		$1.12\times10^{-3}(K_{a_1})$	2.95
		$3.9\times10^{-6}(K_{a_2})$	5.41
苯酚	C_6H_5OH	1.1×10^{-10}	9.95
乙二胺四乙酸	H_6-EDTA^{2+}	$0.13(K_{a_1})$	0.90
($I=0.1$)	H_5-EDTA^+	$2.5\times10^{-2}(K_{a_2})$	1.60
	H_4-EDTA	$8.5\times10^{-3}(K_{a_3})$	2.07
	H_3-EDTA^-	$1.77\times10^{-3}(K_{a_4})$	2.75
	H_2-EDTA^{2-}	$5.75\times10^{-7}(K_{a_5})$	6.24
	$H-EDTA^{3-}$	$4.57\times10^{-11}(K_{a_6})$	10.34
丁二酸	$HOOC(CH_2)_2COOH$	6.2×10^{-5}	4.21
		2.3×10^{-6}	5.64
顺-丁烯二酸 (马来酸)	$\begin{array}{c}CHCO_2H\\ \|\\ CHCO_2H\end{array}$	1.2×10^{-2}	1.91
		4.7×10^{-7}	6.33
反-丁烯二酸 (富马酸)	$\begin{array}{c}CHCO_2H\\ \|\\ HO_2CCH\end{array}$	8.9×10^{-4}	3.05
		3.2×10^{-5}	4.49
邻苯二酚		4.0×10^{-10}	9.40
		2×10^{-13}	12.80
水杨酸		1.1×10^{-3}	2.97
		1.8×10^{-14}	13.74

（续）

弱酸名称		K_a	pK_a
磺基水杨酸	$-O_3S-\underset{OH}{\overset{COOH}{\bigcirc}}$	4.7×10^{-3} 4.8×10^{-12}	2.33 11.32
柠檬酸	$\underset{CH_2CO_2H}{\overset{CH_2CO_2H}{C(OH)CO_2H}}$	7.4×10^{-4} 1.8×10^{-5} 4.0×10^{-7}	3.13 4.74 6.40

弱碱名称		K_b	pK_b
氨	NH_3	1.8×10^{-5}	4.74
联氨	H_2NNH_2	$3.0 \times 10^{-8} (K_{b_1})$ $7.6 \times 10^{-15} (K_{b_2})$	5.52 14.12
羟氨	NH_2OH	9.1×10^{-9}	8.04
甲胺	CH_3NH_2	4.2×10^{-4}	3.38
乙胺	$C_2H_5NH_2$	4.3×10^{-4}	3.37
丁胺	$CH_3(CH_2)_3NH_2$	4.4×10^{-4}	3.36
乙醇胺	$HOCH_2CH_2NH_3$	3.2×10^{-5}	4.50
三乙醇胺	$(HOCH_2CH_2)_3N$	5.8×10^{-7}	6.24
二甲胺	$(CH_3)_2NH$	5.9×10^{-4}	3.23
二乙胺	$(CH_3CH_2)_2NH$	8.5×10^{-4}	3.07
三乙胺	$(CH_3CH_2)_3N$	5.2×10^{-4}	3.29
苯胺	$C_6H_5NH_2$	4.0×10^{-10}	9.40
邻甲苯胺	$\overset{CH_3}{\underset{NH_2}{\bigcirc}}$	2.8×10^{-10}	9.55
对甲苯胺	$CH_3-\bigcirc-NH_2$	1.2×10^{-9}	8.92
六次甲基四胺	$(CH_2)_6N_4$	1.4×10^{-9}	8.85
咪唑	［结构式］	9.8×10^{-8}	7.01
吡啶	［结构式］	1.8×10^{-9}	8.74
哌啶	［结构式］	1.3×10^{-3}	2.88
喹啉	［结构式］	7.6×10^{-10}	9.12
乙二胺	$H_2NCH_2CH_2NH_2$	$8.5 \times 10^{-5} (K_{b_1})$	4.07

（续）

弱碱名称		K_a	pK_a
8-羟基喹啉	C_9H_6NOH	$7.1 \times 10^{-8} (K_{b_2})$	7.15
		6.5×10^{-5}	4.19
		8.1×10^{-10}	9.09

附表2　络合物的稳定常数（18～25℃）

金属离子	n	$\lg\beta_n$	I
氨络合物			
Ag^+	1, 2	3.40；7.40	0.1
Cd^{2+}	1, …, 6	2.65；4.75；6.19；7.12；6.80；5.14	2
Co^{2+}	1, …, 6	2.11；3.74；4.79；5.55；5.73；5.11	2
Co^{3+}	1, …, 6	6.7；14.0；20.1；25.7；30.8；35.2	2
Cu^+	1, 2	5.93；10.86	2
Cu^{2+}	1, …, 6	4.31；7.98；11.02；13.32；12.36	2
Ni^{2+}	1, …, 6	2.80；5.04；6.77；7.96；8.71；8.74	2
Zn^{2+}	1, …, 4	2.27；4.61；7.01；9.06	0.1
氟络合物			
Al^{3+}	1, …, 6	6.13；11.15；15.00；17.75；19.37；19.84	0.5
Fe^{3+}	1, …, 6	5.2；9.2；11.9；—；15.77；—	0.5
Th^{4+}	1, …, 3	7.65；13.46；17.97	0.5
TiO_2^{2+}	1, …, 4	5.4；9.8；13.7；18.0	3
ZrO_2^{2+}	1, …, 3	8.80；16.12；21.94	2
氯络合物			
Ag^+	1, …, 4	3.04；5.04；5.04；5.30	0
Hg^{2+}	1, …, 4	6.74；13.22；14.07；15.07	0.5
Sn^{2+}	1, …, 4	1.51；2.24；2.03；1.48	0
Sb^{3+}	1, …, 6	2.26；3.49；4.18；4.72；4.72；4.11	4
溴络合物			
Ag^+	1, …, 4	4.38；7.33；8.00；8.73	0
Bi^{3+}	1, …, 6	4.30；5.55；5.89；7.82；—；9.70	2.3
Cd^{2+}	1, …, 4	1.75；2.34；3.32；3.70	3
Cu^+	2	5.89	0
Hg^{2+}	1, …, 4	9.05；17.32；19.74；21.00	0.5

（续）

金属离子	n	$\lg\beta_n$	I
	碘络合物		
Ag^+	1，…，3	6.58；11.74；13.68	0
Bi^{3+}	1，…，6	3.63；—；—；14.95；16.80；18.80	2
Cd^{2+}	1，…，4	2.10；3.43；4.49；5.41	0
Pb^{2+}	1，…，4	2.00；3.15；3.92；4.47	0
Hg^{2+}	1，…，4	12.87；23.82；27.60；29.83	0.5
	氰络合物		
Ag^+	1，…，4	—；21.1；21.7；20.6	0
Cd^{2+}	1，…，4	5.48；10.60；15.23；18.78	3
Co^{2+}	6	19.09	
Cu^+	1，…，4	—；24.0；28.59；30.3	0
Fe^{2+}	6	35	0
Fe^{3+}	6	42	0
Hg^{2+}	4	41.4	0
Ni^{2+}	4	31.3	0.1
Zn^{2+}	4	16.7	0.1
	磷酸络合物		
Ca^{2+}	CaHL	1.7	0.2
Mg^{2+}	MgHL	1.9	0.2
Mn^{2+}	MnHL	2.6	0.2
Fe^{3+}	FeHL	9.35	0.66
	硫代硫酸络合物		
Ag^+	1，…，3	8.82；13.46；14.15	0
Cu^+	1，…，3	10.35；12.27；13.71	0.8
Hg^{2+}	1，…，4	—；29.86；32.26；33.61	0
Pb^{2+}	1，3	5.1；6.4	0
	硫氰酸络合物		
Ag^+	1，…，4	—；7.57；9.08；10.08	2.2
Au^+	1，…，4	—；23；—；42	0
Co^{2+}	1	1.0	1
Cu^+	1，…，4	—；11.00；10.90；10.48	5
Fe^{3+}	1，…，5	2.3；4.2；5.6；6.4；6.4	离子强度不定

（续）

金属离子	n	$\lg\beta_n$	I
Hg^{2+}	1，…，4	—；16.1；19.0；20.9	1
乙酸丙酮络合物			
Al^{3+}	1，…，3	8.60；15.5；21.30	0
Cu^{2+}	1，2	8.27；16.84	0
Fe^{2+}	1，2	5.07；8.67	0
Fe^{3+}	1，…，3	11.4；22.1；26.7	0
Ni^{2+}	1，…，3	6.06；10.77；13.09	0
Zn^{2+}	1，2	4.98；8.81	0
柠檬酸络合物			
Ag^+	Ag_2HL	7.1	0
Al^{3+}	$AlHL$	7.0	0.5
	AlL	20.0	
	$AlOHL$	30.6	
Ca^{2+}	CaH_3L	10.9	0.5
	CaH_2L	8.4	
	$CaHL$	3.5	
Cd^{2+}	CdH_2L	7.9	0.5
	$CdHL$	4.0	
	CdL	11.3	
Co^{2+}	CoH_2L	8.9	0.5
	$CoHL$	4.4	
	CoL	12.5	
Cu^{2+}	CuH_2L	12.0	0.5
	$CuHL$	6.1	0
	CuL	18.0	0.5
Fe^{2+}	FeH_2L	7.3	0.5
	$FeHL$	3.1	
	FeL	15.5	
Fe^{3+}	FeH_2L	12.2	0.5
	$FeHL$	10.9	
	FeL	25.0	
Ni^{2+}	NiH_2L	9.0	0.5

（续）

金属离子	n	$lg\beta_n$	I
	NiHL	4.8	
	NiL	14.3	
Pb^{2+}	PbH_2L	11.2	0.5
	PbHL	5.2	
	PbL	12.3	
Zn^{2+}	ZnH_2L	8.7	0.5
	ZnHL	4.5	
	ZnL	11.4	
草酸络合物			
Al^{2+}	1，…，3	7.26；13.0；16.3	0
Cd^{2+}	1，2	2.9；4.7	0.5
Co^{2+}	CoHL	5.5	0.5
	CoH_2L	10.6	
	1，…，3	4.79；6.7；9.7	0
Co^{3+}	3	～20	
Cu^{2+}	CuHL	6.25	0.5
	1，2	4.5；8.9	
Fe^{2+}	1，…，3	2.9；4.52；5.22	0.5～1
Fe^{3+}	1，…，3	9.4；16.2；20.2	0
Mg^{2+}	1.2	2.76；4.38	0.1
Mn(Ⅲ)	1，…，3	9.98；16.57；19.42	2
Ni^{2+}	1，…，3	5.3；7.64；8.5	0.1
Th(Ⅳ)	4	24.5	0.1
TiO^{2+}	1，2	6.6；9.9	2
Zn^{3+}	ZnH_2L	5.6	0.5
	1，…，3	4.89；7.60；8.15	
酒石酸络合物			
Bi^{3+}	3	8.30	0
Ca^{2+}	CaHL	4.85	0.5
	1，2	2.98；9.01	0
Cd^{2+}	1	2.8	0.5
Cu^{2+}	1，…，4	3.2；5.11；4.78；6.51	1

（续）

金属离子	n	$\lg\beta_n$	I
Fe^{3+}	3	7.49	0
Mg^{2+}	MgHL	4.65	0.5
	1	1.2	
Pb^{2+}	1，…，3	3.78；—；4.7	0
Zn^{2+}	ZnHL	4.5	0.5
	1，2	2.4；8.32	
磺基水杨酸络合物			
Al^{3+}	1，…，3	13.20；22.83；28.89	0.1
Cd^{2+}	1，2	16.68；29.08	0.25
Co^{2+}	1，2	6.13；9.82	0.1
Cu^{2+}	1，2	9.52；16.45	0.1
Cr^{3+}	1	9.56	0.1
Fe^{2+}	1，2	5.90；9.90	1～0.5
Fe^{3+}	1，…，3	14.64；25.18；32.12	0.25
Mn^{2+}	1，2	5.24；8.24	0.1
Ni^{2+}	1，2	6.42；10.24	0.1
Zn^{2+}	1，2	6.05；10.65	0.1
氢氧基络合物			
Al^{3+}	4	33.3	2
	$Al_6(OH)_{15}^{3+}$	163	
Bi^{3+}	1，	12.4	3
	$Bi_6(OH)_{12}^{6+}$	168.3	
Cd^{2+}	1，…，4	4.3；7.7；10.3：12.0	3
Co^{2+}	1，3	5.1；—；10.2	0.1
Cr^{3+}	1，2	10.2；18.3	0.1
Fe^{2+}	1	4.5	1
Fe^{3+}	1，2	11.0；21.7	3
	$Fe_2(OH)_2^{4+}$	25.1	
Hg^{2+}	2	21.7	0.5
Mg^{2+}	1	2.6	0
Mn^{2+}	1	3.4	0.1
Ni^{2+}	1	4.6	0.1

（续）

金属离子	n	$\lg\beta_n$	I
Pb^{2+}	1，…，3	6.2；10.3；13.3	0.3
	$Pb_2(OH)^{3+}$	7.6	
Sn^{2+}	1	10.1	3
Th^{4+}	1	9.7	1
Ti^{3+}	1	11.8	0.5
TiO^{2+}	1	13.7	1
VO^{2+}	1	8.0	3
Zn^{2+}	1，…，4	4.4；10.1；14.2；15.5	0
乙二胺络合物			
Ag^+	1，2	4.70；7.70	0.1
Cd^{2+}	1，…，3	5.47；10.09；12.09	0.5
Co^{2+}	1，…，3	5.91；10.64；13.94	1
Co^{3+}	1，…，3	18.70；34.90；48.69	1
Cu^+	2	10.8	
Cu^{2+}	1，…，3	10.67；20.00；21.00	
Fe^{2+}	1，…，3	4.34；7.65；9.70	1.4
Hg^{2+}	1，2	14.30；23.3	0.1
Mn^{2+}	1，…，3	2.73；4.79；5.67	1
Ni^{2+}	1，…，3	7.52；13.80；18.06	1
Zn^{2+}	1，…，3	5.77；10.83；14.11	1
硫脲络合物			
Ag^+	1，2	7.4；13.1	0.03
Bi^{3+}	6	11.9	
Cu^{2+}	3，4	13；15.4	0.1
Hg^{2+}	2，…，4	22.1；24.7；26.8	

说明：酸式、碱式络合物及多核氢氧基络合物的化学式标明于 n 栏中。

附表3　氨羧络合剂类络合物的稳定常数（18～25℃，$I=0.1$）

金属离子	$\lg K$					NTA	
	DCyTA	DTPA	EDTA	EGTA	HEDTA	$\lg\beta_1$	$\lg\beta_2$
Ag^+			7.32	6.88	6.71	5.16	
Al^{3+}	19.5	18.6	16.13	13.9	14.3	11.4	
Ba^{2+}	8.69	8.87	7.86	8.41	6.3	4.82	
Be^{2+}	11.51		9.2			7.11	

（续）

金属离子	lgK					NTA	
	DCyTA	DTPA	EDTA	EGTA	HEDTA	lgβ_1	lgβ_2
Bi^{3+}	32.3	35.6	27.94		22.3	17.5	
Ca^{2+}	13.20	10.83	10.69	10.97	8.3	6.41	
Cd^{2+}	19.93	19.2	16.46	16.7	13.3	9.83	14.61
Co^{2+}	19.62	19.27	16.31	12.39	14.6	10.38	14.39
Co^{3+}			36		37.4	6.84	
Cr^{3+}			23.4			6.23	
Cu^{2+}	22.00	21.55	18.80	17.11	17.6	12.96	
Fe^{2+}	19.0	16.5	14.32	11.87	12.3	8.33	
Fe^{3+}	30.1	28.0	25.1	20.5	19.8	15.9	
Ga^{3+}	23.2	25.54	20.3		16.9	13.6	
Hg^{2+}	25.00	26.70	21.7	23.2	20.30	14.6	
In^{3+}	28.8	29.0	25.0		20.2	16.9	
Li^+			2.79			2.51	
Mg^{2+}	11.02	9.30	8.7	5.21	7.0	5.41	
Mn^{2+}	17.48	15.60	13.87	12.28	10.9	7.44	
$Mo(V)$			～28				
Na^+			1.66				1.22
Ni^{2+}	20.3	20.32	18.62	13.55	17.3	11.53	16.42
Pb^{2+}	20.38	18.80	18.04	14.71	15.7	11.39	
Pd^{2+}			18.5				
Sc^{2+}	26.1	24.5	23.1	18.2			24.1
Sn^{2+}			22.11				
Sr^{2+}	10.59	9.77	8.63	8.50	6.9	4.98	
Th^{4+}	25.6	28.78	23.2				
TiO^{2+}			17.3				
Tl^{3+}	38.3		37.8			20.9	32.5
$U(Ⅳ)$	27.6	7.69	25.8				
VO^{2+}	20.1		18.8				
Y^{3+}	19.85	22.13	18.09	17.16	14.78	11.41	20.43
Zn^{2+}	19.37	18.40	16.50	12.7	14.7	10.67	14.29
ZrO^{2+}		35.8	29.5			20.8	
稀土元素	17～22	19	16～20		13～16	10～12	

说明：EDTA：乙二胺四乙酸；DCyTA(或 DCTA、CyDTA)：1，2 -二胺基环己烷四乙酸；DTPA：二乙基三胺五乙酸；EGTA：乙二醇二乙醚二胺四乙酸；HEDTA：N -β 羟基乙基乙二胺三乙酸；NTA：氨三乙酸。

附表 4　微溶化合物的活度积和溶度积(25℃)

化合物	$I=0.1mol/kg$		$I=0mol/kg$	
	K_{sp}^0	pK_{sp}^0	K_{sp}	pK_{sp}
AgAc	2×10^{-3}	2.7	8×10^{-3}	2.1
AgCl	1.77×10^{-10}	9.75	3.2×10^{-10}	9.50
AgBr	4.95×10^{-13}	12.31	8.7×10^{-13}	12.06
AgI	8.3×10^{-17}	16.08	1.48×10^{-16}	15.83
Ag_2CrO_4	1.12×10^{-12}	11.95	5×10^{-12}	11.3
AgSCN	1.07×10^{-12}	11.97	2×10^{-12}	11.7
AgCN	1.2×10^{-16}	15.92		
Ag_2S	6×10^{-50}	49.2	6×10^{-49}	48.2
Ag_2SO_4	1.58×10^{-5}	4.80	8×10^{-5}	4.1
$Ag_2C_2O_4$	1×10^{-11}	11.0	4×10^{-11}	10.4
Ag_3AsO_4	1.12×10^{-20}	19.95	1.3×10^{-19}	18.9
Ag_3PO_4	1.45×10^{-16}	15.34	2×10^{-15}	14.7
AgOH	1.9×10^{-8}	7.71	3×10^{-8}	7.5
$Al(OH)_3$ 无定形	4.6×10^{-33}	32.34	3×10^{-32}	31.5
$BaCrO_4$	1.17×10^{-10}	9.93	8×10^{-10}	9.1
$BaCO_3$	4.9×10^{-9}	8.31	3×10^{-8}	7.5
$BaSO_4$	1.07×10^{-10}	9.97	6×10^{-10}	9.2
BaC_2O_4	1.6×10^{-7}	6.79	1×10^{-6}	6.0
BaF_2	1.05×10^{-6}	5.98	5×10^{-6}	5.3
$Bi(OH)_2Cl$	1.8×10^{-31}	30.75		
$Ca(OH)_2$	5.5×10^{-6}	6.26	1.3×10^{-5}	4.9
$CaCO_3$	3.8×10^{-9}	8.42	3×10^{-8}	7.5
CaC_2O_4	2.3×10^{-9}	8.64	1.6×10^{-8}	7.8
CaF_2	3.4×10^{-11}	10.47	1.6×10^{-10}	9.8
$Ca(PO_4)_2$	1×10^{-26}	26.0	1×10^{-23}	23
$CaSO_4$	2.4×10^{-5}	4.62	1.6×10^{-4}	3.8
$CdCO_3$	3×10^{-14}	13.5	1.6×10^{-13}	12.8
CdC_2O_4	1.51×10^{-8}	7.82	1×10^{-7}	7.0
$Cd(OH)_2$（新析出）	3×10^{-14}	13.5	5×10^{-14}	13.2
CdS	8×10^{-27}	26.1	5×10^{-26}	25.3
$Ce(OH)_3$	6×10^{-21}	20.2	3×10^{-20}	19.5

化合物	$I=0.1mol/kg$		$I=0mol/kg$	
	K_{sp}^0	pK_{sp}^0	K_{sp}	pK_{sp}
CePO$_4$	2×10^{-20}	23.7		
Co(OH)$_2$（新析出）	1.6×10^{-15}	14.8	4×10^{-15}	14.4
CoSα 型	4×10^{-21}	20.4	3×10^{-20}	19.5
CoSβ 型	2×10^{-25}	24.7	1.3×10^{-24}	23.9
Cr(OH)$_3$	1×10^{-31}	31.0	5×10^{-31}	30.3
CuI	1.10×10^{-12}	11.96	2×10^{-12}	11.7
CuSCN			2×10^{-13}	12.7
CuS	6×10^{-36}	35.2	4×10^{-35}	34.4
Cu(OH)$_2$	2.6×10^{-19}	18.59	6×10^{-19}	18.2
Fe(OH)$_2$	8×10^{-16}	15.1	2×10^{-15}	14.7
FeCO$_3$	3.2×10^{-11}	10.50	2×10^{-10}	9.7
FeS	6×10^{-18}	17.2	4×10^{-17}	16.4
Fe(OH)$_3$	3×10^{-39}	38.5	1.3×10^{-38}	37.9
Hg$_2$Cl$_2$	1.32×10^{-18}	17.88	6×10^{-18}	17.2
HgS（黑）	1.6×10^{-52}	51.8	1×10^{-51}	51
（红）	4×10^{-53}	52.4		
Hg(OH)$_2$	4×10^{-26}	25.4	1×10^{-25}	25.0
KHC$_4$H$_4$O$_6$	3×10^{-4}	3.5		
K$_2$PtCl$_6$	1.10×10^{-5}	4.96		
LaF$_3$	1×10^{-24}	24.0		
La(OH)$_3$（新析出）	1.6×10^{-19}	18.8	8×10^{-19}	18.1
LaPO$_4$			4×10^{-23}	22.4 （$I=0.5mol/kg$）
MgCO$_3$	1×10^{-5}	5.0	6×10^{-5}	4.2
MgC$_2$O$_4$	8.5×10^{-5}	4.07	5×10^{-4}	3.3
Mg(OH)$_2$	1.8×10^{-11}	10.74	4×10^{-11}	10.4
MgNH$_4$PO$_4$	3×10^{-13}	12.6		
MnCO$_3$	5×10^{-10}	9.30	3×10^{-9}	8.5
Mn(OH)$_2$	1.9×10^{-13}	12.72	5×10^{-13}	12.3
MnS（无定形）	3×10^{-10}	9.5	6×10^{-9}	8.8
MnS（晶形）	3×10^{-13}	12.5		
Ni(OH)$_2$（新析出）	2×10^{-15}	14.7	5×10^{-15}	14.3

（续）

化合物	$I=0.1mol/kg$		$I=0mol/kg$	
	K_{sp}^0	pK_{sp}^0	K_{sp}	pK_{sp}
NiSα 型	3×10^{-19}	18.5		
NiSβ 型	1×10^{-24}	24.0		
NiSγ 型	2×10^{-26}	25.7		
PbCO$_3$	8×10^{-14}	13.1	5×10^{-13}	12.3
PbCl$_2$	1.6×10^{-5}	4.79	8×10^{-5}	4.1
PbCrO$_4$	1.8×10^{-14}	13.75	1.3×10^{-13}	12.9
PbI$_2$	6.5×10^{-9}	8.19	3×10^{-8}	7.5
Pb(OH)$_2$	8.1×10^{-17}	16.09	2×10^{-16}	15.7
PbS	3×10^{-27}	26.6	1.6×10^{-26}	25.8
PbSO$_4$	1.7×10^{-8}	7.78	1×10^{-7}	7.0
SrCO$_3$	9.3×10^{-10}	9.03	6×10^{-9}	8.2
SrC$_2$O$_4$	5.6×10^{-8}	7.25	3×10^{-7}	6.5
SrCrO$_4$	2.2×10^{-5}	4.65		
SrF$_2$	2.5×10^{-9}	8.61	1×10^{-8}	8.0
SrSO$_4$	3×10^{-7}	6.5	1.6×10^{-6}	5.8
Sn(OH)$_2$	8×10^{-29}	28.1	2×10^{-28}	27.7
SnS	1×10^{-25}	25.0		
Th(C$_2$O$_4$)$_2$	1×10^{-22}	22.0		
Th(OH)$_4$	1.3×10^{-45}	44.9	1×10^{-44}	44.0
TiO(OH)$_2$	1×10^{-29}	29.0	3×10^{-29}	28.5
ZnCO$_3$	1.7×10^{-11}	10.78	1×10^{-10}	10.0
Zn(OH)$_2$（新析出）	2.1×10^{-16}	15.68	5×10^{-16}	15.3
ZnSα 型	1.6×10^{-24}	23.8		
ZnSβ 型	5×10^{-25}	24.3		
ZrO(OH)$_2$	6×10^{-49}	48.2	1×10^{-47}	47.0

附表 5　标准电极电势(298.15K)

附表 5-1　在碱性溶液中

电对	电极反应	φ^0(V)
Ca(OH)$_2$/Ca	Ca(OH)$_2$+2e$^-$ $\rightleftharpoons$ Ca+2OH$^-$	−3.02
Mg(OH)$_2$/Mg	Mg(OH)$_2$+2e$^-$ $\rightleftharpoons$ Mg+2OH$^-$	−2.69
H$_2$AlO$_3^-$/Al	H$_2$AlO$_3^-$+H$_2$O+3e$^-$ $\rightleftharpoons$ Al+4OH$^-$	−2.35
Mn(OH)$_2$/Mn	Mn(OH)$_2$+2e$^-$ $\rightleftharpoons$ Mn+2OH$^-$	−1.56

（续）

电对	电极反应	$\varphi^{\theta}(\mathrm{V})$
ZnS/Zn	$ZnS+2e^- \rightleftharpoons Zn+S^{2-}$	-1.405
$[Zn(CN)_4]^{2-}/Zn$	$[Zn(CN)_4]^{2-}+2e^- \rightleftharpoons Zn+4CN^-$	-1.26
ZnO_2^{2-}/Zn	$ZnO_2^{2-}+2H_2O+2e^- \rightleftharpoons Zn+4OH^-$	-1.216
As/AsH_3	$As+3H_2O+3e^- \rightleftharpoons AsH_3+3OH^-$	-1.21
$[Zn(NH_3)_4]^{2+}/Zn$	$[Zn(NH_3)_4]^{2+}+2e^- \rightleftharpoons Zn+4NH_3$	-1.04
$[Sn(OH)_6]^{2-}/HSnO_2$	$[Sn(OH)_6]^{2-}+2e^- \rightleftharpoons HSnO_2^-+3OH^-+H_2O$	-0.909
H_2O/H_2	$2H_2O+2e^- \rightleftharpoons H_2+2OH^-$	-0.8277
AsO_4^{3-}/AsO_2^-	$AsO_4^{3-}+2H_2O+2e^- \rightleftharpoons AsO_2^-+4OH^-$	-0.67
Ag_2S/Ag	$Ag_2S+2e^- \rightleftharpoons 2Ag+S^{2-}$	-0.66
SO_3^{2-}/S	$SO_3^2+3H_2O+4e^- \rightleftharpoons S+6OH^-$	-0.66
$Fe(OH)_3/Fe(OH)_2$	$Fe(OH)_3+e^- \rightleftharpoons Fe(OH)_2+OH^-$	-0.56
S/S^{2-}	$S+2e^- \rightleftharpoons S^2$	-0.447
$Cu(OH)_2/Cu$	$Cu(OH)_2+2e^- \rightleftharpoons Cu+2OH^-$	-0.224
$Cu(OH)_2/Cu_2O$	$2Cu(OH)_2+2e^- \rightleftharpoons Cu_2O+2OH^-+H_2O$	-0.09
O_2/HO_2^-	$O_2+H_2O+2e^- \rightleftharpoons HO_2^-+OH^-$	-0.076
$MnO_2/Mn(OH)_2$	$MnO_2+2H_2O+2e^- \rightleftharpoons Mn(OH)_2+2OH^-$	-0.05
NO_3^-/NO_2^-	$NO_3^-+H_2O+2e^- \rightleftharpoons NO_2^-+2OH^-$	$+0.01$
$S_4O_6^{2-}/S_2O_3^{2-}$	$S_4O_6^{2-}+2e^- \rightleftharpoons 2S_2O_3^{2-}$	$+0.09$
$[Co(NH_3)_6]^{3+}/[Co(NH_3)_6]^{2+}$	$[Co(NH_3)_6]^{3+}+e^- \rightleftharpoons [Co(NH_3)_6]^{2+}$	$+0.1$
IO_3^-/I^-	$IO_3^-+3H_2O+6e^- \rightleftharpoons I^-+6OH^-$	$+0.26$
ClO_3^-/ClO_2^-	$ClO_3^-+H_2O+2e^- \rightleftharpoons ClO_2^-+2OH^-$	$+0.33$
$[Ag(NH_3)_2]^+/Ag$	$[Ag(NH_3)_2]^++e^- \rightleftharpoons Ag+2NH_3$	$+0.373$
O_2/HO_2^-	$O_2+2H_2O+4e^- \rightleftharpoons 4OH^-$	$+0.401$
IO^-/I^-	$IO^-+H_2O+2e^- \rightleftharpoons I^-+2OH^-$	$+0.49$
BrO_3/BrO	$BrO_3^-+2H_2O+4e^- \rightleftharpoons BrO^-+4OH^-$	$+0.54$
IO_3^-/IO^-	$IO_3^-+2H_2O+4e^- \rightleftharpoons IO^-+4OH^-$	$+0.56$
MnO_4^-/MnO_4^{2-}	$MnO_4^-+e^- \rightleftharpoons MnO_4^{2-}$	$+0.564$
MnO_4^-/MnO_2	$MnO_4^-+2H_2O+3e^- \rightleftharpoons MnO_2+4OH^-$	$+0.588$
BrO_3^-/Br^-	$BrO_3^-+3H_2O+6e^- \rightleftharpoons Br^-+6OH^-$	$+0.61$
ClO_3/Cl^-	$ClO_3+3H_2O+6e^- \rightleftharpoons Cl^-+6OH^-$	$+0.62$
BrO^-/Br^-	$BrO^-+H_2O+2e^- \rightleftharpoons Br^-+2OH^-$	$+0.76$
HO_2^-/OH^-	$HO_2^-+H_2O+2e^- \rightleftharpoons 3OH^-$	$+0.88$
ClO^-/Cl^-	$ClO^-+H_2O+2e^- \rightleftharpoons Cl^-+2OH^-$	$+0.90$
O_3/OH^-	$O_3+H_2O+2e^- \rightleftharpoons O_2+2OH^-$	$+1.24$

标准电极电势表(298.15K)

附表 5－2　在酸性溶液中

电对	电极反应	$\varphi^{\theta}(V)$
Li^+/Li	$Li^+ + e^- \Longrightarrow Li$	-3.045
Rb^+/Rb	$Rb^+ + e^- \Longrightarrow Rb$	-2.925
K^+/K	$K^+ + e^- \Longrightarrow K$	-2.924
Cs^+/Cs	$Cs^+ + e^- \Longrightarrow Cs$	-2.923
Ba^{2+}/Ba	$Ba^{2+} + 2e^- \Longrightarrow Ba$	-2.90
Ca^{2+}/Ca	$Ca^{2+} + 2e^- \Longrightarrow Ca$	-2.87
Na^+/Na	$Na^+ + e^- \Longrightarrow Na$	-2.714
Mg^{2+}/Mg	$Mg^{2+} + 2e^- \Longrightarrow Mg$	-2.375
$[AlF_6]^{3-}/Al$	$[AlF_6]^{3-} + 3e^- \Longrightarrow Al + 6F^-$	-2.07
Al^{3+}/Al	$Al^{3+} + 3e^- \Longrightarrow Al$	-1.66
Mn^{2+}/Mn	$Mn^{2+} + 2e^- \Longrightarrow Mn$	-1.182
Zn^{2+}/Zn	$Zn^{2+} + 2e^- \Longrightarrow Zn$	-0.763
Cr^{3+}/Cr	$Cr^{3+} + 3e^- \Longrightarrow Cr$	-0.74
Ag_2S/Ag	$Ag_2S + 2e^- \Longrightarrow 2Ag + S^{2-}$	-0.69
$CO_2/H_2C_2O_4$	$2CO_2 + 2H^+ + 2e^- \Longrightarrow H_2C_2O_4$	-0.49
S/S^{2-}	$S + 2e^- \Longrightarrow S^{2-}$	-0.48
Fe^{3+}/Fe	$Fe^{3+} + 3e^- \Longrightarrow Fe$	-0.44
Co^{2+}/Co	$Co^{2+} + 2e^- \Longrightarrow Co$	-0.277
Ni^{2+}/Ni	$Ni^{2+} + 2e^- \Longrightarrow Ni$	-0.246
AgI/Ag	$AgI + e^- \Longrightarrow Ag + I^-$	-0.152
Sn^{2+}/Sn	$Sn^{2+} + 2e^- \Longrightarrow Sn$	-0.136
Pb^{2+}/Pb	$Pb^{2+} + 2e^- \Longrightarrow Pb$	-0.126
Fe^{2+}/Fe	$Fe^{2+} + 2e^- \Longrightarrow Fe$	-0.036
$AgCN/Ag$	$AgCN + e^- \Longrightarrow Ag + CN^-$	-0.02
H^+/H_2	$2H^+ + 2e^- \Longrightarrow H_2$	0.000
$AgBr/Ag$	$AgBr + e^- \Longrightarrow Ag + Br^-$	$+0.071$
$S_4O_6^{2-}/S_2O_3^{2-}$	$S_4O_6^{2-} + 2e^- \Longrightarrow 2S_2O_3^{2-}$	$+0.08$
S/H_2S	$S + 2H^+ + 2e^- \Longrightarrow H_2S(aq)$	$+0.141$
Sn^{4+}/Sn^{2+}	$Sn^{4+} + 2e^- \Longrightarrow Sn^{2+}$	$+0.154$
Cu^{2+}/Cu^+	$Cu^{2+} + e^- \Longrightarrow Cu^+$	$+0.159$

电对	电极反应	φ^0（V）
SO_4^{2-}/SO_2	$SO_4^{2-}+4H^++2e^-\Longrightarrow SO_2(aq)+2H_2O$	$+0.17$
$AgCl/Ag$	$AgCl+e^-\Longrightarrow Ag+Cl^-$	$+0.2223$
Hg_2Cl_2/Hg	$Hg_2Cl_2+2e^-\Longrightarrow 2Hg+2Cl^-$	$+0.2676$
Cu^{2+}/Cu	$Cu^{2+}+2e^-\Longrightarrow Cu$	$+0.337$
$[Fe(CN)_6]^{3-}/[Fe(CN)_6]^{4-}$	$[Fe(CN)_6]^{3-}+e^-\Longrightarrow[Fe(CN)_6]^{4-}$	$+0.36$
$(CN)_2/HCN$	$(CN)_2+2H^++2e^-\Longrightarrow 2HCN$	$+0.37$
$[Ag(NH_3)_2]^+/Ag$	$[Ag(NH_3)_2]^++e^-\Longrightarrow Ag+2NH_3$	$+0.373$
$H_2SO_3/S_2O_3^{2-}$	$2H_2SO_3+2H^++4e^-\Longrightarrow S_2O_3^2+3H_2O$	$+0.40$
O_2/OH^-	$O_2+2H_2O+4e^-\Longrightarrow 4OH^-$	$+0.41$
H_2SO_3/S	$H_2SO_3+4H^++4e^-\Longrightarrow S+3H_2O$	$+0.45$
Cu^+/Cu	$Cu^++e^-\Longrightarrow Cu$	$+0.52$
I_2/I^-	$I_2+2e^-\Longrightarrow 2I^-$	$+0.536$
$H_3AsO_4/HAsO_2$	$H_3AsO_4+2H^++2e^-\Longrightarrow HAsO_2+2H_2O$	$+0.559$
MnO_4^-/MnO_4^{2-}	$MnO_4^-+e^-\Longrightarrow MnO_4^{2-}$	$+0.564$
O_2/H_2O_2	$O_2+2H^++2e^-\Longrightarrow H_2O_2$	$+0.682$
$[PtCl_4]^{2-}/Pt$	$[PtCl_4]^{2-}+2e^-\Longrightarrow Pt+4Cl^-$	$+0.73$
$(CNS)_2/CNS^-$	$(CNS)_2+2e^-\Longrightarrow 2CNS^-$	$+0.77$
Fe^{3+}/Fe^{2+}	$Fe^{3+}+e^-\Longrightarrow Fe^{2+}$	$+0.771$
Hg_2^{2+}/Hg	$Hg_2^{2+}+2e^-\Longrightarrow 2Hg$	$+0.793$
Ag^+/Ag	$Ag^++e^-\Longrightarrow Ag$	$+0.7995$
Hg^{2+}/Hg	$Hg^{2+}+2e^-\Longrightarrow Hg$	$+0.854$
Cu^{2+}/Cu_2I_2	$2Cu^{2+}+2I^-+2e^-\Longrightarrow Cu_2I_2$	$+0.86$
Hg^{2+}/Hg_2^{2+}	$2Hg^{2+}+2e^-\Longrightarrow Hg_2^{2+}$	$+0.920$
HNO_2/NO	$HNO_2+H^++e^-\Longrightarrow NO+H_2O$	$+0.99$
NO_2/NO	$NO_2+2H^++2e^-\Longrightarrow NO+H_2O$	$+1.03$
Br_2/Br^-	$Br_2(1)+2e^-\Longrightarrow 2Br^-$	$+1.065$
Br_2/Br^-	$Br_2(aq)+2e^-\Longrightarrow 2Br^-$	$+1.087$
$Cu^{2+}/[Cu(CN)_2]^-$	$Cu^{2+}+2CN^-+e^-\Longrightarrow[Cu(CN)_2]^-$	$+1.12$
ClO_3^-/ClO_2	$ClO_3^-+2H^++e^-\Longrightarrow ClO_2+H_2O$	$+1.15$
IO_3^-/I_2	$2IO_3^-+12H^++10e^-\Longrightarrow I_2+6H_2O$	$+1.20$
$ClO_3^-/HClO_2$	$ClO_3^-+3H^++2e^-\Longrightarrow HClO_2+H_2O$	$+1.21$
O_2/H_2O	$O_2+4H^++4e^-\Longrightarrow 2H_2O$	$+1.229$

(续)

电对	电极反应	φ^{θ} (V)
MnO_2/Mn^{2+}	$MnO_2+4H^++2e^-\rightleftharpoons Mn^{2+}+2H_2O$	$+1.23$
$Cr_2O_7^{2-}/Cr^{3+}$	$Cr_2O_7^{2-}+14H^++6e^-\rightleftharpoons 2Cr^{3+}+7H_2O$	$+1.33$
Cl_2/Cl^-	$Cl_2+2e^-\rightleftharpoons 2Cl^-$	$+1.36$
BrO_3^-/Br^-	$BrO_3^-+6H^++6e^-\rightleftharpoons Br^-+3H_2O$	$+1.44$
ClO_3^-/Cl^-	$ClO_3^-+6H^++6e^-\rightleftharpoons Cl^-+3H_2O$	$+1.45$
PbO_2/Pb^{2+}	$PbO_2+4H^++2e^-\rightleftharpoons Pb^{2+}+2H_2O$	$+1.455$
ClO_3^-/Cl_2	$2ClO_3^-+12H^++10e^-\rightleftharpoons Cl_2+6H_2O$	$+1.47$
Au^{3+}/Au	$Au^{3+}+3e^-\rightleftharpoons Au$	$+1.498$
MnO_4^-/Mn^{2+}	$MnO_4^-+8H^++5e^-\rightleftharpoons Mn^{2+}+4H_2O$	$+1.51$
Ce^{4+}/Ce^{3+}	$Ce^{4+}+e^-\rightleftharpoons Ce^{3+}$	$+1.61$
MnO_4^-/MnO_2	$MnO_4^-+4H^++3e^-\rightleftharpoons MnO_2+2H_2O$	$+1.695$
H_2O_2/H_2O	$H_2O_2+2H^++2e^-\rightleftharpoons 2H_2O$	$+1.776$
$S_2O_8^{2-}/SO_4^{2-}$	$S_2O_8^{2-}+2e^-\rightleftharpoons 2SO_4^{2-}$	$+2.01$
O_3/O_2	$O_3+2H^++2e^-\rightleftharpoons O_2+H_2O$	$+2.07$
F_2/F^-	$F_2+2e^-\rightleftharpoons 2F^-$	$+2.87$
F_2/HF	$F_2+2H^++2e^-\rightleftharpoons 2HF$	$+3.06$

附表 6　部分氧化还原半反应的条件电极电位

半反应	φ^{θ} (V)	介质
$Ag^++e^-\rightleftharpoons Ag$	0.228	1mol/L HCl
$AgCl+e^-\rightleftharpoons Ag+Cl^-$	0.2880	0.1mol/L KCl
	0.2223	1mol/L KCl
	0.200	饱和 KCl
$H_3AsO_4+2H^++2e^-\rightleftharpoons HAsO_3+2H_2O$	0.557	1mol/L HCl，$HClO_4$
	0.07	1mol/L NaOH
	-0.16	5mol/L NaOH
$Cd^{2+}+2e^-\rightleftharpoons Cd$	-0.8	8mol/L KOH
$Ce^{4+}+e^-\rightleftharpoons Ce^{3+}$	1.70	1mol/L $HClO_4$
	1.71	2mol/L $HClO_4$
	1.75	4mol/L $HClO_4$
	1.82	6mol/L $HClO_4$
	1.87	8mol/L $HClO_4$
	1.62	2mol/L HNO_3
	1.44	0.5mol/L H_2SO_4
	1.43	2mol/L H_2SO_4
	1.28	1mol/L HCl

（续）

半反应	$\varphi^{\theta'}$（V）	介质
$Co^{3+}+e^-\Longrightarrow Co^{2+}$	1.84	3mol/L HNO_3
$Co(乙二胺)_3^{3+}+e^-\Longrightarrow Co(乙二胺)_3^{2+}$	-0.2	0.1mol/L KNO_3＋0.1mol/L 乙二胺
$Cr^{3+}+e^-\Longrightarrow Cr^{2+}$	-0.40	5mol/L HCl
$Cr_2O_7^{2-}+14H^++6e^-\Longrightarrow 2Cr^{3+}+7H_2O$	0.93 1.00 1.05 1.15 0.92 1.10 0.84 1.025 1.27	0.1mol/L HCl 1mol/L HCl 2mol/L HCl 4mol/L HCl 0.1mol/L H_2SO_4 2mol/L H_2SO_4 0.1mol/L $HClO_4$ 1mol/L $HClO_4$ 1mol/L NaOH
$Cu^{2+}+e^-\Longrightarrow Cu^+$	-0.09	pH＝14
$Fe^{3+}+e^-\Longrightarrow Fe^{2+}$	0.732	1mol/L $HClO_4$
$Fe^{3+}+e^-\Longrightarrow Fe^{2+}$	0.72 0.68 0.46 0.70 -0.7 0.51	0.5mol/L HCl 1mol/L H_2SO_4 2mol/L H_3PO_4 1mol/L HNO_3 pH＝4 1mol/L HCl＋0.5mol/L H_3PO_4
$Fe(CN)_6^{3-}+e^-\Longrightarrow Fe(CN)_6^{4-}$	0.56 0.70 0.41 0.72 0.46	0.1mol/L HCl 1mol/L HCl pH＝4～13 1mol/L $HClO_4$ 0.01mol/L NaOH
$Fe(EDTA)^-+e^-\Longrightarrow Fe(EDTA)^{-2-}$	0.12	0.1mol/LEDTA　pH＝4～6
$I_3^-+2e^-\Longrightarrow 3I^-$	0.5446	0.5mol/L H_2SO_4
$I_2(水)+2e^-\Longrightarrow 2I^-$	0.6276	0.5mol/L H_2SO_4
$Hg_2^{2+}+2e^-\Longrightarrow 2Hg$	0.33 0.28 0.24 0.66 0.274	0.1mol/L KCl 1mol/L KCl 饱和 KCl 4mol/L $HClO_4$ 1mol/L HCl
$2Hg^{2+}+2e^-\Longrightarrow Hg_2^{2+}$	0.28	1mol/L HCl
$MnO_4^-+8H^++5e^-\Longrightarrow Mn^{2+}+H_2O$	1.45 1.27	1mol/L $HClO_4$ 8mol/L H_3PO_4
$SnCl_6^{2-}+2e^-\Longrightarrow SnCl_4^{2-}+2Cl^-$	0.14	1mol/L HCl
$Sn^{2+}+2e^-\Longrightarrow Sn$	-0.16	1mol/L $HClO_4$

(续)

半反应	$\varphi^{\theta'}(\mathrm{V})$	介质
$\mathrm{Sb(V)}+2e^-\rightleftharpoons \mathrm{Sb(III)}$	0.75	3.5mol/L HCl
$\mathrm{Sb(OH)}_6^-+2e^-\rightleftharpoons \mathrm{SbO}_2^-+2\mathrm{OH}^-+2\mathrm{H_2O}$	−0.428	3mol/L NaOH
$\mathrm{SbO}_2^-+2\mathrm{H_2O}+2e^-\rightleftharpoons \mathrm{Sb}+4\mathrm{OH}^-$	−0.675	10mol/L KOH
$\mathrm{Ti(IV)}+e^-\rightleftharpoons \mathrm{Ti(III)}$	−0.01 0.12 −0.04 −0.05	0.2mol/L H_2SO_4 2mol/L H_2SO_4 1mol/L HCl 1mol/L H_3PO_4
$\mathrm{Pb(II)}+2e^-\rightleftharpoons \mathrm{Pb}$	−0.32	1mol/LNaAc

附表7 国际相对原子质量表

元素	符号	相对原子质量	元素	符号	相对原子质量	元素	符号	相对原子质量
银	Ag	107.8682	铪	Hf	178.49	铷	Rb	85.4678
铝	Al	26.98154	汞	Hg	200.59	铼	Re	186.207
氩	Ar	39.948	钬	Ho	164.93	铑	Rh	102.9055
砷	As	74.9216	碘	I	126.9045	钌	Ru	101.072
金	Au	196.9665	铟	In	114.82	硫	S	32.066
硼	B	10.811	铱	Ir	192.22	锑	Sb	121.76
钡	Ba	137.33	钾	K	39.0983	钪	Sc	44.9559
铍	Be	9.0122	氪	Kr	83.80	硒	Se	78.963
铋	Bi	208.9804	镧	La	138.9055	硅	Si	28.0855
溴	Br	79.904	锂	Li	6.941	钐	Sm	150.36
碳	C	12.011	镥	Lu	174.967	锡	Sn	118.71
钙	Ca	40.078	镁	Mg	24.305	锶	Sr	87.62
镉	Cd	112.41	锰	Mn	54.938	钽	Ta	180.9479
铈	Ce	140.12	钼	Mo	95.94	铽	Tb	158.9
氯	Cl	35.453	氮	N	14.0067	碲	Te	127.60
钴	Co	58.9332	钠	Na	22.9898	钍	Th	232.0381
铬	Cr	51.9961	铌	Nb	92.906	钛	Ti	47.867
铯	Cs	132.9054	钕	Nd	144.24	铊	Tl	204.383
铜	Cu	63.546	氖	Ne	20.1797	铥	Tm	168.93
镝	Dy	162.50	镍	Ni	58.69	铀	U	238.0289
铒	Er	167.26	镎	Np	237.05	钒	V	50.9415
铕	Eu	151.964	氧	O	15.9994	钨	W	183.84
氟	F	18.9984	锇	Os	190.23	氙	Xe	131.29
铁	Fe	55.845	磷	P	30.9738	钇	Y	88.9059
镓	Ga	69.723	铅	Pb	207.2	镱	Yb	173.04
钆	Gd	157.25	钯	Pd	106.42	锌	Zn	65.39
锗	Ge	72.61	镨	Pr	140.9077	锆	Zr	91.224
氢	H	1.0079	铂	Pt	195.078			
氦	He	4.0026	镭	Ra	226.0254			

附表 8　常见化合物的相对分子质量

化合物	摩尔质量	化合物	摩尔质量	化合物	摩尔质量
Ag_2AsO_4	462.52	$CO(NH_2)_2$	60.06	$Cu(NO_3)_2$	187.56
$AgBr$	187.77	CO_2	44.01	$Cu(NO_3)_2 \cdot 3H_2O$	241.60
$AgCl$	143.32	CaO	56.08	CuO	79.545
$AgCN$	133.89	$CaCO_3$	100.09	Cu_2O	143.09
$AgSCN$	165.95	CaC_2O_4	128.10	CuS	95.61
Ag_2CrO_4	331.73	$CaCl_2$	110.98	$CuSO_4$	159.61
AgI	234.77	$CaCl_2 \cdot 6H_2O$	219.08	$CuSO_4 \cdot 5H_2O$	249.69
$AgNO_3$	169.87	$Ca(NO_3)_2 \cdot 4H_2O$	236.15		
$AlCl_3$	l33.34	$Ca(OH)_2$	74.09	$FeCl_2$	126.75
$AlCl_3 \cdot 6H_2O$	241.43	$Ca_3(PO_4)_2$	310.18	$FeCl_2 \cdot 4H_2O$	198.81
$Al(NO_3)_3$	213.00	$CaSO_4$	136.14	$FeCl_3$	162.21
$Al(NO_3)_3 \cdot 9H_2O$	375.13	$CdCO_3$	172.42	$FeCl_3 \cdot 6H_2O$	270.30
Al_2O_3	101.96	$CdCl_2$	183.32	$FeNH_4(SO_4)_2 \cdot 12H_2O$	482.20
$Al(OH)_3$	78.00	CdS	144.48	$Fe(NO_3)_3$	241.86
$Al_2(SO_4)_3$	342.15	$Ce(SO_4)_2$	322.24	$Fe(NO_3)_3 \cdot 9H_2O$	404.00
$Al_2(SO_4)_3 \cdot 18H_2O$	666.43	$Ce(SO_4)_2 \cdot 4H_2O$	404.30	FeO	71.846
As_2O_3	197.84	$CoCl_2$	129.84	Fe_2O_3	159.69
As_2O_5	229.84	$CdCl_2 \cdot 6H_2O$	237.93	Fe_3O_4	231.54
As_2S_3	246.04	$Co(NO_3)_2$	182.94	$Fe(OH)_3$	106.87
		$Co(NO_3)_2 \cdot 6H_2O$	291.03	FeS	87.91
$BaCO_3$	197.34	CoS	90.999	Fe_2S_3	207.89
BaC_2O_4	225.35	$CoSO_4$	154.997	$FeSO_4$	151.91
$BaCl_2$	208.24	$CrCl_3$	158.35	$FeSO_4 \cdot 7H_2O$	278.02
$BaCl_2 \cdot 2H_2O$	244.27	$CrCl_3 \cdot 6H_2O$	266.45	$FeSO_4(NH_4)_2SO_4 \cdot 6H_2O$	392.14
$BaCrO4$	253.32	$Cr(NO_3)_3$	238.01		
BaO	153.33	Cr_2O_3	151.99	H_3AsO_3	125.94
$Ba(OH)_2$	171.34	$CuCl$	98.999	H_3AsO_4	141.94
$BaSO_4$	233.39	$CuCl_2$	134.45	H_3BO_3	61.83
$BiCl_3$	315.34	$CuCl_2 \cdot 2H_2O$	170.48	HBr	80.912
$BiOCl$	260.43	$CuSCN$	121.63	HCN	27.026
		CuI	190.45	$HCOOH$	46.026

（续）

化合物	摩尔质量	化合物	摩尔质量	化合物	摩尔质量
CH_3COOH	60.053	KCl	74.551	$MgNH_4PO_4$	137.32
H_2CO_3	62.025	$KClO_3$	122.55	MgO	40.304
$H_2C_2O_4$	90.035	$KClO_4$	138.55	$Mg(OH)_2$	58.32
$H_2C_2O_4 \cdot 2H_2O$	126.07	KCN	65.116	$Mg_2P_2O_7$	222.55
HCl	36.461	$KSCN$	97.18	$MgSO_4 \cdot 7H_2O$	246.48
HF	20.006	K_2CO_3	138.21	$MnCO_3$	114.95
HI	127.91	K_2CrO_4	194.19	$MnCl_2 \cdot 4H_2O$	197.90
HIO_3	175.91	$K_2Cr_2O_7$	294.18	$Mn(NO_3)_2 \cdot 6H_2O$	287.04
HNO_3	63.013	$K_3Fe(CN)_6$	329.25	MnO	70.937
HNO_2	47.013	$K_4Fe(CN)_6$	368.35	MnO_2	86.937
H_2O	18.015	$KFe(SO_4)_2 \cdot 12H_2O$	503.26	MnS	87.00
H_2O_2	34.015	$KHC_2O_4 \cdot H_2O$	146.14	$MnSO_4$	151.00
H_3PO_4	97.995	$KHC_2O_4 \cdot H_2C_2O_4 \cdot 2H_2O$	254.19	$MnSO_4 \cdot 4H_2O$	223.06
H_2S	34.08	$KHC_4H_4O_6$	188.18		
H_2SO_3	82.07	$KHSO_4$	136.16	NO	30.006
H_2SO_4	98.07	KI	166.00	NO_2	46.006
$Hg(CN)_2$	252.63	KIO_3	214.00	NH_3	17.03
$HgCl_2$	271.50	$KIO_3 \cdot HIO_3$	389.91	CH_3COONH_3	77.083
Hg_2Cl_2	472.09	$KMnO_4$	158.03	NH_4Cl	53.491
HgI_2	454.40	$KNaC_4H_4O_6 \cdot 4H_4O$	282.22	$(NH_4)_2CO_3$	96.086
$Hg_2(NO_3)_2$	525.19	KNO_3	101.10	$(NH_4)_2C_2O_4$	124.10
$Hg_2(NO_3)_2 \cdot 2H_2O$	561.22	KNO_2	85.104	$(NH_4)_2C_2O_4 \cdot H_2O$	142.11
$Hg(NO_3)_2$	324.60	K_2O	94.196	NH_4SCN	76.12
HgO	216.59	KOH	56.106	NH_4HCO_3	79.056
HgS	232.65	K_2SO_4	174.26	$(NH_4)_2MoO_4$	196.01
$HgSO_4$	296.65			NH_4NO_3	80.043
Hg_2SO_4	497.24	$MgCO_3$	84.314	$(NH_4)_2HPO_4$	132.06
		$MgCl_2$	95.210	$(NH_4)_2S$	68.14
$KAl(SO_4)_2 \cdot 12H_2O$	474.38	$MgCl_2 \cdot 6H_2O$	203.30	$(NH_4)_2SO_4$	132.13
KBr	119.00	MgC_2O_4	112.33	NH_4VO_3	116.98
$KBrO_3$	167.00	$Mg(NO_3)_2 \cdot 6H_2O$	256.41	Na_3AsO_3	191.89

（续）

化合物	摩尔质量	化合物	摩尔质量	化合物	摩尔质量
$Na_2B_4O_7$	201.22	NiO	74.69	$SnCl_2$	189.62
$Na_2B_4O_7 \cdot 10H_2O$	381.37	$Ni(NO_3)_2 \cdot 6H_2O$	290.79	$SnCl_2 \cdot 2H_2O$	225.65
$NaBiO_3$	279.97	NiS	90.76	$SnCl_4$	260.52
NaCN	49.007	$NiSO_4 \cdot 7H_2O$	280.85	$SnCl_4 \cdot 5H_2O$	350.760
NaSCN	81.07			SnO_2	150.71
Na_2CO_3	105.99	P_2O_5	141.94	SnS	150.78
$Na_2CO_3 \cdot 10H_2O$	286.14	$PbCO_3$	267.20	$SrCO_3$	147.63
$Na_2C_2O_4$	134.00	PbC_2O_4	295.22	SrC_2O_4	175.64
CH_3COONa	82.034	$PbCl_2$	278.11	$SrCrO_4$	203.61
$CH_3COONa \cdot 3H_2O$	136.08	$PbCrO_4$	323.19	$Sr(NO_3)_2$	211.63
NaCl	58.443	$Pb(CH_3COO)_2$	325.30	$Sr(NO_3)_2 \cdot 4H_2O$	283.69
NaClO	74.442	$Pb(CH_3COO)_2 \cdot 3H_2O$	379.30	$SrSO_4$	183.68
$NaHCO_3$	84.007	PbI_2	461.00		
$Na_2HPO_4 \cdot 12H_2O$	358.14	$Pb(NO_2)_4$	331.21	$UO_2(CH_3COO)_2 \cdot 2H_2O$	424.15
$Na_2H_2Y \cdot 2H_2O$	372.24	PbO	223.21		
$NaNO_2$	68.995	PbO_2	239.20	$ZnCO_3$	125.40
$NaNO_3$	84.995	$Pb_3(PO_4)_2$	811.54	ZnC_2O_4	153.41
Na_2O	61.979	PbS	239.27	$ZnCl_2$	136.30
Na_2O_2	77.978	$PbSO_4$	303.26	$Zn(CH_3COO)_2$	183.48
NaOH	39.997			$Zn(CH_3COO)_2 \cdot 2H_2O$	219.51
Na_3PO_4	163.94	SO_3	80.06	$Zn(NO_3)_2$	189.40
Na_2S	78.05	SO_2	64.06	$Zn(NO_3)_2 \cdot 6H_2O$	297.49
$Na_2S \cdot 9H_2O$	240.18	$SbCl_3$	228.11	ZnO	81.39
$NaSO_3$	126.04	$SbCl_5$	299.02	ZnS	97.46
Na_2SO_4	142.04	Sb_2O_3	291.51	$ZnSO_4$	161.45
$Na_2S_2O_3$	158.11	Sb_2S_3	339.70	$ZnSO_4 \cdot 7H_2O$	287.56
$Na_2S_2O_3 \cdot 5H_2O$	248.19	SiF_4	104.08		
$NiCl_2 \cdot 6H_2O$	237.69	SiO_2	60.084		

附表 9　地表水环境质量标准(GB 3838—2002)

附表 9-1　地表水环境质量标准基本项目标准限值(单位：mg/L)

序号	项目／分类	Ⅰ类	Ⅱ类	Ⅲ类	Ⅳ类	Ⅴ类
1	水温(℃)	人为造成的环境水温变化应限制在：周平均最大温升≤1、周平均最大温降≤2				
2	pH 值(无量纲)	6～9				
3	溶解氧≥	饱和率90%(或7.5)	6	5	3	2
4	高锰酸盐指数≤	2	4	6	10	15
5	化学需氧量(COD)≤	15	15	20	30	40
6	五日生化需氧量(BOD$_5$)≤	3	3	4	6	10
7	氨氮(NH_3-N)≤	0.15	0.5	1.0	1.5	2.0
8	总磷(以 P 计)≤	0.02(湖、库 0.01)	0.1(湖、库 0.025)	0.2(湖、库 0.05)	0.3(湖、库 0.1)	0.4(湖、库 0.2)
9	总氮(湖、库，以 N 计)≤	0.2	0.5	1.0	1.5	2.0
10	铜≤	0.01	1.0	1.0	1.0	1.0
11	锌≤	0.05	1.0	1.0	2.0	2.0
12	氟化物(以 F-计)≤	1.0	1.0	1.0	1.5	1.5
13	硒≤	0.01	0.01	0.01	0.02	0.02
14	砷≤	0.05	0.05	0.05	0.1	0.1
15	汞≤	0.00005	0.00005	0.0001	0.001	0.001
16	镉≤	0.001	0.005	0.005	0.005	0.01
17	铬(六价)≤	0.01	0.05	0.05	0.05	0.1
18	铅≤	0.01	0.01	0.05	0.05	0.1
19	氰化物≤	0.005	0.05	0.2	0.2	0.2
20	挥发酚≤	0.002	0.002	0.005	0.01	0.1
21	石油类≤	0.05	0.05	0.05	0.5	1.0
22	阴离子表面活性剂≤	0.2	0.2	0.2	0.3	0.3
23	硫化物≤	0.05	0.1	0.2	0.5	1.0
24	粪大肠菌群(个/L)≤	200	2000	10000	20000	40000

附表9-2　集中式生活饮用水地表水源地补充项目标准限值(单位：mg/L)

序号	项目	标准值
1	硫酸盐(以 SO_4^{2-} 计)	250
2	氯化物(以 Cl^- 计)	250
3	硝酸盐(以 N 计)	10
4	铁	0.3
5	锰	0.1

附表9-3　集中式生活饮用水地表水源地特定项目标准限值(单位：mg/L)

序号	项目	标准值	序号	项目	标准值
1	三氯甲烷	0.06	24	氯苯	0.3
2	四氯化碳	0.002	25	1,2-二氯苯	1.0
3	三溴甲烷	0.1	26	1,4-二氯苯	0.3
4	二氯甲烷	0.02	27	三氯苯②	0.02
5	1,2-二氯乙烷	0.03	28	四氯苯③	0.02
6	环氧氯丙烷	0.02	29	六氯苯	0.05
7	氯乙烯	0.005	30	硝基苯	0.017
8	1,1-二氯乙烯	0.03	31	二硝基苯④	0.5
9	1,2-二氯乙烯	0.05	32	2,4-二硝基甲苯	0.0003
10	三氯乙烯	0.07	33	2,4,6-三硝基甲苯	0.5
11	四氯乙烯	0.04	34	硝基氯苯⑤	0.05
12	氯丁二烯	0.002	35	2,4-二硝基氯苯	0.5
13	六氯丁二烯	0.0006	36	2,4-二氯苯酚	0.093
14	苯乙烯	0.02	37	2,4,6-三氯苯酚	0.2
15	甲醛	0.9	38	五氯酚	0.009
16	乙醛	0.05	39	苯胺	0.1
17	丙烯醛	0.1	40	联苯胺	0.0002
18	三氯乙醛	0.01	41	丙烯酰胺	0.0005
19	苯	0.01	42	丙烯腈	0.1
20	甲苯	0.7	43	邻苯二甲酸二丁酯	0.003
21	乙苯	0.3	44	邻苯二甲酸己(2-乙基己基)酯	0.008
22	二甲苯①	0.5	45	水合肼	0.01
23	异丙苯	0.25	46	四乙基铅	0.0001

（续）

序号	项目	标准值	序号	项目	标准值
47	吡啶	0.2	64	溴氰菊酯	0.02
48	松节油	0.2	65	阿拉特津	0.003
49	苦味酸	0.5	66	苯并(a)芘	2.8×10^0
50	丁基黄原酸	0.005	67	甲基汞	1.0×10^{-6}
51	活性氯	0.01	68	多氯联苯⑥	2.0×10^{-5}
52	滴滴涕	0.001	69	微囊藻毒素-LR	0.001
53	林丹	0.002	70	黄磷	0.003
54	环氧七氯	0.0002	71	钼	0.07
55	对硫磷	0.003	72	钴	1.0
56	甲基对硫磷	0.002	73	铍	0.002
57	马拉硫磷	0.05	74	硼	0.5
58	乐果	0.08	75	锑	0.005
59	敌敌畏	0.05	76	镍	0.02
60	敌百虫	0.05	77	钡	0.7
61	内吸磷	0.03	78	钒	0.05
62	百菌清	0.01	79	钛	0.1
63	甲萘威	0.05	80	铊	0.0001

注：① 二甲苯：指对-二甲苯、间-二甲苯、邻-二甲苯。
② 三氯苯：指1，2，3-三氯苯、1，2，4-三氯苯、1，3，5-三氯苯。
③ 四氯苯：指1，2，3，4-四氯苯、1，2，3，5-四氯苯、1，2，4，5-四氯苯。
④ 二硝基苯：指对-二硝基苯、间-二硝基苯、邻-二硝基苯。
⑤ 硝基氯苯：指对-硝基氯苯、间-硝基氯苯、邻-硝基氯苯。
⑥ 多氯联苯：指PCB-1016、PCB-1221、PCB-1232、PCB-1242、PCB-1248、PCB-1254、PCB-1260。

附表 10　地下水环境质量标准(GB/T 14848—93)

指标名称	指标				
	Ⅰ类	Ⅱ类	Ⅲ类	Ⅳ类	Ⅴ类
色(度)	≤5	≤5	≤15	≤25	>25
嗅和味	无	无	无	无	有
浑浊度(度)	≤3	≤3	≤3	≤10	>10
肉眼可见物	无	无	无	无	有
pH 值		6.5～8.5		5.5～6.5 8.5～9	<5.5, >9
总硬度(以 CaCO₃ 计)(mg/L)	≤150	≤300	≤450	≤550	>550

(续)

指标名称	指标				
	Ⅰ类	Ⅱ类	Ⅲ类	Ⅳ类	Ⅴ类
溶解性总固体(mg/L)	≤300	≤500	≤1000	≤2000	>2000
硫酸盐(mg/L)	≤50	≤150	≤250	≤350	>350
氯化物(mg/L)	≤50	≤150	≤250	≤350	>350
铁(Fe)(mg/L)	≤0.1	≤0.2	≤0.3	≤1.5	>1.5
锰(Mn)(mg/L)	≤0.05	≤0.05	≤0.1	≤1.0	>1.0
铜(Cu)(mg/L)	≤0.01	≤0.05	≤0.1	≤1.5	>1.5
锌(Zn)(mg/L)	≤0.05	≤0.5	≤1.0	≤5.0	>5.0
钼(Mo)(mg/L)	≤0.001	≤0.01	≤0.1	≤0.5	>0.5
钴(Co)(mg/L)	≤0.005	≤0.05	≤0.05	≤1.0	>1.0
挥发性酚类(以苯酚计)(mg/L)	≤0.001	≤0.001	≤0.02	≤0.01	>0.01
阴离子合成洗涤剂(mg/L)	不得检出	≤0.1	≤0.3	≤0.3	>0.3
高锰酸盐指数(mg/L)	≤1.0	≤2.0	≤3.0	≤10	>10
硝酸盐(以 N 计)(mg/L)	≤2.0	≤5.0	≤20	≤30	>30
亚硝酸盐(以 N 计)(mg/L)	≤0.001	≤0.01	≤0.02	≤0.1	>0.1
氨氮(NH₃-N)(mg/L)	≤0.02	≤0.02	≤0.2	≤0.5	>0.5
氟化物(mg/L)	≤1.0	≤1.0	≤1.0	≤2.0	>2.0
碘化物(mg/L)	≤0.1	≤0.1	≤0.2	≤1.0	>1.0
氰化物(mg/L)	≤0.001	≤0.01	≤0.05	≤0.1	>0.1
汞(Hg)(mg/L)	≤0.00005	≤0.0005	≤0.001	≤0.001	>0.001
砷(As)(mg/L)	≤0.005	≤0.01	≤0.05	≤0.05	>0.05
硒(Se)(mg/L)	≤0.01	≤0.01	≤0.01	≤0.1	>0.1
镉(Cd)(mg/L)	≤0.0001	≤0.001	≤0.01	≤0.01	>0.01
铬(6价,Cr(Ⅵ))(mg/L)	≤0.005	≤0.01	≤0.05	≤0.1	>0.1
铅(Pb)(mg/L)	≤0.005	≤0.01	≤0.05	≤0.1	>0.1
铍(Be)(mg/L)	≤0.00002	≤0.0001	≤0.0002	≤0.001	>0.001
钡(Ba)(mg/L)	≤0.01	≤0.1	≤1.0	≤4.0	>4.0
镍(Ni)(mg/L)	≤0.005	≤0.05	≤0.05	≤0.1	>0.1
滴滴涕(μg/L)	不得检出	≤0.005	≤1.0	≤1.0	>1.0
六六六(μg/L)	≤0.005	≤0.05	≤5.0	≤5.0	>5.0
总大肠菌群(个/L)	≤3.0	≤3.0	≤3.0	≤100	>100

（续）

指标名称	指标				
	Ⅰ类	Ⅱ类	Ⅲ类	Ⅳ类	Ⅴ类
细菌总数（个/mL）	≤100	≤100	≤100	≤1000	>1000
总 α 放射性（Bq/L）	≤0.1	≤0.1	≤0.1	>0.1	>0.1
总 β 放射性（Bq/L）	≤0.1	≤1.0	≤1.0	>1.0	>1.0

注：Ⅰ类：主要反映地下水化学组分的天然低背景含量。适用于各种用途。

Ⅱ类：主要反映地下水化学组分的天然背景含量。适用于各种用途。

Ⅲ类：以人体健康基准值为依据。适用于集中式生活饮用水水源及工、农业用水。

Ⅳ类：以农业和工业用水要求为依据。除适用于农业和部分工业用水外，适当处理后可作生活饮用水。

Ⅴ类：不宜饮用，其他用水可根据使用目的选用。

附表 11　生活饮用水卫生标准（GB 5749—2006）

附表 11-1　水质常规指标及限值

指标	限值
1. 微生物指标[①]	
总大肠菌群（MPN/100mL 或 CFU/100mL）	不得检出
耐热大肠菌群（MPN/100mL 或 CFU/100mL）	不得检出
大肠埃希氏菌（MPN/100mL 或 CFU/100mL）	不得检出
菌落总数（CFU/mL）	100
2. 毒理指标	
砷（mg/L）	0.01
镉（mg/L）	0.005
铬（6 价，mg/L）	0.05
铅（mg/L）	0.01
汞（mg/L）	0.001
硒（mg/L）	0.01
氰化物（mg/L）	0.05
氟化物（mg/L）	1.0
硝酸盐（以 N 计，mg/L）	10（地下水源限制时为 20）
三氯甲烷（mg/L）	0.06
四氯化碳（mg/L）	0.002
溴酸盐（使用臭氧时，mg/L）	0.01
甲醛（使用臭氧时，mg/L）	0.9
亚氯酸盐（使用二氧化氯消毒时，mg/L）	0.7

（续）

指标	限值
氯酸盐(使用复合二氧化氯消毒时，mg/L)	0.7
3. 感官性状和一般化学指标	
色度(铂钴色度单位)	15
浑浊度(NTU-散射浊度单位)	1 水源与净水技术条件限制时为 3
臭和味	无异臭、异味
肉眼可见物	无
pH(pH 单位)	不小于 6.5 且不大于 8.5
铝(mg/L)	0.2
铁(mg/L)	0.3
锰(mg/L)	0.1
铜(mg/L)	1.0
锌(mg/L)	1.0
氯化物(mg/L)	250
硫酸盐(mg/L)	250
溶解性总固体(mg/L)	1000
总硬度(以 $CaCO_3$ 计，mg/L)	450
耗氧量(COD_{Mn}法，以 O_2 计，mg/L)	3 水源限制，原水耗氧量＞6mg/L 时为 5
挥发酚类(以苯酚计，mg/L)	0.002
阴离子合成洗涤剂(mg/L)	0.3
4·放射性指标[②]	指导值
总 α 放射性(Bq/L)	0.5
总 β 放射性(Bq/L)	1

注：① MPN 表示最可能数；CFU 表示菌落形成单位。当水样检出总大肠菌群时，应进一步检验大肠
    埃希氏菌或耐热大肠菌群；水样未检出总大肠菌群，不必检验大肠埃希氏菌或耐热大肠菌群。
    ② 放射性指标超过指导值，应进行核素分析和评价，判定能否饮用。

附表 11-2　饮用水中消毒剂常规指标及要求

消毒剂名称	与水接触时间	出厂水中限值	出厂水中余量	管网末梢水中余量
氯气及游离氯制剂(游离氯，mg/L)	至少 30min	4	≥0.3	≥0.05
一氯胺(总氯，mg/L)	至少 120min	3	≥0.5	≥0.05
臭氧(O_3，mg/L)	至少 12min	0.3		0.02 如加氯， 总氯≥0.05
二氧化氯(ClO_2，mg/L)	至少 30min	0.8	≥0.1	≥0.02

附表 11-3　水质非常规指标及限值

指标	限值
1. 微生物指标	
贾第鞭毛虫(个/10L)	<1
隐孢子虫(个/10L)	<1
2. 毒理指标	
锑(mg/L)	0.005
钡(mg/L)	0.7
铍(mg/L)	0.002
硼(mg/L)	0.5
钼(mg/L)	0.07
镍(mg/L)	0.02
银(mg/L)	0.05
铊(mg/L)	0.0001
氯化氰 (以 CN^- 计, mg/L)	0.07
一氯二溴甲烷(mg/L)	0.1
二氯一溴甲烷(mg/L)	0.06
二氯乙酸(mg/L)	0.05
1, 2-二氯乙烷(mg/L)	0.03
二氯甲烷(mg/L)	0.02
三卤甲烷(三氯甲烷、一氯二溴甲烷、二氯一溴甲烷、三溴甲烷的总和)	该类化合物中各种化合物的实测浓度与其各自限值的比值之和不超过1
1, 1, 1-三氯乙烷(mg/L)	2
三氯乙酸(mg/L)	0.1
三氯乙醛(mg/L)	0.01
2, 4, 6-三氯酚(mg/L)	0.2
三溴甲烷(mg/L)	0.1
七氯(mg/L)	0.0004
马拉硫磷(mg/L)	0.25
五氯酚(mg/L)	0.009
六六六(总量, mg/L)	0.005
六氯苯(mg/L)	0.001
乐果(mg/L)	0.08
对硫磷(mg/L)	0.003

指标	限值
灭草松(mg/L)	0.3
甲基对硫磷(mg/L)	0.02
百菌清(mg/L)	0.01
呋喃丹(mg/L)	0.007
林丹(mg/L)	0.002
毒死蜱(mg/L)	0.03
草甘膦(mg/L)	0.7
敌敌畏(mg/L)	0.001
莠去津(mg/L)	0.002
溴氰菊酯(mg/L)	0.02
2，4-滴(mg/L)	0.03
滴滴涕(mg/L)	0.001
乙苯(mg/L)	0.3
二甲苯(总量，mg/L)	0.5
1，1-二氯乙烯(mg/L)	0.03
1，2-二氯乙烯(mg/L)	0.05
1，2-二氯苯(mg/L)	1
1，4-二氯苯(mg/L)	0.3
三氯乙烯(mg/L)	0.07
三氯苯(总量，mg/L)	0.02
六氯丁二烯(mg/L)	0.0006
丙烯酰胺(mg/L)	0.0005
四氯乙烯(mg/L)	0.04
甲苯(mg/L)	0.7
邻苯二甲酸二(2-乙基己基)酯(mg/L)	0.008
环氧氯丙烷(mg/L)	0.0004
苯(mg/L)	0.01
苯乙烯(mg/L)	0.02
苯并(a)芘(mg/L)	0.00001
氯乙烯(mg/L)	0.005
氯苯(mg/L)	0.3
微囊藻毒素-LR(mg/L)	0.001

（续）

指标	限值
3. 感官性状和一般化学指标	
氨氮（以 N 计，mg/L）	0.5
硫化物（mg/L）	0.02
钠（mg/L）	200

附表 11-4　农村小型集中式供水和分散式供水部分水质指标及限值

指标	限值
1. 微生物指标	
菌落总数（CFU/mL）	500
2. 毒理指标	
砷（mg/L）	0.05
氟化物（mg/L）	1.2
硝酸盐（以 N 计，mg/L）	20
3. 感官性状和一般化学指标	
色度（铂钴色度单位）	20
浑浊度（NTU-散射浊度单位）	3 水源与净水技术条件限制时为 5
pH（pH 单位）	不小于 6.5 且不大于 9.5
溶解性总固体（mg/L）	1500
总硬度（以 $CaCO_3$ 计，mg/L）	550
耗氧量（COD_{Mn}法，以 O_2 计，mg/L）	5
铁（mg/L）	0.5
锰（mg/L）	0.3
氯化物（mg/L）	300
硫酸盐（mg/L）	300

附表 12　海水水质标准（GB 3097—1997）　　　　　单位：mg/L

序号	项目	第一类	第二类	第三类	第四类
1	漂浮物质	海面不得出现油膜、浮沫和其他漂浮物质			海面无明显油膜、浮沫和其他漂浮物质
2	色、嗅、味	海水不得有异色、异臭、异味			海水不得有令人厌恶和感到不快的色、臭、味
3	悬浮物质	人为增加的量≤10		人为增加的量≤100	人为增加的量≤150

(续)

序号	项目	第一类	第二类	第三类	第四类
4	大肠菌群≤（个/L）	10000 供人生食的贝类养殖水质≤700			
5	粪大肠菌群≤（个/L）	2000 供人生食的贝类养殖水质≤140			
6	病原体	供人生食的贝类养殖水质不得含有病原体			
7	水温（℃）	人为造成的海水温升夏季不超过当时当地1℃，其他季节不超过2℃		人为造成的海水温升不超过当时当地4℃	
8	pH	7.8～8.5 同时不超过该海域正常变动范围的0.2pH单位		6.8～8.8 同时不超过该海域正常变动范围的0.5pH单位	
9	溶解氧＞	6	5	4	3
10	化学需氧量（COD）≤	2	3	4	5
11	生化需氧量（BOD_5）≤	1	3	4	5
12	无机氮≤（以N计）	0.20	0.30	0.40	0.50
13	非离子氮≤（以N计）	0.020			
14	活性磷酸盐≤（以P计）	0.015	0.030		0.045
15	汞≤	0.00005	0.0002		0.0005
16	镉≤	0.001	0.005	0.010	
17	铅≤	0.001	0.005	0.010	0.050
18	6价铬≤	0.005	0.010	0.020	0.050
19	总铬≤	0.05	0.10	0.20	0.50
20	砷≤	0.020	0.030	0.050	
21	铜≤	0.005	0.010	0.050	
22	锌≤	0.020	0.050	0.10	0.50
23	硒≤	0.010	0.020		0.050
24	镍≤	0.005	0.010	0.020	0.050
25	氰化物≤	0.005		0.10	0.20
26	硫化物≤（以S计）	0.02	0.05	0.10	0.25
27	挥发性酚≤	0.005		0.010	0.050
28	石油类≤	0.05		0.30	0.50
29	六六六≤	0.001	0.002	0.003	0.005
30	滴滴涕≤	0.00005	0.0001		
31	马拉硫磷≤	0.0005	0.001		
32	甲基对硫磷≤	0.0005	0.001		

(续)

序号	项目		第一类	第二类	第三类	第四类
33	苯并(a)芘≤(μg/L)			0.0025		
34	阴离子表面活性剂(LAS计)		0.03		0.10	
35	放射性核素(Bq/L)	^{60}CO		0.03		
		^{90}Sr		4		
		^{106}Rn		0.2		
		^{134}Cs		0.6		
		^{137}Cs		0.7		

附表 13 污水综合排放标准(GB 8978—1996)

附表 13 - 1 第一类污染物最高允许排放浓度   单位:mg/L

序号	污染物	最高允许排放浓度
1	总汞	0.05
2	烷基汞	不得检出
3	总镉	0.1
4	总铬	1.5
5	6价铬	0.5
6	总砷	0.5
7	总铅	1.0
8	总镍	1.0
9	苯并(a)芘	0.00003
10	总铍	0.005
11	总银	0.5
12	总 α 放射性	1Bq/L
13	总 β 放射性	10Bq/L

第二类污染物最高允许排放浓度

附表 13 - 2 (1997 年 12 月 31 日之前建设的单位)   单位:mg/L

序号	污染物	适用范围	一级标准	二级标准	三级标准
1	pH 值	一切排污单位	6~9	6~9	6~9
2	色度(稀释倍数)	染料工业	50	180	—
		其他排污单位	50	80	—

序号	污染物	适用范围	一级标准	二级标准	三级标准
3	悬浮物（SS）	采矿、选矿、选煤工业	100	300	—
		脉金选矿	100	500	—
		边远地区砂金选矿	100	800	—
		城镇二级污水处理厂	20	30	—
		其他排污单位	70	200	400
4	五日生化需氧量（BOD₅）	甘蔗制糖、苎麻脱胶、湿法纤维板工业	30	100	600
		甜菜制糖、酒精、味精、皮革、化纤浆粕工业	30	150	600
		城镇二级污水处理厂	20	30	—
		其他排污单位	30	60	300
5	化学需氧量（COD）	甜菜制糖、焦化、合成脂肪酸、湿法纤维板、染料、洗毛、有机磷农药工业	100	200	1000
		味精、酒精、医药原料药、生物制药、苎麻脱胶、皮革、化纤浆粕工业	100	300	1000
		石油化工工业（包括石油炼制）	100	150	500
		城镇二级污水处理厂	60	120	—
		其他排污单位	100	150	500
6	石油类	一切排污单位	10	10	30
7	动植物油	一切排污单位	20	20	100
8	挥发酚	一切排污单位	0.5	0.5	2.0
9	总氰化合物	电影洗片（铁氰化合物）	0.5	5.0	5.0
		其他排污单位	0.5	0.5	1.0
10	硫化物	一切排污单位	1.0	1.0	2.0
11	氨氮	医药原料药、染料、石油化工工业	15	50	—
		其他排污单位	15	25	—
12	氟化物	黄磷工业	10	20	20
		低氟地区（水体含氟量<0.5mg/L）	10	20	30
		其他排污单位	10	10	20
13	磷酸盐（以P计）	一切排污单位	0.5	1.0	—

（续）

序号	污染物	适用范围	一级标准	二级标准	三级标准
14	甲醛	一切排污单位	1.0	2.0	5.0
15	苯胺类	一切排污单位	1.0	2.0	5.0
16	硝基苯类	一切排污单位	2.0	3.0	5.0
17	阴离子表面活性剂(LAS)	合成洗涤剂工业	5.0	15	20
		其他排污单位	5.0	10	20
18	总铜	一切排污单位	0.5	1.0	2.0
19	总锌	一切排污单位	2.0	5.0	5.0
20	总锰	合成脂肪酸工业	2.0	5.0	5.0
		其他排污单位	2.0	2.0	5.0
21	彩色显影剂	电影洗片	2.0	3.0	5.0
22	显影剂及氧化物总量	电影洗片	3.0	6.0	6.0
23	元素磷	一切排污单位	0.1	0.3	0.3
24	有机磷农药(以P计)	一切排污单位	不得检出	0.5	0.5
25	粪大肠菌群数	医院[①]、兽医院及医疗机构含病原体污水	500 个/L	1000 个/L	5000 个/L
		传染病、结核病医院污水	100 个/L	500 个/L	1000 个/L
26	总余氯(采用氯化消毒的医院污水)	医院[①]、兽医院及医疗机构含病原体污水	<0.5[②]	>3(接触时间≥1h)	>2(接触时间≥1h)
		传染病、结核病医院污水	<0.5[②]	>6.5(接触时间≥1.5h)	>5(接触时间≥1.5h)

注：①指 50 个床位以上的医院。②加氯消毒后须进行脱氯处理，达到本标准。

部分行业最高允许排水量

附表 13-3 **(1997 年 12 月 31 日之前建设的单位)** 单位：mg/L

序号	行业类别			最高允许排水量或最低允许水重复利用率
1	矿山工业	有色金属系统选矿		水重复利用率 75%
		其他矿山工业采矿、选矿、选煤等		水重复利用率 90%（选煤）
		脉金选矿	重选	16.0m³/t(矿石)
			浮选	9.0m³/t(矿石)
			氰化	8.0m³/t(矿石)
			碳浆	8.0m³/t(矿石)
2	焦化企业(煤气厂)			1.2m³/t(焦炭)

序号	行业类别			最高允许排水量 或最低允许水重复利用率
3	有色金属冶炼及金属加工			水重复利用率80%
4	石油炼制工业(不包括直排水炼油厂) 加工深度分类: A. 燃料型炼油; B. 燃料+润滑油型炼油厂; C. 燃料+润滑油型+炼油化工型炼油厂(包括加工高含硫原油页岸油和石油添加剂生产基地的炼油厂)		A	>500万t,1.0m³/t(原油)250~500万t,1.2m³/t(原油) <250万t,1.5m³/t(原油)
			B	>500万t,1.5m³/t(原油) 250~500万t,2.0m³/t(原油) <250万t,2.0m³/t(原油)
			C	>500万t,2.0m³/t(原油) 250~500万t,2.5m³/t(原油) <250万t,2.5m³/t(原油)
5	合成洗涤剂工业	氯化法生产烷基苯		200.0m³/t(烷基苯)
		裂解法生产烷基苯		70.0m³/t(烷基苯)
		烷基苯生产合成洗涤剂		10.0m³/t(产品)
6	合成脂肪酸工业			200.0m³/t(产品)
7	湿法生产纤维板工业			30.0m³/t(板)
8	制糖工业	甘蔗制糖		10.0m³/t(甘蔗)
		甜菜制糖		4.0m³/t(甜菜)
9	皮革工业	猪盐湿皮		60.0m³/t(原皮)
		牛干皮		100.0m³/t(原皮)
		羊干皮		150.0m³/t(原皮)
10	发酵酿造工业	酒精工业	以玉米为原料	100.0m³/t(酒精)
			以薯类为原料	80.0m³/t(酒精)
			以糖蜜为原料	70.0m³/t(酒)
		味精工业		600.0m³/t(味精)
		啤酒工业(排水量不包括麦芽水部分)		16.0m³/t(啤酒)
11	铬盐工业			5.0m³/t(产品)
12	硫酸工业(水洗法)			15.0m³/t(硫酸)
13	苎麻脱胶工业			500m³/t(原麻)或750m³/t(精干麻)
14	化纤浆粕			本色:150m³/t(浆)
				漂白:240m³/t(浆)
15	粘胶纤维工业 (单纯纤维)	短纤维(棉型中长纤维、 毛型中长纤维)		300m³/t(纤维)
		长纤维		800m³/t(纤维)

（续）

序号	行业类别	最高允许排水量 或最低允许水重复利用率
16	铁路货车洗刷	$5.0m^3$/辆
17	电影洗片	$5m^3$/1000m(35mm 的胶片)
18	石油沥青工业	冷却池的水循环利用率 95%

第二类污染物最高允许排放浓度

附表 13-4　（1998 年 1 月 1 日后建设的单位）　　　　单位：mg/L

序号	污染物	适用范围	一级标准	二级标准	三级标准
1	pH	一切排污单位	6～9	6～9	6～9
2	色度(稀释倍数)	一切排污单位	50	80	—
3	悬浮物(SS)	采矿、选矿、选煤工业	70	300	
		脉金选矿	70	400	
		边远地区砂金选矿	70	800	
		城镇二级污水处理厂	20	30	
		其他排污单位	70	150	400
4	5 日生化 需氧量(BOD₅)	甘蔗制糖、苎麻脱胶、 湿法纤维板、染料、洗毛工业	20	60	600
		甜菜制糖、酒精、味精、皮革、 化纤浆粕工业	20	100	600
		城镇二级污水处理厂	20	30	—
		其他排污单位	20	30	300
5	化学需氧量 （COD）	甜菜制糖、合成脂肪酸、湿法纤维板、 染料、洗毛、有机磷农药工业	100	200	1000
		味精、酒精、医药原料药、生物制药、 苎麻脱胶、皮革、化纤浆粕工业	100	300	1000
		石油化工工业(包括石油炼制)	60	120	500
		城镇二级污水处理厂	60	120	—
		其他排污单位	100	150	500
6	石油类	一切排污单位	5	10	20
7	动植物油	一切排污单位	10	15	100
8	挥发酚	一切排污单位	0.5	0.5	2.0
9	总氰化合物	一切排污单位	0.5	0.5	1.0
10	硫化物	一切排污单位	1.0	1.0	1.0

（续）

序号	污染物	适用范围	一级标准	二级标准	三级标准
11	氨氮	医药原料药、染料、石油化工工业	15	50	—
		其他排污单位	15	25	—
12	氟化物	黄磷工业	10	15	20
		低氟地区（水体含氟量<0.5mg/L）	10	20	30
		其他排污单位	10	10	20
13	磷酸盐（以P计）	一切排污单位	0.5	1.0	—
14	甲醛	一切排污单位	1.0	2.0	5.0
15	苯胺类	一切排污单位	1.0	2.0	5.0
16	硝基苯类	一切排污单位	2.0	3.0	5.0
17	阴离子表面活性剂（LAS）	一切排污单位	5.0	10	20
18	总铜	一切排污单位	0.5	1.0	2.0
19	总锌	一切排污单位	2.0	5.0	5.0
20	总锰	合成脂肪酸工业	2.0	5.0	5.0
		其他排污单位	2.0	2.0	5.0
21	彩色显影剂	电影洗片	1.0	2.0	3.0
22	显影剂及氧化物总量	电影洗片	3.0	3.0	6.0
23	元素磷	一切排污单位	0.1	0.1	0.3
24	有机磷农药（以P计）	一切排污单位	不得检出	0.5	0.5
25	乐果	一切排污单位	不得检出	1.0	2.0
26	对硫磷	一切排污单位	不得检出	1.0	2.0
27	甲基对硫磷	一切排污单位	不得检出	1.0	2.0
28	马拉硫磷	一切排污单位	不得检出	5.0	10
29	五氯酚及五氯酚钠（以五氯酚计）	一切排污单位	5.0	8.0	10
30	可吸附有机卤化物（AOX）（以Cl计）	一切排污单位	1.0	5.0	8.0
31	三氯甲烷	一切排污单位	0.3	0.6	1.0
32	四氯化碳	一切排污单位	0.03	0.06	0.5
33	三氯乙烯	一切排污单位	0.3	0.6	1.0
34	四氯乙烯	一切排污单位	0.1	0.2	0.5
35	苯	一切排污单位	0.1	0.2	0.5
36	甲苯	一切排污单位	0.1	0.2	0.5
37	乙苯	一切排污单位	0.4	0.6	1.0
38	邻-二甲苯	一切排污单位	0.4	0.6	1.0
39	对-二甲苯	一切排污单位	0.4	0.6	1.0
40	间-二甲苯	一切排污单位	0.4	0.6	1.0

（续）

序号	污染物	适用范围	一级标准	二级标准	三级标准
41	氯苯	一切排污单位	0.2	0.4	1.0
42	邻-二氯苯	一切排污单位	0.4	0.6	1.0
43	对-二氯苯	一切排污单位	0.4	0.6	1.0
44	对-硝基氯苯	一切排污单位	0.5	1.0	5.0
45	2，4-二硝基氯苯	一切排污单位	0.5	1.0	5.0
46	苯酚	一切排污单位	0.3	0.4	1.0
47	间-甲酚	一切排污单位	0.1	0.2	0.5
48	2，4-二氯酚	一切排污单位	0.6	0.8	1.0
49	2，4，6-三氯酚	一切排污单位	0.6	0.8	1.0
50	邻苯二甲酸二丁脂	一切排污单位	0.2	0.4	2.0
51	邻苯二甲酸二辛脂	一切排污单位	0.3	0.6	2.0
52	丙烯腈	一切排污单位	2.0	5.0	5.0
53	总硒	一切排污单位	0.1	0.2	0.5
54	粪大肠菌群数	医院[1]、兽医院及医疗机构含病原体污水	500 个/L	1000 个/L	5000 个/L
		传染病、结核病医院污水	100 个/L	500 个/L	1000 个/L
55	总余氯（采用氯化消毒的医院污水）	医院[1]、兽医院及医疗机构含病原体污水传染病、结核病医院污水	<0.5[2]	>3（接触时间≥1h）	>2（接触时间≥1h）
			<0.5[2]	>6.5（接触时间≥1.5h）	>5（接触时间≥1.5h）
56	总有机碳（TOC）	合成脂肪酸工业	20	40	—
		苎麻脱胶工业	20	60	—
		其他排污单位	20	30	—

注：①和②同附表13-2。

附表14　城镇污水处理厂污染物排放标准（GB 18918—2002）

附表14-1　基本控制项目最高允许排放浓度（日均值）　　　单位：mg/L

序号	基本控制项目	一级标准		二级标准	三级标准
		A标准	B标准		
1	化学需氧量（COD）	50	60	100	120[1]
2	生化需氧量（BOD$_5$）	10	20	30	60
3′	悬浮物（SS）	10	20	30	50
4	动植物油	1	3	5	20
5	石油类	1	3	5	15
6	阴离子表面活性剂	0.5	1	2	5

(续)

序号	基本控制项目		一级标准		二级标准	三级标准
			A 标准	B 标准		
7	总氮(以 N 计)		15	20	—	—
8	氨氮(以 N 计)		5(8)②	8(15)②	25(30)②	—
9	总磷(以 P 计)	2005 年 12 月 31 日前建设的	1	1.5	3	5
		2006 年 1 月 1 日起建设的	0.5	1	3	5
10	色度(稀释倍数法)		30	30	40	50
11	pH		6~9			
12	粪大肠杆菌数(个/L)		10³	10⁴	10⁴	—

注：① 下列情况下按去除率指标执行：当进水 COD 大于 350mg/L 时，去除率应大于 60%；当 BOD 大于 160mg/L 时，去除率应大于 50%。

② 括号外数值为水温＞12℃时的控制指标，括号内数值为水温≤12℃时的控制指标。

附表 14－2　部分一类污染物最高允许排放浓度(日均值)　　单位：mg/L

序号	项目	标准值
1	总汞	0.001
2	烷基汞	不得检出
3	总镉	0.01
4	总铬	0.1
5	6 价铬	0.05
6	总砷	0.1
7	总铅	0.1

附表 14－3　选择控制项目最高允许排放浓度(日均值)　　单位：mg/L

序号	选择控制项目	标准值	序号	选择控制项目	标准值
1	总镍	0.05	10	总氰化物	0.5
2	总铍	0.002	11	硫化物	1.0
3	总银	0.1	12	甲醛	1.0
4	总铜	0.5	13	苯胺类	0.5
5	总锌	1.0	14	总硝基化合物	2.0
6	总锰	2.0	15	有机磷农药(以 P 计)	0.5
7	总硒	0.1	16	马拉硫磷	1.0
8	苯并(a)芘	0.00003	17	乐果	0.5
9	挥发酚	0.5	18	对硫磷	0.05

(续)

序号	选择控制项目	标准值	序号	选择控制项目	标准值
19	甲基对硫磷	0.2	32	1,4-二氯苯	0.4
20	五氯酚	0.5	33	1,2-二氯苯	1.0
21	三氯甲烷	0.3	34	对一硝基氯苯	0.5
22	四氯化碳	0.03	35	2,4-二硝基氯苯	0.5
23	三氯乙烯	0.3	36	苯酚	0.3
24	四氯乙烯	0.1	37	间-甲酚	0.1
25	苯	0.1	38	2,4-二氯酚	0.6
26	甲苯	0.1	39	2,4,6-三氯酚	0.6
27	间-二甲苯	0.4	40	邻苯二甲酸二丁酯	0.1
28	邻-二甲苯	0.4	41	邻苯二甲酸二辛酯	0.1
29	对-二甲苯	0.4	42	丙烯腈	2.0
30	乙苯	0.4	43	可吸附有机卤化物（AOX）（以 Cl 计）	1.0
31	氯苯	0.3			

附表15 城市污水再生利用分类(GB/T 18919—2002)

序号	分类	范围	示例
1	农、林、牧、渔业用水	农田灌溉	种子与育种、粮食与饲料作物、经济作物
		造林育苗	种子、苗木、苗圃、观赏植物
		畜牧养殖	畜牧、家畜、家禽
		水产养殖	淡水养殖
2	城市杂用水	城市绿化	公共绿地、住宅小区绿化
		冲厕	厕所便器冲洗
		道路清扫	城市道路的冲洗及喷洒
		车辆冲洗	各种车辆冲洗
		消防	消火栓、消防水炮
		建筑施工	施工场地清扫、浇酒、灰尘抑制、混凝土制备与养护、施工中的混凝土构件和建筑物冲洗
3	工业用水	冷却用水	直流式、循环式
		洗涤用水	冲渣、冲灰、消烟除尘、清洗
		锅炉用水	中压、低压锅炉
		工艺用水	溶料、水浴、蒸煮、漂洗、水力开采、水力输送、增湿、稀释、搅拌、选矿、油田回注
		产品用水	浆料、化工制剂、涂料

(续)

序号	分类	范围	示例
4	环境用水	娱乐性景观环境用水	娱乐性景观河道、景观湖泊及水景
		观赏性景观环境用水	观赏性景观河道、景观湖泊及水景
		湿地环境用水	恢复自然湿地、营造人工湿地
5	补充水源水	补充地表水	河流、湖泊
		补充地下水	水源补给、防止海水入侵、防止地面沉降

附表16　城市污水再生利用城市杂用水水质标准(GB/T 18920—2002)

序号	项目		冲厕	道路清扫消防	城市绿化	车辆冲洗	建筑施工
1	pH		\multicolumn{5}{c}{6~9}
2	色(度)	≤	30				
3	嗅	≤	无不快感				
4	浊度(NTU)	≤	5	10	10	5	20
5	溶解性总固体(mg/L)	≤	1500	1500	1000	1000	—
6	5日生化需氧量 BOD_5 (mg/L)	≤	10	15	20	10	15
7	氨氮(mg/L)	≤	10	10	20	10	20
8	阴离子表面活性剂(mg/L)		1.0	1.0	1.0	0.5	1.0
9	铁(mg/L)	≤	0.3	—	—	0.3	—
10	锰(mg/L)	≤	0.1	—	—	0.1	—
11	溶解氧(mg/L)	≥	1.0				
12	总余氯(mg/L)		接触30min后≥1.0,管网末端≥0.2				
13	总大肠菌群(个/L)	≤	3				

参 考 文 献

[1] 李丽娟，梁丽乔，刘昌明，等. 近 20 年我国饮用水污染事故分析及防治对策[J]. 地理学报，2007，62(9)：917 - 924.

[2] 李健，魏向东，杜欣. 2005 年北京市生活饮用水污染事故分析[J]. 中国卫生监督杂志，2006，13(3)：204 - 206.

[3] 毛洁，王懿霖，张怡琼，等. 2009—2010 年上海市生活饮用水突发污染事件分析[J]. 环境与健康杂志，2011，28(3)：245 - 247.

[4] 王强，赵月朝，屈卫东，等. 1996—2006 年我国饮用水污染突发公共卫生事件分析[J]. 环境与健康杂志，2010，27(4)：328 - 331.

[5] 王严，陈斌. 北京市生活饮用水污染事故趋势分析及对策研究[J]. 中国卫生工程，2009，8(3)：132 - 136.

[6] 国家环保总局《水和废水监测分析方法》编委会. 水和废水监测分析方法[M]. 4 版. 北京：中国环境出版社，2000.

[7] 矫彩山，温青，夏淑梅. 环境监测[M]. 哈尔滨：哈尔滨工程大学出版社，2006.

[8] 武汉大学. 分析化学[M]. 5 版. 北京：高等教育出版社，2006.

[9] 黄君礼. 水分析化学[M]. 3 版. 北京：中国建筑工业出版社，2007.

[10] 张子健，王舜和，王建龙，等. 利用碱度控制 SBR 中短程硝化反应的进程[J]. 清华大学学报：自然科学版，2008，48(9)：1475 - 1478.

[11] 张成志，叶芳胜，周华琼. 维多利亚蓝 B 作为酸碱指示剂的应用研究[J]. 西南民族大学学报：自然科学版，2005，31(2)：177 - 179.

[12] 刘志明，张瑞，张金利. 苋菜红作为酸碱指示剂的研究[J]. 化学与生物工程，2007，24(10)：49 - 51.

[13] 方荣美. 一种天然指示剂——虞美人色素[J]. 西南民族大学学报：自然科学版，2002，28(1)：77 - 79，83.

[14] 米广春，马辉. 紫甘蓝色素作为酸碱指示剂的应用[J]. 化学教育，2008，3：69 - 70.

[15] 徐慧，徐强. 酸碱指示剂的发展方向[J]. 化学教育，2010，9：3 - 5.

[16] 谢协忠. 水分析化学[M]. 北京：中国电力出版社，2007.

[17] 王国惠. 水分析化学[M]. 北京：化学工业出版社，2009.

[18] 濮文虹，刘光虹，喻俊芳. 水质分析化学[M]. 湖北：华中科技大学出版社，2004.

[19] 胡育筑. 分析化学简明教程[M]. 北京：科学出版社，2004.

[20] 李永生，郭慧. 工业水中氯离子测定方法的进展[J]. 工业水处理，2007，27(4)：1 - 5.

[21] Li J, Tao T, Li XB, etal. A spectrophotom etric method for determination of chemical oxygen demand using home - madere agents[J]. Desalination, 2009, 239(1 - 3)：139 - 145.

[22] Dan DZ, Dou FL, Xiu DJ, etal. Chemical oxygen demand determination I nenvironmental waters by mixed acid digestion and single sweep polarography[J]. Analytica Chimic aActa, 2000, 420(1)：39 - 44.

[23] 郑青，韩海波，周保学，等. 化学需氧量(COD)快速测定新方法研究进展[J]. 科学通报，2009，54(21)：3241 - 3250.

[24] 赵登山，李登好. TiO$_2$ - Ce(SO$_4$)$_2$ 光催化氧化体系——光度法测定化学需氧量[J]. 工业水处理，2008，28(12)：70 - 73.

[25] 董超平，张嘉凌，李金花，等. 二氧化钛纳米管阵列光电催化测定地表水化学需氧量[J]. 分析

化学，2010，38(8)：1227 - 1230.

[26] 艾仕云，李嘉庆，杨娅，等. 一种新的光催化氧化体系用于化学需氧量的测定研究[J]. 高等学校化学学报，2004，25(5)：823 - 826.

[27] 丁红春，柴怡浩，张中海，等. 光催化氧化法测定地表水化学需氧量的研究[J]. 化学学报，2005，63(2)：148 - 152.

[28] 谢振伟，于红，但德忠，等. 电化学法直接快速测定 COD 初步研究 [J]. 环境工程，2004，22：60 - 63.

[29] 张一平，杨彤，齐德强. 基于光催化的化学需氧量测定研究进展[J]. 广州化工，2011，39(4)：22 - 24.

[30] 卢洪荣，陆克平. $Hg(NO_3)_2$ 电位滴定法测定炼油废水中的 Cl^-[J]. 化工环保，2009，29(1)：80 - 83.

[31] 罗桂甫，张国庆，吴代娟. 测定锅炉水和冷却水中氯离子的新方法探讨[J]. 工业水处理，2010，30(2)：60 - 63.

[32] 凌永平. 自动电位滴定法连续测定水中卤素离子[J]. 理化检验：化学分册，2007，43(4)：318 - 319.

[33] 孙传经. 气相色谱分析原理与技术[M]. 北京：化学工业出版社，1985.

[34] 詹益兴. 实用气相色谱分析[M]. 湖南：湖南科学技术出版社，1983.

[35] L. R. 斯奈德，J·J·柯克兰. 现代液相色谱法导论[M]. 杨明彪，瞿纯，译. 北京：化学工业出版社，1980.

[36] R·J·Hamiliton，P·A·Sewell. Introduction to High Performance Liquid Chromatography [M]. 2nd Ed. Chapman and Hall，1982.

[37] 奥·米克斯. 色谱及有关方法的实验室手册[M]. 杨文兰，等译. 北京：机械工业出版社，1986.

[38] 武汉大学化学系. 仪器分析[M]. 4 版. 北京：高等教育出版社，2001.

[39] 林守麟. 原子吸收光谱分析[M]. 北京：地质出版社，1985.

[40] 李超隆. 原子吸收分析理论基础(上，下册) [M]. 北京：高等教育出版社，1988.

[41] 张娜，李光浩，王天津. 流动注射化学发光法测定水中氰化物[J]. 光谱实验室，2004，21(6)：1171 - 1173.

[42] 康秀英，邓宏康，张伯先，等. FIA - ISE 联用技术测定工业锅炉水总碱度[J]. 工业水处理，2011，31(3)：74 - 76.

[43] 彭园珍，张敏，马剑，等. 流动注射-固相萃取-分光光度法检测半导体工业用水中痕量硅[J]. 分析化学，2009，37(9)：1258 - 1262.

[44] 乐琳，张晓鸣. 流动注射-火焰原子吸收法快速测定水样化学需氧量[J]. 环境污染与防治，2008，30(10)：67 - 70.

[45] 马生凤，温宏利，许俊玉，等. 电感耦合等离子体质谱法测定地下水中 44 个元素[J]. 岩矿测试，2010，29(5)：552 - 556.

[46] 张立雄，张涛，高水宏. 电感耦合等离子体-质谱(ICP - MS)测定矿泉水中 7 种微量元素[J]. 光谱实验室，2009，26(3)：653 - 656.

[47] 姚琳，王志伟. ICP - MS 测定饮用水源中的钼、钴、铍、钡、钒、钛和铊等 9 种特定项目[J]. 光谱实验室，2011，28(4)：1852 - 1855.

[48] 陈树榆，孙梅，余明华. 脱线柱预富集 ICP - MS 法测定南极水样中的痕量元素[J]. 分析实验室，2002，21(2)：16 - 20.

[49] 苏宇亮. 高效液相色谱-电感耦合等离子体质谱联用技术在水质分析中的应用[J]. 理化检验：化学分册，2009，45(5)：617 - 620.

[50] 于振花，荆森，王小如，等. 液液萃取-高效液相色谱-电感耦合等离子体质谱同时测定海水中的多种有机锡[J]. 光谱学与光谱分析，2009，29(10)：2855 - 2859.

[51] 张芳，王新明，李龙凤，等. 近年来珠三角地区大气中痕量氟氯烃(CFCs)的浓度水平与变化特征[J]. 地球与环境，2006，34(4)：19 - 24.

[52] 杨梅，林忠胜，姚子伟. 气相色谱-质谱联用检测环境水体中的三嗪类除草剂[J]. 现代农药，2007，6(1)：23 - 26.

[53] 赵立军，郭磊，陈进富，等. 抗生素废水的 GC - MS 分析与显色物质的初步确定[J]. 环境工程学报，2009，10(3)：1830 - 1834.

[54] 陈晓秋. 吹扫捕集- GC/MS/SIM 法测定水体中挥发性有机污染物[J]. 分析仪器，2005(4)：12 - 17.

[55] 孔祥吉，李冬，张雪梅，等. 采用 GC - MS 法分析城市污水处理系统对 PCBs 的去除效果[J]. 黑龙江大学自然科学学报，2007，24(6)：757 - 761.

[56] 杨秋红，钱蜀，程小艳，等. 固相萃取地表水中痕量联苯胺及 HPLC - MS 测定[J]. 化学研究与应用，2011，23(1)：102 - 106.

[57] 俞志刚，刘玉勇，李东颖，等. SPE/RRLC - MS 法测定水中除草剂苯噻草胺残留量[J]. 分析试验室，2009，28(10)：63 - 67.

[58] 赵怀鑫，孙学军，孙志伟，等. EASC 荧光标记和 LC - APCI - MS 检测环境水样中游离脂肪胺[J]. 高等学校化学学报，2009，30(4)：675 - 681.

[59] 孙静，赵汝松，王霞，等. 液液萃取- HPLC - ESI - MS 法同步测定环境水样中的三氯卡班和三氯生[J]. 山东轻工业学院学报，2011，25(1)：35 - 37.

[60] 王骏，胡梅，张卉，等. 液相色谱-质谱法对饮用水中六价铬的测定[J]. 分析测试学报，2009，28(12)：1468 - 1470.

[61] 方肇伦，等. 流动注射分析[M]. 北京：科学出版社，1999.

[62] 刘虎生，邵宏翔. 电感耦合等离子体质谱技术与应用[M]. 北京：化学工业出版社，2005.

[63] 盛龙生，苏焕华，郭丹滨. 色谱质谱联用技术[M]. 北京：化学工业出版社，2005.

[64] 齐文启，等. 环境监测新技术[M]. 北京：化学工业出版社，2003.